NEW

개정3판

생애주기 영양학

한정순 · 김갑순 · 김영현 · 김현오
김현주 · 박선민 · 안창순 · 한성희

NUTRITION THROUGH THE LIFE CYCLE

2015 한국인 영양권장량

지구문화사
JIGU PUBLISHING Co.

머리말 PREFACE

생애주기 영양학은 인간이 생명을 유지하고 성장·발육하는 데 필요한 물질, 즉 식품을 통해 섭취된 영양소가 체내에서 어떻게 대사되어 생애주기 단계별로 영향을 미치는지를 연구하는 학문입니다.

인간은 각 생애주기 – 태아기·영아기·유아기·아동기·청소년기·성인기·중년기·장년기·노년기 – 에 따라 필요한 영양소가 다르며, 각각의 시기에 영양이 미치는 영향은 매우 큽니다.

인간은 모태에서 수정된 순간부터 수명이 다할 때까지 영양소를 섭취해야만 생명을 유지하고 성장·발달하며 건강을 유지할 수 있습니다. 현대는 과학과 의료, 식품 산업이 눈부시게 발달하여 평균수명이 연장되었으며, 역사 이래 가장 풍요로운 생활을 누리고 있습니다. 특히 인간의 수명이 연장되면서 노년기 건강이 삶의 질 차원에서 중요한 화두가 되었습니다. 노년기 건강은 젊어서부터 균형잡힌 식생활, 운동과 올바른 생활습관으로 건강한 체질을 유지함으로써 획득할 수 있습니다.

생애주기에 따른 영양관련 문제는 국민건강과 국가의료산업, 의료비 부담 등 국민복지와도 밀접한 관련이 있는 국가적인 문제입니다.

과거에는 영양소가 결핍되지 않게 영양소요량이 생애주기에 따라 결정되었으나, 현재와 미래에는 영양과잉을 예방하고 질병을 미연에 방지하기 위한 영양이 생애주기별로 강조되고 있습니다.

이에 따라 생애주기영양학도 많은 부분의 개편이 필요하여 새로이 개정·증보하게 되었습니다. 특히 노년기가 연장됨에 따라 노년기 영양에 관한 부분을 좀 더 보강하여 초고령화 사회에 대비하였습니다. 또한 한국인의 영양소 섭취기준이 2015년에 새롭게 개정된 내용을 반영하였습니다.

이 책이 식품영양학·의학·간호학·아동학·가족학·노인학·운동영양학·보건학 등의 다양한 분야에서 생애주기에 따른 영양에 관심을 갖는 분들에게 기초자료가 되었으면 합니다.

이 책이 나오기까지 애써주신 지구문화사 임직원분들에게 감사드리며, 도움을 주신 교수님들, 그리고 사고의 영역을 넓히고 새로운 영감을 주고 탐독해준 독자와 학생들에게도 고마움을 전합니다.

병신년 가을에

저자 대표 한 정 순

차 례 contents

Chapter 3 수유기 영양

Chapter 4 영아기 영양

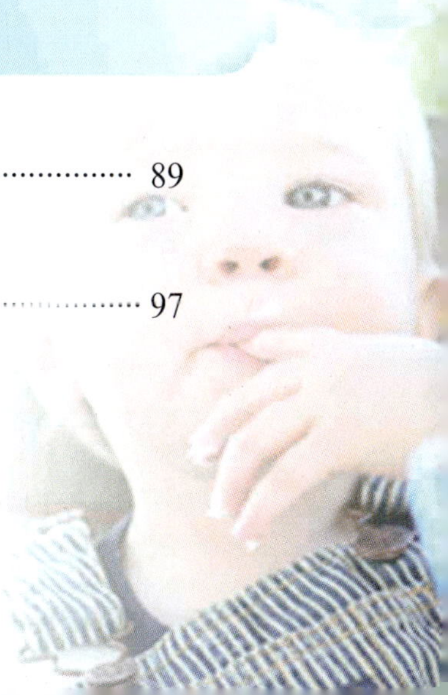

Chapter 5 유아기 영양

Chapter 6 어린이 영양

Chapter 7 청소년기 영양

Chapter 8 성인기 영양

Chapter 9 노년기 영양

Chapter 10 일(노동, 작업)과 영양

Chapter 11 피부와 영양

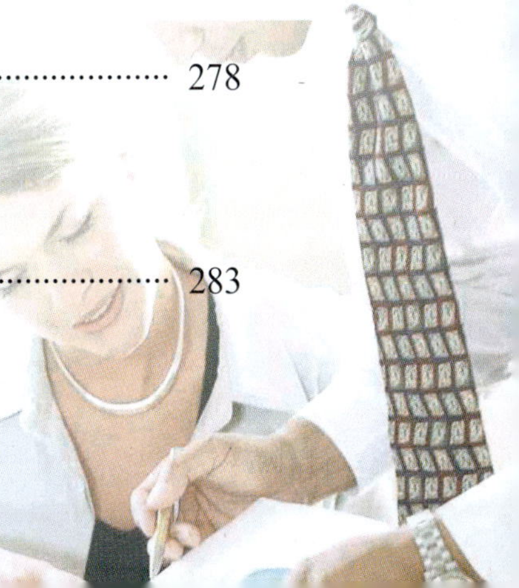

Chapter 12 모발건강과 영양

Chapter 13 운동과 영양

Chapter 14 스트레스, 피로와 영양

Chapter 15 건강증진과 영양

2020 한국인 영양소 섭취기준 – 에너지와 다량영양소

보건복지부, 2020

성별	연령	에너지(kcal/일)				탄수화물(g/일)				식이섬유(g/일)			
		필요추정량	권장섭취량	충분섭취량	상한섭취량	평균필요량	권장섭취량	충분섭취량	상한섭취량	평균필요량	권장섭취량	충분섭취량	상한섭취량
영아	0-5(개월)	500						60					
	6-11	600						90					
유아	1-2(세)	900				100	130					15	
	3-5	1,400				100	130					20	
남자	6-8(세)	1,700				100	130					25	
	9-11	2,000				100	130					25	
	12-14	2,500				100	130					30	
	15-18	2,700				100	130					30	
	19-29	2,600				100	130					30	
	30-49	2,500				100	130					30	
	50-64	2,200				100	130					30	
	65-74	2,000				100	130					25	
	75 이상	1,900				100	130					25	
여자	6-8(세)	1,500				100	130					20	
	9-11	1,800				100	130					25	
	12-14	2,000				100	130					25	
	15-18	2,000				100	130					25	
	19-29	2,000				100	130					20	
	30-49	1,900				100	130					20	
	50-64	1,700				100	130					20	
	65-74	1,600				100	130					20	
	75 이상	1,500				100	130					20	
임신부[1]		+0 +340 +450				+35	+45					+5	
수유부		+340				+60	+80					+5	

성별	연령	지방(g/일)				리놀레산(g/일)				알파-리놀렌산(g/일)				EPA+DHA(mg/일)			
		평균필요량	권장섭취량	충분섭취량	상한섭취량	평균필요량	권장섭취량	충분섭취량	상한섭취량	평균필요량	권장섭취량	충분섭취량	상한섭취량	평균필요량	권장섭취량	충분섭취량	상한섭취량
영아	0-5(개월)			25				5.0				0.6				200[2]	
	6-11			25				7.0				0.8				300[2]	
유아	1-2(세)							4.5				0.6					
	3-5							7.0				0.9					
남자	6-8(세)							9.0				1.1				200	
	9-11							9.5				1.3				220	
	12-14							12.0				1.5				230	
	15-18							14.0				1.7				230	
	19-29							13.0				1.6				210	
	30-49							11.5				1.4				400	
	50-64							9.0				1.4				500	
	65-74							7.0				1.2				310	
	75 이상							5.0				0.9				280	
여자	6-8(세)							7.0				0.8				200	
	9-11							9.0				1.1				150	
	12-14							9.0				1.2				210	
	15-18							10.0				1.1				100	
	19-29							10.0				1.2				150	
	30-49							8.5				1.2				260	
	50-64							7.0				1.2				240	
	65-74							4.5				1.0				150	
	75 이상							3.0				0.4				140	
임신부								+0				+0				+0	
수유부								+0				+0				+0	

1) 1,2,3 분기별 부가량
2) DHA

보건복지부, 2020

성별	연령	단백질(g/일)				메티오닌(g/일)				류신(g/일)			
		평균 필요량	권장 섭취량	충분 섭취량	상한 섭취량	평균 필요량	권장 섭취량	충분 섭취량	상한 섭취량	평균 필요량	권장 섭취량	충분 섭취량	상한 섭취량
영아	0-5(개월)			10				0.4				1.0	
	6-11	12	15			0.3	0.4			0.6	0.8		
유아	1-2(세)	15	20			0.3	0.4			0.6	0.8		
	3-5	20	25			0.3	0.4			0.7	1.0		
남자	6-8(세)	30	35			0.5	0.6			1.1	1.3		
	9-11	40	50			0.7	0.8			1.5	1.9		
	12-14	50	60			1.0	1.2			2.2	2.7		
	15-18	55	65			1.2	1.4			2.6	3.2		
	19-29	50	65			1.0	1.4			2.4	3.1		
	30-49	50	65			1.1	1.3			2.4	3.1		
	50-64	50	60			1.1	1.3			2.3	2.8		
	65-74	50	60			1.0	1.3			2.2	2.8		
	75 이상	50	60			0.9	1.1			2.1	2.7		
여자	6-8(세)	30	35			0.5	0.6			1.0	1.3		
	9-11	40	45			0.6	0.7			1.5	1.8		
	12-14	45	55			0.8	1.0			1.9	2.4		
	15-18	45	55			0.8	1.1			2.0	2.4		
	19-29	45	55			0.8	1.0			2.0	2.5		
	30-49	40	50			0.8	1.0			1.9	2.4		
	50-64	40	50			0.8	1.1			1.9	2.3		
	65-74	40	50			0.7	0.9			1.8	2.2		
	75 이상	40	50			0.7	0.9			1.7	2.1		
임신부[1]		+12 +25	+15 +30			1.1	1.4			2.5	3.1		
수유부		+20	+25			1.1	1.5			2.8	3.5		

성별	연령	이소류신(g/일)				발린(g/일)				라이신(g/일)			
		평균 필요량	권장 섭취량	충분 섭취량	상한 섭취량	평균 필요량	권장 섭취량	충분 섭취량	상한 섭취량	평균 필요량	권장 섭취량	충분 섭취량	상한 섭취량
영아	0-5(개월)			0.6				0.6				0.7	
	6-11	0.3	0.4			0.3	0.5			0.6	0.8		
유아	1-2(세)	0.3	0.4			0.4	0.5			0.6	0.7		
	3-5	0.3	0.4			0.4	0.5			0.6	0.8		
남자	6-8(세)	0.5	0.6			0.6	0.7			1.0	1.2		
	9-11	0.7	0.8			0.9	1.1			1.4	1.8		
	12-14	1.0	1.2			1.2	1.6			2.1	2.5		
	15-18	1.2	1.4			1.5	1.8			2.3	2.9		
	19-29	1.0	1.4			1.4	1.7			2.5	3.1		
	30-49	1.1	1.4			1.4	1.7			2.4	3.1		
	50-64	1.1	1.3			1.3	1.6			2.3	2.9		
	65-74	1.0	1.3			1.3	1.6			2.2	2.9		
	75 이상	0.9	1.1			1.1	1.5			2.2	2.7		
여자	6-8(세)	0.5	0.6			0.6	0.7			0.9	1.3		
	9-11	0.6	0.7			0.9	1.1			1.3	1.6		
	12-14	0.8	1.0			1.2	1.4			1.8	2.2		
	15-18	0.8	1.1			1.2	1.4			1.8	2.2		
	19-29	0.8	1.1			1.1	1.3			2.1	2.6		
	30-49	0.8	1.0			1.0	1.4			2.0	2.5		
	50-64	0.8	1.1			1.1	1.3			1.9	2.4		
	65-74	0.7	0.9			0.9	1.3			1.8	2.3		
	75 이상	0.7	0.9			0.9	1.1			1.7	2.1		
임신부		1.1	1.4			1.4	1.7			2.3	2.9		
수유부		1.3	1.7			1.6	1.9			2.5	3.1		

[1] 2,3 분기별 부가량

보건복지부, 2020

성별	연령	페닐알라닌+티로신(g/일)				트레오닌(g/일)				트립토판(g/일)			
		평균 필요량	권장 섭취량	충분 섭취량	상한 섭취량	평균 필요량	권장 섭취량	충분 섭취량	상한 섭취량	평균 필요량	권장 섭취량	충분 섭취량	상한 섭취량
영아	0-5(개월)			0.9				0.5				0.2	
	6-11	0.5	0.7			0.3	0.4			0.1	0.1		
유아	1-2(세)	0.5	0.7			0.3	0.4			0.1	0.1		
	3-5	0.6	0.7			0.3	0.4			0.1	0.1		
남자	6-8(세)	0.9	1.0			0.5	0.6			0.1	0.2		
	9-11	1.3	1.6			0.7	0.9			0.2	0.2		
	12-14	1.8	2.3			1.0	1.3			0.3	0.3		
	15-18	2.1	2.6			1.2	1.5			0.3	0.4		
	19-29	2.8	3.6			1.1	1.5			0.3	0.3		
	30-49	2.9	3.5			1.2	1.5			0.3	0.3		
	50-64	2.7	3.4			1.1	1.4			0.3	0.3		
	65-74	2.5	3.3			1.1	1.3			0.2	0.3		
	75 이상	2.5	3.1			1.0	1.3			0.2	0.3		
여자	6-8(세)	0.8	1.0			0.5	0.6			0.1	0.2		
	9-11	1.2	1.5			0.6	0.9			0.2	0.2		
	12-14	1.6	1.9			0.9	1.2			0.2	0.3		
	15-18	1.6	2.0			0.9	1.2			0.2	0.3		
	19-29	2.3	2.9			0.9	1.1			0.2	0.3		
	30-49	2.3	2.8			0.9	1.2			0.2	0.3		
	50-64	2.2	2.7			0.8	1.1			0.2	0.3		
	65-74	2.1	2.6			0.8	1.0			0.2	0.2		
	75 이상	2.0	2.4			0.7	0.9			0.2	0.2		
임신부		0.8	1.0			3.0	3.8			0.3	0.4		
수유부		0.8	1.1			3.7	4.7			0.4	0.5		

성별	연령	히스티딘(g/일)				수분(mL/일)					
		평균 필요량	권장 섭취량	충분 섭취량	상한 섭취량	음식	물	음료	충분섭취량		상한 섭취량
									액체	총수분	
영아	0-5(개월)			0.1					700	700	
	6-11	0.2	0.3			300			500	800	
유아	1-2(세)	0.2	0.3			300	362	0	700	1,000	
	3-5	0.2	0.3			400	491	0	1,100	1,500	
남자	6-8(세)	0.3	0.4			900	589	0	800	1,700	
	9-11	0.5	0.6			1,100	686	1.2	900	2,000	
	12-14	0.7	0.9			1,300	911	1.9	1,100	2,400	
	15-18	0.9	1.0			1,400	920	6.4	1,200	2,600	
	19-29	0.8	1.0			1,400	981	262	1,200	2,600	
	30-49	0.7	1.0			1,300	957	289	1,200	2,500	
	50-64	0.7	0.9			1,200	940	75	1,000	2,200	
	65-74	0.7	1.0			1,100	904	20	1,000	2,100	
	75 이상	0.7	0.8			1,000	662	12	1,100	2,100	
여자	6-8(세)	0.3	0.4			800	514	0	800	1,600	
	9-11	0.4	0.5			1,000	643	0	900	1,900	
	12-14	0.6	0.7			1,100	610	0	900	2,000	
	15-18	0.6	0.7			1,100	659	7.3	900	2,000	
	19-29	0.6	0.8			1,100	709	126	1,000	2,100	
	30-49	0.6	0.8			1,000	772	124	1,000	2,000	
	50-64	0.6	0.7			900	784	27	1,000	1,900	
	65-74	0.5	0.7			900	624	9	900	1,800	
	75 이상	0.5	0.7			800	552	5	1,000	1,800	
임신부		1.2	1.5							+200	
수유부		1.3	1.7						+500	+700	

2020 한국인 영양소 섭취기준 – 지용성비타민

보건복지부, 2020

성별	연령	비타민 A(μg RAE/일)				비타민 D(μg/일)			
		평균 필요량	권장 섭취량	충분 섭취량	상한 섭취량	평균 필요량	권장 섭취량	충분 섭취량	상한 섭취량
영아	0-5(개월)			350	600			5	25
	6-11			450	600			5	25
유아	1-2(세)	190	250		600			5	30
	3-5	230	300		750			5	35
남자	6-8(세)	310	450		1,100			5	40
	9-11	410	600		1,600			5	60
	12-14	530	750		2,300			10	100
	15-18	620	850		2,800			10	100
	19-29	570	800		3,000			10	100
	30-49	560	800		3,000			10	100
	50-64	530	750		3,000			10	100
	65-74	510	700		3,000			15	100
	75 이상	500	700		3,000			15	100
여자	6-8(세)	290	400		1,100			5	40
	9-11	390	550		1,600			5	60
	12-14	480	650		2,300			10	100
	15-18	450	650		2,800			10	100
	19-29	460	650		3,000			10	100
	30-49	450	650		3,000			10	100
	50-64	430	600		3,000			10	100
	65-74	410	600		3,000			15	100
	75 이상	410	600		3,000			15	100
임신부		+50	+70		3,000			+0	100
수유부		+350	+490		3,000			+0	100

성별	연령	비타민 E(mg α-TE/일)				비타민 K(μg/일)			
		평균 필요량	권장 섭취량	충분 섭취량	상한 섭취량	평균 필요량	권장 섭취량	충분 섭취량	상한 섭취량
영아	0-5(개월)			3				4	
	6-11			4				6	
유아	1-2(세)			5	100			25	
	3-5			6	150			30	
남자	6-8(세)			7	200			40	
	9-11			9	300			55	
	12-14			11	400			70	
	15-18			12	500			80	
	19-29			12	540			75	
	30-49			12	540			75	
	50-64			12	540			75	
	65-74			12	540			75	
	75 이상			12	540			75	
여자	6-8(세)			7	200			40	
	9-11			9	300			55	
	12-14			11	400			65	
	15-18			12	500			65	
	19-29			12	540			65	
	30-49			12	540			65	
	50-64			12	540			65	
	65-74			12	540			65	
	75 이상			12	540			65	
임신부				+0	540			+0	
수유부				+3	540			+0	

2020 한국인 영양소 섭취기준 - 수용성비타민

보건복지부, 2020

성별	연령	비타민 C(mg/일)				티아민(mg/일)			
		평균 필요량	권장 섭취량	충분 섭취량	상한 섭취량	평균 필요량	권장 섭취량	충분 섭취량	상한 섭취량
영아	0-5(개월)			40				0.2	
	6-11			55				0.3	
유아	1-2(세)	30	40		340	0.4	0.4		
	3-5	35	45		510	0.4	0.5		
남자	6-8(세)	40	50		750	0.5	0.7		
	9-11	55	70		1,100	0.7	0.9		
	12-14	70	90		1,400	0.9	1.1		
	15-18	80	100		1,600	1.1	1.3		
	19-29	75	100		2,000	1.0	1.2		
	30-49	75	100		2,000	1.0	1.2		
	50-64	75	100		2,000	1.0	1.2		
	65-74	75	100		2,000	0.9	1.1		
	75 이상	75	100		2,000	0.9	1.1		
여자	6-8(세)	40	50		750	0.6	0.7		
	9-11	55	70		1,100	0.8	0.9		
	12-14	70	90		1,400	0.9	1.1		
	15-18	80	100		1,600	0.9	1.1		
	19-29	75	100		2,000	0.9	1.1		
	30-49	75	100		2,000	0.9	1.1		
	50-64	75	100		2,000	0.9	1.1		
	65-74	75	100		2,000	0.8	1.0		
	75 이상	75	100		2,000	0.7	0.8		
임신부		+10	+10		2,000	+0.4	+0.4		
수유부		+35	+40		2,000	+0.3	+0.4		

성별	연령	리보플라빈(mg/일)				니아신(mg NE/일)[1]			
		평균 필요량	권장 섭취량	충분 섭취량	상한 섭취량	평균 필요량	권장 섭취량	충분 섭취량	상한섭취량 니코틴산/니코틴아미드
영아	0-5(개월)			0.3				2	
	6-11			0.4				3	
유아	1-2(세)	0.4	0.5			4	6		10/180
	3-5	0.5	0.6			5	7		10/250
남자	6-8(세)	0.7	0.9			7	9		15/350
	9-11	0.9	1.1			9	11		20/500
	12-14	1.2	1.5			11	15		25/700
	15-18	1.4	1.7			13	17		30/800
	19-29	1.3	1.5			12	16		35/1000
	30-49	1.3	1.5			12	16		35/1000
	50-64	1.3	1.5			12	16		35/1000
	65-74	1.2	1.4			11	14		35/1000
	75 이상	1.1	1.3			10	13		35/1000
여자	6-8(세)	0.6	0.8			7	9		15/350
	9-11	0.8	1.0			9	12		20/500
	12-14	1.0	1.2			11	15		25/700
	15-18	1.0	1.2			11	14		30/800
	19-29	1.0	1.2			11	14		35/1000
	30-49	1.0	1.2			11	14		35/1000
	50-64	1.0	1.2			11	14		35/1000
	65-74	0.9	1.1			10	13		35/1000
	75 이상	0.8	1.0			9	12		35/1000
임신부		+0.3	+0.4			+3	+4		35/1000
수유부		+0.4	+0.5			+2	+3		35/1000

[1] 1 mg NE(니아신 당량)=1 mg 니아신=60 mg 트립토판

보건복지부, 2020

성별	연령	비타민 B_6(mg/일)				엽산(μg DFE/일)[1]			
		평균 필요량	권장 섭취량	충분 섭취량	상한 섭취량	평균 필요량	권장 섭취량	충분 섭취량	상한 섭취량[2]
영아	0-5(개월)			0.1				65	
	6-11			0.3				90	
유아	1-2(세)	0.5	0.6		20	120	150		300
	3-5	0.6	0.7		30	150	180		400
남자	6-8(세)	0.7	0.9		45	180	220		500
	9-11	0.9	1.1		60	250	300		600
	12-14	1.3	1.5		80	300	360		800
	15-18	1.3	1.5		95	330	400		900
	19-29	1.3	1.5		100	320	400		1,000
	30-49	1.3	1.5		100	320	400		1,000
	50-64	1.3	1.5		100	320	400		1,000
	65-74	1.3	1.5		100	320	400		1,000
	75 이상	1.3	1.5		100	320	400		1,000
여자	6-8(세)	0.7	0.9		45	180	220		500
	9-11	0.9	1.1		60	250	300		600
	12-14	1.2	1.4		80	300	360		800
	15-18	1.2	1.4		95	330	400		900
	19-29	1.2	1.4		100	320	400		1,000
	30-49	1.2	1.4		100	320	400		1,000
	50-64	1.2	1.4		100	320	400		1,000
	65-74	1.2	1.4		100	320	400		1,000
	75 이상	1.2	1.4		100	320	400		1,000
임신부		+0.7	+0.8		100	+200	+220		1,000
수유부		+0.7	+0.8		100	+130	+150		1,000

성별	연령	비타민 B_{12}(μg/일)				판토텐산(mg/일)				비오틴(μg/일)			
		평균 필요량	권장 섭취량	충분 섭취량	상한 섭취량	평균 필요량	권장 섭취량	충분 섭취량	상한 섭취량	평균 필요량	권장 섭취량	충분 섭취량	상한 섭취량
영아	0-5(개월)			0.3				1.7				5	
	6-11			0.5				1.9				7	
유아	1-2(세)	0.8	0.9					2				9	
	3-5	0.9	1.1					2				12	
남자	6-8(세)	1.1	1.3					3				15	
	9-11	1.5	1.7					4				20	
	12-14	1.9	2.3					5				25	
	15-18	2.0	2.4					5				30	
	19-29	2.0	2.4					5				30	
	30-49	2.0	2.4					5				30	
	50-64	2.0	2.4					5				30	
	65-74	2.0	2.4					5				30	
	75 이상	2.0	2.4					5				30	
여자	6-8(세)	1.1	1.3					3				15	
	9-11	1.5	1.7					4				20	
	12-14	1.9	2.3					5				25	
	15-18	2.0	2.4					5				30	
	19-29	2.0	2.4					5				30	
	30-49	2.0	2.4					5				30	
	50-64	2.0	2.4					5				30	
	65-74	2.0	2.4					5				30	
	75 이상	2.0	2.4					5				30	
임신부		+0.2	+0.2					+1.0				+0	
수유부		+0.3	+0.4					+2.0				+5	

[1] Dietary Folate Equivalents, 가임기 여성의 경우 400 μg/일의 엽산보충제 섭취를 권장함.

[2] 엽산의 상한섭취량은 보충제 또는 강화식품의 형태로 섭취한 μg/일에 해당됨.

2020 한국인 영양소 섭취기준 – 다량무기질

보건복지부, 2020

성별	연령	칼슘(mg/일)				인(mg/일)				나트륨(mg/일)			
		평균 필요량	권장 섭취량	충분 섭취량	상한 섭취량	평균 필요량	권장 섭취량	충분 섭취량	상한 섭취량	필요 추정량	권장 섭취량	충분 섭취량	만성질환위험 감소섭취량
영아	0-5(개월)			250	1,000			100				110	
	6-11			300	1,500			300				370	
유아	1-2(세)	400	500		2,500	380	450		3,000			810	1,200
	3-5	500	600		2,500	480	550		3,000			1,000	1,600
남자	6-8(세)	600	700		2,500	500	600		3,000			1,200	1,900
	9-11	650	800		3,000	1,000	1,200		3,500			1,500	2,300
	12-14	800	1,000		3,000	1,000	1,200		3,500			1,500	2,300
	15-18	750	900		3,000	1,000	1,200		3,500			1,500	2,300
	19-29	650	800		2,500	580	700		3,500			1,500	2,300
	30-49	650	800		2,500	580	700		3,500			1,500	2,300
	50-64	600	750		2,000	580	700		3,500			1,500	2,300
	65-74	600	700		2,000	580	700		3,500			1,300	2,100
	75 이상	600	700		2,000	580	700		3,000			1,100	1,700
여자	6-8(세)	600	700		2,500	480	550		3,000			1,200	1,900
	9-11	650	800		3,000	1,000	1,200		3,500			1,500	2,300
	12-14	750	900		3,000	1,000	1,200		3,500			1,500	2,300
	15-18	700	800		3,000	1,000	1,200		3,500			1,500	2,300
	19-29	550	700		2,500	580	700		3,500			1,500	2,300
	30-49	550	700		2,500	580	700		3,500			1,500	2,300
	50-64	600	800		2,000	580	700		3,500			1,500	2,300
	65-74	600	800		2,000	580	700		3,500			1,300	2,100
	75 이상	600	800		2,000	580	700		3,000			1,100	1,700
임신부		+0	+0		2,500	+0	+0		3,000			1,500	2,300
수유부		+0	+0		2,500	+0	+0		3,500			1,500	2,300

성별	연령	염소(mg/일)				칼륨(mg/일)				마그네슘(mg/일)			
		평균 필요량	권장 섭취량	충분 섭취량	상한 섭취량	평균 필요량	권장 섭취량	충분 섭취량	상한 섭취량	평균 필요량	권장 섭취량	충분 섭취량	상한 섭취량[1]
영아	0-5(개월)			170				400				25	
	6-11			560				700				55	
유아	1-2(세)			1,200				1,900		60	70		60
	3-5			1,600				2,400		90	110		90
남자	6-8(세)			1,900				2,900		130	150		130
	9-11			2,300				3,400		190	220		190
	12-14			2,300				3,500		260	320		270
	15-18			2,300				3,500		340	410		350
	19-29			2,300				3,500		300	360		350
	30-49			2,300				3,500		310	370		350
	50-64			2,300				3,500		310	370		350
	65-74			2,100				3,500		310	370		350
	75 이상			1,700				3,500		310	370		350
여자	6-8(세)			1,900				2,900		130	150		130
	9-11			2,300				3,400		180	220		190
	12-14			2,300				3,500		240	290		270
	15-18			2,300				3,500		290	340		350
	19-29			2,300				3,500		230	280		350
	30-49			2,300				3,500		240	280		350
	50-64			2,300				3,500		240	280		350
	65-74			2,100				3,500		240	280		350
	75 이상			1,700				3,500		240	280		350
임신부				2,300				+0		+30	+40		350
수유부				2,300				+400		+0	+0		350

[1] 식품외 급원의 마그네슘에만 해당

2020 한국인 영양소 섭취기준 - 미량무기질

보건복지부, 2020

성별	연령	철(mg/일)				아연(mg/일)				구리(μg/일)			
		평균필요량	권장섭취량	충분섭취량	상한섭취량	평균필요량	권장섭취량	충분섭취량	상한섭취량	평균필요량	권장섭취량	충분섭취량	상한섭취량
영아	0-5(개월)			0.3	40			2				240	
	6-11	4	6		40	2	3					330	
유아	1-2(세)	4.5	6		40	2	3		6	220	290		1,700
	3-5	5	7		40	3	4		9	270	350		2,600
남자	6-8(세)	7	9		40	5	5		13	360	470		3,700
	9-11	8	11		40	7	8		19	470	600		5,500
	12-14	11	14		40	7	8		27	600	800		7,500
	15-18	11	14		45	8	10		33	700	900		9,500
	19-29	8	10		45	9	10		35	650	850		10,000
	30-49	8	10		45	8	10		35	650	850		10,000
	50-64	8	10		45	8	10		35	650	850		10,000
	65-74	7	9		45	8	9		35	600	800		10,000
	75 이상	7	9		45	7	9		35	600	800		10,000
여자	6-8(세)	7	9		40	4	5		13	310	400		3,700
	9-11	8	10		40	7	8		19	420	550		5,500
	12-14	12	16		40	6	8		27	500	650		7,500
	15-18	11	14		45	7	9		33	550	700		9,500
	19-29	11	14		45	7	8		35	500	650		10,000
	30-49	11	14		45	7	8		35	500	650		10,000
	50-64	6	8		45	6	8		35	500	650		10,000
	65-74	6	8		45	6	7		35	460	600		10,000
	75 이상	5	7		45	6	7		35	460	600		10,000
임신부		+8	+10		45	+2.0	+2.5		35	+100	+130		10,000
수유부		+0	+0		45	+4.0	+5.0		35	+370	+480		10,000

성별	연령	불소(mg/일)				망간(mg/일)				요오드(μg/일)			
		평균필요량	권장섭취량	충분섭취량	상한섭취량	평균필요량	권장섭취량	충분섭취량	상한섭취량	평균필요량	건장섭취량	충분섭취량	상한섭취량
영아	0-5(개월)			0.01	0.6			0.01				130	250
	6-11			0.4	0.8			0.8				180	250
유아	1-2(세)			0.6	1.2			1.5	2.0	55	80		300
	3-5			0.9	1.8			2.0	3.0	65	90		300
남자	6-8(세)			1.3	2.6			2.5	4.0	75	100		500
	9-11			1.9	10.0			3.0	6.0	85	110		500
	12-14			2.6	10.0			4.0	8.0	90	130		1,900
	15-18			3.2	10.0			4.0	10.0	95	130		2,200
	19-29			3.4	10.0			4.0	11.0	95	150		2,400
	30-49			3.4	10.0			4.0	11.0	95	150		2,400
	50-64			3.2	10.0			4.0	11.0	95	150		2,400
	65-74			3.1	10.0			4.0	11.0	95	150		2,400
	75 이상			3.0	10.0			4.0	11.0	95	150		2,400
여자	6-8(세)			1.3	2.5			2.5	4.0	75	100		500
	9-11			1.8	10.0			3.0	6.0	80	110		500
	12-14			2.4	10.0			3.5	8.0	90	130		1,900
	15-18			2.7	10.0			3.5	10.0	95	130		2,200
	19-29			2.8	10.0			3.5	11.0	95	150		2,400
	30-49			2.7	10.0			3.5	11.0	95	150		2,400
	50-64			2.6	10.0			3.5	11.0	95	150		2,400
	65-74			2.5	10.0			3.5	11.0	95	150		2,400
	75 이상			2.3	10.0			3.5	11.0	95	150		2,400
임신부				+0	10.0			+0	11.0	+65	+90		
수유부				+0	10.0			+0	11.0	+130	+190		

보건복지부, 2020

성별	연령	셀레늄(μg/일)				몰리브덴(μg/일)				크롬(μg/일)			
		평균 필요량	권장 섭취량	충분 섭취량	상한 섭취량	평균 필요량	권장 섭취량	충분 섭취량	상한 섭취량	평균 필요량	권장 섭취량	충분 섭취량	상한 섭취량
영아	0-5(개월)			9	40							0.2	
	6-11			12	65							4.0	
유아	1-2(세)	19	23		70	8	10		100			10	
	3-5	22	25		100	10	12		150			10	
남자	6-8(세)	30	35		150	15	18		200			15	
	9-11	40	45		200	15	18		300			20	
	12-14	50	60		300	25	30		450			30	
	15-18	55	65		300	25	30		550			35	
	19-29	50	60		400	25	30		600			30	
	30-49	50	60		400	25	30		600			30	
	50-64	50	60		400	25	30		550			30	
	65-74	50	60		400	23	28		550			25	
	75 이상	50	60		400	23	28		550			25	
여자	6-8(세)	30	35		150	15	18		200			15	
	9-11	40	45		200	15	18		300			20	
	12-14	50	60		300	20	25		400			20	
	15-18	55	65		300	20	25		500			20	
	19-29	50	60		400	20	25		500			20	
	30-49	50	60		400	20	25		500			20	
	50-64	50	60		400	20	25		450			20	
	65-74	50	60		400	18	22		450			20	
	75 이상	50	60		400	18	22		450			20	
임신부		+3	+4		400	+0	+0		500			+5	
수유부		+9	+10		400	+3	+3		500			+20	

Chapter 1

생애주기영양 총론

1-1 생애주기에 따른 영양의 의의와 중요성

인간이 일생 동안 건강한 삶을 영위하려면 임신을 시작으로 태내기·영아기·유아기·아동기·청소년기·성인기의 영양이 발달과정에 따라 적절히 균형 있게 공급되어야 한다. 그럼으로써 성장발달의 균형을 이룰 수 있고 건강을 유지하여 노화를 늦출 수 있으며, 건강하게 생애를 보낼 수 있다. 생애주기에서 각각의 발달과정에 맞는 건강을 유지하고 질병을 예방하기 위해서는 영양지식을 습득하고 이를 실생활에 활용할 수 있어야 한다.

인체 내에서 일생 동안 일어나는 생물학적인 변화는 매우 역동적이다. 인간의 생애주기 중 태내기는 생명이 시작되는 수정란 세포의 분열과 분화로 모체 내에서 각 조직과 기관을 형성하며 자궁에서 빠르게 성장하는 시기로 매우 중요하다. 태아기의 영양결핍이나 영양문제가 출생 후에도 영아 건강에 영향을 미친다는 사실은 태아기의 영양이 얼마나 중요한지 입증해 주고 있다.

영아기는 출생 이후 새로운 생활환경에 적응해 가는, 일생에 가장 급격한 성장과 발달이 이루어지는 시기로, 모유나 인공영양에 의존하게 되므로 수유부의 건강과 영양에 관한 지식이 영아의 영양상태와 성장발육에 직접적으로 영향을 미친다. 이 시기의 균형잡힌 식생활과 영양은 평생의 건강을 좌우하게 된다.

유아기는 개체의 독립성을 나타내는 시기로 모유나 인공영양에서 점차 고형식을 하게 되며, 일생을 통해 영향을 미치는 식습관이 형성된다. 아동기는 성장이 지속적이고 완만하게 이루어지지만 이 시기의 영양은 청소년기와 성인기 건강에 영향을 미친다. 영양이 결핍되면 성장이 제대로 이루어지지 않고, 영양이 과잉되면 아동비만을 유발하여 각종 대사질환의 원인이 되므로 균형잡힌 영양이 매우 중요하다.

청소년기는 성장발달 속도가 정점에 이르게 되어 육체적으로는 성인에 가까우나 정신적으로는 과도기이므로 정신적·육체적 성숙의 균형이 필요한 시기이다.

성인기는 최대 성장을 이룬 시점에서 각 기관의 조직과 기능을 최대한 유지해야 하므로, 이때의 영양균형은 노화를 예방하고 노년기 건강을 유지하는 데 매우 중요하다.

노화는 성인기 동안 유지되던 생리기능이 점차 쇠퇴하는 현상으로, 노화속도는 대사질환의 발생과 노년기의 건강이 결정되는 중요한 요인이다. 노년기에는 노화에 따른 생리기능의 저하를 보상할 수 있는 양을 고려하여 영양을 공급하여야 한다.

과학과 의료기술의 발달이나 식생활의 향상 등으로 노인인구가 급증하면서 노인영양에 대한 관심이 높아지고 있다. 최근 노화현상에 대한 분자생물학적 혹은 유전학적인 접근은 생명현상과 노화에 미치는 영양의 중요성을 증명하고 있다.

생애주기에 따라 각 개인의 성장속도와 양상이 다르며, 신체를 구성하는 성분도 조금씩 변화된다. 이에 따라 체내 대사에도 차이가 있으므로, 영양필요량과 기준도 달리 적용되어야 한다.

아직도 우리나라 일부에서는 영양부족으로 인한 영양취약 계층도 있으나 많은 사람들이 영양과잉으로 인한 질환에 노출되어 있으므로 개인뿐만 아니라 국가에서 부담하는 의료비 또한 큰 문제가 되고 있다.

그러므로 생애주기 영양학의 의의와 중요성은 태아기부터 청소년기까지는 영양소를 균형 있게 섭취하여 성장·발육하고, 질병이 없는 성인기와 노년기를 지낼 수 있게 평생 건강을 유지하는 영양의 역할을 이해하고 습득하는 데에 있다.

1-2 성장발달과 노화에 따른 영양의 역할

1. 성장과 발달

인체의 성장·발달과정 중에 일어나는 많은 변화들은 영양섭취에 의해 조절된다. 따라서 생애주기의 각 단계별 영양필요량은 매우 다르다.

(1) 성장은 계측이 가능한 신체의 양적 성장을 의미하며, 신장과 체중은 인체의 성장을 평가하는 표준으로 사용된다. 대사연구를 통해서도 성장을 평가할 수 있는데, 예를 들어 칼슘이나 질소 등의 체내 축적량을 측정함으로써 성장발달을 측정할 수 있다.

(2) 발달은 기능의 질적 성장을 의미하며 분화와 성숙이 특징이다. 분화란 처음과는 다른 특성이나 기능을 습득하는 과정으로 특수한 기능이 증가하는 것이고 성숙은 생물학적·지적·정서적 발달이 최대치에 달하는 것을 의미한다.

2. 조직의 성장

조직의 성장은 다음 세 가지 변화의 결과로 일어난다.

(1) 세포분열에 따른 세포수의 증가 (증식성 성장) – hyperplasia

(2) 세포 크기의 증가에 따른 비대성 성장 – hypertrophy

(3) 증식성 및 비대성 성장의 조합 – hyperplasia & hypertrophy

3. 조직에 따라 다른 성장양식

(1) 재생이 가능한 조직에서는 세포가 끊임없이 사멸하고 새로운 세포로 대치된다. 성숙한 세포는 고도로 분화되며 분열기능이 없다. 죽은 세포들은 지속적으로 피부 표면으로부터 떨어져 나가고 피부 깊은 곳에 있는 배세포(골수 모세포)의 분열로 생성된 새로운 세포들에 의해 대치된다. 적혈구도 유사한 양상을 보이는데 골수에 있는 배세포에서 새로운 적혈구가 생성된다.

(2) 재생이 불가능한 조직의 세포는 다른 양식으로 성장·발달한다. 신경과 골격근 세포는 생애 초기에 형성되어 일생 동안 유지되며 초기에는 분열기능이 있으나 고도로 분화된 다음에는 이 기능을 상실한다.

뇌의 신경세포는 자궁 안에서 태아기에 형성이 완료된다. 두뇌의 크기는 지속적으로 커지지만 이는 이미 형성된 세포의 비대성 성장과 신경세포를 보조하는 지지세포들의 성장·발달에 의한 것이다. 손상된 신경세포는 대치되지 않는다.

(3) 신장과 여러 분비조직에서는 세포가 계속적으로 대치되지는 않지만 상해를 입었거나 조직을 증가시켜야 할 상황이 발생하면 세포분열이 일어난다.

4. 노 화

노화는 성숙기 이후에 점진적으로 조직의 세포수가 감소하고 기능도 쇠퇴하는 것으로, 유전적 요인도 작용하나 환경과 영양의 영향을 강하게 받는다. 노화와 관련되는 만성적인 퇴행성 질환은 식사와 관련성이 크며, 특히 노화에 관한 산화 스트레스설은 영양과 대사적 환경의 중요성을 강조하고 있다.

영양이 노화과정에도 영향을 미친다는 '산화 스트레스설'에 의하면 노화로 인해 수반되는 질환들은 식이 조절로 어느 정도 예방이 가능하며, 질병치료에도 영양이 중요하다는 연구결과가 보고되어 왔다. 음주, 흡연, 운동 등 건강관련 생활습관도 노화에 큰 영향을 미친다.

1-3 유전과 환경 및 영양의 상호작용

1. 유전이란?

인체의 성장과 발달은 유전과 환경 사이에서 일어나는 지속적이고 복잡한 상호작용의 결과이다. 인간은 부모로부터 물려받은 유전자조합을 가지고 있다. 인간의 유전체(genome)는 핵 속의 염색체(chromosome) 내에 DNA로 존재하고 있으며, 총 46개(23쌍)의 염색체로 구성된다. 한 개의 염색체에는 수십만 개의 유전자(gene)가 들어 있으며, 인간의 유전체는 약 100만 개의 유전자를 지니고 있다고 추정된다.

이중나선구조인 DNA는 생명체의 기능과 발달을 조절하는 유전정보를 포함하고 있으며, 생명체가 성장하기 위해서는 DNA 복제가 이루어져야 한다. DNA가 두 개의 외가닥으로 분리되면 분리된 각각의 DNA가 수형이 되어 새로운 DNA를 합성함으로써 복제가 이루어진다.

RNA는 DNA의 유전정보를 받아서 생명유지에 필요한 단백질을 합성한다. 이렇게 DNA-RNA-단백질로의 생명정보 전달과정을 통해 암호화된 유전자는 개개인의 표현형으로 발현된다.

2. 유전자의 구조

DNA의 이중나선구조는 1953년에 미국의 제임스 왓슨과 영국의 프랜시스 크릭에 의해 밝혀졌다. 다른 고등동물과 마찬가지로 인간의 DNA는 당(sugar)과 인산(phosphate)으로 구성된 두 개의 가닥이 네 종류의 염기에 의해 연결되어 있다. 두 개의 DNA 가닥은 염기쌍의 약한 결합에 의해 연결되어 있다.

유전체의 크기는 이러한 염기쌍의 수에 의하여 결정되는데 인간 유전체(human genome)는 대략 30억 개의 염기쌍으로 이루어져 있다. 각각의 가닥은 당과 인산 및 질소 염기로 구성된 뉴클레오티드(nucleotides)라는 동일한 단위들이 반복되어 선상배열을 하고 있는데, DNA를 구성하는 네 가지 염기는 아데닌(adenine : A)과 구아닌(guanine : G), 시토신(cytosine : C), 티민(thymine : T)이다.

질소 염기는 이중고리구조를 가지고 있는 퓨린(purine) 염기와 단일고리구조를 가지고 있는 피리미딘(pyrimidine) 염기가 있으며 아데닌과 구아닌은 **퓨린 염기**이고, 시토신과 티민은 **피리미딘 염기**이다. 염기가 디옥시리보오스(deoxyribose)에 공유결합하여 뉴클레오시드(nucleoside)를 만들고, 핵산에서 인산염(phosphate)은 뉴클레오시드의 당과 결합하여 뉴클레오티드를 만든다.

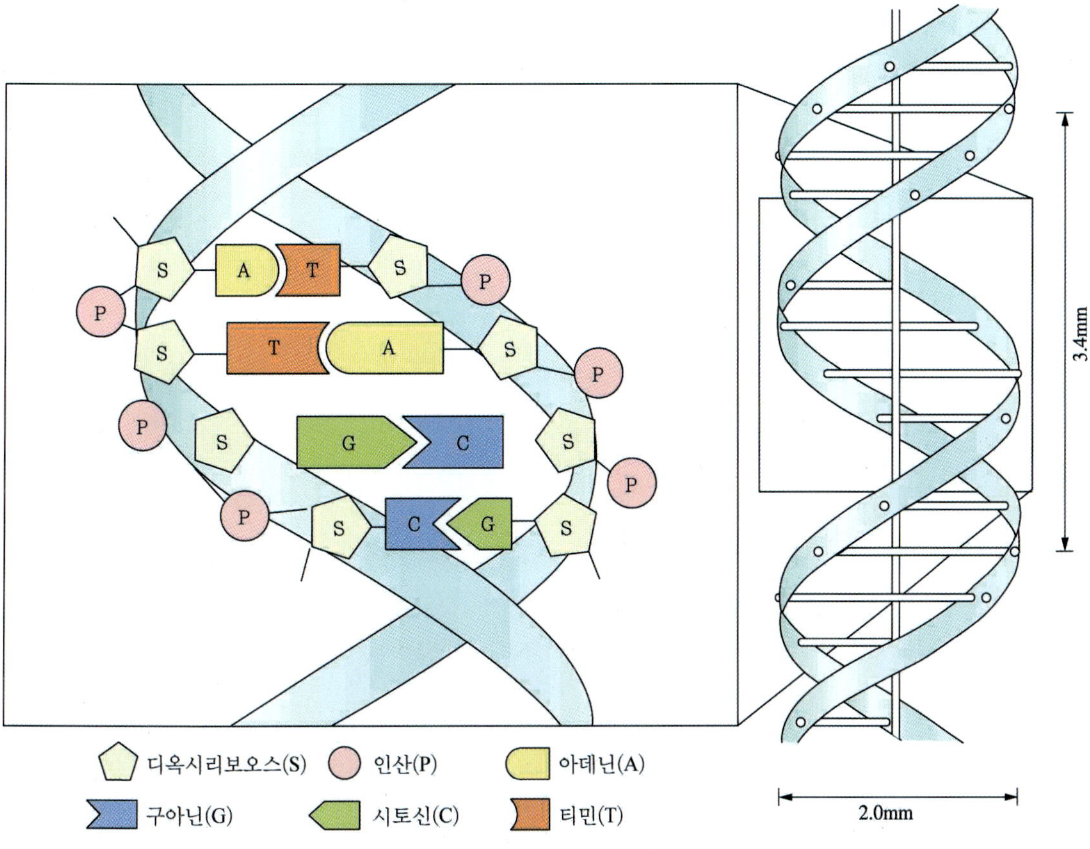

그림 1-1 왓슨-크릭의 DNA 이중나선구조

DNA분자는 염기(A. G. C. T)에 디옥시리보오스(S)와 인산(P)의 결합이 연속하여 이루어진 두 가닥의 긴 사슬이 나선 모양으로 꼬인 구조로 이루어져 있다.

3. 유전자의 기능

(1) 복 제

DNA는 유전정보를 담고 있는 중요한 분자로 분열하여 만들어지는 모든 세포에 그대로 계승된다. 그러기 위해서는 DNA가 완벽하게 복제(replication)되어 세포에 전달되지 않으면 안 된다.

DNA의 복제를 위하여 두 가닥의 DNA 사슬이 풀리면, 각각의 DNA 사슬의 염기 배열에 상보적인 염기를 가진 뉴클레오티드가 연속해서 결합하여 원래 두 가닥 사슬 DNA와 똑같은 두 가닥 사슬 DNA가 2개 만들어진다.

인간의 몸이 성장하거나 신진대사를 반복하기 위해서 피부나 손톱, 골수, 근육 등의 세포(체세포)가 분열하여 복제될 때에는 유전정보 담당격인 DNA가 자기복제를 함으로써 세포가 복사된다고 할 수 있다.

DNA 사슬에는 구조적인 방향성이 있어서, 나선을 이루는 두 줄의 사선은 서로 반대 방향을 향하고 있다. DNA가 자기복제를 할 때에 작용하는 효소는 일정한 방향으로밖에 DNA를 합성할 수 없다. 따라서 두 줄의 나누어진 DNA 사슬 중 한쪽의 사슬과 쌍을 이루는 DNA는 연속하여 합성할 수 있다.

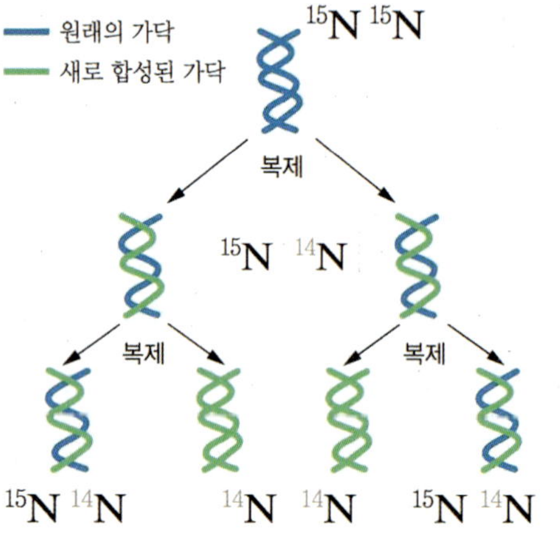

그림 1-2 DNA의 반보존적 복제

그러나 다른 한쪽의 사슬과 쌍을 이루는 DNA를 만들 때에는 짧은 DNA 단편을 조금씩 만들어서 연결해야 한다. 이렇게 복제된 DNA는 분열해 가는 세포에 각각 분배된다.

즉, 한쪽 사슬은 DNA로부터 받은 것이 보존되어 계승되고, 다른 한쪽의 사슬은 새롭게 합성된다. 세포가 분열할 때에는 이렇게 복제된 DNA가 새로운 두 개의 세포인 딸세포에 전해져서 세포가 분열되더라도 완전히 똑같은 DNA가 계승되는 것이다. 새롭게 만들어진 두 가닥 DNA 사슬은 각각 원래의 DNA 사슬 한쪽과 새롭게 만들어진 DNA 사슬 한 가닥으로 이루어져 있다.

이러한 복제 방법을 '반보존적 복제'라고 한다. DNA의 반보존적 복제가 진행되는 과정은 밝혀졌으나, DNA 복제를 일어나게 하는 것이 무엇인지는 아직 모르고 있으므로 DNA 복제를 자기복제라고 부른다.

(2) 단백질의 합성

핵 내 DNA의 유전정보 전달은 이 나선의 일부가 풀리고, 풀린 각각의 사슬을 주형으로 하여 mRNA에 전사된다(DNA의 염기 A, G, C, T에 대해 각각 U, C, G, A가 mRNA에 전사된다). mRNA는 핵을 나와서 세포질로 이동하여 리보솜에 부착하며, 아미노산을 운반하는 운반 RNA의 작용으로 mRNA 유전암호에 따라 아미노산이 차례로 결합되어 펩티드 사슬(단백질 분자)이 형성된다.

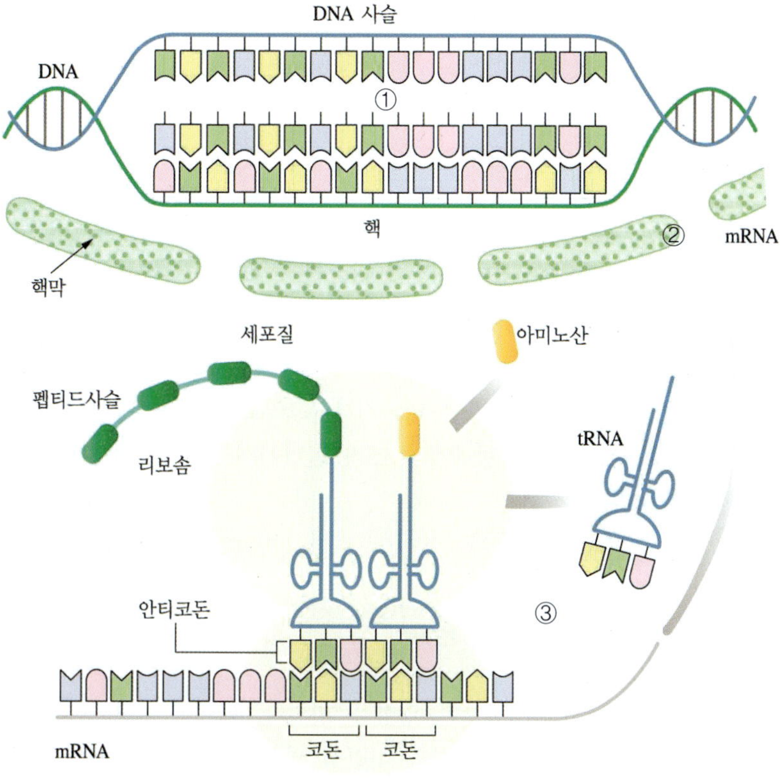

그림 1-3 단백질 합성과정

① DNA의 특정 염기서열(즉, A, T, G, C의 서열)을 RNA의 일종인 mRNA(전령 RNA)가 복사한다.
② mRNA는 세포핵을 둘러싸고 있는 핵막의 구멍을 통해 핵 바깥으로 이동, 리보솜에 염기서열의 복제물을 운반한다.
③ 리보솜은 복제된 염기서열을 해독하여 tRNA(운반 RNA)가 원료인 아미노산을 운반, 단백질이 만들어진다.

4. 단일염기다형성(SNP, Single Nucleotide Polymorphism)

같은 부모에게서 태어난 사람들이라도 외모와 체질, 성격이 조금씩 다른데, 이것은 이들 표현형을 결정하는 30억 개의 DNA 염기서열이 사람마다 조금씩 다르기 때문이다.

임의의 두 사람의 세놈을 비교하면 30억 염기쌍 중에서 99.9 %는 염기배열이 일치하지만, 나머지 0.1 %는 개인마다 독특하게 다르다. 이는 인간 게놈 30억 염기 전체에서 약 300만 개가 다르다는 것을 의미한다.

예를 들어 진희, 선희, 미희 세 사람의 DNA검사를 하여 그 일부를 비교하여 보면 다음과 같다.

진희 (···AGCGTAT*C*GTC···)
선희 (···AGCGTAT*T*GTC···)
미희 (···AGCGTAT*G*GTC···)

공식의 대부분이 일치하지만 진희는 한군데에서 C(시토신)이고 선희는 T(티민)이며 미희는 G(구아닌)로 하나의 염기가 각각 다르다.

이러한 염기의 차이를 단일염기다형성(Single Nucleotide Polymorphism ; SNP)이라고 하며, 이와 같이 SNP가 단백질 생산을 조절하는 영역에 있는 경우 사람마다 같은 종류의 단백질이라도 그 생산량이 달라진다. 그리고 SNP가 단백질 구조를 결정하는 부분에 있다면 생산되는 단백질 구조가 달라져서 원래의 기능을 발휘하지 못해 질병을 일으킬 수도 있다.

5. 영양이 유전에 미치는 영향

영양은 유전자의 발현에 매우 중요한 영향을 미친다. 태내의 초기 발달 중에 유전과 영양 상호간 작용의 예로 일란성과 이란성 쌍생아가 출생할 때의 신장과 체중이 영향을 받는다는 보고가 있다.

일란성 쌍둥이는 동일한 유전자를 가지고 같은 수정란으로 발달하며, 이란성 쌍둥이는 각각의 수정란으로 구성되어 있고 다른 유전자형이며 고유의 태반을 갖는다. 일란성 쌍생아들은 크기가 비슷할 것이라 생각되지만 일란성 쌍생아들이 이란성 쌍생아들보다 출생할 때에 체위에서 더 큰 차이를 나타낸다.

이와 같이 출생 시 체위의 차이는, 일란성 쌍생아들은 한 자궁을 공유하면서 혈액과 영양을 공급받는데 이때 자궁 내 산소와 영양소의 배분이 균등하지 않기 때문이라고 한다. 그러나 이란성 쌍생아들은 각각 그들의 고유한 태반을 가지므로 영양소의 배분과는 상관이 없다고 한다.

이렇듯 세포가 체내에서 유전정보를 받아서 성장·발달하는 데는 유전과 환경이 중요한데, 특히 영양이 미치는 영향은 매우 크다고 할 수 있다.

1-4 영양이 특정시기 발달에 미치는 영향

유전적 요소는 태내기 성장발달에 큰 영향을 미치며, 영아 초기에는 유전적인 영향뿐 아니라 영양의 과부족도 성장발달에 변화를 줄 수 있다. 생애주기에는 어떤 특정 순간에 급격히 발달하는 '특정시기'가 있다.

'특정시기'란 급격한 성장이 이루어지는 시기로, 이 시기에는 특별한 작용이나 저해에 가장 취약하기 때문에 어떤 기관의 발달 '특정시기'에 세포분열이 제한되면 기관의 세포 수가 감소하여 비가역적인 손상을 받게 되나, '특정시기'가 아닌 시기에 경험하는 영양결핍으로 인한 손상은 회복이 가능하다.

예를 들어 비타민 A는 직접적으로 유전자 표현에 영향을 미치는데, 신체의 모든 조직세포는 비타민 A를 특수한 결합단백질을 통해 받아들이고 핵으로 수송하여 상피세포의 분화를 촉진하므로 부족하면 유전자형의 발현 정도가 낮다.

1–5 선천적 대사장애와 영양과의 관계

선천적 대사장애는 정상적인 대사경로의 손상으로 인해 유발되는 질병으로서 특정 유전자의 돌연변이에 따른 결과로, 효소를 비롯하여 암호화된 단백질의 손상 또는 결여 때문이다.

효소의 상실은 대사경로의 결손을 가져오게 됨으로써 독성을 갖는 부산물이 생기기도 하고 중요 대사산물 생성의 부족현상이 보이기도 한다. 체내에서 일어나는 대사작용이 원활해지기 위해서는 영양소들이 조효소로 작용하거나 촉매역할을 하므로 각 단계별로 영양소 과부족이 없도록 해야 한다.

Chapter 2

임신과 영양

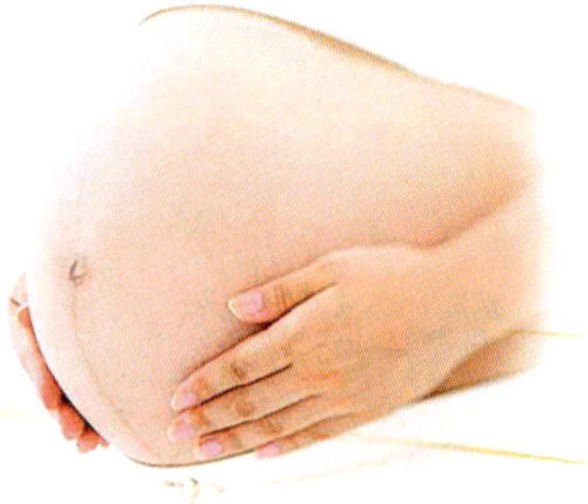

2-1 영양과 임신

임신기 동안의 적절한 영양공급은 모체 건강, 태아의 성장과 발달에 매우 중요하다.

1. 성호르몬

생식에 가장 중추적 역할을 하는 기관은 여성은 난소, 남성은 고환으로 성호르몬을 분비한다.

난자 한 개와 정자 한 개가 결합하면 수정란이 되고, 여성의 자궁 내에서 발육하여 태아가 된다. 이런 일련의 과정을 생식이라 하며, 이것을 조정하고 성호르몬의 생산을 지시하는 것은 뇌하수체 전엽에서 분비되는 성선자극 호르몬이다.

(1) 남성 호르몬

남자는 출생 후 10~14세까지 고환의 활동이 거의 정지 상태에 있으나, 사춘기에 이르면 남성 호르몬인 테스토스테론이 분비되면서 남성의 제2차 성징이 발현되고 생식기관의 발육이 촉진되어 남성으로서의 여러 가지 특성을 갖게 된다.

체내대사 면에서는 단백질 합성을 촉진하여 근육의 발달이 왕성해지며 긴뼈의 성장을 촉진시킨다.

(2) 여성 호르몬

난소에서는 여성 호르몬인 에스트로겐과 프로게스테론이 생산되는데, 이 호르몬들은 자궁점막과 유선의 발육, 여성의 2차 성징 발현, 성주기의 조절 및 임신유지 등에 관여한다.

① 에스트로겐

에스트로겐은 난소에서 난포의 발육을 촉진시켜 난자의 발육을 돕고 자궁내막의 증식 및 자궁 근육을 발달시켜 월경 후 탈락된 자궁내막 상피세포의 재생을 촉진시킨다. 또 유선관의 발달을 촉진하여 유방의 발달을 도모하고 피하지방을 축적시켜 유방과 골반부가 커지게 하며, 사춘기의 일반적인 성징을 촉진시킨다.

② 프로게스테론(황체호르몬)

프로게스테론은 황체에서 분비되며 에스트로겐에 의해 증식된 자궁 내막의 혈관 증식을 촉진하여 수정란의 착상을 돕는다. 또 프로게스테론은 배란을 억제하며 임신이 끝날 때까지 계속 분비되지만, 수정이 이루어지지 않았을 때에는 분비가 갑자기 감소하면서 월경이 시작된다.

임신부에게 프로게스테론의 분비가 결핍되면 유산이나 조산아 분만의 위험이 있다.

(3) 임신 가능기

난자는 배란 후 8~24시간 내에 정자에 의해 수정이 가능하며, 그 이후는 자연 소멸한다. 정자는 여성 생식기 내에서 24~72시간 생존할 수 있다. 배란은 월경주기가 28일인 경우에는 14~15일경에 이루어지나, 여성에 따라서는 월경주기가 불규칙하여 배란일을 측정하기가 어려울 때도 있다. 정자 생존기간 3일을 가산할 때에는 예정 월경 전 11일부터 17일(배란일 14일±정자 생존 3일) 사이가 가장 임신 가능성이 높다.

2. 여성의 생리주기

일생동안 여성의 뇌 조직은 시상하부에서 생식샘자극 호르몬(gonadotropin releasing hormone)이 방출되면 뇌하수체 전엽에서 소량의 난포자극 호르몬(FSH, follicle stimulating hormone)과 황체형성 호르몬(LH, luteinizing hormone)을 분비하며, 이 호르몬은 생식기관으로 신호를 전달해 난소에서의 에스트로겐과 프로게스테론 생성을 조절한다.

아동기에는 뇌조직에서의 FSH과 LH 생성이 미약하지만, 사춘기에 접어들면 이들 호르몬의 생성은 활발해진다. 이와 함께 난소의 성호르몬 생성이 자극되며 성호르몬의 분비는 곧 사춘기의 생리변화를 유도하여 월경주기가 시작된다. 월경은 초경 연령인 10~14세부터 폐경기인 45~55세까지 규칙적으로 진행된다.

규칙적으로 반복되는 여성의 생리주기는 두 가지 목적을 수행한다. 매월 성숙된 난자 한 개를 생성하여 배란을 가능하게 하며, 수정이 이루어지면 수정란을 보호하고 임신이 유지되도록 자궁 내 환경을 조절한다. 생리주기는 보통 28일 간격으로 난포기와 황체기 및 월경기 3단계로 구분된다.

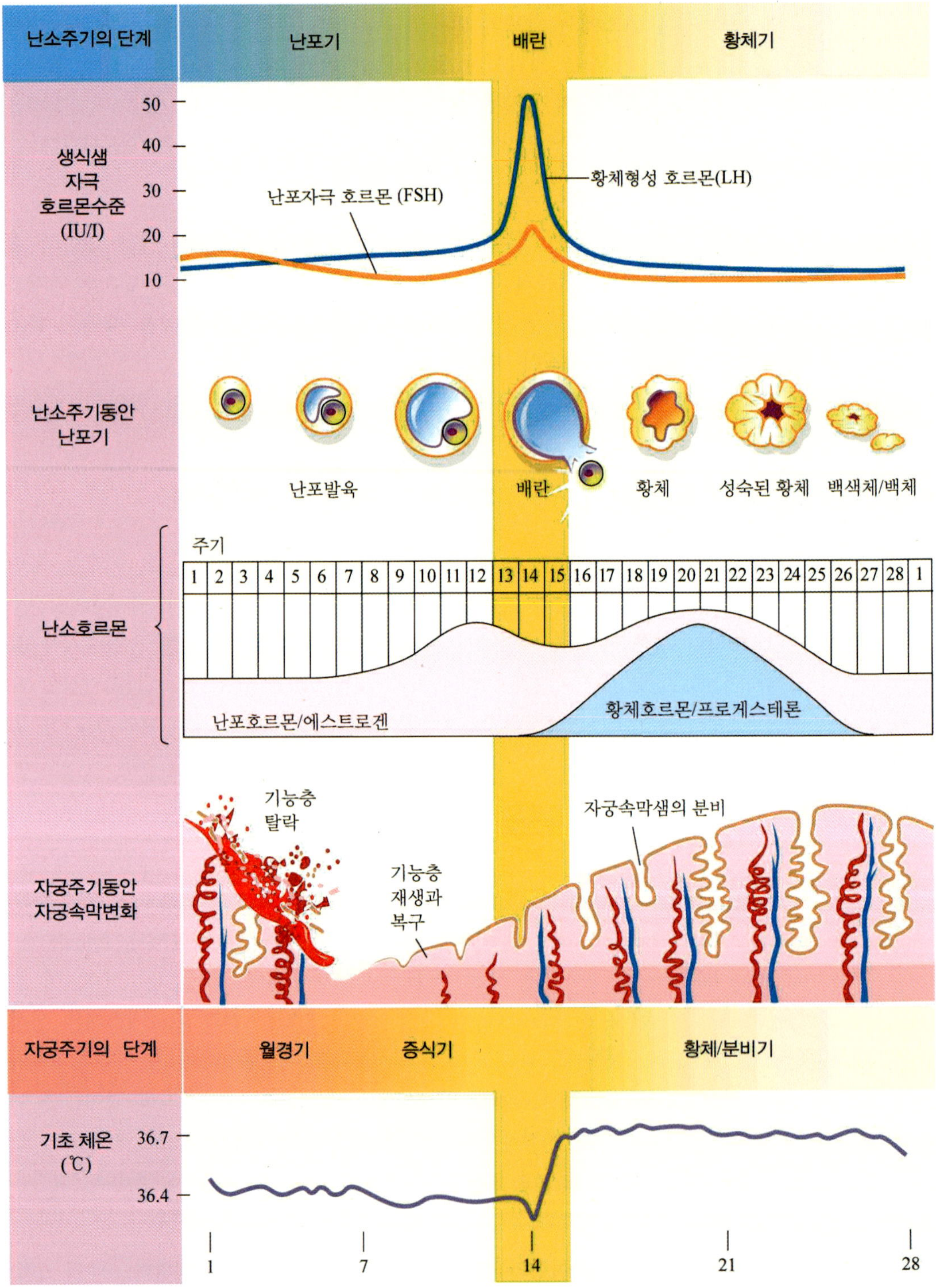

그림 2-1 여성의 생리주기와 난포의 성숙(1)

Colbert/Ankney/Lee(2007), "Anatomy & Physiology for Health Professions" p. 415.

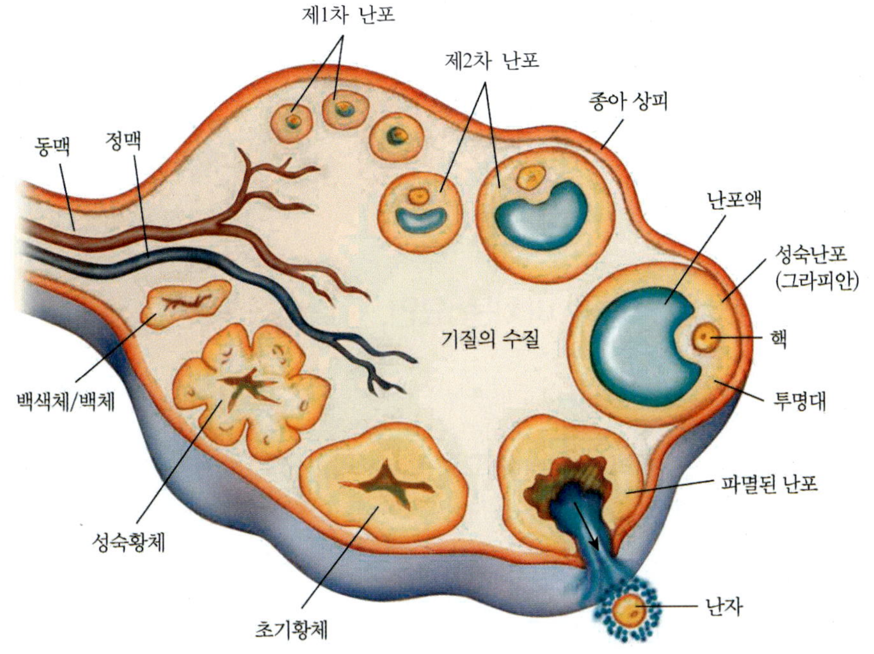

그림 2-1 여성의 생리주기와 난포의 성숙(2)

Colbert/Ankney/Lee(2007), "Anatomy & Physiology for Health Professions" p. 417.

① 난포기

생리주기의 전반부에 해당되는 시기로, 난포자극호르몬과 황체형성호르몬의 영향을 받아서 난자가 발달하고 성숙하며 난소의 난포에서 영양을 공급받는다. 난소에서 생성된 에스트로겐은 자궁의 상피조직의 분화와 성장을 자극한다. 생리주기 중 난포자극호르몬과 황체형성호르몬의 생성과 분비가 크게 증가하는 제 14일경에 난포가 팽대되면서 파열되면 그 속에 있던 성숙된 난자가 나오게 되고 난자는 난관팽대부 나팔관으로 이동한다.

② 황체기

배란 후 난포는 황체로 발달되며 황체는 다량의 프로게스테론을 분비한다. 프로게스테론은 자궁내막의 분화를 촉진하여 수정된 난자가 자궁 내에서 잘 보호되고 성장되는 것을 도와준다.

③ 월경기

수정란이 착상되지 않으면 황체는 퇴화하고 황체호르몬 생성이 감소되어 프로게스테론과 에스트로겐의 분비가 줄어들면 자궁벽 혈관들을 압축하여 외층을 분리시켜 월경혈이 나온다.

이때 자궁내막의 출혈액, 죽은 조직, 장액성 삼출액 등 평균 50 mL 정도가 체외로 유출된다. 월경은 배란 후 14일경에 시작하여 3~5일 동안 계속된다.

정상적인 여성은 초경이 시작된 지 1~2년이 지나면 체내에서 일련의 내부 기능이 갖추어지며 배란을 동반한 월경이 시작되어 일생 동안 300~400회의 월경을 한다. 이러한 월경은 자궁에만 그치는 국소적인 현상이 아니라 시상하부, 뇌하수체와 난소의 작용을 비롯하여 여러 호르몬의 미묘한 작용에 의해 나타나는 연속적이고도 전신적인 생리현상이다.

3. 여성 생리에 영향을 미치는 요인

(1) 체중

여성의 성적 성숙은 혈액 내의 에스트로겐 분비량이 증가하면서 조절된다. 에스트로겐 분비의 급격한 증가는 일정한 체중 한계치와 체지방 비율이 되어야 유도된다고 알려져 있다. 여성의 초경은 보통 체중이 47 kg이 될 때 또는 체지방 비율이 체중의 17~22 %를 차지할 때 시작된다.

(2) 체지방량

난소와 함께 체지방 세포도 에스트로겐의 생성과 대사에 중요한 역할을 한다. 체지방량이 적고 영양상태가 좋지 않은 여성은 에스트로겐 생성이 적고 에스트로겐의 활성도 감소된다. 영양불량은 뇌하수체에서 FSH이나 LH의 분비를 방해하여 난소에서의 에스트로겐 생성을 억제한다.

따라서 체지방량이 너무 적은 여성은 혈중 에스트로겐 농도가 저하되어 있으며, 배란장애나 무월경·불임이 될 수 있다. 사춘기 이전의 소녀가 신장에 맞는 정상범위의 체중보다 10~15 % 정도 체중이 감소하면 초경이 지연되며 성숙한 여성에서 지나친 체중감소는 무월경의 원인이 될 수 있다.

(3) 식욕

여성의 생리주기 동안 호르몬의 변화는 에너지 필요량이나 식욕에 영향을 준다. 황체기 동안 기초대사율은 증가하고 많은 여성에게서 식욕이 증가한다. 월경출혈이 시작되기 전 10일간은 월경이 끝난 후보다 에너지 섭취량이 크게 증가되었다는 보고도 있다. 황체기 동안 대부분의 여성들은 에너지·단백질·당질·지질의 섭취량이 증가하면서 전반적인 식사섭취량의 증가로 인해 미량영양소인 무기질과 비타민 섭취량도 많아진다.

생리적으로 월경 직전 호르몬 분비량의 변화는 체내 나트륨이나 수분 축적을 유도하여 체중증가 경향을 나타내기도 하는데, 일부 여성들에게서 이와 같은 생리적 변화가 과도하게 나타나는 것을 월경전 증후군(premenstrual syndrome, PMS)이라고 한다.

월경전 증후군은 생리통뿐만 아니라 우울증 등 다양한 정신적 증상을 수반하기도 한다. 마그네슘과 칼슘, 비타민 B_6의 보충으로 월경전 증후군이 완화될 수 있다는 연구결과도 있다.

(4) 비만

과도한 체지방 축적도 무월경이나 불임을 야기할 수 있다. 지방세포들은 에스트로겐을 생성하기 때문에 비만여성은 정상체중을 가진 여성에 비해 에스트로겐 분비량이 훨씬 많아 뇌하수체와 난소 사이의 신호전달체계에 이상이 올 수 있으므로 FSH이나 LH의 분비 이상으로 인한 배란장애나 월경중단의 우려가 있다.

(5) 영양소

① 철

임신하였을 때는 철의 필요량이 급격히 증가하므로 가임여성은 임신하기 전에 철을 충분히 저장해야 한다. 임신기간 동안 필요한 철은 평균 1g 정도로, 이는 성인여성 체내에 함유된 2.2g의 약 50%에 해당된다.

임신하였을 때 하루에 필요한 철은 4mg 이상으로 비임신 여성의 하루 평균 철 흡수량인 1.3mg보다 훨씬 많은 양이므로 임신으로 인한 철 결핍성 빈혈을 예방하기 위해서는 철분이 많은 식품을 충분히 섭취해야 한다.

② 엽 산

엽산은 아미노산 대사와 핵산합성에 관여하는 영양소로 부족하면 세포성장과 분화에 문제가 발생한다. 임신 초기의 엽산 결핍은 태아의 척추와 신경계의 선천적인 장애를 초래할 수 있는데, 이를 신경관손상(Neural tube defects, NTD)이라 한다. 가장 흔한 NTD는 이분 척추(척수의 골폐쇄부전을 특징으로 하는 발육기형)로 척추가 완전히 발달하지 못해 척수 주변이 유착된 상태를 보이는 장애이다.

따라서 잘 걸을 수 없고 방광과 대장기능이 비정상적이기 때문에 평생 여러 문제들로 고생을 하게 된다. NTD는 유전적인 소인과 환경적 요인과의 상호작용에서 기인하므로 임신기간 동안 엽산의 적절한 섭취가 중요하다.

③ 아 연

아연은 200개가 넘는 효소들의 구성 성분으로서 갑상선 호르몬과 인슐린, 성장호르몬, 성호르몬을 포함한 많은 호르몬들의 적절한 활동에 필요하다.

정자형성, 피부 저항력, 성장발육, 미각기능, 스트레스 방어 등에 관여하며, 태아 성장에 필수적이다. 결핍되면 면역기능 저하, 여드름, 피부염, 비듬과 탈모, 성장 지체, 미각상실 등을 유발한다.

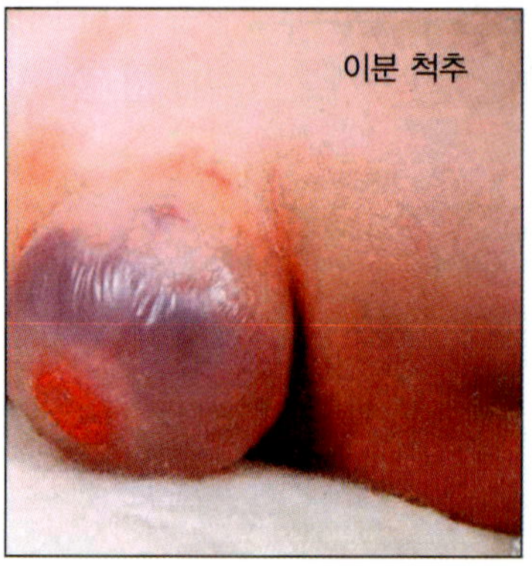

© Biophoto Associates/ Photo Researchers, Inc.

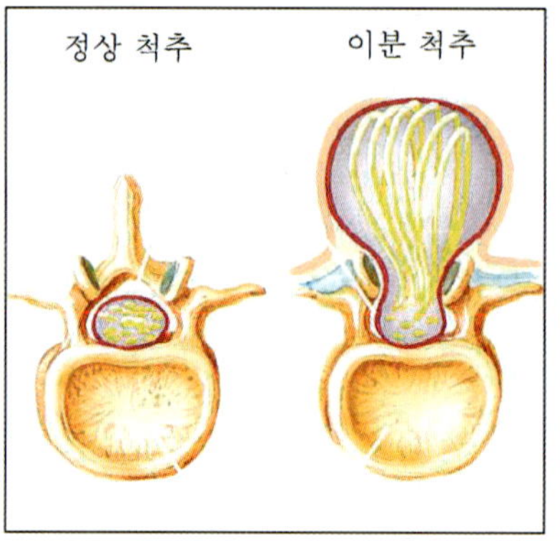

이분 척추는 정상 척추와 달리 척추가 제대로 융합되지 않아서 신경관이 완전히 닫히지 않은 상태이다.

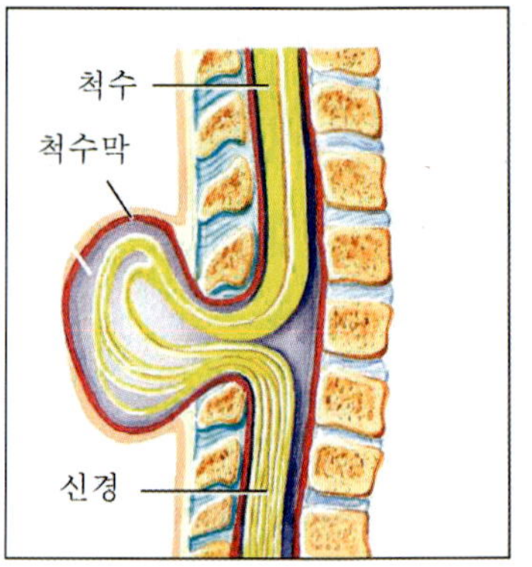

중증의 이분 척추로 신경이 돌출되어 있고 정도에 따라 중증의 마비증상과 정신지체 등을 보인다.

그림 2-2 신경관손상증(NTDs)

자료 : DeBruyne, Pinna, Whithney, "Nutrition and Diet Therapy", 7th ed(2007), p. 313.

아연은 굴, 갑각류와 생선, 붉은살 육류, 간, 달걀, 해조류에 다량 함유되어 있다. 콩, 전곡과 견과류 및 씨앗류에도 많이 함유되어 있으나, 이러한 식물성 식품은 섬유소가 많고 피트산과 결합해서 흡수가 되지 않기 때문에 이용도가 떨어진다.

표 2-1 식품 중 아연의 함량

식 품	mg/100g	식 품	mg/100g
생굴	74.7	우유	0.4
쇠고기	14.3	당근	0.4
쇠간	6.2	감자	0.3
참치	5.1	바나나	0.2
체다치즈	4.0	토마토	0.2
새우	2.1	밀의배아	14.3
달걀	1.0		

4. 임신을 위한 영양계획

임신 전 모체의 체중은 태아성장과 출산에 중요한 영향을 미치기 때문에 가임기 여성이 정상체중을 유지하는 것은 중요하다. 저체중인 여성은 영양적으로 질이 우수한 식품을 섭취하여 균형잡힌 식생활을 하고, 과체중의 경우에는 에너지가 많거나 지방이 많은 식품의 섭취를 줄이고 규칙적인 운동을 통해 체중감량을 하여 정상체중을 회복하여야 한다. 과체중의 임신부는 당뇨·고혈압 등의 임신합병증이 나타날 수 있으므로 주의한다.

임신하기 전에 가임여성은 체내에 영양소를 저장해 놓는 것이 중요하나, 영양소의 과잉섭취는 삼가야 하며, 특히 비타민 A 과잉복용은 기형발생인자로 알려져 있으므로 유의한다.

흡연여성일 경우에는 금연을 해야 하며, 음주 및 약물남용을 하지 말아야 한다. 기존 질병이나 그 밖의 임상문제가 있을 경우에는 전문가와 상담하여 해결하며 항상 영양과 건강에 대해 관심을 갖고 주의를 기울여야 한다.

2-2 생명의 탄생

1. 난자와 정자

난자는 인체 내에서 가장 큰 세포로 직경이 0.14~0.2mm에 달해 현미경 없이도 볼 수 있다. 여자는 출생할 때부터 미성숙한 난자를 가지고 태어나는데, 월경이 시작되면서 난자는 난소에서 한 달에 한 개씩 배출된다. 배란기에 난소에서 배출되는 난자는 스스로 움직일 수 없으나 나팔관 속 융모의 운동으로 자궁까지 갈 수 있다. 배출된 난자는 대략 72시간 정도 생존한다.

긴 꼬리를 가진 정자는 크기가 난자의 1/40로 난자보다 훨씬 작다. 정자는 꼬리 운동과 근육의 수축 및 호르몬의 영향으로 자궁을 거쳐 나팔관까지 헤엄쳐 간다. 1분에 0.5cm 정도 헤엄쳐 간 많은 정자가 난자와 만나게 되면 그 중 하나가 난자막을 뚫고 들어가고 꼬리는 떨어져 없어진다. 정자의 수명은 48~72시간 정도이다.

한 개의 난자와 한 개의 정자가 만나 임신이 되는데, 경우에 따라 두 개의 난자가 배출되어 두 개의 정자와 만나면 이란성 쌍생아가 된다. 이란성 쌍생아는 서로 다른 유전인자를 가지고 있으며 성이 같을 수도 있고 다를 수도 있다. 이들은 각각의 태반에서 성장하므로 같이 태어난 형제자매로 보면 된다.

난자 한 개와 정자 한 개가 만난 수정란이 첫 번째 세포분열 과정에서 2개로 나뉘면 일란성 쌍생아가 된다. 이들은 유전인자가 같으므로 외모나 성격이 유사할 뿐만 아니라 같은 성으로 태어난다.

정자와 난자가 만나 임신이 되는 것은 쉽지 않다. 그 이유는 첫째로 난자가 살아 있는 기간은 한 달에 72시간 정도로 짧고, 둘째로 자궁 입구가 좁으므로 질에 사정된 정자 중 극히 일부만이 자궁으로 갈 수 있으며, 셋째로 난자가 있는 나팔관까지 갈 수 있을 만큼 정자가 활발하고 건강해야 하기 때문이다. 또한 수정 시에 하나의 정자만이 난자의 세포질을 통과하여 세포핵과 접촉할 수 있다.

난자의 세포체로 들어간 정자는 더 이상의 정자가 난자의 벽을 통과할 수 없게 하는 물질을 방출하며, 난자의 내부에서 정자는 꼬리를 잃고 머리는 정상적인 세포핵이 된다. 정자의 세포핵과 난자의 세포핵이 서로 만나면 23쌍의 염색체를 가진 새로운 개체가 생성된다. 그러므로 수정이란 정자의 세포핵과 난자의 세포핵의 결합을 의미한다.

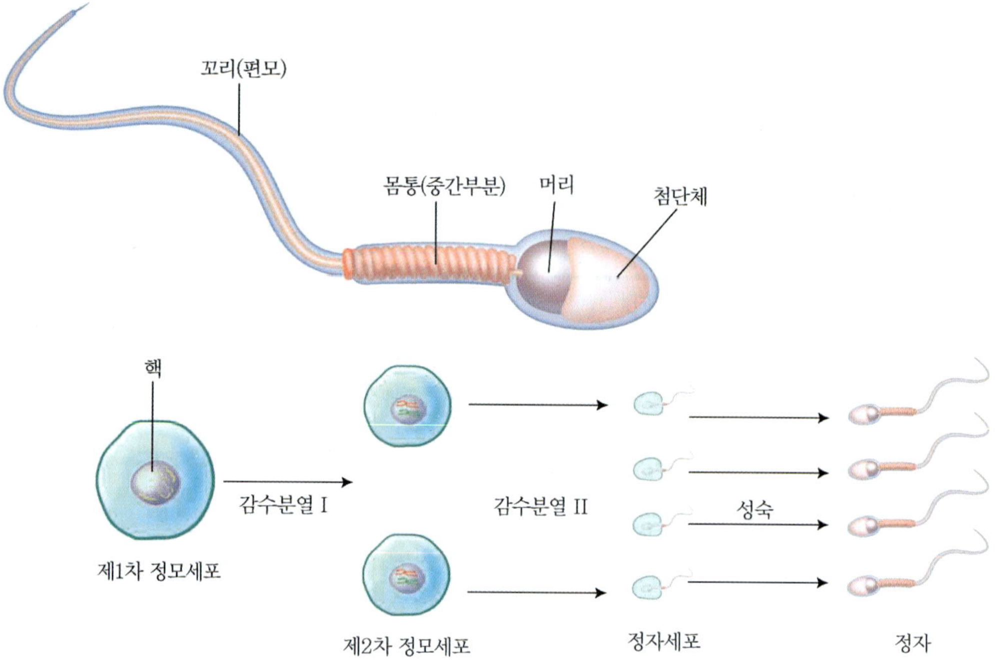

그림 2-3 정자형성

Colbert/Ankney/Lee(2007), "Anatomy & Physiology for Health Professions", p. 423.

2. 수정란의 착상

난자는 나팔관의 팽대부에서 정자와 만나 수정란이 된 후, 약 3일에 걸쳐 자궁 안으로 들어온다. 이 수정란이 자궁벽에 착상하여 임신이 성립되면 황체는 퇴화하지 않고, 배란 후 약 2주일부터 태반에서 생성되어 분비되는 융모성 성선자극 호르몬(고나도트로핀)에 의하여 황체의 기능을 계속 유지한다.

황체는 임신 4주경에 최대에 달했다가 임신 10주가 되면 거의 기능을 상실한다. 그러나 이때부터 태반에서 에스트로겐 및 프로게스테론의 분비가 급속히 증가하며, 에스트로겐은 자궁 근육의 발육 비대를 촉진하고 프로게스테론은 자궁근의 수축성을 억제시켜 유산을 방지하고 임신을 지속시킨다.

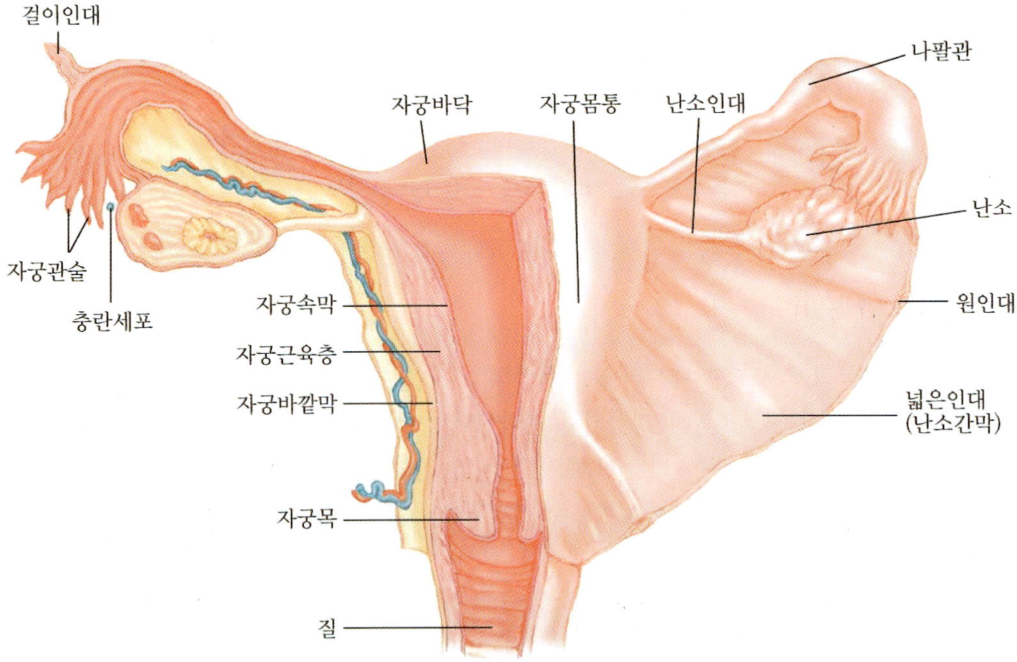

그림 2-4 여성의 생식기관

Colbert/Ankney/Lee(2007), "Anatomy & Physiology for Health Professions", p. 410.

3. 태아의 발달

정사와 난자가 만나 형성된 수정란은 배란기(germinal period, 배종기), 배아기(embryonic period), 태아기(fetal period)의 세 단계를 거쳐 발달된다.

(1) 배란기

수정란을 접합체(zygote)라고 하며, 이 수정란은 즉시 2분열을 시작하여 수정 후 72시간이 지나면 32개의 세포가 되고 4일째는 90개의 세포가 된다. 이와 같이 세포분열을 거듭하면서 수정란은 난관 내부의 섬모운동과 난관의 수축작용으로 나팔관과 난관을 지나 자궁 속으로 내려온다. 자궁으로 내려온 수정란은 약 500개의 세포로 구성된 둥근 공 모양이다.

자궁벽의 약 반을 차지하는 태반은 모체와 연결되어 있고 한쪽은 태아의 탯줄과 연결되어 있다. 임신 초기에 태반은 태아의 신장, 간장, 폐의 역할을 한다. 외세포 덩어리가 태반으로 전환되고 있을 때 내세포 덩어리는 배아(embryo)와 양막(amnion)이 된다. 양막은 나중에 양수로 가득 찬다.

무색투명한 양수는 다음과 같은 기능을 한다.

① 외부의 압력으로부터 태아를 보호

② 태아의 체중을 일정하게 유지하는 데 관여

자궁 속의 수정란은 하루 혹은 이틀 정도 떠돌다가 자궁 속에 정착한다. 이를 '착상'이라고 한다. 난자의 배출 후 착상까지는 10~14일 정도 걸리는데, 모체는 이 변화를 전혀 느끼지 못한다.

(2) 배아기(태싹기)

수정란이 자궁벽에 착상한 때부터 8주 동안의 기간을 '배아기'라고 한다. 배아기에는 신체 주요기관과 조직이 형성되고 분화된다. 머리 부분이 먼저 발달되어 배아기 때는 전체 길이의 반이 된다. 18일째가 되면 심장이 생기기 시작하며, 3주 말에는 심장이 뛰고 4주 말쯤에는 심장과 연결되는 탯줄이 형성되며, 눈·코·신장·폐·소화기관의 분화도 이루어진다. 2개월 말에 배아의 길이는 약 2.5cm이고 무게는 약 14g이다.

배아기에는 신체의 여러 기관이 거의 형성되는 시기이므로 태내 환경에 각별한 주의가 필요하다. 특히 임신 3~4주 동안 배아는 풍진 바이러스(rubella virus)와 같은 정상적 세포분열을 방해하는 질병이 없어야 한다. 만약에 있을 때는 태아에게 치명적인 영향을 미친다.

(3) 태아기

태아기는 수정 8주 후부터 출산까지의 시기를 말하며, 임신 3개월의 태아, 즉 임신 첫 3분기(전체 임신기간의 ⅓) 말에 이르면 길이 약 7～8cm, 몸무게 14g 정도로 성장하며 머리 크기는 전체 몸길이의 ⅓이 된다.

이 시기의 태아의 팔은 얼굴을 향하여 구부러져 있고 무릎은 위장 쪽으로 구부린 독특한 태아자세(fetal position)를 보이며, 아직 눈꺼풀은 붙어 있다. 또한 생식기관의 분화가 이루어진다. 남아의 정관과 고환이 분화되며 여아에서는 나팔관, 자궁, 그리고 질이 분화된다. 곧이어 남·여아의 외부 생식기도 형성된다.

3개월이 된 태아는 자유롭게 움직이고 파악 반사와 바빈스키 반사를 나타낸다. 어머니의 자궁벽을 통해 태아의 심장박동을 들을 수도 있다. 임신 3개월에서 6개월까지 태아는 약 7~8cm에서 25cm 정도까지 성장하고 몸무게는 약 30 g에서부터 900g까지 증가한다. 임신 5개월 이후부터 임신 말기까지 매 10일마다 2~3cm의 비율로 성장을 계속한다.

임신 4개월에 태아는 빨고 삼키기 시작한다. 태아가 입을 열 때마다 양수가 입으로 들어가고 개체 내에서 순환한다. 태아는 태반을 통해서 영양분을 공급받을 뿐만 아니라 양수에 설탕을 주입하면 4개월 된 태아가 보다 빠르게 양수를 삼킨다는 사실에서 태아의 단맛 선호를 확인할 수 있다.

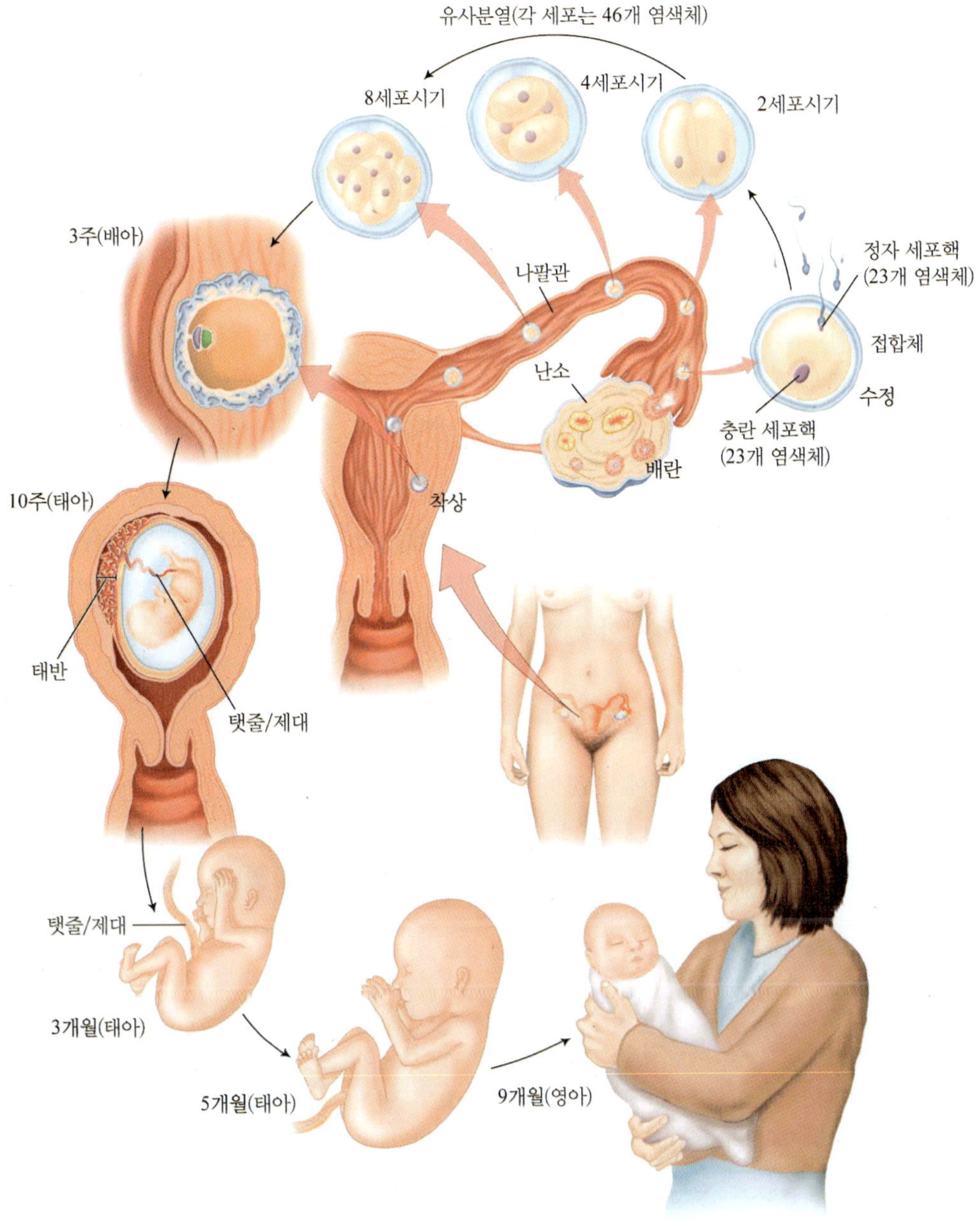

그림 2–5 임신기 동안의 태아의 발달

Colbert/Ankney/Lee(2007), "Anatomy & Physiology for Health Professions", p. 409.

4. 임신기 동안의 부속물

(1) 태 반

태아는 성장과 발달에 필요한 영양소와 산소를 전적으로 모체의 혈액순환으로부터 공급받는다.

모체 혈액 내의 영양소는 태반을 통해 태아에게 전달된다. 태반은 여러 가지 물질들을 선택적으로 이동시키고 일부 물질들은 대사시킬 수 있으며 태아를 위해 노폐물의 배설과 호흡기능을 수행한다.

1) 태반의 구조와 발달

수정란이 자궁 내로 들어와 착상이 이루어질 때 자궁의 조직과 혈관은 수정란을 둘러싸고 모체의 혈액으로 채워진 작은 공간을 만든다.

모체의 혈액은 이 작은 공간을 통해 순환되며 동맥과 정맥으로 나누어진다. 수정란의 영양막 세포는 돌출부를 형성해 작은 공간 속으로 성장해 가며 나무뿌리와 같은 구조로 모세관을 형성해 자리를 잡게 된다.

태반이 발달함에 따라 모체와 태아의 조직이 섞이게 되지만, 혈액은 얇은 태반막으로 둘러싸여 있어 모체와 태아 간에 섞이지 않는다. 태아의 모세혈관이 나무뿌리처럼 꼬인 구조를 하고 있는 것은 표면적을 넓힘으로써 모체와 태아 사이의 영양소 대사물질의 교환을 원활하게 하기 위함이다.

임신기간 동안 태아의 성장에 따른 영양필요량의 증가로 태반의 무게와 모세혈관의 혈액량 등이 점차 증가하게 되어 출생할 때 태반의 무게는 0.5~1.0kg 정도가 되며, 태반의 크기는 임신말기에 직경이 15~20cm, 두께는 3cm이다. 임신말기에 양수는 누렇게 흐려지며 양수의 양은 1kg 정도가 된다. 태반과 태아를 연결하는 탯줄은 길이가 약 50cm 정도이며, 자궁 내에서 꼬이지 않게 되어 있다.

2) 모체와 태아 사이의 태반을 통한 영양소 이동

임신기 동안 상당량의 혈액이 태반 쪽으로 순환하여 임신말 자궁으로의 혈류량은 총 박출량의 7%에 해당된다. 이 양은 매 시간당 30L에 해당된다. 이와 같이 혈류량은 태아로의 영양소 이동을 결정하는 주요 요인이다. 태반막을 통한 영양소 이동은 단순확산·촉진확산과 능동수송 및 음세포작용에 의해 이루어진다.

태반의 역할

① 물질의 통로로서 태아는 태반을 통해 모체로부터 영양분과 산소를 공급받고 태아의 대사에 의해 생긴 탄산가스와 노폐물을 배출한다.
② 영양소의 조절작용이 있어서 태아에게 직접 대량으로 운반되지 않도록 영양분을 일시적으로 저장한다.
③ 태반에서 분비되는 호르몬은 임신유지에 중요하다.
④ 태아를 세균 등에 의한 감염으로부터 보호한다.

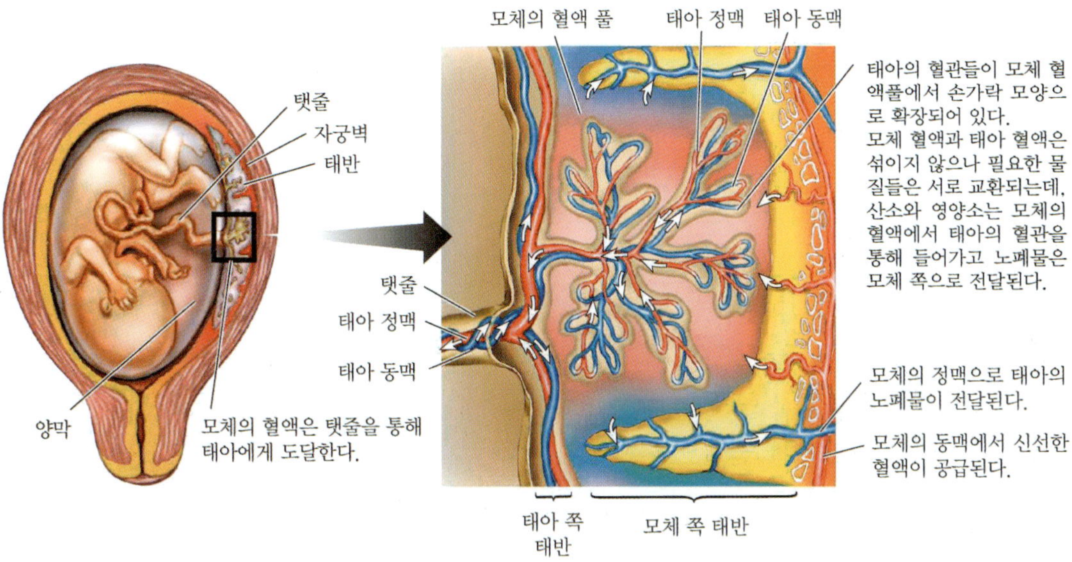

그림 2-6 태반구조

자료 : DeBruyne, Pinna, Whithney, "Nutrition and Diet Therapy", 7th ed(2007), p. 308.

3) 태반의 대사

태반은 높은 대사율을 갖고 있다. 모체에서 공급되는 포도당과 산소의 ⅓은 태반에서 이용된다. 태반의 단백질 합성률은 간보다 높아서 태아와 모체에 필요한 호르몬을 합성하며, 간처럼 약물과 호르몬을 불활성화하는 효소를 가지고 있어서 태아를 보호한다.

태반을 통한 영양소의 이동

- **단순확산** : 농도차에 의해 모체의 영양소가 태아 쪽으로 이동한다.
- **촉진확산** : 운반체를 이용하여 보다 빠른 속도로 영양소가 이동하는 것으로 농도가 높은 쪽에서 낮은 쪽으로 운반된다.
- **능동수송** : 에너지를 이용한 물질의 이동으로 농도차에 역행해서 태아 쪽 제대혈의 농도가 모체혈액보다 높아도 제대혈 방향으로 영양소가 이동한다.
- **음세포 작용** : 세포막에 의해 물질을 집어삼키는 형태의 이동이다.

기 전	물 질
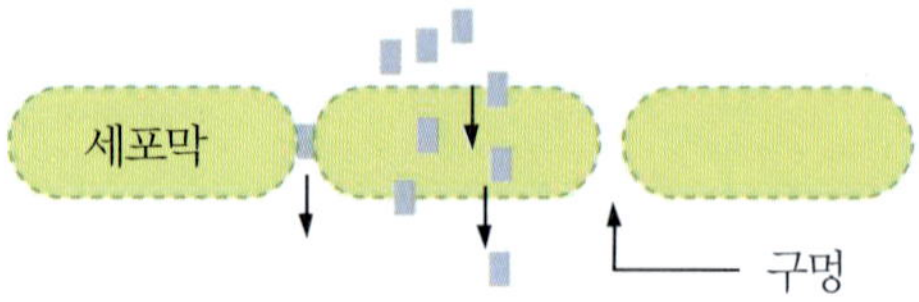 단순확산	물, 일부 아미노산과 포도당, 콜레스테롤, 유리지방산, 나트륨, 염소, 산소, 이산화 탄소, 지용성 비타민 (비타민 E와 K)
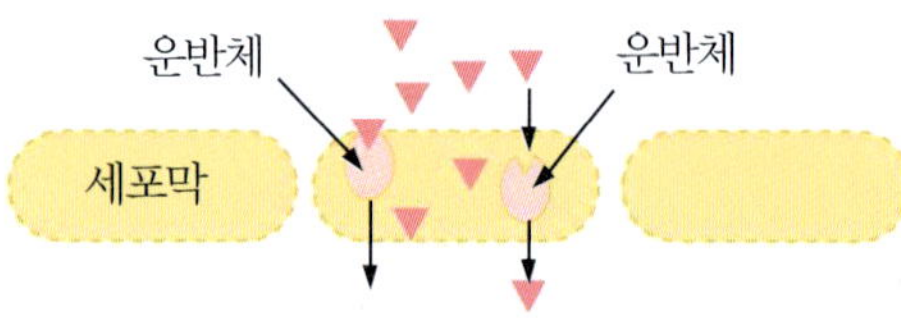 촉진확산	일부 포도당, 철, 비타민 A와 D
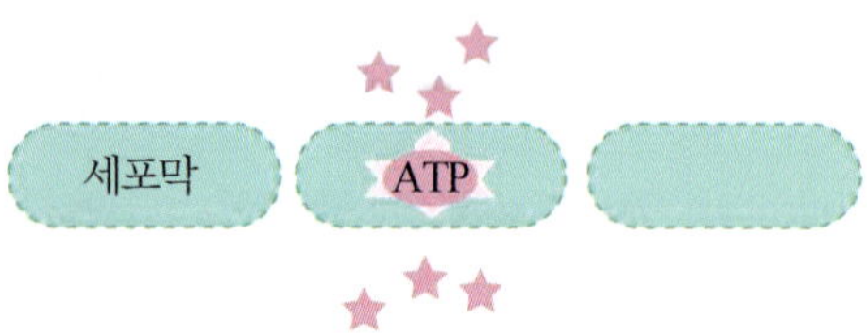 능동수송	아미노산, 수용성 비타민, 칼슘, 철, 아연, 포타슘
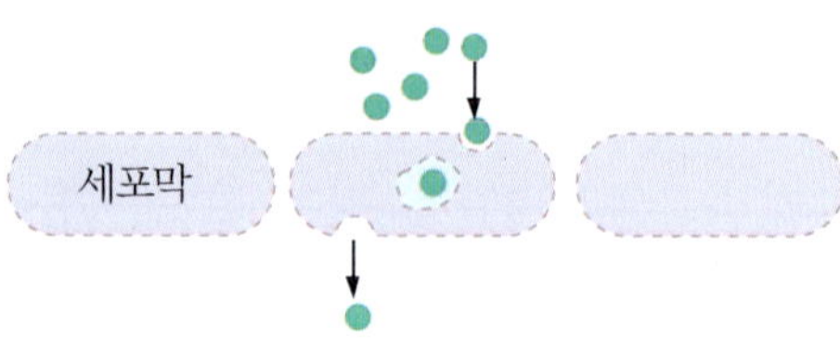 음세포작용	면역 글로불린 G, 알부민, 지단백질

그림 2-7 태반의 영양소 운반기전

① 당질의 이동

태반을 통한 포도당 이동은 촉진확산에 의해 일어난다. 태반은 상당한 양의 포도당을 이동시킬 수 있다.

② 지질의 이동

콜레스테롤과 유리지방산 등이 단순확산에 의해 태반을 통과하는데, 콜레스테롤은 쉽게 태반을 통과하여 이동할 수 있지만 유리지방산의 이동은 매우 느리다. 중성지질과 인지질은 태반을 통과할 수 없으며 태반 조직 내에서 대사된 후에 일부 유리지방산이 태아 혈액으로 방출되기도 한다.

③ 아미노산과 단백질의 이동

대부분의 중성아미노산들은 능동적 기전에 의해 태반막을 이동한다. 태아 혈액 내 아미노산 농도가 모체 혈액의 경우보다 훨씬 높다. 중성아미노산이 아닌 것은 태반을 통한 이동속도가 훨씬 느리며, 촉진확산이나 단순확산 기전에 의하기 때문에 태아 혈액 내 농도가 모체에서보다 더 낮은 경향이 있다.

대부분의 단백질들은 분자 크기가 커서 태반막을 통과할 수 없으므로 태아는 각각의 아미노산으로부터 필요한 단백질을 합성해야만 한다. 알부민이나 글로불린, 피브리노겐과 같은 특수한 단백질은 선택적으로 태반을 통과한다. 이러한 면역단백질들은 태아를 감염으로부터 보호한다.

④ 비타민의 이동

지용성 비타민은 단순확산이나 촉진확산에 의해 태반을 이동하며 태아 혈액 내 농도가 일반적으로 모체 혈액의 농도보다 낮은 경향이 있다. 태반조직에는 비타민 A와 D의 특수결합단백질이 존재하며, 태반은 25－(OH)－비타민 D와 1,25－$(OH)_2$－비타민 D를 합성할 수 있다. 수용성 비타민은 능동적 기전에 의해 운반되므로 태아 혈액 내의 농도가 모체혈액의 경우보다 훨씬 높다.

비타민 C는 운반체가 매개하는 이동으로 에너지가 요구되며, 태아 혈청 내 농도가 모체 내의 경우보다 50％ 정도 높다. 또한, 태반에는 비타민 B_{12}의 이동단백질인 트랜스코발아민 Ⅱ(transcobalamin Ⅱ)의 수용체가 있어서 능동적 기전에 의해 태반을 통해 태아에게 비타민 B_{12}를 전달한다.

⑤ 무기질의 이동

태반조직은 모체의 트랜스페린 수용체를 함유하고 있으며, 철은 태반에 의해 트랜스페린으로부터 분리되어 태아에게 전달되어 태아의 헤모글로빈에 결합된다. 태반 내에는 칼슘결합단백질이 있으며, 농도차에 역행해서 태반을 통과한다. 아연은 태아 혈액에서 농도가 더 높지만 구리의 경우는 태아 쪽에서 더 낮다.

태반에 의한 영양소 이동은 임신후반기에 활발하며, 이 시기에 출생에 대비하여 태아조직의 저장량과 태아 혈액 내의 농도가 증가한다. 칼슘의 이동은 임신 마지막 달에 최고치에 도달하며 매일 300mg 이상의 칼슘이 태아에게 전달된다.

미숙아나 조산아는 자궁 내에서 중요한 임신 마지막 시기를 놓치게 되므로 혈장의 비타민 E, B_6, B_{12}, 엽산의 농도가 정상적으로 출생하는 아기보다 낮다. 또 철의 저장량이 적기 때문에 이런 영유아는 철 결핍성 빈혈이 나타나기 쉽다.

⑥ 면역체와 대사물질의 이동

태아는 태반을 통해 모체의 면역 글로불린(IgG)을 빠르고 효과적으로 얻어서 출생 후에 몇 개월 동안 질병에 대한 저항력을 지니게 된다.

임신후반기의 태반은 출산에 필요한 호르몬을 생산한다. 또 모체와 태아 사이의 산소와 노폐물의 교환이 일어나는데, 산소는 태반을 통해 모체의 적혈구로부터 태아의 적혈구세포로 확산된다. 태아는 정상적인 성장을 위해서 끊임없이 많은 산소를 요구한다. 임신기의 부족한 철과 엽산은 모체 빈혈의 원인이며, 모체 빈혈은 혈액의 산소운반능력을 제한하여 태아성장에 좋지 않은 영향을 미친다.

태반은 태아조직에서 생성된 대사산물을 모체 쪽으로 이동시킨다. 임신기 동안 모체 혈액의 이산화탄소가 낮은 것은 태아 혈액으로부터 탄산가스를 모체 쪽으로 확산이동시켜 모체의 폐를 통해 밖으로 배출하기 위해서이다. 태아의 대사산물인 요소나 크레아틴 등도 태반을 통해 모체 혈액으로 이동한 후에 모체의 신장과 간 조직을 통해 배출된다.

4) 태반에서 분비되는 호르몬

태반은 스테로이드 호르몬과 단백질 호르몬을 모두 분비한다. 단백질 호르몬인 융모성 생식샘자극호르몬(Human Chorionic gonadotropin, HCG)과 융모성 몸젖샘발육호르몬(Human Chorionic somatomammotropin HCS)은 뇌하수체전엽 호르몬과 작용이 유사하다. 태반에서 분비하는 스테로이드 호르몬은 프로게스테론과 에스트로겐이다.

① **프로게스테론** : 임신 중 자궁 내막을 유지하고 생식샘자극호르몬 분비를 억제한다. 위장운동을 감소시키고 지방합성을 촉진시키며 나트륨의 배설을 증가시킨다. 엽산대사는 방해한다.

② **에스트로겐** : 임신 중 자궁내막을 유지하고, 생식샘자극호르몬 분비를 억제하며 젖샘 발생을 촉진한다. 프로락틴 분비를 억제하고 옥시토신에 대한 자궁 감응성을 촉진한다. 뼈에서 칼슘 방출을 억제한다.

③ **태반 락토겐**(human placental lactogen, HPL) : 글리코겐 분해를 촉진하여 혈당을 증가시킨다.

④ **뇌하수체 유사호르몬** : HCG(Human Chorionic gonadotropin)는 임신 첫 5~6주 동안 모체의 황체를 유지하는 데 중요한 작용을 하고 착상 때의 면역거부반응을 방지하는 데 도움을 준다. HCS(Human Chorionic somatomammotropin)는 임신부에게서 당뇨병 유사효과를 나타낸다.

이 두 호르몬(HCG와 HCS)은 지질분해와 혈장 지방산 농도의 증가, 모체 조직의 포도당 보존과 혈당증가, 다뇨증 등을 촉진한다. 이러한 모체의 당뇨병 유사 효과는 포도당을 주요 에너지원으로 하는 태반과 태아를 위해 충분한 포도당을 공급한다.

5. 임신 시 모체에서 일어나는 변화

(1) 월경의 정지

수정과 착상이 되면 자궁점막의 주기적 변화에 따라 일어나는 자궁출혈인 월경이 정지된다. 착상이 된 점막부분은 태반으로 발달하여 황체 호르몬을 분비하여 임신을 정상적으로 유지시킨다.

(2) 입 덧

임신 초기 주로 식사 때 나타나는 증상으로 대개 임신 2~3개월 동안이나 임신 기간 동안 계속되는 경우도 있다. 입덧은 임신 초기에 발생하는 호르몬 분비의 변화에 근거한 생리적인 현상이 원인일 수 있으며, 임신 자체에서 오는 긴장과 불안감에서 오는 심리적인 영향일 수도 있다. 입덧이 있을 때는 식사량을 줄이거나 조리할 때 냄새를 피하는 것이 좋다.

(3) 피부의 변화

임신 후반기에는 복부·하지·요부(腰部)·유방 등의 피부에 적색~적갈색의 불규칙한 가는 선이 생기는데, 이를 '임신선'이라 한다. 이것은 자궁의 팽대·유선의 비대·피하지방의 침착 등에 의해 급속한 피부신장이 생기는 데 반해, 피부의 장력섬유가 이에 수반하지 못하여 단열되기 때문이다.

유두나 외음부 등에도 임신 3개월경부터 색소 침착이 나타나기도 하고 임신 4개월경부터 안면·복부·유방·사지 등에 피하지방이 급격히 침착되기도 하며, 하지에 정맥류가 나타나기도 한다.

(4) 소화기계의 변화

임신 초기에 입덧이나 오조 등에 의해 식욕부진과 오심 및 구토, 타액 분비과다 등이 나타나기도 한다. 임신 중·후기에는 자궁의 팽대에 의해 위가 위로 올라가면서 장관도 압박을 받기 때문에 위내 잔류감이나 변비 등이 나타난다. 음식 기호의 변화도 입덧과 동시에 나타나고 산미를 좋아하기도 하는데, 이는 임신에 의해 일어나는 일시적인 변화이다.

① 복부팽만감

복부팽만은 프로게스테론의 작용으로 인해 위장의 평활근이 이완되어 위의 음식 배출 속도가 지연되고 소화기능이 저하되며 장내에 가스 발생이 많아져서 나타나는 증상으로 답답하고 식욕이 저하된다.

이로 인해 식품섭취가 제한되면 영양요구량 충족에 어려움이 생길 수 있으므로 음식을 소량씩 자주 섭취하며 가스를 많이 생성시키는 식품이나 향미 음식을 피하고 식사 후에 눕는 것을 피해야 한다.

② 가슴앓이

위에 있던 음식물과 위산이 식도 하부로 역류하면서 답답함과 속쓰림 증상이 나타난다. 이는 프로게스테론과 에스트로겐 분비의 증가로 식도 하부의 괄약근이 이완되고 자궁의 확대로 인체 위장을 압박하면서 위 내용물의 역류가 일어나기 때문이다.

(5) 순환기계의 변화

임신 중 모체는 태아에게 다량의 영양소와 산소를 보내고 더 많은 대사산물을 배출하기 위한 기능적 변화가 심순환계에서 일어나 심박동률은 비임신에 비해 30~50% 상승하며 모체와 태반으로의 혈류량이 증가한다. 모체는 많은 양의 새로운 혈액을 생산하고 혈장량은 45% 증가한다.

알부민 합성이 급격하게 증가하며, 철과 조혈작용에 필요한 엽산, 아연의 요구량이 늘어난다. 초기 혈장 증가량은 적혈구 증가량에 따라 증가하나 적혈구 증가가 혈장 증가량보다 적기 때문에 혈액이 희석되어 임신성 빈혈이 된다.

(6) 신장의 변화

나트륨과 수분 보유력 증가로 혈장과 세포외액 양을 증가시킨다. 임신부의 레닌-알도스테론계의 활성이 증가하며 신장으로의 혈류량도 50~85% 증가한다. 포도당, 아미노산, 그 밖의 다른 영양소, 태아와 모체의 노폐물 배설도 증가하여 세뇨관의 능력을 초과하게 되면 소변으로 손실되게 된다. 분만쯤에 임신여성은 비임신 여성보다 소변으로 많은 포도당과 아미노산을 배설하게 된다.

(7) 골계통의 변화

골반이나 늑골 등의 골조직 신생이 일어나는 수가 있다. 이는 임신에 의해 뇌하수체 전엽의 기능이 항진되기 때문으로 생각되며, 골반은 임신하면 이동성이 증가되고 골반강이 확대되어 분만을 용이하게 한다. 칼슘과 인의 섭취가 부족하면 모체 골조직의 칼슘이 유리되어 충치가 되기도 한다.

(8) 유방의 변화

유선의 비대와 피하지방의 증가에 의해 유방이 급속하게 비대해진다.

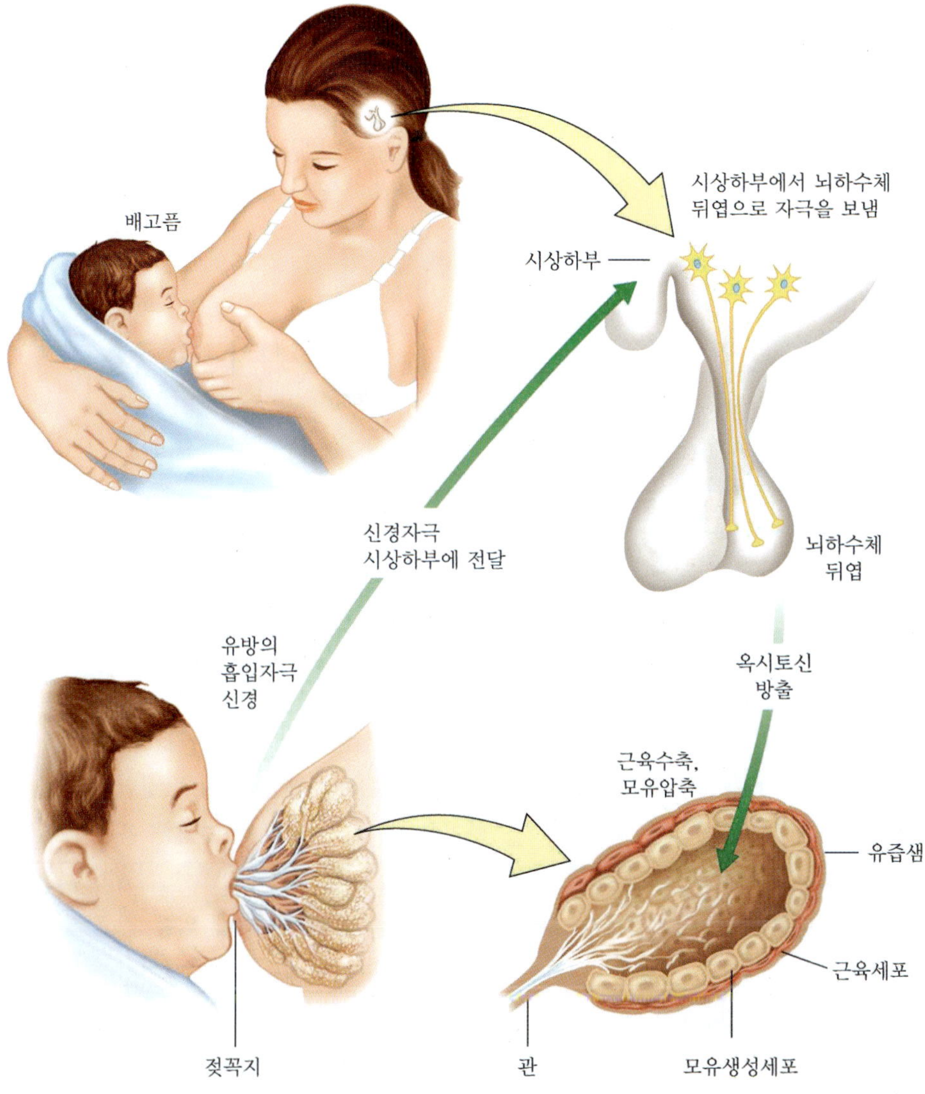

그림 2-8 유방의 변화

Colbert/Ankney/Lee(2007), "Anatomy & Physiology for Health Professions", p. 409.

(9) 체중의 변화

임신 3개월 이후부터 체중이 증가하기 시작하며, 임신 전 기간 동안에 총 체중증가는 12~13kg 정도가 적당하다. 그 중 5kg이 태아와 그 부속물(태반, 양수)에 의한 것이다. 임신 시에 약 2kg의 지방이 축적되는데, 이는 수유 시에 필요한 양과 임신후반기 에너지 보유를 위해 사용한다. 모체의 너무 많은 체중증가는 과체중아를 출산할 수 있고 후에 비만이 될 수 있으므로 주의해야 한다.

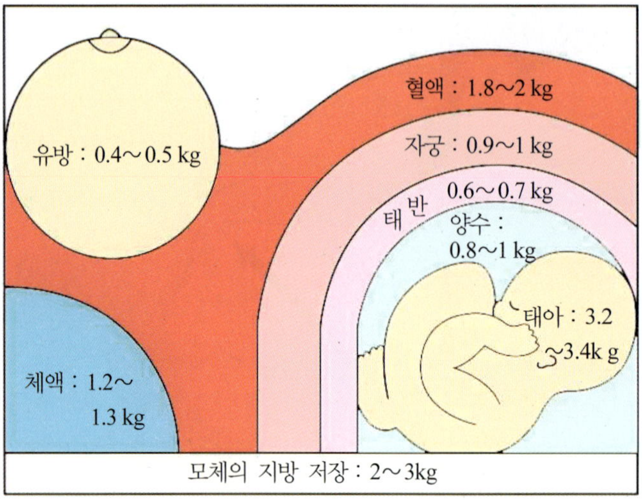

그림 2-9 임신 중 체중의 증가(임신 밀기 : 10~12 kg)

(10) 임신기간에 따른 태아의 변화

임신 초기에는 임신부가 느끼는 변화는 별로 없지만 임신이 경과함에 따라 5개월 정도 되면 모체는 태동을 느끼게 된다. 처음에는 가벼운 뒤틀림 정도로 경험하다가 후에는 태아의 발·팔꿈치 혹은 주먹을 확인할 수 있는 정도의 명백한 움직임으로 나타난다.

또한 이때쯤 되면 피부가 두꺼워지기 시작한다. 특히 손가락과 발가락 위를 덮은 피부 형태에 의해 태아의 개별성이 나타난다. 등과 팔·다리에는 털이 덮이며 머리카락과 눈썹도 형성된다.

임신 6개월 말경에는 감각수용기가 발달된다. 태아는 촉각에 민감하며 근육 움직임에 의한 접촉에 반응할 수 있고 쓴맛에 반응하여 혀를 내밀 수 있으며, 망막과 대뇌를 연결하는 신경섬유가 발달되기 때문에 빛에도 반응할 수 있다.

또한, 자궁 내의 소리를 들을 수 있고 진동과 청각자극에 반응할 수 있다. 임신 25주경의 태아는 자궁환경 내에서 활발한 기능을 한다. 삼키고 소화하고 배설하고 돌아다니며, 휴식하고 성장하지만 자궁환경을 벗어나면 생존할 수 없다.

자궁 밖의 생존이 가능하기 위해서는 신경계의 조절능력이 충분히 발달되어 있어야 한다. 수정 후에 약 30주, 즉 210일이 지나면 모체에서 분리되어 나와도 조산아보육기에서 키우면 생존이 가능하다. 이를 '생존가능연령'이라 한다(age of viability).

임신 6개월에서 9개월 동안 태아는 보통 25cm에서 50cm까지 성장하며 무게도 900g에서 3.2kg까지 증가한다. 신장과 체중의 증가와 함께 중추신경계의 성숙도 함께 이루어지며, 280일경이 되면 정상적인 아기가 태어나게 된다.

정상 분만되는 태아는 미성숙한 태아보다 다음과 같은 점에서 유리하다.

- 규칙적인 호흡능력
- 보다 강한 흡입반응
- 보다 조화된 삼키는 능력
- 보다 강한 연동운동과 순조로운 소화와 배설
- 균형있는 체온조절

6. 태아의 태내 발달기간 중의 이상

(1) 유전적 요인

인간의 이상형질에 대한 보고는 수없이 많으나, 현재까지 확실히 밝혀지지 않은 것도 많이 있다. 극단적인 비정상 태아는 유산되는 것이 보통이기 때문에 결함을 갖고 태어나는 태아의 수는 많지 않다. 유전적 요인에 기인된 결함에는 유전인자의 이상과 염색체 이상이 있다.

① 유전인자 이상

특정한 신체 특성이나 행동의 발현에 관여하는 한 쌍의 유전인자를 '대립인자(allele)'라고 한다. 한 쌍의 대립인자 가운데 특성의 발현에 기여하는 대립인자를 우성(dominant)이라고 하고, 특성의 발현에 기여하지 않는 대립인자를 열성(recessive)이라고 한다. 열성인자가 어떤 특성의 발현에 기여하기 위해서는 한 쌍의 열성 대립인자를 필요로 한다. 태내기 장애는 우성유전자(dominant gene)에 기인된 장애가 가장 많고 그 다음이 열성 유전자에 기인된 장애, 그리고 성과 관련된 장애의 순으로 나타난다.

우성유전자 장애의 흔한 예로 무도병(Huntington's disease)이 있다. 30세가 될 때까지는 특별한 증상을 나타내지 않는 이 유전병은 30세 이후부터 점진적인 신경계의 손상과 신체의 점진적 쇠약 및 정서적 혼란 및 정신지체를 나타내고 결국은 사망에 이르게 된다. 열성유전자 장애에는 PKU(phenylketonuria)와 소아 흑내장성 지진아(TaySachs diseases)가 있다.

PKU는 페닐알라닌을 티로신으로 분해하는 효소의 선천적 결여로 페닐피루브산이 소변에 그대로 배출되며 정신박약아와 같은 증상을 나타낸다. PKU는 출생 즉시 적절한 영양치료를 하면 정신지체를 예방할 수 있으며, 인구 10,000명당 1명의 빈도로 발생한다.

소아 흑내장성 지진아는 출생 후 6개월 이내에 나타나는 유전병으로 시력저하와 전신쇠약 증세를 나타낸다. 주로 서양인에게 발생하며 보통 2~3세에 사망한다. 인구 10,000명당 2명의 빈도로 발생한다.

표 2-2 우성인자와 열성인자의 예

우 성	열 성
검은 머리	갈색 머리
곱슬머리	직 모
보 조 개	비보조개
근 시	정상시력
정 상 눈	빨강 · 초록 색맹
혈액형 A	혈액형 O
혈액형 B	혈액형 O
Rh^{+}	Rh^{-}

* 출처 : Berk, 1996, p.60

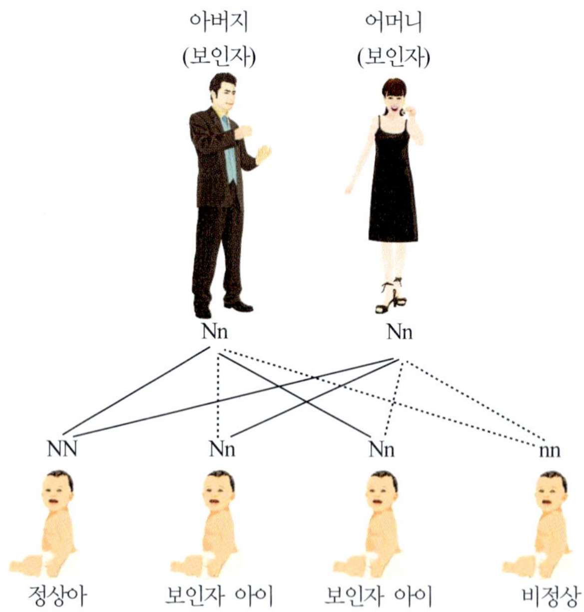

그림 2-10 우성인자와 열성인자가 어떻게 유전되어 유전형과 표현형으로 나타나는가를 보여준다(N은 정상적인 유전자이고 n은 열성인자이다).

② 염색체 이상

염색체 이상은 성염색체(sex chromosome ; X, Y) 이상과 상염색체(autosomes) 이상으로 구분한다. 감수분열 동안 일어나는 성염색체 이상은 난자나 정자가 형성될 때 46개의 염색체가 정확하게 이분되지 않아서 어느 한쪽이 더 많거나 더 적은 염색체를 생성한 결과이다.

표 2-3 성염색체 이상

명 칭	염색체 조합	특 징	발생률
이중 Y 증후군 (double Y syndrome)	XYY	큰 키, 정상 이하의 지능, 심각한 여드름, 심리사회적 문제에서 야기되는 충동・공격적 행동	남성 1,000명 중 1명
클라인펠터 증후군 (Kleinfelter's syndrome)	XXY	여성적 외모, 작은 음경과 고환, 불임, 낮은 성적 동기, 적은 체모, 돌출한 유방, 정신적 손상	남성 1,000명 중 1명
X 결함 증후군	XY	영향력 없는 X 염색체, 어떤 사람은 정상이나 어떤 사람은 지체됨, 남성은 확대된 고환을 가짐	남성 1,000명 중 1명 여성 5,000명 중 1명
터너 증후군 (Turner's syndrome)	XO	난소의 결여, 완전하게 발달되지 못한 내외 생식기관, 탄력 없는 피부, 짧은 목, 작은 키, 귀머거리나 정신지체가 흔함	여성 10,000명 중 1명
삼염색체성 X 증후군 (Trisomy－X syndrome)	XXX	특징이 다양함, 어떤 여성들은 정상적으로 임신 가능하나 어떤 여성들은 불임이며, 정신지체를 보임	여성 1,000명 중 1명

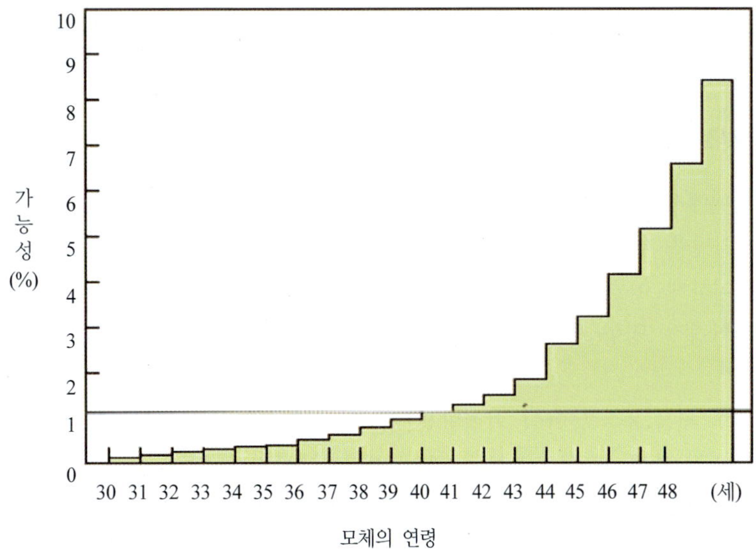

그림 2-11 어머니의 연령과 다운증후군을 가진 아이의 출산 가능성

상염색체 이상인 다운 증후군(Down syndrome)은 21번 염색체의 이상으로 야기되는 증후로서 보통사람보다 염색체의 수가 하나 더 많은 47개의 염색체를 갖는다. 신생아 750명당 1명의 비율로 발생하나, 어머니의 연령이 45세 이상일 때는 40명의 출산아 중 1명의 비율로 발생한다. 아버지의 연령이 45세 이상일 때도 다운증후군 환자의 출산률은 6%에 이른다.

다운증후군은 정신박약과 심장결함, 골격과 근육발달의 빈약을 가지고 있다. 얼굴 모양이 독특하고 수명이 짧아 보통 50세 미만에 사망한다. 그들은 전 생애를 보통 어린이와 같은 기분으로 지내기 때문에 쉽게 행복해지고 사고가 단순하다.

(2) 유전 결함을 예방하기 위한 대책

임산부를 위한 유전상담을 실시하여 피상담자의 가계에 유전결함의 원인이 있다든지 아니면 태아의 정상성이 의심될 경우에는 가계도 분석을 통해 선천적 결함의 유전 가능성을 검토하는 생물학적 검사를 하고 있다.

① 양수천자(amniocentesis)

모체의 복부를 통해 양수를 채취한다. 양수에는 태아의 세포가 포함되어 있기 때문에 태아가 지니고 있는 결함여부를 밝혀낼 수 있다. 그러나 임신 12주 이전에는 양수가 거의 없기 때문에 임신 14~16주가 되어야 검사가 가능하다.

② 융모조직검사(CVS, chorion Villus Sampling)

자궁 속에서 융모막 조직을 채취하여 검사하는 것으로 이 조직은 태아와 유전적으로 동일하기 때문에 정확한 결과를 얻을 수 있다.

임신 10주경 검사가 가능하지만 양수천자보다 유산을 일으킬 위험성이 세 배나 높다.

(3) 환경적 요인

모체 내에서의 태아 발달은 일정한 순서에 따라 진행되며 각 기관이나 조직은 분화와 발달을 위한 결정적 시기(critical period)를 갖는다. 결정적 시기란 발달이 가장 용이하게 이루어지는 최적의 시기로, 이 시기 동안 태아가 어머니를 통하여 유해한 환경적 영향(기형발생물질)에 노출되면 각 기관이나 구조는 손상을 입기 쉽다.

임신 후 처음 8주 동안이 기형발생물질에 가장 민감한 시기이며, 신경계·눈·생식기와 같은 신체 부위는 출산 시까지 기형발생물질에 의한 손상가능성이 계속되므로 주의해야 한다.

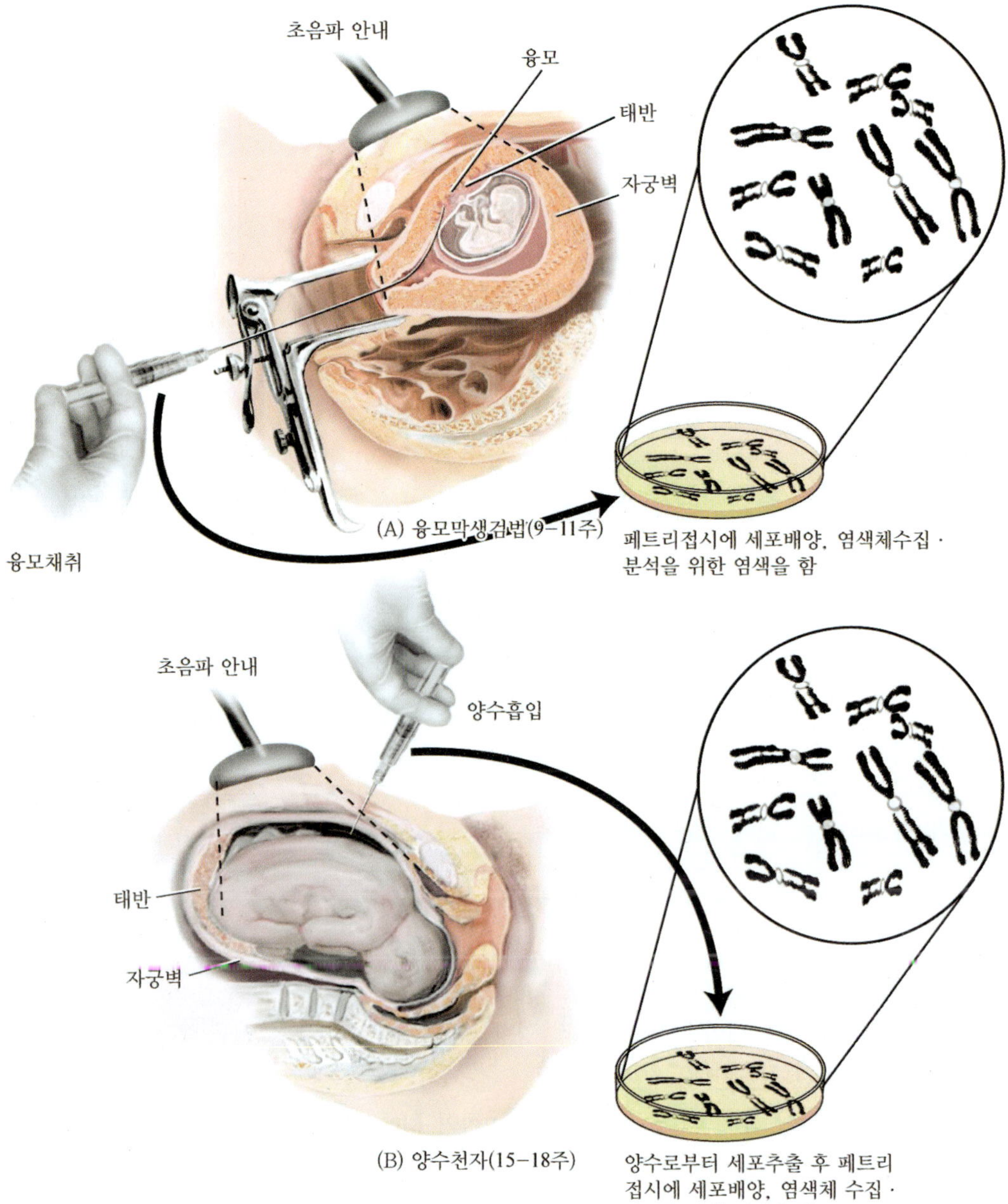

그림 2-12 양수검사와 융모막 검사

Juanita J. Davies(2007), Essentials Medical Terminology 2nd, p419

1) 어머니의 질환과 관련된 요인

① 당 뇨

당뇨병을 앓고 있는 어머니의 높은 혈당수준과 인슐린 처치는 유산이나 사산을 초래하고 태아가 생존해도 신체적 결함과 신경계의 이상을 갖게 된다.

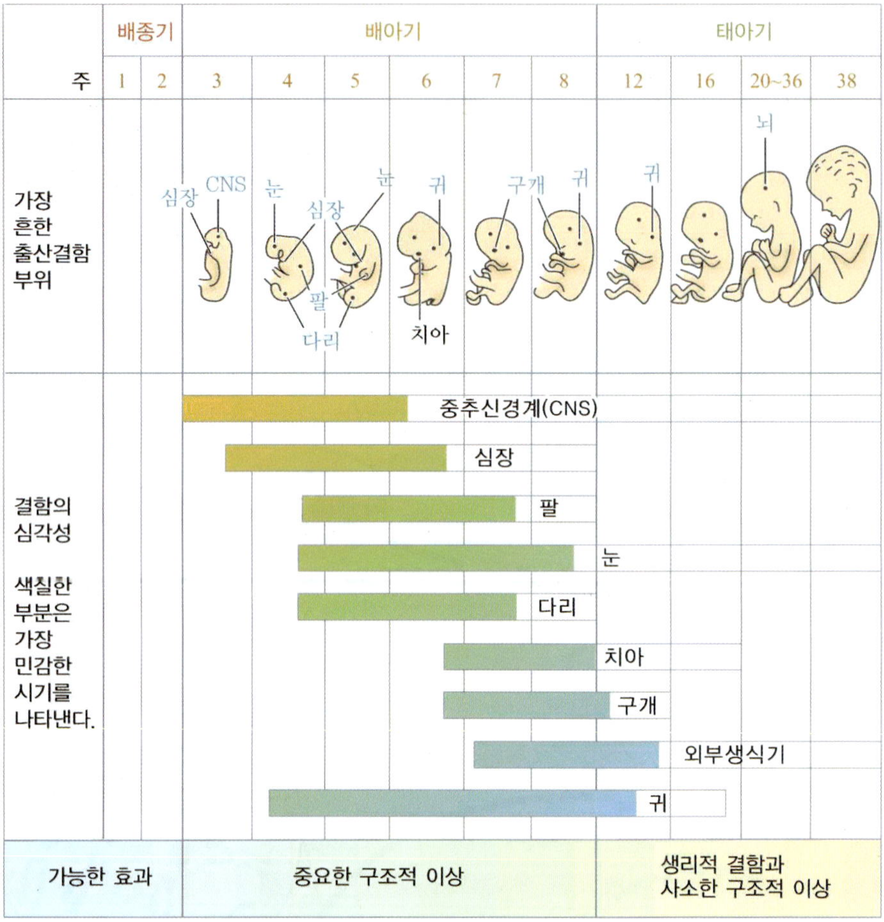

그림 2-13 기형발생물질에 대한 민감기

② Rh 인자

Rh 인자의 부조화도 태아발달에 부정적 영향을 준다. Rh 인자는 인구 약 85%의 적혈구에서 발견되는 단백물질이다.

Rh 인자의 부조화는 Rh^+의 남성과 Rh^-의 여성이 Rh^+ 자녀를 임신할 때에 발생하는 것으로, 첫아이는 Rh^+이라고 해도 영향을 받지 않으며, 둘째아이부터 치명적인 위험에 빠지게 된다. 태아와 모체의 혈관조직은 분리된 체계이기는 하지만, 분만과정 중의 출혈로 인해 Rh^-의 혈액과 Rh^+의 혈액은 섞일 수 있다.

그 결과, 첫아이 출산 직후에 모체의 혈액은 Rh^+인자에 대항하기 위해 항체를 생성한다. 둘째아이를 임신하게 되면 이 항체는 태반을 통해 태아의 혈액 속에 들어가서 Rh^+ 태아의 적혈구를 파괴하기 때문에 조산하거나 사산한다. 죽지 않고 살아남은 태아들은 빈혈과 파괴된 적혈구에 의해 분비된 독성물질로 황달증세를 보이며 정신지체를 나타낸다. Rh^- 어머니에게 매번 임신할 때마다 임신 즉시 Rh 면역 글로불린(RhoGam)을 주사하면 Rh 항체 형성을 막을 수 있다.

③ 풍 진

풍진(rubella)은 모체의 감염 시기에 따라 태아에게 나타나는 증상이 달라지는 대표적 질환이다. 임신 11주 전에 어머니가 감염되면 귀머거리, 심장결함, 시각결함, 지적결함을 가진 아이가 태어난다.

임신 13주와 16주 사이의 감염은 3명의 태아 중 1명의 비율로 결함 가능성이 낮아진다. 또 임신 16주 이후의 감염은 태아에게 아무런 영향을 주지 않는다. 이와 같이 풍진은 임신초기에 치명적인 영향을 줄 수 있으므로 이 질환에 대한 면역이 형성되지 않은 사람은 적어도 임신 6개월 전에 예방접종을 받아야 한다.

④ 성 병

어머니의 성병도 출산결함을 야기한다. 매독(syphilis)은 태반을 통해 감염된다. 만약 임신 4개월 이전에 치료된다면 태아는 매독에 감염되지 않을 수 있다. 그러나 모체의 치료되지 않은 매독은 출산 전이나 출산 직후에 태아를 사망하게 하며, 사망하지 않은 태아는 뼈나 간 혹은 대뇌에 손상을 입게 되고 피부질환의 가능성이 높다.

태반을 통해 감염되는 매독과는 달리, 음부 헤르페스와 임질은 분만 시 산도를 통과할 때 신생아에게 감염된다. 이와 같은 산모에게는 제왕절개수술을 권한다.

헤르페스에 감염된 신생아의 50~60 %는 사망하고 생존영아의 ½은 대뇌손상을 나타내거나 장님이 된다. 임질은 분만 시에 신생아의 눈에 손상을 일으켜 맹인이 된다.

⑤ 에이즈

에이즈도 어머니를 통해 태아에게 감염된다. 보통 태반을 통해 출생 시 혈액의 감염으로 신생아는 에이즈 환자로 태아난다. 에이즈에 감염된 대부분의 신생아들은 면역체계의 이상을 가지고 태어나기 때문에 생후 6개월경에 이르면 체중감소를 나타내고 고열과 설사 및 호흡기 질환을 자주 앓는다.

또한, 에이즈 바이러스는 심각한 대뇌손상을 일으키고 정신능력의 발달과 운동발달에서 지체를 초래한다. 일반적으로 에이즈에 감염된 대부분의 아기들은 에이즈 증상이 나타난 지 5~8개월이 지나면 사망한다.

2) 어머니의 영양과 정서 상태

태아의 정상적인 발달을 위해서는 임부의 균형 있는 영양섭취가 중요하다. 비타민, 무기질, 단백질의 결핍은 사산이나 유산을 초래하고 태아의 육체적·정신적 결함을 야기한다. 특히 비타민 A나 칼슘 결핍은 치아에 문제를 가져오고 심각한 단백질 결핍은 정신지체, 조산, 질병에 대한 낮은 저항력 혹은 저체중을 유발한다.

태아 성장에 미치는 영양부족의 결과는 적절한 영양섭취를 방해하는 환경 – 즉, 전쟁이나 기근 혹은 극단적인 가난의 영향을 연구한 결과에서 얻을 수 있다.

전 세계의 인구 중 가난으로 위협받고 있는 지역의 사례들을 보면, 태내기는 물론이고 출생 후에도 영양이 결핍되면 심각한 성장지체가 발생하는 것을 알 수 있다.

태내기 동안에는 영양이 충분했으나, 출생 후 영양이 부족하면 성장지체가 일어나며, 태내기 때 영양공급이 부족했어도 출생 후 충분히 영양공급을 하면 태내기에서의 부족을 상쇄시킬 수 있다.

어머니와 태아는 태반과 혈액체계에 의해 상호의존하고 있기 때문에 모체의 생리적 변화는 태아에게 영향을 준다.

임부의 정서상태는 혈액의 화학성분을 변화시키며, 변화된 화학물질이 태반을 통해 태아에게 전달된다. 따라서 어머니의 정서적 불안은 유산·조산·저체중 및 신생아의 호흡기 질환이나 신체적 결함을 초래하기도 한다고 알려져 있다.

3) 어머니의 연령

여성의 임신가능 기간은 첫 월경 시작 후 1년~1년 반경에 시작하여 폐경 전까지이다. 그러나 가장 이상적인 자궁환경은 18세로부터 35세 사이이다. 특히 35세 이상인 여성이 초산인 경우 진통시간이 길어지므로 신생아나 산모 중 어느 한쪽이 사망할 수 있으며, 미숙아를 출산할 가능성도 높다.

출생 시에 미성숙한 형태로 존재하던 자궁은 사춘기 동안 완전히 성숙한다. 그러나 연령이 증가함에 따라 자궁을 구성하는 세포들도 노화하기 때문에 자궁의 기능은 퇴화한다. 40세 이상의 산모들에게서 나타나는 다운증후군 태아의 높은 발생빈도는 퇴화된 자궁 때문으로 추정된다.

(4) 외부적 요인

① 약 물

임부에게 유해한 약물은 점점 더 많아지고 있다. 임부들이 자주 복용하는 비타민 A의 과용은 선천성 기형이나 언청이를 만들며, 다량의 아스피린 복용은 태아의 순환계에 이상을 일으킨다.

의학적 처치를 위해 투여된 약물들도 태아에게 심각한 영향을 줄 수 있다. 1960년대 탈리도마이드의 비극적 결과에서 임신 후 초기 3개월 동안의 약물 복용의 위험성을 실감할 수 있다. 입덧을 경감시키기 위해 임신 후 21~36일 사이에 복용된 신경안정제인 탈리도마이드는 사지가 없거나 청각손상을 지닌 아기를 탄생시켰다.

② 알코올

임신기간 중의 알코올 섭취는 태아기형을 유발하는데, 알코올을 복용한 어머니의 아기들이 나타내는 증상들을 태아알코올 증후군(Fetal Alcohol Syndrome, FAS)이라 한다. 작은 크기의 머리와 심장, 사지, 관절, 얼굴에 이상이 있으며, 과민성과 과활동성 및 발작증세를 나타내기 쉽다.

태아알코올 증후군의 아이들은 정상 아이들보다 아동기와 청년기 동안 더 지체된 성장을 보였다. 알코올 대사산물인 아세트알데히드는 태반을 쉽게 통과하여 태아에 직접적으로 영향을 준다.

태아는 알코올을 분해시킬 수 있는 효소체계가 발달되어 있지 않아 태아의 뇌 조직에 다량의 알코올이 이동되면 정산발달 장애를 초래하게 된다. 또한 알코올은 열량은 많으나 단백질, 비타민, 무기질 등의 섭취가 제한되므로 모체에 영양결핍이 초래될 수 있으며, 소화관 내에서 미량영양소의 흡수장애를 유발한다.

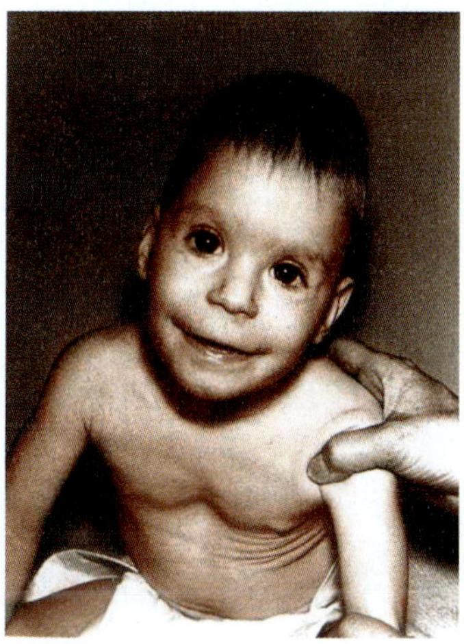

그림 2-14 태아알코올 증후군
임신기 동안 임부 알코올 중독으로 인해 태어난 태아알코올 증후군 아기는 낮은 콧날, 좁은 이마, 잘 발달되지 않은 얇은 윗입술과 뚜렷하지 않은 인중, 짧은 코 등의 증상을 나타낸다.

표 2-4 태아나 신생아에게 영향을 주는 약물

약 물	영 향
항생물질	스트렙토마이신의 과도한 사용은 청력손상을 초래하고, 테라마이신과 테트라사이클린은 조산, 지체된 골격성장, 백내장과 치아의 착색을 야기한다.
아스피린	과도한 아스피린의 복용은 신생아의 위장장애를 일으키고 출산시의 저체중과 낮은 지능을 초래한다.
바비튜레이트 (진정·수면제)	태아나 신생아를 무기력하게 만들고 과도한 양의 사용은 무산소증과 호흡곤란을 일으키게 한다.
각성제	카페인은 조신을 일으키고 신생아의 비정상적 반사와 과민성을 유발시킨다. 코카인의 복용은 신생아의 저체중과 과민성 및 호흡기 장애를 일으키게 한다.
성호르몬	여성 호르몬이 들어 있는 피임약은 심장결함과 심장혈관문제를 일으킬 수 있다. 유산을 예방하기 위해 사용되는 약물 속의 프로게스테론은 태아를 남성화한다.

만성알코올 중독자들은 엽산, 비타민 B_1, 아연이 결핍되어 기형아를 출산할 수 있으며, 태반에서는 아미노산의 이동을 방해하기도 한다. 임신 초기에는 적은 양의 알코올 섭취도 태아에게 영향을 주게 되므로 바람직하지 않다.

어머니가 알코올 중독자인 경우 태아의 30% 혹은 그 이상이 태아알코올 증후군 아기로 태어나며, 하루에 30~90 g의 알코올을 섭취하는 어머니들은 다소 덜 심각한 장애를 가진 아기를 출산한다. 이 정도의 알코올 섭취는 신체성장을 지체시키고 신경계의 정상적 발달을 방해하므로 경미한 신체이상이나 주의집중장애 혹은 낮은 지능을 초래한다.

하루에 30 g 이하의 적은 양의 알코올을 섭취한다고 해서 영향이 없는 것은 아니며, 이 유형의 어머니들은 무기력한 아기를 출산하기 쉽다. 이와 같이 알코올에 의한 장애의 심각성은 알코올 섭취량과 관련이 있으며, 안전한 알코올 섭취란 존재하지 않는다.

③ 흡 연

임신부의 흡연은 유산이나 사산 혹은 출생 직후에 사망하는 신생아를 낳을 가능성을 증가시킨다. 임신부의 흡연은 혈압과 맥박을 상승시키며, 혈액의 산소요구량을 증가시키기 때문에 태아에게 만성적인 산소부족으로 뇌 이상을 초래하고 작은 두개골과 언청이 혹은 저체중을 유발시킨다. 흡연은 특히 출산 전 2~4주 사이의 체중증가 시기에 심한 지장을 초래한다.

흡연은 태반으로의 혈류량을 감소시켜 태아에게 전달되는 산소와 영양소 양이 줄어들게 하며, 모체에도 영향을 미쳐서 비타민 C, B_6, B_{12}, 엽산 등의 결핍을 초래한다.

④ 방사선

임신 전의 방사선 투과도 생식세포의 염색체를 변화시킴으로써 유해한 영향을 줄 수 있기 때문에 특별한 경우를 제외하고 임신부의 하복부나 골반에 X광선을 투과하지 말아야 한다. 임신 직후 수정란이 착상되기 전에 방사선에 노출되면 접합자는 죽게 되며, 착상 이후의 방사선 노출은 성장을 지체시키거나 기형을 유발한다. 특히 중추신경계의 기형으로 출생 직후 사망하는 경우가 많다.

⑤ 화학물질, 중금속 및 환경오염물질

다이옥신을 포함하는 제초제는 높은 비율의 유산과 태아기형을 초래하고, 암을 유발할 수 있는 화학물질이다. 폴리염화페닐(PCB)에 오염된 물고기를 먹은 임부의 태아는 신체발달이 저조하고 조산될 위험이 있으며, 출산 후에는 감각반응과 지각장애를 나타내기 쉽다.

특히 납과 같은 독성 금속에 노출된 어머니의 영아들은 저체중과 느린 신경학적 발달을 보이고 낮은 지능을 갖는 경향이 있다. 또한, 병원에서 마취제 가스에 노출된 여성 근로자들은 자연유산과 선천적 기형을 가진 아기의 출산 비율이 높았다.

⑥ 카페인

카페인의 태아에 대한 영향은 아직 확실하지 않지만, 동물실험에서는 유산이 나타났다는 보고가 있다. 카페인은 쉽게 흡수되어 신체 각 부분으로 분포되며 태반을 빠르게 통과한다.

표 2-5 태아의 발달에 영향을 미치는 요인들

약 물	영 향
알코올	작은 머리, 비정상인 얼굴, 심장장애, 체중미달, 지적 발달지체
담 배	흡연자의 신생아는 작고 미숙한 편이다. 또한 대부분의 아동이 초기문제를 극복하는 것으로 보이나, 아이가 자라면서 신체적·지적 성장에 장기적인 지체를 보이기도 한다. 아버지가 흡연하는 경우에 간접흡연도 마찬가지로 위험하여 체중 미달인 경우가 많다.
카페인	카페인은 장기적인 발달이상을 보이지는 않으나, 출생 당시에 미숙아 출산이나 반사운동 이상을 보이기도 한다.
아스피린	아스피린을 과다복용하게 되면 신생아의 출혈, 위장장애를 일으키게 된다. 아스피린은 출생 시의 체중미달과 낮은 지능, 그리고 운동능력의 부족과 관련이 있다는 증거가 있다.
항생제	임신부의 과다한 스트렙토마이신 남용 시 태아가 귀머거리가 될 수 있다. 테트라마이신은 미숙아 출산이나 골격 성장에 이상을 초래할 수 있다.
환각제	과다한 마리화나는 미숙아 출산, 체중미달의 신생아를 출산할 수 있다.
안정제	호흡곤란을 일으킬 수 있다.
마 약	헤로인이나 모르핀 중독은 미숙아 분만 가능성을 증가시킨다. 신생아도 중독되어 있으므로 구역질, 발한 등의 금단현상을 보인다.
백 신	살아있는 바이러스 백신주사는 임신기간 동안 피해야 한다. 천연두, 홍역, 풍진 등의 예방주사는 기형발생을 초래하는 물질이다.
성호르몬	여성 호르몬이 포함된 피임약은 심장장애와 심장혈관에 문제를 발생시키는 것으로 알려져 왔으나, 최근에는 별 문제가 없는 것으로 보고된 바 있다. 유산을 방지하는 데 사용하는 것으로 알려진 프로게스테론은 태아를 남성화할 수 있다.
비타민	비타민 A의 과다복용은 언청이나 심장 기형 등의 심각한 장애를 가져온다.

임신을 하면 혈중 고농도인 에스트로겐으로 인해 간조직에 있는 카페인 분해효소의 활성이 감소하여 카페인 제거속도가 느려져 태아에게 전달되게 된다. 카페인은 태반 혈관을 수축시켜 혈류속도가 감소되므로 태아에게 산소와 영양소의 공급이 감소된다. 그러므로 임신부는 가능한 한 카페인 섭취를 하지 않는 것이 좋다.

표 2-6 각종 음료의 카페인 함량

음료와 식품		카페인 함량	
		평 균(mg)	범 위(mg)
커피 (142 mL)	드롭 방법	130	110~150
	여과 방법	94	64~124
	인스턴트	74	40~108
	카페인 프리 커피	3	1~5
차 (142 mL)	인스턴트	30	25~50
	아이스(340 mL)	70	67~76
청량음료 (250 mL) 콜라	레귤러		22~37
	다이어트		1.5~43
	카페인 프리		0~미량
기타	코코아음료(142 mL)	4	2~20
	초코우유(226 mL)	5	2~7
	밀크 초콜릿 캔디(28 mL)	6	1~15
	초콜릿향 시럽	4	4

* 자료 : 임현숙 외 역(2000), "발달의 관점에서 본 생애주기 영양학", p.135

표 2-7 임신기간 동안의 각종 감염병이 태아에 미치는 영향

병 명	유 산	기형아	정신지체	체중미달과 조산
바이러스에 의한				
• 후천성 면역결핍증(AIDS)	0	?	+	?
• 수 두	0	+	+	+
• 거세포 바이러스(cytomegalovirus)	+	+	+	+
• 포진(herpes simplex)	+	+	+	+
• 유행성 이하선염(mumps)	+	?	+	+
• 풍 진	+	+	0	0
박테리아에 의한				
• 매독(syphilis)	+	+	+	?
• 결 핵	+	?	+	+
기생충에 의한				
• 말라리아	+	0	0	+
• 주혈 원충병(toxoplasmosis)	+	+	+	+

+ : 발견된 현상, 0 : 나타나지 않은 현상, ? : 분명하지 않으나 가능한 증상

* 출처 : Berk, 1996, p.117

2–3 임신기의 영양소 섭취

1. 임신기의 영양섭취기준

(1) 에너지

모체는 임신으로 인해 적혈구, 유선조직, 지방조직과 같은 새로운 조직의 형성과 태반 발달에 열량을 필요로 하며, 임신기간 중 심장순환계, 호흡기계 및 배설기관의 활동과 기능이 증가되므로 대사요구량이 많아진다. 그러므로 임신여성의 에너지 필요추정량은 임신으로 인한 에너지 소비량 증가와 태아와 모체조직의 성장에 요구되는 에너지 축적량에 의해 정한다.

우리나라 임부의 에너지 섭취 추가량은 임신 1/3분기에는 없으며, 2/3분기와 3/3분기에는 각각 1일 340kcal와 450kcal를 추가한다.

표 2–8 임신기의 에너지필요추정량 계산

임신기	A. 에너지소비량 증가분(kcal/일)	B. 에너지축적량 (kcal/일)	합계(A+B) (kcal/일)	
			계산값	조정값
임신 1/3분기	0 kcal/일	0 kcal/일	0	
임신 2/3분기	158 kcal/일	180 kcal/일	338	340
임신 3/3분기	269 kcal/일	180 kcal/일	449	450

2015. 한국영양소섭취기준

(2) 탄수화물

탄수화물은 에너지원으로 특히 적혈구, 뇌세포, 신경세포는 주로 포도당을 에너지원으로 사용하며 탄수화물의 섭취가 부족할 경우 포도당 신생합성을 통해 혈당을 일정농도로 유지하여 필요한 포도당을 제공한다. 따라서 적절한 탄수화물의 공급은 체단백질을 절약하며, 옥살산을 제공하여 TCA 회로를 원활하게 작용시켜 지방의 완전산화에 필수적이다.

이러한 탄수화물은 임신 시 태아에게 중요한데, 분만 직전의 태아는 하루 40 g 이상의 포도당을 요구한다. 태아에게는 포도당이 가장 중요한 에너지원으로 1일 필요량의 80 %를 포도당 산화로부터 얻는다. 또 포도당은 지질, 글리코겐 및 구조적인 다당류 합성의 전구체가 된다.

모체의 포도당 농도와 태반으로 흐르는 혈류량에 따라 태아에게 수송되는 포도당의 양은 달라진다. 모체의 혈당농도가 증가하면 더 많은 양의 포도당이 태아에게로 이동되며 태아의 인슐린 분비도 상승된다.

임신 중 모체에 고혈당 증세가 있으면 과체중의 혈중 인슐린 농도가 높은 아기를 출산하기 쉽다. 우리나라는 전통적으로 탄수화물의 섭취가 과잉될 우려가 있으므로 탄수화물의 섭취 적정비율은 총 에너지의 55~65%를 권장한다.

(3) 식이섬유소

임신기 식이섬유 부가섭취량은 +5g으로 하고, 25g을 충분섭취량으로 하였다.

표 2-9 탄수화물, 지방과 단백질의 영양섭취기준 : 에너지 적정비율

영양소 \ 연령		1~2세	3~18세	19세 이상
탄수화물		55~65 %	55~65 %	55~65 %
단백질		7~20 %	7~20 %	7~20 %
지질	총 지방	20~35 %	15~30 %	15~30 %
	n-6계 지방산	4~10 %	4~10 %	4~10 %
	n-3계 지방산	1 % 내외	1 % 내외	1 % 내외
	포화지방산	–	8% 미만	7% 미만%
	트랜스지방산	–	1% 미만	1 % 미만
	콜레스테롤	–	–	300mg/일 미만

보건복지부, 2015.

(4) 지 방

태아는 태반을 통해서 지방을 공급받기도 하며 태반조직에서 새롭게 합성된 지방을 받아들이기도 한다. 태아의 간과 지방조직은 포도당, 젖산 또는 아미노산으로부터 지방산을 합성할 수 있다. 태아는 소량의 지방산을 산화하여 열량원으로 이용하기도 하지만 대부분은 지방조직에 중성지방으로 저장한다.

사람에게 리놀레산과 리놀렌산은 필수지방산으로 식사를 통해 반드시 섭취해야 하며, 태아는 뇌와 망막조직의 발달에 EPA나 DHA가 필수적이므로 n-3, n-6계 지방산이 꼭 필요하다. 성인은 EPA와 DHA를 합성할 수 있으나 태아는 이들 지방산의 합성이 제한되어 있으므로 모체로부터 공급받아야 한다.

따라서 임신 중 총 지질의 섭취량은 일반 성인보다 약간 높여서 임신 전 기간을 통해 총 에너지 섭취량의 25%를 이상적으로 권장하고 섭취지방의 종류도 필수지방산이 많은 식물성 지방을 권장하여 동물성 지방과의 섭취비율이 1 : 1 이하는 되지 않도록 한다.

(5) 아미노산과 단백질

임신기간 중 태아가 필요로 하는 총 단백질량은 350~450g으로 추산되며 임신 초기에는 단백질 필요량이 매우 적지만 후반기에는 크게 증가한다. 임신 말기 태

아의 1일 단백질 필요량은 2g/kg이며, 태아는 양수에 함유된 단백질을 삼킴으로써 단백질 필요량 중 5% 정도를 얻을 수 있지만 대부분의 단백질은 태반을 통해 얻어야 한다.

임신 첫 3개월 동안 태아의 간 조직은 비필수 아미노산을 합성할 수 없으므로 모든 아미노산들은 임신 초기의 태아에게 필수적이다. 임신 20주 후 태아조직은 성인에서와 같이 비필수 아미노산들을 합성할 수 있으나 아르기닌과 시스틴은 충분히 합성할 수 없으므로 이들 아미노산은 태아에게 필수 아미노산이다.

임신기 모체의 식사는 충분한 양의 단백질이 공급되어야 태아·태반 및 모체조직의 합성과 유지에 무리가 없다. 임신 2분기의 권장섭취량은 +15g/일을 추가하여 70g(19~29세)~65g(30~49세)이며, 임신 3분기의 권장섭취량은 +30g/일을 추가하여 85g(19~29세)~80g(30~49세)이다.

(6) 지용성 비타민

① 비타민 A

비타민 A는 세포분화와 정상적인 태아 발달에 매우 중요하나 태아의 총 비타민 A 필요량은 적다. 태아의 간에 적은 양이 저장되고 과량 섭취는 오히려 태아의 기형을 초래할 수 있다. 임신부의 비타민 A 권장섭취량(19~49세)은 70μgRE/일을 추가하여 720μgRE/일이다.

② 비타민 D

비타민 D는 칼슘 흡수에 필수적이며 임신부가 규칙적으로 햇빛에 노출되면 7-디하이드로 콜레스테롤로부터 비타민 D가 합성된다. 태아의 성장에 칼슘이 축적되어야 하므로 칼슘의 흡수를 증가시키기 위해 5μg을 보충해야 한다. 그러므로 비타민 D의 충분섭취량은 비임신부와 같게 10μg/일로 정하고 있다.

아프리카 여성들은 유당불내성으로 인해 칼슘 섭취량이 적고 검은 피부로 인해 피부에서의 비타민 D 합성이 감소되므로 이들에게는 불충분한 비타민 D가 문제가 되기도 한다.

비타민 D의 결핍은 임신기 동안 칼슘 활용성을 감소시키고 태아의 골밀도를 감소시키며, 심하면 치아 에나멜층의 형성에 손상을 가져오며 신생아 저칼슘혈증을 유발시키고 구루병을 일으킬 수도 있다. 또 임신부가 비타민 D 섭취가 부족하면 골연화증이 올 수도 있다.

③ 비타민 E

임신기간 동안에는 혈중 지질농도의 증가와 함께 혈중 α-토코페롤 농도가 증가하여 임신기간 동안 태반을 통한 비타민 E의 이동은 큰 변화가 없다고 알려져 있다. 그러므로 임신 중 비타민 E의 충분섭취량은 비임신부와 동일하게 12 mg α–TE/일이다.

임신부에게 비타민 E가 결핍되면 선천적 기형과 자연유산이 발생할 수도 있다.

④ 비타민 K

모체에서 태아로의 비타민 K 태반이동은 소량이고, 모체의 식사에 의한 섭취는 태아농도에 유의적인 영향을 미치지 않는다. 임신부는 비임신부와 동일하게 65μg/일이 충분섭취량이다.

(7) 수용성 비타민

① 비타민 C

비타민 C는 콜라겐 합성에 관여하며 뼈와 결체조직 형성에 중요하다. 콜라겐은 피부, 힘줄, 골기질 단백질의 구조를 이루는 등 결체조직 내에서 중요한 기능을 하는 단백질이다.

또한 비타민 C는 항산화제로서 태아를 산화에 의한 손상으로부터 보호하며, 태반을 통해 태아에게 능동수송되므로 모체와 비교하여 비타민의 저장량이 많다. 하지만 임신부의 혈청 비타민 C 농도가 감소하게 되면 낮은 혈청 비타민 C 농도는 태아의 건강에 영향을 줄 수 있으므로 이를 보충하기 위해 10mg/일의 추가섭취를 권장한다. 그러므로 권장섭취량은 임신기간 구분없이 110mg/일이다.

② 티아민(비타민 B_1)

비타민 B_1은 소장에서 흡수된 후 인산화되어 존재한다. 체내 총 비타민 B_1의 80%는 당질대사에 꼭 필요한 TPP(thiamine pyrophosphate)가 되고, TPP의 10%는 TTP(thiamine triphosphate)로 구성되며, 나머지 10%는 TMP(tiamine monophosphate)이다. 임신부의 권장섭취량은 0.4mg을 추가하여 1.5 mg/일이다.

③ 리보플라빈(비타민 B_2)

리보플라빈은 생체 내에서 탈수소 효소로 알려진 FMN(flavin mononucleotide)과 FAD(flavin adenine dinucleotide)의 두 가지 보효소 형태로 체내에 존재하고 있으며, 근육의 필수성분으로써 임신기간 동안 태아의 조직발달을 위하여 요구량이 증가된다. 임신기간 동안의 리보플라빈 섭취와 신생아의 체중과는 관련성이 높다고 한다. 특히 에너지 대사에 관여하므로 임신 말기에 리보플라빈 요구량의 증가는 필수적이다.

출산 후 신생아의 환경 변화에 따른 활성산소의 발생 등에 리보플라빈은 글루타티온 환원효소의 조효소로서 글루타티온을 환원상태로 유지시켜 간접적인 항산화제 역할을 한다.

임신기간 동안 비타민 B_2의 결핍은 유산이나 조산의 원인이 되기도 하며, 태아 발육장애를 일으킨다. 그러므로 태아와 모체를 위한 리보플라빈 권장섭취량은 0.4 mg을 추가하여 1.6 mg/일이다.

④ 니아신

니아신은 니코틴산(nicotinic acid)과 니코틴아미드(nicotinamide)를 총칭하는 것으로 NAD(nicotinamide adenine dinucleotide)와 NADP(nicotinamide adenine dinucleotide phosphate)의 보효소로 사용된다.

임신 중 고농도의 에스트로겐은 트립토판이 니아신으로 전환되는 것을 증가시킨다. 임신 시 증가된 필요량을 만족시키기 위해 니아신 이용률이 증가되므로 트립토판으로부터 니아신의 생합성 증대는 임신의 적절한 반응이 된다. 임신부의 권장섭취량은 4mg을 추가하여 18mgNE/일이다.

⑤ 비타민 B_6

성장하는 태아는 대사가 미숙하므로 필요량만큼의 피리독살을 인산화할 능력이 부족하다.

그러므로 태아에게는 모체로부터 태반을 통해 능동수송되는 피리독살 포스페이트(PLP)가 공급되어야 하며, 태아혈액의 농도가 모체혈액에서보다 2~5배나 더 높으므로 모체의 혈장 PLP는 태아 성장이 가장 빠른 임신 4~8개월 사이에 점차 감소한다. 또 임신 시 비타민 B_6 의존효소의 활성은 감소하나 비타민 B_6의 충분한 흡수, 비타민 B_6의 PLP로의 대사, 대사비율은 변하지 않는다.

비타민 B_6는 아미노산 대사에서 중요하며, 특히 임신기에는 아미노산 교체율의 증가, 태아의 비타민 B_6 요구, 모체의 대사요구량 때문에 증가한다. 임신부의 비타민 B_6 권장섭취량은 0.8 mg을 추가하여 2.2mg/일이다.

⑥ 엽 산

엽산은 프테로일글루탐산(pteroylglutamic acid, folic acid)과 비슷한 활성을 가진 유도체들을 일컫는다. 핵산 합성과 아미노산 대사에 필수적이며 세포분열에 관여한다.

식품과 체내에 존재하는 엽산의 주된 형대는 환원형(tetrahydrofolate)으로서 다양한 형태의 단일탄소 단위와 글루탐산이 약 1~6개까지 추가로 연결된 프테로일폴리글루타메이트(pterolpolyglutamate)이다. 반면 엽산 보충제나 식품 중에 강화된 엽산은 안정한 folic acid 형태로 들어 있다.

엽산은 핵산과 아미노산 대사에서 단일탄소 전이반응에 조효소 역할을 한다. DNA 합성에 필요한 thmidylate가 합성되기 위해서는 엽산이 꼭 필요하며 엽산이 부족하면 세포분열이 정상적으로 일어나기 어렵다. 또한 퓨린 합성, 히스티딘의 분해, 세린과 글리신의 상호전환, 메티오닌의 합성에 관여한다. 특히 호모시스테인으로부터 합성된 메티오닌은 S-아데노실메티오닌(S-adenosylmethionine)으로 전환된 후 체내에 필요한 여러 대사과정에서 메틸기를 제공해 주는 중요한 물질로 작용한다.

식품 중에 있는 폴리글루타메이트 형태의 엽산은 소장에서 gammaglutamylhydrolase(folate conjugase)에 의해 모노글루타메이트의 형태로 된 후 흡수된다. 흡수된 엽산은 주로 5-methyl-tetrahydrofolate의 형태로 문맥을 통해 간으로 들어가 다시 폴리글루타메이트가 된 후 간에 저장되거나 모노글루타메이트의 형태로 혈액으로 방출되어 운반된다.

조직으로 들어간 엽산은 다시 폴리글루타메이트의 형태로 전환된 후 조효소로 사용되거나 저장된다. 그러므로 임신 중에는 태반 형성을 위한 세포증식, 혈액량 증가에 필요한 적혈구 생성, 태아성장 등을 위해 엽산이 요구된다. 임신 초기에는 세포분열이 빠르게 일어나므로 임신 전에 적절한 엽산 영양상태를 유지하는 것이 중요하다.

즉, 임신기에는 태아의 성장, 자궁의 확대, 혈액증가, 태반발달 등으로 엽산의 요구량이 증가하며, 임신기 제대혈의 엽산농도가 모체 혈액의 엽산농도보다 높은 것을 볼 때 모체에게서 태아로 엽산 이동이 활발하게 이루어지는 것을 알 수 있다.

임신부에게 엽산이 결핍되면 태아의 신경관 손상의 유발이 높아지며, 모체 혈장과 적혈구 엽산농도가 저하되어 모체도 거대적아구성 빈혈이 초래된다.

임산부의 엽산 권장섭취량은 200을 추가하여 620μgDFE/일이다.

Dietary Folate Equivalents(DFEs) = μg of food folate + (1.7 × μg 의 엽산)

(8) 비타민 B_{12}

비타민 B_{12}는 엽산이 활성형으로 전환되는 데 필요하다. 모체의 코발아민 영양상태는 영아의 비타민 B_{12} 코발아민 상태를 결정하는 중요한 요인이다. 모체의 손상된 비타민 B_{12} 기능은 영아의 중추신경계에 손상을 줄 수 있다. 부족하면 초기 조산과 거대적아구성 빈혈이 유발될 수 있다. 채식위주의 식사를 하는 임산부가 출산한 영아에게서 비타민 B_{12} 결핍이 발견되기도 한다. 임신부의 권장섭취량은 0.2를 추가하여 2.6μg/일이다.

(9) 비오틴

임신기에 혈장 비오틴 농도가 감소한다고 하며, 특히 3분기 임신부의 과반수에서 비오틴 소변 배설량의 감소를 보인다는 보고도 있으나 그렇지 않다는 보고도 있어 확실하지는 않다. 또한 이 변화가 임신기의 정상적인 변화인지 필요량의 증대 때문인지 확인되지 않아 임신부의 비오틴 충분섭취량을 비임신 여성과 동일하게 30μg/일로 정하고 있다.

(10) 무기질

① 칼 슘

재태기간 동안 약 30g 이상의 칼슘이 태아에게 축적되는데, 대부분의 칼슘은 임신후반기에 태아의 골격과 치아 형성에 이용된다.

임신기간 중 모체의 칼슘 대사는 태아에게 요구되는 많은 양의 칼슘을 충족하기 위해 섭취한 칼슘의 흡수율이 증가한다. 하지만 식사로 섭취하는 칼슘만으로는 임신 후반기의 칼슘 필요량을 충족하는 데 부족하므로 모체의 골격에 축적된 칼슘을 방출해 사용한다.

임신부는 태아가 많은 양의 칼슘을 요구하지 않는 임신 초기에 자신의 골격에 칼슘을 축적하였다가 이를 후반기에 사용하므로 임신 중 모체의 골 손실은 크지 않다.

칼슘 요구도는 임신 마지막 2~3개월 동안 급격하게 일어나는 태아 골격의 석회화로 인하여 임신 후반기에 특히 증가한다. 그러나 임신 전반기에도 태아가 출생 후에 사용할 칼슘과 수유기에 대비한 칼슘을 보유하기 위하여 임신부의 체내 칼슘축적이 많이 일어난다. 임신 후반기와 마찬가지로 칼슘이 충분히 공급되어야 한다. 따라서 임신기를 전후반기로 구분하지 않고 권장섭취량은 성인여자(20~49세) 권장량과 같게 700mg이다. 임신 중 칼슘 결핍은 신생아 골밀도를 감소시키고 골격형성에 손상을 줄 수 있다.

② 인

출생 시 만기아의 인 함량은 17.1g이며, 이 중 88.3%는 골격과 체액에 함유되어 있다. 임신 중에는 인의 흡수율이 다른 때보다 증가하여 신장에서의 인 재흡수율도 동시에 증가하므로 태아에게 필요한 인 함량을 보유하게 된다. 임신기 동안 모체의 칼슘 흡수율을 높이려면 칼슘과 인의 섭취비율이 1.5 : 1이 바람직하다. 인의 권장량은 비임신 성인여성에서와 동일한 700mg이다.

③ 철

임신 중 하루 철 필요량은 비임신 여성에 비해 증가하게 되는데 대부분의 여성들은 식사로 섭취되는 철만으로는 증가된 임신 시 필요량을 충족시킬 수 없어 체내 철 저장량을 이용한다.

분만 전 태아는 모체로부터 수유기간 동안 정상적인 상태를 유지하고 모유에 적게 함유된 철을 보충하기 위해 철을 저장한다.

임신 초기에는 월경으로 인한 철 손실이 없어 이 기간 동안의 증가된 요구량을 보상해 주므로 철 섭취를 크게 증가시킬 필요가 없으나 임신 후반기 동안 급격히 증가하는 철 요구에 대비하여 충분한 철의 확보가 필요하다. 따라서 임신 중 철 권장섭취량은 저장 철을 보유할 수 있도록 임신기간 동안 10mg 추가하여 24mg이다.

④ 아 연

아연은 태아의 정상세포의 복제와 분화에 필수적이다. 임신기의 아연의 권상섭취량은 2.5를 보충하여 10.5mg이다.

⑤ 구 리

임신기의 평균필요량을 확립할 자료가 없어서 임신기의 추가 평균필요량은 임신기의 태아 성장과 양수 모체에 필요한 구리의 양으로 정하였다. 임신기 동안 구리의 권장섭취량은 930μg이다.

표 2-10 가임기 여성, 임산부 및 수유부의 영양소 권장섭취량

연령 (세)	에너지[1] (kcal)	단백질 (g)	비타민 A (μgRE)	비타민 D[2] (μg)	비타민 E[2] (mg α-TE)	비타민 C (mg)	티아민 (mg)	리보플라빈 (mg)
19~29	2,100	55	650	10	12	100	1.1	1.2
30~49	1,900	50	650	10	12	100	1.1	1.2
임신부	+0/340/450*	+0/15/30	+70	+0	+0	+10	+0.4	+0.4
수유부	+320	+25	+490	+0	+3	+40	+0.4	+0.5
구분	**니아신 (mg NE)**	**비타민 B_6 (mg)**	**엽산 (μg DFE)**	**칼슘 (mg)**	**인 (mg)**	**철 (mg)**	**아연 (mg)**	**구리 (μg)**
19~29	14	1.4	400	700	700	14	8	800
30~49	14	1.4	400	700	700	14	8	800
임신부	+4	+0.8	+220	+0	+0	+10	+2.5	+130
수유부	+3	+0.8	+150	+0	+0	+0	+5.0	+480

[1] 필요추정량 [2] 충분섭취량 * 임신 3분기별 영양섭취기준, 보건복지부, 2015

⑥ 수 분

임신 중 수분 필요량은 모체의 혈장, 세포외액의 증가, 양수 유지 및 태아의 필요량을 위해 증가한다. 임신부는 하루에 10~11컵의 수분섭취가 적당하며, 이는 모체와 태아조직에서 생성된 노폐물의 배설을 도우며 변비예방에도 효과가 있다.

이에 따라 임신부의 수분 충분섭취량은 비임신기 성인 여자의 섭취량(2,100mL/일)에 200 mL 추가하여 2,300 mL/일이다.

2–4 임신에 영향을 미치는 질환

(1) 비 만

비만인 여성은 임신을 하기도 어렵고 임신이 되어도 임신의 유지 및 분만 시 임신합병증 유발 가능성이 높다. 또한 고혈압, 임신성 당뇨, 단백뇨, 감염 등의 유병률이 높다. 비만한 여성이 다이어트를 하는 것은 태아의 성장에 손상을 줄 수 있고, 단식이나 저에너지 식사는 모체 혈액 내의 케톤체 농도를 증가시킨다.

(2) 고혈압

임신부의 고혈압은 일시적이며 심하지 않으나 일부는 단백뇨와 혈압상승 등의 자간전증이 올 수 있다. 혈장 단백질의 손실은 부종을 일으키며 자간전증이 심해지면 경련과 혼수를 초래할 수 있다.

(3) 당뇨병

임신 시에는 에스트로겐, 프로게스테론, 태반의 락토겐, 프로락틴과 혈당을 조절하는 인슐린의 능력을 감소시키는 코티졸의 수준이 증가되면서 인슐린의 혈당 조절작용이 감소한다. 대부분의 임신부는 이를 조정하기 위해 인슐린을 더 분비하여 혈당을 조절하지만 임신부의 3~5 %는 인슐린의 혈당 조절능력이 불충분하여 당뇨로 진행된다.

임신부의 당뇨는 태아 성장에 좋지 않으며 출생 전에 사망하거나 기형아를 출산할 수 있으므로 당뇨병을 예방해야 한다.

(4) 임신중독증

임신 6개월이 지나면 부종이 생기고 혈압이 높아지거나 단백뇨가 나오는 증상이 나타나는데 심하게 되면 임신중독증에 걸리게 된다.

임신 8개월이 되면 보통 체중증가는 1주일에 500g 정도이지만 이보다 체중이 증가하면 주의해야 한다. 이때 단백질을 지나치게 섭취하면 신장에 무리가 가므로 주의한다.

(5) 빈 혈

임신이 진행됨에 따라 전혈량이 증가하므로 모체의 철 요구량도 증가하지만, 태아의 철 수요도 많아져서 모체의 철이 태아로 이행되어 태아의 조혈작용이 일어난다.

따라서 철의 흡수, 적혈구 중의 혈색소의 형성 및 혈장량의 증가를 위해 비타민 C, 단백질, 아미노산, 엽산 등이 필요하다. 이들 영양소의 공급과 흡수가 균형 있게 잘 유지되면 생리적 평형상태를 이루지만 철이 부족하거나 이들 영양소가 부족하면 빈혈이 되기 쉽다.

임신 중 빈혈에는 철 결핍성 빈혈과 악성빈혈의 두 종류가 있다. 철 결핍성 빈혈인 경우는 철분이 풍부한 식품을 섭취하고 철 영양제를 복용하며 홍차나 녹차, 커피 등을 마시지 않는 것이 좋다. 홍차나 녹차 속의 탄닌이 철과 결합하여 철의 흡수를 방해하기 때문이다.

철은 십이지장에서 흡수되지만 위산이 결핍되면 흡수율이 낮아지므로 산미가 있는 과일이나 비타민 C도 섭취해야 한다. 야채나 과일의 비타민 C는 식품 중의 산화철을 환원형으로 변화시켜 철의 흡수를 돕는다.

양질의 단백질은 조혈효과를 나타낼 뿐 아니라 동물성 식품의 헴철은 흡수이용 효율이 높으므로 바람직하다. 그 밖에 엽산, 비타민 B_{12} 등의 섭취에도 신경을 써야 한다.

2-5 임신부를 위한 식생활 관리

1. 임신부를 위한 식생활 실천지침

① 우유 제품을 매일 3회 이상 섭취한다.

- 우유를 매일 3컵 이상 마신다.
- 요구르트, 치즈, 뼈째 먹는 생선 등을 자주 섭취한다.

② 고기나 생선, 채소, 과일을 매일 섭취한다.

- 다양한 채소와 과일을 매일 섭취한다.
- 살코기, 등푸른 생선 등을 자주 섭취한다.
- 달걀과 콩 제품을 자주 섭취한다.

③ 짠 음식을 피하고, 싱겁게 섭취한다.

- 장아찌, 젓갈 같은 짠 음식과 가공식품을 적게 섭취한다.
- 음식을 만들거나 먹을 때 소금이나 간장을 적게 사용한다.

④ 술은 절대로 마시지 않는다.

- 술은 절대로 마시지 않는다.
- 커피, 콜라, 차, 초콜릿 등 카페인 함유식품을 적게 섭취한다.

⑤ 안전한 식품을 선택하고, 위생적으로 관리한다.

- 신선한 재료를 위생적으로 조리한다.
- 가공식품이나 인스턴트식품을 적게 섭취한다.

⑥ 임신부는 적절한 체중증가를 위해 알맞게 섭취한다.

- 세 끼 식사와 간식을 즐겁게 섭취한다.
- 일상적인 활동과 가벼운 운동을 규칙적으로 한다.

⑦ 수유부는 모유 수유를 위해 알맞게 섭취한다.

- 음식과 물을 충분히 섭취하여 모유 부족을 예방한다.

(자료 : 보건복지부)

2. 임신부를 위한 식단의 예

표 2-11 임신부를 위한 1일 식단의 예

(열량 약 2,500kcal - 필요추정량, 단백질 75g - 권장섭취량)

곡류 (3.5회)	고기 · 생선 · 달걀 · 콩류 (5.5회)	채소류 (8회)	과일류 (3회)	우유 · 유제품류 (2회)
1인 1회 분량 • 쌀밥(210g) • 현미(90g) • 팥(90g) • 국수(건90g) • 떡(150g) • 빵(80g) **[참고]** 식이섬유 섭취를 늘리기 위해 전곡류 또는 잡곡 섭취권장	**1인 1회 분량** • 쇠고기(60g) • 닭고기(60g) • 생선(60g) • 달걀(60g) • 두부(80g) • 콩(20g) **[참고]** 살코기 위주로 섭취, 지방함량이 높은 부위는 제거 후 섭취권장	**1인 1회 분량(1접시)** • 고추(70g) • 오이(70g) • 콩나물(70g) • 배추김치(40g) • 느타리버섯(30g) • 미역(30g) **[참고]** 매끼 1회분 이상 섭취, 제철 채소 이용한 음식 섭취권장	**1인 1회 분량** • 참외(150g) • 수박(150g) • 사과(100g) • 귤(100g) • 포도(100g) • 과일음료(100mL) **[참고]** 매일 1회분 이상 섭취, 주스보단 생과일 섭취권장	**1인 1회 분량** • 우유(200mL) • 액상요구르트(150g) • 호상요구르트(100g) • 아이스크림(100g) • 치즈(20g*0.3회) **[참고]** 매일 1회분 이상 섭취, 단순당질 및 지방이 적게 함유된 제품권장

섭 취 주 의	식 사 원 칙
• 아침은 거르지 않고 매일 섭취 • 우유 및 과일, 채소 매일 1회 이상 섭취 • 패스트푸드 및 안전하지 않은 식품 섭취 자제	• 제때에! 신체리듬에 맞춰 제때에 규칙적인 식사 권장 • 골고루! 영양적으로 균형잡힌 식사를 위해 다양한 식품 골고루 섭취 • 알맞게! 신체에 필요한 양만큼 알맞게 섭취

* 2015 한국인 영양소 섭취기준, 보건복지부, 한국영양학회

임신기 영양 핵심문제

1. 임신중독증의 증세가 아닌 것은?

① 고혈압 ② 단백뇨
③ 부종 ④ 시력 저하

2. 임신 중 기초대사량이 증가하는 이유가 아닌 것은?

① 호르몬 변화
② 과량의 열량 요구
③ 모체의 자궁, 유방, 장기의 발육
④ 태아의 성장

3. 임신기에 이 영양소가 결핍되면 신경관이 손상된 아이를 낳을 수 있어 결핍되지 않게 해야 하는 영양소는?

① 비타민 A ② 비타민 C
③ 비타민 B_1 ④ 엽산

4. 태아의 일반적 발육에 대하여 바르게 설명한 것은?

① 임신 2개월에는 태반이 완성되어 모체로부터 영양 흡수가 왕성해진다.
② 임신 5개월이면 태아의 꼬리가 없어지고 눈, 귀, 입, 사지 등이 생기기 시작한다.
③ 임신 10개월에 분만된 아기는 미숙아로서 각별한 주의가 요구된다.
④ 임신 4개월에는 태반이 완성되어 빠르게 발달이 이루어진다.

5. 임신 시에 빈혈예방을 위한 영양소가 아닌 것은?

① 비타민 B_{12} ② 엽산
③ 비타민 A ④ 철

6. 임신 시 모체에서 일어나는 변화가 아닌 것은?

① 초기부터 체중이 증가한다.
② 입덧이 있다.
③ 월경이 정지된다.
④ 임신 후반기에 임신선이 생긴다.

7. 임신 후기에는 빈혈이 생기기 쉽다. 이때 좋은 철분의 공급원은?

① 쇠간, 깻잎
② 귤, 사과
③ 닭 흰 살코기, 양배추
④ 쌀밥, 쇠고기

정답 1. ④ 2. ② 3. ④ 4. ④ 5. ③ 6. ① 7. ①

Chapter 3

수유기 영양

수유기는 임신 전의 건강한 상태로 모체가 회복되고 영아를 돌보는 기간이므로 매우 힘든 시기이다. 간혹 수유부들 중에 산후우울증이 오는 경우도 있고 증가된 체중이 원래의 상태로 되돌아가지 않아 심한 스트레스를 받기도 하며, 수면부족 등 여러 가지 수유나 육아에 따른 어려움을 겪게 된다.

여성에게 임신과 수유는 일생에서 육체적·정신적으로 가장 큰 변화가 있는 시기이므로 이 시기에 균형있는 영양섭취를 하여 건강을 잘 회복해야 중·장년기, 갱년기, 노년기를 건강하게 보낼 수 있다.

3-1 분 만

분만은 임신에 이어 일어나는 자연현상으로 태아와 부속물이 만출력에 의해 산도를 통해 자궁강 내에서 모체 밖으로 배출되는 것이다. 사람의 평균 임신기간은 수정 후 270일 혹은 월경 개시일로 따져 284일이지만 1~2주 정도의 오차는 있다.

분만을 유도하는 자극이 무엇인지는 아직 확실히 밝혀지지 않았으나, 분만이 시작될 때에는 자궁근의 수축을 억제하는 프로게스테론의 혈중농도가 감소하고 에스트로겐 혈중농도는 증가하면서 자궁근의 수축이 시작된다고 알려져 있다.

자궁근이 수축하면 자궁경부는 확장되며, 이 경부확장이 자극이 되어 옥시토신(oxytocin)의 분비가 왕성해지며 자궁수축이 더욱 강하게 일어난다. 이렇게 자궁근의 수축이 심해지면 태아가 자연스럽게 나오게 된다. 분만은 여러 가지 복합적인 기전들이 협동적으로 작용함으로써 원만히 진행된다.

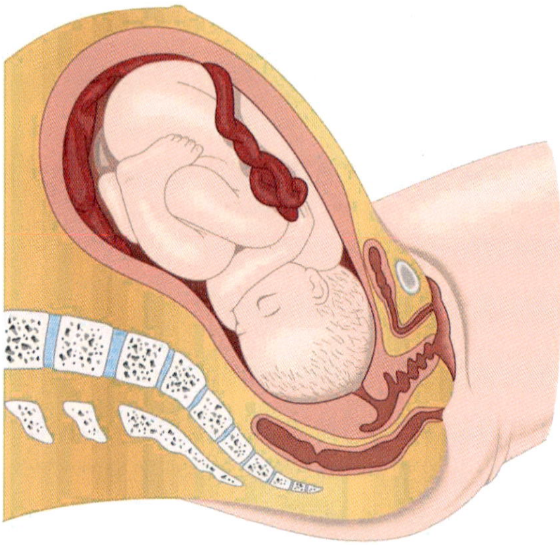

확장단계 : 자궁경부 확장을 위한 첫 자궁수축

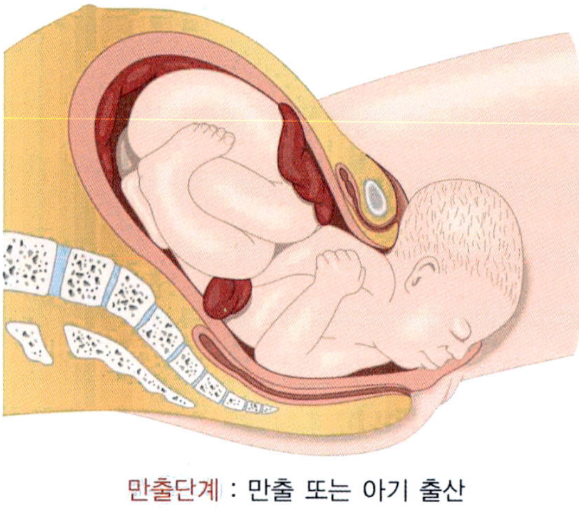

만출단계 : 만출 또는 아기 출산

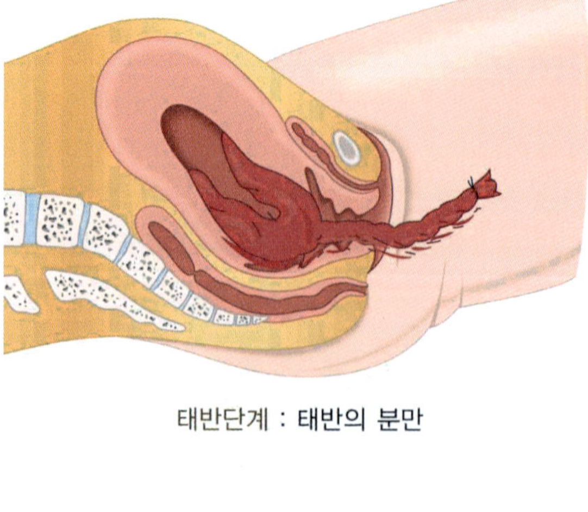

태반단계 : 태반의 분만

그림 3-1 출산과정

자료 : Colbert/Ankney/Lee(2007), "Anatomy & Physiology for Health Professions", p. 425.

1. 분만의 요소

(1) 산 도

태아와 그 부속물이 모체 밖으로 배출될 때에 통과하는 통로를 '산도'라 한다. 산도는 골산도와 연산도로 분류되는데, 골산도는 골반을 말하며, 연산도는 자궁협부에서 자궁경관을 지나 질에 이르는 연부통과관을 말한다.

(2) 만출력

guide

분만예정일 예측

마지막 월경시작달 +9 혹은
마지막 월경시작달 −3
마지막 월경시작일 +7

진통은 규칙적·주기적으로 반복해서 일어나는 자궁근의 수축을 말한다. 자궁근의 수축과 휴지가 교대로 일어나는 진통이 계속되면서 만출에 가까워진다. 분만이 진행되면 복벽근과 횡격막근의 협력에 의해 자궁근이 수축되고 복강내압이 상승하며 자궁에 작용해 태아의 만출을 촉진하게 되는 것을 '복압'이라고 한다.

(3) 태아와 그 부속물

① 난 막

태아를 둘러싸서 보호하는 막으로, 탈락막·융모막·양막으로 되어있다. 탈락막은 수정란의 착상과 영양에 적합하도록 자궁내막에서 변화된 것으로, 분만 후에는 탈락 배출되며 모체측에 속한다. 융모막은 중간막으로 수정란의 영양공급과 관계가 있다. 양막은 가장 내측에 있는 단단한 막으로, 그 속에는 양수가 가득 채워져 있어서 태아를 보호하는 역할을 한다. 융모막과 양막은 태아성이다.

② 제 대

태아와 태반을 연결시키는 것으로 두 개의 제대 동맥과 한 개의 제대 정맥으로 이루어져 있으며, 영양분과 산소의 공급, 그리고 노폐물과 탄산가스의 배출을 위한 통로역할을 한다.

③ 양 수

태낭 내강인 양막 내에 채워져 있는 무색투명한 액체로, 태아·제대·태반이 들어 있다. 양수는 모체가 받을 수 있는 충격을 완화시킴으로써 태아 및 태아 부속물을 보호하며, 태아의 운동을 자유롭게 하고 근육 골격의 발달을 순조롭게 하여 정상적인 성장발날을 돕는다.

또한, 태아의 체온을 일정하게 유지하고 분만 시 자궁수축을 할 때 제대·태반·태아 등에 가해지는 강한 압박을 방지하여 태아의 산도 통과를 원활하게 하며, 태반의 조기 박리를 방지하고 산도를 씻어내려 태아·병원균·그 밖의 불순물을 깨끗이 제거한다.

④ 태 반

임신 4개월경에 완성되는 태반은 지름 15~20cm, 두께 1~2cm, 무게는 500g이며, 모체와 태아 사이의 물질이동 통로로 산소와 영양소를 모체에서 태아로 공급하고 태아의 신진대사에 의해 생긴 노폐물과 이산화탄소를 태아에서 모체로 이동시킨다. 또한 영양소의 공급을 조절하여 태아에게 직접 대량으로 영양소가 운반되지 않도록 조절하며 태아를 세균 등에 의한 감염으로부터 보호한다.

3-2 수 유

1. 유 방

(1) 유방의 발달

① 유방의 초기 발달

유방의 성장과 발달은 자궁 내에서 시작되며 신생아는 작은 양의 유선조직을 가지고 태어난다. 분만이 가까워 오면 태아 혈류로 들어오는 태반 호르몬은 미숙유선을 자극하여 신생아는 출생 후 며칠 동안 유즙같은 액을 분비한다. 그 후 유방은 기능이나 상태가 사춘기까지 정지된다.

여성들에서 사춘기 중 에스트로겐과 프로게스테론의 높은 수준은 유선의 발달과 성장을 자극한다. 난소호르몬들에 의해 유방의 발달과 성숙이 임신 중에 이루어지고 임신 말기까지 유선들이 충분히 형성되어 모유생산능력을 갖춘다. 무월경 혹은 초경이 늦었던 사춘기 여성, 특히 저 연령의 10대 임신부들은 유선과 유관이 덜 발달될 수도 있다.

② 유방의 구조

유방은 선조직, 지방조직, 섬유조직으로 이루어져 있다. 유선에는 혈관과 임파관이 분포되어 있으며 사춘기에 황체 호르몬의 작용으로 유선이 발육하게 된다.

유즙분비선은 15~20개의 엽(lobe)으로 구성되어 있고 엽은 각기 수 개의 소엽(lobule)으로 구성되어 있다. 소엽에는 유즙을 생성하는 유포가 포도송이처럼 모여 있으며, 유포들은 작은 유관으로 연결되어 있다.

임신기에 프로게스테론은 유포수와 크기의 증가를 촉진하고 관은 에스트로겐에 의해 증식한다. 임신 후반기 프로락틴과 태반모유형성 호르몬(human placental lactogen, hPL) 증가에 의해 관과 유포가 성숙한다.

2. 유즙분비

유즙 분비에 관여하는 호르몬은 무기질 코르티코이드, 당 코르티코이드, 갑상선 호르몬, 갑상선자극 호르몬 등이며, 인슐린은 수유를 지속하는 데 중요하다. 유즙의 방출은 옥시토신의 작용에 의해 이루어지는데 옥시토신은 유포의 상피세포에서 유관으로 유즙을 운반한다.

유즙분비는 심리상태, 신경호르몬의 상호작용에 의해 영향을 받는다. 유두와 피부에는 신경이 많이 있어 영아의 흡인력에 의한 자극을 수유부의 시상하부로 전달하여 뇌하수체 후엽으로부터 옥시토신을 분비시킨다.

옥시토신은 유포와 유관주위의 상피세포를 수축시켜 유즙이 유관으로 흐르게 한다. 수유 중 유방으로 혈류의 양이 증가하여 옥시토신의 유즙분비작용이 더 용이해진다.

유방은 임신기간 동안에는 높은 농도의 에스트로겐과 프로게스테론은 프로락틴의 분비를 억제하며 유선조직의 프로락틴에 대한 감수성을 감소시켜 임신기간 중에는 유즙 생성이 안 된다.

출산 후 태반에서 분비되던 에스트로겐과 프로게스테론의 혈중 농도가 급격히 낮아짐에 따라 유즙 생산에 대한 억제효과가 줄어들고 프로락틴의 분비가 증가하여 유즙을 생산하면 옥시토신이 유선의 배관벽에 있는 근상피세포를 수축시켜 유두를 통하여 나간다.

표 3-1 유즙분비에 관여하는 호르몬의 종류와 작용

호르몬	분비장소	임신기간 중 작용	분만 후 작용
프로락틴 (prolactin)	뇌하수체 전엽	• 혈청 중 농도 상승	• 수유의 개시와 유지
옥시토신 (oxytocin)	뇌하수체 후엽	• 작용 없음	• 유선 내 근육을 수축시킴 • 자궁수축 촉진
에스트로겐 (estrogen)	난소, 태반	• 뇌하수체를 자극하여 프로락틴 분비 촉진 • 유선에 대한 프로락틴의 작용 저해	• 분만 후 혈액 내 농도 감소
프로게스테론 (progesterone)	난소, 태반	• 유선의 발달과 발육 촉진 • 모유의 분비저해	• 분만 후 혈액 중 농도감소 • 분비개시에 도움
부신피질자극 호르몬(ACTH)	뇌하수체 전엽	• 코르티코스테로이드 (corticosteroid)의 분비 촉진	• 수유의 유지

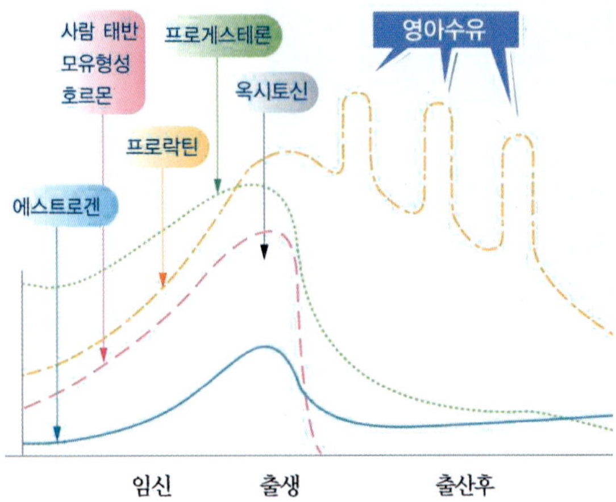

그림 3-2 임신, 출산 및 수유의 호르몬 변화

출처 : "Developmental Nutrition", Nornan Ketehmer, Michael Zimmermann, 1997

3-3 산욕의 생리

임신 및 분만에 의해 생긴 모체의 해부학적·기능적인 변화가 임신 이전의 상태로 회복될 때까지의 기간을 '산욕기'라 하며, 분만 후 6~8주 동안이다. 산욕기 중에는 신체 및 장기에 생긴 여러 변화가 임신 전의 상태로 서서히 회복되며, 신진대사도 임신성 변화가 사라지고 정상으로 회복되며 유즙이 생산된다.

1. 산욕 중 모체의 변화

(1) 체 온

분만할 때에 오는 생리적인 현상으로 오한을 느끼므로 보온이 필요하다. 산후 1~2일간은 미열이 있으나, 38℃ 이상의 열이 산후 3일 이후에도 있으면 산욕열로 생각할 수 있으며 진찰을 받아야 한다.

(2) 배뇨 및 배변

방광의 수축력이 약해지거나 분만으로 인한 일시적 마비로 배뇨가 잘 안 되거나 변비가 되기 쉽다.

(3) 후진통과 출혈

후진통은 출산 후의 자궁 수축에 따른 약간의 진통으로 산욕 1일에 가장 심하고 2~3일 후면 차차 가벼워진다. 분만 후에 태반이 빠져 나오면 자궁은 수축하는데, 이 수축으로 그때까지 태아에게 영양과 산소를 보내주고 있던 자궁의 혈관에서 나오던 출혈도 멎는다.

며칠 동안에 걸쳐서 불규칙적인 자궁근의 수축이 일어남으로써 분만 직후는 임신 4개월 정도의 자궁으로 수축하고, 일주일 후에는 자궁체가 골반 내로 들어감으로써 비임신 때의 크기로 회복된다.

(4) 오로의 변화

산욕기에 나타나는 오로는 태반이나 난막이 떨어진 부분의 분비물(질 임파액, 조직액, 상피세포, 탈락막, 세균)과 혈액이 혼합된 것이다. 분만 후 며칠 동안은 '혈성 오로'가, 산욕 4~5일에서 8~9일에는 혈색소의 분해에 따라 복합색을 띤 '갈색 오로'가, 그리고 10~15일 사이에는 백혈구의 증가가 심하며, 약간 악취가 나는 '백색 오로'가 나타난다.

보통 4~6주 정도 경과하면 소실되며 모유 수유를 하면 정상회복이 더욱 빠르다. 오로 관리를 잘 하지 않으면 대장균 등이 질구를 통해서 출산 때의 상처에 감염을 일으킴으로써 산욕열이나 방광염 및 신우염 등의 원인이 될 수 있다.

분만 시 생리적 출혈량은 500g 이내로 모체 혈량의 16%이며, 500~1,000g의 오로 전량 중에 함유되어 있는 질소량은 임신 중 모체의 질소 축적량에 해당된다. 오로 전량의 ¾ 이 산욕 초기인 4일 간에 배설되며 초산부나 수유부인 경우는 양이 적다.

2. 산욕기의 생활

임신 중에는 태반에서 여러 가지 호르몬이 분비되다가 분만과 동시에 호르몬의 분비가 끊어져서 심신의 균형이 일시에 깨지기 쉽다.

그러므로 산욕기간에는 정신적·육체적으로 건강을 유지하여 수유가 잘 되게 하는 것이 중요하다. 출산 후에는 분만으로 인해 생긴 철 손실을 보충하기 위해 철이 함유된 음식을 섭취하고, 아기의 발육을 위하여 단백질, 칼슘, 비타민, 무기질 등을 풍부히 섭취하고 수분도 충분히 보급해야 한다.

(1) 산욕기에 주의해야 할 점

① 감염의 예방

세균감염의 위험이 크므로 항상 청결히 한다.

② 모유분비기능의 완전

유방은 세균 감염에 의한 유선염 발생의 예방을 위해 청결히 한다. 유두는 가끔 궤열이나 발적을 일으켜 수유하는 데 방해가 되고 유두혈을 유발하기도 하는데 이때는 붕산 연고 등으로 보호하고 수유할 때에는 도포한 연고를 제거하여 모유분비를 촉진시켜야 한다. 욕부의 영양부족, 편식, 심신피로, 수면부족, 신생아의 흡인력 부족 등은 모유분비를 방해한다.

3. 산후에 생길 수 있는 병

(1) 산욕열

분만 시 혹은 산욕기에 생식기 부위가 세균의 침입으로 인해 38℃ 이상의 발열을 나타내는 것을 말한다. 산욕열의 원인은 출혈이나 분만 시 외상 또는 분만 전의 조기파수 및 심한 빈혈과 영양실조 및 전신쇠약 등이다. 산욕열은 임신 및 출산으로 인하여 체력이 소모되어 자가감염과 교차감염에 의해 생길 수 있다.

자가감염은 자궁강 내로 세균의 감염 등이 원인이 된다. 교차감염은 분만 개조자에 의한 감염, 사용기구의 불결, 분만실 환경, 목욕 등에 의해 생긴다. 예방을 위해 임신부 자신의 위생에 대한 지식이 중요하며, 분만도구나 의복 및 재료의 소독을 충분히 하고, 오로 관리도 중요하다.

(2) 신우염

갑자기 오한이 일어나고 39℃의 이상의 열이 나는데, 대하에 특별히 이상이 없을 경우에는 산욕열이 아니고 '신우염'이라고 생각할 수 있다. 신장의 언저리(늑골 아래, 배 위쪽)를 누르면 통증이 있고 소변이 매우 탁하며, 검사를 하면 세균이 발견되므로 산욕열과 구별할 수 있다. 대개는 방광염이 함께 나타난다.

감염 원인의 대부분은 대장균으로, 불결하면 감염되기 쉽다. 또 감염으로 인한 염증이 신장 속에까지 퍼져서 신우신염이 되면 좀처럼 치유되기가 어렵고, 다음 임신에 장애가 되는 수도 있다.

신우염이나 방광염 등의 요로감염증은 설퍼제나 항생물질로 간단히 증상은 없어지지만, 재발하기 쉬우므로 끈기있게 치료하여 완전히 치유해야 한다.

(3) 유선염

젖꼭지를 아기에게 물리면 아프고 유방이 붓고 높은 열이 나는 증상이 있으면 '유선염'이라고 볼 수 있다. 유선에 젖이 괴어 있어서 생기는 울혈성 유선염과 유선에 세균이 감염되어 일어나는 화농성 유선염이 있다.

① 울혈성 유선염

아기의 흡인력이 부족한 이유 등으로 유즙이 울혈하여 유방 전체가 붓고 아플 뿐만 아니라 38℃ 정도의 열이 나는 경우로 젖을 다 짜내면 열도 내려가고 통증도 없어진다. 젖이 괴어 있는 채로 두었을 때 젖꼭지에 상처라도 생기면 세균에 감염되기 쉬우므로, 젖이 괴어 있지 않도록 아프더라도 적극적으로 젖을 먹여야 한다.

② 화농성 유선염

열이 39℃ 이상이거나 오한 또는 열의 오르내림이 심할 경우에는 세균 감염이라고 보아야 한다.

산욕기에는 젖이 나오는 유관이 밖으로 향해 열려 있기 때문에 감염이 쉽다.

4. 수유부의 모유분비

유선은 대흉근의 전면에서 피부의 사이에 있으며, 지방·결합조직·선조직으로 이루어져 있다. 유선은 스테로이드에 의해 발육되는데, 그 작용으로 먼저 유관이 발육되고 이어서 유선의 형성이 이루어진다.

임신 성립과 함께 유선의 현저한 발육이 시작되어 임신 중에도 유선이 계속 비후되어 산욕기의 수유를 준비한다.

유선 상피에 발육 자극이 계속되는 한 모유분비가 어렵다. 그러므로 임신 중에는 유선에 모유가 없고 약간의 초유가 있을 뿐이다. 분만 후에 유선의 비대증식이 뚜렷해지면서 분비가 시작된다.

초유의 비중은 1.040~1.060이며 분만 후에는 약간 감소된다. 5~7일 후에는 성분이 일정한 성숙유로 된다. 모유 분비량은 출생 후 1~2일은 90mL 내외로 적으나 1주일 경과되면 1일 500mL 정도로 증가하며, 2주 정도 지나면 평균 750mL가 분비된다.

표 3–2 초유와 성숙유의 영양소 함량

	수 분(%)	단백질(g)	지 질(g)	당 질(g)	무기질(g)	열량(kcal)
초 유	86.88	6.6	2.5	3.6	0.312	110.0
성숙유	87.00	1.2	3.5	7.0	0.170	63.8

모유분비는 경산부가 더 많으며 아침에 가장 많고 저녁에는 감소된다. 수유 간격이 짧을수록 적게 분비되며 영아의 흡유량이 많을수록 증가한다.

초유와 면역

1. 초유란?

초유는 색깔이 묽고 노란색에 가까운 빛을 띠며, 양도 성숙유보다 훨씬 적다. 초유에는 단백질, 무기질, 비타민 A 등이 많이 들어 있으며, 아미노산과 항체를 포함한 단백질이 성숙유의 3배 가량 더 많고 면역 글로불린 A와 백혈구도 더 많이 포함되어 있어 세균의 공격으로부터 아기를 보호해 준다.

초유는 당질이나 지방은 적으며, 단백질은 아기가 가장 잘 소화할 수 있는 구조로 되어 있다. 신생아의 장은 소화능력이 떨어지기 때문에 이때 초유가 가장 적당하며 태변을 밖으로 빨리 내보낼 수 있게 해준다.

(1) 초유에 함유된 생리활성물질

직접 생리작용을 나타내는 물질로서 부신피질자극 호르몬이나 갑상선자극 호르몬 등의 호르몬과 ganglioside, 올리고당, 면역 글로불린 등이 있고, 카제인이 분해되어서 만들어진 2차 산물로서 칼슘 흡수에 관여하는 칼슘 포스포펩티드와 성상인자 등을 함유하고 있다.

신생아 장관 내부는 수많은 점막으로 되어 있으며 표면에는 인체 내부로 침투하여 염증을 일으킬 수 있는 균들이 존재하는데, 초유에서 제공되는 항체가 장관 내로 흡수되지 않고 남아서 방어할 수 있다. 또한, 초유는 항체 이외에도 면역체계를 유지시켜 줄 수 있는 많은 면역인자들이 있다.

① Ganglioside : 당지질의 일종으로서 뇌의 발달과 기억에 관여한다.

② Lactoferrin : 철 결합성을 가진 당단백질로서 모유 이외에 타액에도 함유되어 있다. 장관 내에서 합성되어 유아의 감염증에 대해 항균작용을 하는 것 외에 비피더스균의 증식을 촉진하여 대장 내 유해균의 증식을 억제하며, 항염작용과 면역계의 균형을 유지시켜 주는 작용을 한다.

③ Erythropoietin : 당단백으로서 신장에서 합성되는데, 빈혈 시에는 에리트로포이에틴의 혈중농도가 높아진다. 적혈구 형성에 중요한 역할을 하는 물질이다.

④ 면역 글로불린 : IgG, IgM, IgA는 박테리아와 바이러스 침입을 방어한다.

⑤ 항체 : 소아마비, 폐렴, 이질, 칸디다 등의 질병들을 일으키는 미생물을 방어한다.

⑥ 비피더스(Lactobacillus Bifidus) : 장내에 해로운 박테리아 성장을 막아 주는 유산균이다.

⑦ 항포도상구균인자 : 포도상구균의 감염을 억제한다.

(2) 초유의 생리기능

① 영아의 성장발육, 미숙아 등에 필요

초유를 섭취한 어린이는 두뇌의 활동이 증가하고 더 건강하게 성장하였다고 한다.

② 각종 질병에 효과적

초유에 함유된 항 바이러스성 인자들(면역 글로불린, 락토페린 등)은 감기 등에 매우 효과적이다.

③ 알레르기 예방

초유에 함유된 IgE는 약화된 면역체계를 강화시키기도 하지만, 항진된 면역기능을 조절하기도 하기 때문에 알레르기를 효과적으로 예방할 수 있다.

2. 면역이란 무엇인가?

면역이란 염증, 상해, 질병을 일으키는 세균들을 중화시키거나 없애주는 것으로 인체는 해로운 자극체들을 방어함으로써 항상성을 유지하려고 한다. 면역방어 기능은 이 자극체들에 대항하는 특수한 항체를 생산하는 것과 같은 여러 가지 인체반응이다.

면역반응은 환경에 따라 독소가 될 수 있는 자동차 배기가스나 석면과 같은 공기 중의 물질들과 같은 유해 물질들에 의해 영향을 받는다. 바이러스, 박테리아나 구강칸디다와 같은 병원체, 담배연기, 심지어 우유, 초콜릿 혹은 밀과 같은 특정한 음식들도 면역반응을 일으킬 수 있다. 그리고 꽃가루나 먼지 등도 면역반응을 일으킨다.

면역반응은 항원과 항체의 반응으로 면역체계는 변성된 단백질을 제거한다. 면역의 형태는 체액성과 세포성 두 종류가 있는데, 체액성 면역은 인체에서 생산되는 항체들에 의한 면역반응이고, 세포성 면역은 백혈구의 식작용과 관련이 있으며, 바이러스나 박테리아에 의해 생기는 염증에 대항하여 인체가 저항할 수 있도록 도와준다. 예를 들어 홍역을 앓았던 사람은 두 번 다시 그 질병에 걸리지 않는다. 또한 암에 대한 저항, 조직이식 거부반응이나 알레르기 등에도 관계한다.

(1) 면역결핍증

우리 모두는 일반적인 면역결핍을 경험한다. 이는 스트레스, 영양결핍, 감염병에 노출, 그리고 각자의 건강상태에 따라 생긴다. 면역결핍증은 피로, 임파선이 부어오르는 것, 잦은 감기와 염증, 식욕상실과 체중감소, 발열, 발에 땀이 나는 것, 피부발진과 입술 헤르페스(코감기, 열병 등으로 입가에 나는 발진), 설사 등의 증상을 나타낸다.

(2) 면역체계

우리의 면역성 일부는 선천적으로 물려받는 것이며, 나머지는 이물질의 출현을 방어하면서 면역을 얻게 된다.

면역체계를 이루는 중요한 기관들은 흉선, 골, 비장, 임파선 조직(예 : 편도선) 등이다.

① 흉선

흉선은 면역체계의 기본으로 펩티드로 만들어져 있으며, 면역체계를 성숙시키고 성장시키는 데 필요하다. 인체의 임파선 조직은 B세포와 T세포 두 종류의 임파구로 구성되어 있다. 세포에 면역을 제공하는 T세포는 항체들을 분비하지 않지만, 침투한 세균을 없애는 킬러 T세포가 되기도 하고, 킬러세포를 도와주는 억제세포의 형태로 변하기도 한다.

② 골수

골수는 흉골, 쇄골, 골반, 늑골, 그리고 성인의 척추와 같은 평평한 뼈에서 만들어진다. 성인에게 필요한 새로운 혈구의 90 % 이상이 골수 안에서 만들어지고, 나머지 새로운 혈구들은(모든 백혈구) 편도선과 같은 임파선에서 만들어진다.

③ 비장

비장은 박테리아와 노쇠한 적혈구를 식작용한다.

④ 임파계

임파계는 혈관, 모세혈관, 판막, 관, 선, 장기들과 같은 복잡한 망으로 연결되어 있다. 면역체계 인자를 운반하는 임파계는 체액을 걸러냄으로써 내부 인체환경을 보호해 주고 유지시켜 주며 여러 종류의 백혈구와 인터페론, 그리고 항체들을 생산한다. 임파계 안에는 임파선이 있으며 임파혈관이 있다. 임파선은 백혈구와 함께 질병인자들을 무력화한다.

⑤ B세포

병균을 식별하고 항체를 생산한다.

⑥ T세포

- T–helper cell : 인체 내에 적을 식별하고 비장과 임파선에서 염증과 싸울 수 있는 다른 세포들의 생산을 도와준다. 이들은 킬러 T세포의 작용을 활발하게 한다.
- T–suppressor cell : 염증이 생겼을 때 공격을 차단하는 중요한 역할을 하는 B세포와 다른 T세포의 활성을 저하시키거나 중단시킬 수 있다.
- Killer–T cell : 외부세균이 침입하거나 암으로 변한 세포조직을 죽이고 파괴한다.

(3) 항체들

항체는 항원에 반응하여 생성되는 단백질 분자로서 염증 부위에 접근하여 항원을 중화시키거나 인체를 공격하는 다른 세포들이나 화학물질에 달라붙어 그 기능을 약화시키는 역할을 한다.

① IgG : 전체 면역혈청의 80~85 %를 차지하며 식작용 기능을 강화시켜서 독소를 중화시키고 대이의 신생이를 보호해 준다.

② IgM : 전체 면역혈청의 5~10 %를 차지한다. 식작용 기능을 강화시키며, 특히 미생물에 효과적으로 대항한다.

③ IgA : 전체 면역혈청의 약 15 %를 차지하며, 점막표면을 보호해 준다. 유즙을 통해 모체의 면역능력이 영아의 수동면역을 형성하는 데 관여한다.

④ IgD : 전체 면역혈청의 0.2 %를 차지하며, 항체를 생산해 내는 B세포를 자극시키는 기능을 한다.

⑤ IgE : 전체 면역체의 0.002 %를 차지하며, 알레르기 반응과 관련이 있다.

5. 모유수유의 장점

영아의 성장에 가장 알맞는 양과 영양소를 함유하고 있으며, 각종 항감염인자를 갖고 있다. 또 모유수유를 하면 배란이 억제되어 자연피임효과가 있다. 옥시토신 작용으로 자궁이 수축하여 산후 회복이 빠르며 체중감소효과와 유방암·난소암 예방효과가 있다. 최근 우리나라에서 모유 수유가 다시 증가하고 있는 현상은 매우 바람직한 현상이다.

3-4 수유부의 영양섭취기준

※ 보건복지부 (2015)에 따름.

일반적으로 분만 12~48시간 후부터 모유가 분비되는데, 초기에는 소량이나 분만 1개월까지 그 양이 서서히 증가하며, 이후 성숙유가 분비된다.

수유부는 산후의 회복, 영아의 정상적인 성장 및 발육을 위하여 분비되는 모유의 양과 질을 생각하여 영양소를 섭취해야 한다. 전통적으로 우리나라 수유부들이 섭취하는 쌀밥과 미역국 위주의 식단은 열량만 과다하게 섭취되는 경향이 많아서 체중은 증가하지만 영양소는 부족할 우려가 많다.

(1) 에너지

수유부의 에너지 필요추정량은 수유기간 중 에너지 소비량의 변화, 모유분비로 인한 에너지 및 모체의 저장 지방조직에서 동원된 에너지로부터 추정한다. 수유부의 에너지 소비량은 일반여성과 비교하여 별다른 차이가 없는 것으로 알려져 있다. 따라서 수유부의 추가 에너지 필요량은 모유로 방출되는 에너지는 더하고 저장 지방조직으로부터 동원되는 에너지는 뺀 +320kcal/일을 추가하며 2,220kcal 정도이다(성인 여자 30~49세 기준, 19~29세는 2,420kcal).

(2) 단백질

모유에는 비단백질 질소 함량이 높아 모유 내 총 질소의 20~27%를 차지한다. 그러므로 모유생산에 추가로 요구되는 단백질은 모유를 통해 분비되는 단백질 질소뿐 아니라 비단백질 질소까지 포함해야 한다. 1일 수유부의 단백질 추가권장량은 25g으로 총 75g이 권장량이다(30~49세 기준, 19~29세 80g).

(3) 지 방

수유부의 식이 중 불포화지방산인 필수지방산이 부족하면 유즙 분비에 지장을 주며, 동시에 영아의 성장발육에 영향을 미친다. 수유부의 식이 중 지방산은 유즙의 지방산 조성에 직접적인 영향을 미친다. 필수지방산이 많은 식품으로는 대두유, 옥수수유, 참기름, 들기름, 올리브유 등의 식물성 기름이다.

필수지방산 중 리놀레산(linoleic acid)은 전체열량 중 1~2% 정도가 되도록 하며, 지용성 비타민인 A, D, E, K는 지방 섭취와 함께 섭취할 수 있다.

지방 섭취량은 전체 열량섭취량의 15~25% 정도로 한다.

(4) 당 질

수유 시에는 열량요구량이 증가하므로 당질이 중요하다. 그러나 우리 식습관상 쌀밥을 주식으로 할 때 부족할 염려보다는 과잉될 우려가 있다. 탄수화물은 총 에너지의 55~70%를 섭취한다.

수유부의 식이섬유의 추가섭취량은 5g/일을 추가하여 총 25g을 권장한다.

(5) 수 분

수유부는 모유를 통한 수분손실과 에너지 섭취의 추가에 따라 음식 수분량을 추가 섭취한다.

수유기의 수분 충분섭취량(총 수분)은 비수유기 20대 여자(2,100mL/일)보다 700mL 추가하여 2,800mL/일이다(19~29세 기준, 30~49세 2,700mL).

(6) 무기질

① 칼 슘

수유부는 모체의 평형유지 이외에도 모유 중 분비되는 칼슘을 고려해야 한다. 수유부의 칼슘 추가권장량은 없고 총 권장섭취량은(20~49세) 700mg이다.

② 철 분

수유부의 철 총 권장섭취량은 성인 여성과 동일하게 14mg이다.

③ 아 연

체내에서 아연은 60여 가지 효소의 작용과 구조에 관여하며, 특히 단백질과 핵산 대사에 중요한 역할을 한다. 많은 호르몬의 활성과 면역기능 수행도 아연의 영향을 받는다. 성장과 생식, 미각과 시각 기능도 아연이 충분할 때 원활하게 수행된다.

수유 시 더 추가되는 권장량은 5mg/일이며 총 권장섭취량은 13mg이다.

④ 요오드

요오드는 체내 대사율을 조절하는 갑상선 호르몬의 구성 성분으로 필수적인 무기질이다.

요오드의 가장 좋은 급원은 해조류나 해산물이며, 육지에서 생산되는 동식물성 식품 중의 요오드 함량은 이들이 자란 토양 중의 요오드 함량, 비료나 사료의 종류, 식품의 가공과정 등에 따라 매우 다양하다.

우리나라의 경우 요오드 결핍증이나 섭취량에 대한 보고는 거의 없는 편이며, 어패류나 해조류의 이용률이 높은 편이기 때문에 요오드의 결핍에 대한 위험성이 적은 편이다. 수유부의 권장섭취량은 190μg을 추가하여 340μg이다.

(7) 비타민

① 비타민 A

비타민 A는 시각과 성장, 세포분열 및 증식, 세균에 대한 저항력에 중요한 역할을 한다.

수유부의 비타민 A 권장섭취량은 성인여성 권장섭취량 650μgRE에 490μgRE을 추가하여 1,140μgRE이다.

② 비타민 D

비타민 D는 적절한 골격의 형성과 무기질의 균형에 필수적이다. 영아의 골격 석회화, 치아 발생이 정상적으로 이루어지기 위해서 칼슘과 인의 대사에 관여하는 비타민 D가 필수적이다.

비타민 D는 피부가 자외선 조사를 받으면 합성되기도 하나 도시화 됨에 따라 고층빌딩과 공해로 인해 일광욕이 어려워졌으며, 수유부의 경우 주로 집안에만 있게 되므로 체내에서 합성되는 비타민 D의 양이 부족할 것으로 생각된다.

모유에는 비타민 D가 매우 소량 함유되어 있고 25-(OH)-D_3의 수준이 낮다고 한다. 그러나 수유부의 경우에는 비타민 D를 추가로 보충할 필요가 없다. 따라서 수유부의 경우 성인과 함께 하루 10μg의 섭취를 권장한다.

③ 비타민 E

비타민 E는 항산화 작용이 있으며, 결핍되면 불포화 지방산의 산화가 세포막을 따라서 쉽게 확산되어 세포의 손상을 가져오고, 궁극적으로 적혈구의 용혈현상과 근육 및 신경세포의 손상을 초래한다. 자연계에 비타민 E의 활성을 갖는 것은 α-토코페롤(tocopherol)이다.

수유기에는 유즙으로 비타민 E가 분비되므로 비임신 여성보다 필요량이 증가한다. 수유부의 하루 평균 충분섭취량은 비수유 성인여성의 충분섭취량에 3.0mg을 가산하여 15mg α-TE이다.

④ 비타민 K

비타민 K는 혈액응고 반응이 일어날 수 있도록 하는 중요한 기능을 가지고 있다. 임신 시나 수유 시에 대사적 요구량이 증가하고 분만 시 산무에게 충분한 양이 주어져야 하나 일상 식사로 충분하기 때문에 추가로 권장할 필요는 없다.

⑤ 비타민 B_1 (Thiamin)

티아민은 조효소로서 탄수화물 대사를 비롯한 에너지 대사에 관여하며 신경 전도에도 관여한다. 수유기간 중 에너지 대사 항진과 모유를 통한 티아민 분비로 인하여 수유기의 티아민 필요량은 30~50% 증가한다. 권장섭취량은 0.4mg을 추가하여 1.5mg이다.

⑥ 비타민 B_2 (Riboflavin)

리보플라빈은 두 가지 조효소 형태로 체내에서 여러 기지 신화환원반응을 촉매한다. 리보플라빈이 결핍되면 구각염, 구순염 및 설염 등이 주로 구강의 점막에 나타난다.

수유기간 중 에너지대사 항진과 모유를 통한 리보플라빈 분비로 인하여 수유기의 리보플라빈 필요량은 30~50% 증가한다. 권장섭취량은 0.5mg을 추가하여 1.7mg이다.

⑦ 니아신 (Niacin)

니아신은 체내에서 조효소로 전환되어 탄수화물대사, 지방산대사, 세포의 호흡, 스테로이드의 합성과정에 관여한다. 트립토판 60mg(1Niacin Equivalent, NE) 이 니아신 1mg으로 전환된다. 대표적인 결핍증은 펠라그라로 피부염, 식욕부진, 구토, 변비, 설사가 나타나고, 심한 경우에는 위 점막에 염증이 생기며 피로, 불면, 우울, 기억상실, 치매 등이 초래되며 사망한다. 권장섭취량은 3mg NE를 추가 권장하여 17mg NE이다.

⑧ 비타민 B_6

비타민 B_6는 단백질·지질 및 핵산대사와 헴 및 여러 신경전달 물질의 합성에 조효소로 작용한다. 단백질 요구량이 증가하는 수유기에는 비타민 B_6 섭취량도 증가되어야 한다. 권장섭취량은 0.8mg을 추가하여 2.2mg이다.

⑨ 엽산 (Folate)

엽산은 체내에서 흡수된 후 활성형으로 전환되어 여러 가지 반응에 조효소 역할을 하고, 아미노산과 핵산의 대사에 필수적인 영양소이며, 세포의 분열과 성장에 특히 중요하다. 또한 엽산은 비타민 A의 흡수를 조절하는 작용이 있다.

임신부, 수유부, 조산아 및 노인 등에 그 결핍증이 쉽게 발생하는데, 빈혈을 일으키고 혈구에 거대적아구성 이상을 초래할 뿐 아니라 조산, 사산, 저체중아의 출산 등을 유발하며 뇌성마비와 신경관 결함의 빈도를 높인다고 한다. 수유부는 모유로 엽산을 분비하기 때문에 비임신, 비수유 여성보다 필요량이 150μg 증가한다. 권장섭취량은 550μg DFE/일이다.

⑩ 비타민 C

비타민 C는 여러 반응에 조효소로 쓰이며, 콜라겐의 형성, 신경전달 물질의 합성, 스테로이드의 합성, 철분의 흡수, 면역기능, 상처회복과 엽산, 아미노산, 핵산, 콜레스테롤(cholesterol), 포도당 대사에도 관여한다.

비타민 C가 결핍되면 세포간 물질과 콜라겐의 합성에 장애를 받아 모세혈관이 쉽게 파열되고 피부, 점막, 내장기관, 근육에서 출혈이 생기며, 체중감소, 면역기능 감소, 상처회복 지연, 고지혈증, 빈혈 등이 나타난다.

수유기에는 유즙분비로 비타민 C의 요구량이 증가하므로 수유부는 비임신 여성보다 필요량이 증가한다. 수유부의 비타민 C 추가 권장섭취량은 40mg/일을 추가하여 총 권장섭취량은 140mg이다.

3–5 수유기의 식사관리 및 식단

1. 수유부를 위한 식생활 실천지침

① 우유 제품을 매일 3회 이상 섭취한다.

- 우유를 매일 3컵 이상 마신다.
- 요구르트, 치즈, 뼈째 먹는 생선 등을 자주 섭취한다.

② 고기나 생선, 채소, 과일을 매일 섭취한다.

- 다양한 채소와 과일을 매일 섭취한다.
- 살코기, 등푸른 생선 등을 자주 섭취한다.
- 달걀과 콩 제품을 자주 섭취한다.

③ 짠 음식을 피하고, 싱겁게 섭취한다.

- 장아찌, 젓갈같은 짠 음식과 가공식품을 적게 섭취한다.
- 음식을 만들거나 먹을 때 소금이나 간장을 적게 사용한다.

④ 술은 절대로 마시지 않는다.

- 술은 절대로 마시지 않는다.
- 커피, 콜라, 차, 초콜릿 등 카페인 함유식품을 적게 섭취한다.

⑤ 안전한 식품을 선택하고, 위생적으로 관리한다.

- 신선한 재료를 위생적으로 조리한다.
- 가공식품이나 인스턴트식품을 적게 섭취한다.

⑥ 임신부는 적절한 체중증가를 위해 알맞게 섭취한다.

- 세 끼 식사와 간식을 즐겁게 섭취한다.
- 일상적인 활동과 가벼운 운동을 규칙적으로 한다.

⑦ 수유부는 모유 수유를 위해 알맞게 섭취한다.

- 음식과 물을 충분히 섭취하여 모유 부족을 예방한다.

(자료 : 보건복지부)

2. 수유부를 위한 식단의 예

정상분만이라 하더라도 수유부는 모체의 회복과 건강유지 및 모유 분비의 양과 질을 위하여 각 영양소를 충분히 섭취하여야 한다. 특히 쌀밥과 미역국 위주의 식사는 단백질, 칼슘, 철분, 비타민 B_1, 비타민 B_2 및 비타민 C가 부족하기 쉬우므로 다양한 식품섭취를 권한다.

표 3-3 수유부의 1일 식단의 예

(열량 약 2,500kcal - 필요추정량, 단백질 75g - 권장섭취량)

곡류 (3.5회)	고기 · 생선 · 달걀 · 콩류 (5.5회)	채소류 (8회)	과일류 (3회)	우유 · 유제품류 (2회)
1인 1회 분량 • 쌀밥(210g) • 현미(90g) • 팥(90g) • 국수(건90g) • 떡(150g) • 빵(80g)	**1인 1회 분량** • 쇠고기(60g) • 닭고기(60g) • 생선(60g) • 달걀(60g) • 두부(80g) • 콩(20g)	**1인 1회 분량(1접시)** • 고추(70g) • 오이(70g) • 콩나물(70g) • 배추김치(40g) • 느타리버섯(30g) • 미역(30g)	**1인 1회 분량** • 참외(150g) • 수박(150g) • 사과(100g) • 귤(100g) • 포도(100g) • 과일음료(100mL)	**1인 1회 분량** • 우유(200mL) • 액상요구르트(150g) • 호상요구르트(100g) • 아이스크림(100g) • 치즈(20g*0.3회)
[참고] 식이섬유 섭취를 늘리기 위해 전곡류 또는 잡곡 섭취권장	**[참고]** 살코기 위주로 섭취, 지방함량이 높은 부위는 제거 후 섭취권장	**[참고]** 매끼 1회분 이상 섭취, 제철 채소 이용한 음식 섭취권장	**[참고]** 매일 1회분 이상 섭취, 주스보단 생과일 섭취권장	**[참고]** 매일 1회분 이상 섭취, 단순당질 및 지방이 적게 함유된 제품권장

섭 취 주 의	식 사 원 칙
• 아침은 거르지 않고 매일 섭취 • 우유 및 과일, 채소 매일 1회 이상 섭취 • 패스트푸드 및 안전하지 않은 식품 섭취 자제	• 제때에! 신체리듬에 맞춰 제때에 규칙적인 식사 권장 • 골고루! 영양적으로 균형잡힌 식사를 위해 다양한 식품 골고루 섭취 • 알맞게! 신체에 필요한 양만큼 알맞게 섭취

* 2015 한국인 영양소 섭취기준, 보건복지부, 한국영양학회

수유기 영양 핵심문제

1. 성숙유보다 초유에 많이 들어 있는 성분은?

① 항감염인자, 단백질
② 유당(젖당), 지방
③ 면역체, 지방
④ 단백질, 유당

2. 모유 수유를 금해야 하는 경우에 들지 않는 것은?

① 인공 분만 후
② 모친이 간질병이 있을 때
③ 모친이 정신병이 있을 때
④ 모친이 감염병이 있을 때

3. 모유 분비에 작용하는 호르몬과 그 작용을 바르게 설명한 것은?

① 에스트로겐은 모유분비를 증가시킨다.
② 옥시토신이 모유생성을 촉진한다.
③ 흡유자극이 프로게스테론을 분비한다.
④ 뇌하수체에서 분비되는 프로락틴은 모유합성과 분비를 자극한다.

4. 모유는 영아 성장에 최상의 영양원이다. 우유보다 모유에 더 많이 들어 있는 성분은?

① 젖당, 필수지방산
② 리보플라빈, 칼슘
③ 칼슘, 철분
④ 비타민 A, 단백질

5. 모유의 흡유시간으로 가장 적당한 시간은?

① 약 20분 정도 ② 1시간
③ 40분간 ④ 1시간 반

6. 모유 수유의 장점을 설명한 것이 적절하지 않은 것은?

① 수유부의 원래 체중 회복에 도움이 된다.
② 비경제적이고 비위생적이다.
③ 영양의 성장에 최상의 영양원이다.
④ 정서적 안정감을 준다.

정답 1. ① 2. ① 3. ④ 4. ① 5. ① 6. ②

Chapter 4

영아기 영양

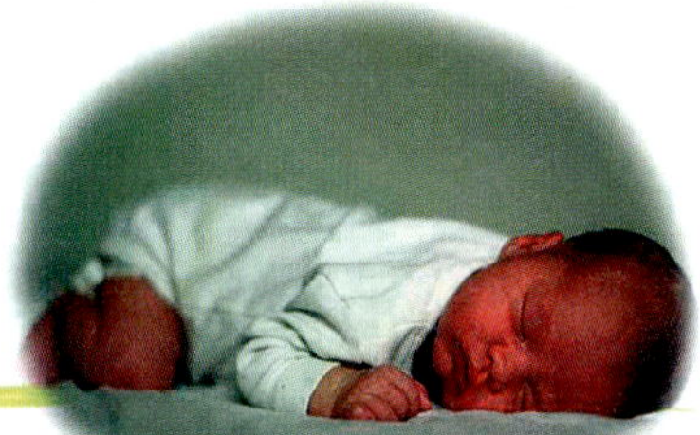

4-1 영아의 생리

영아는 성인에 비해 몸은 작으나, 단위 체중당 체표면적이 크므로 많은 양의 영양성분이 필요하다. 영아기는 신체적으로 왕성한 성장 발육을 나타낼 뿐만 아니라, 성인과는 다른 특징을 갖는다.

영아의 소화 및 영양대사는 각기 특수성이 있으므로 그 특수성을 이해하여 영양관리에 부족함이 없도록 해야 한다.

영아기에는 다음의 다섯 가지 요소를 잘 통합함으로써 건강이 성립된다.

① **형태적 요소**(형태적 건강) : 체위·체격과 발육과정
② **기능적 요소**(기능적 건강) : 근력, 대사, 항상성, 적응, 면역 등의 기능
③ **유전적 요소**(유전적 건강)
④ **정신적 요소**(정신적 건강)
⑤ **행동적 요소**(행동적 건강) : 사회활동·생활행동으로서 행동력을 나타내는 능력

1. 영아의 생활주기

(1) 신생아기 : 생후 만 1개월

(2) 영아기 : 신생아기를 포함해서 만 1년 미만

신생아기는 모체 내의 태반과 제대를 통한 영양으로부터 자립해서 입으로 영양을 섭취하는 시기이다. 영아기의 전반은 유즙 영양기 또는 수유기라 한다. 영아기의 후반은 젖에 의한 영양으로부터 젖이 아닌 다른 음식으로 이행하는 시기로 '이유기'라고 한다. 영아후반기는 일반 성인식으로 옮겨가는 준비기이다.

2. 영아기의 특성

(1) 왕성한 발육

영아가 성인과 다른 점은 성장·발달하고 있다는 것이다. 성장은 몸의 전체 또는 일부가 커지는 것으로 신체의 형태가 증대하는 것이고, 발달은 기능이 점점 복잡해지면서 성숙해지는 과정을 말한다. 이 시기가 일생에서 성장이 가장 왕성하다.

영아기의 발육상태는 카우프(Kaup) 지수[(체중(kg) / 신장^2(cm^2)×10^4]를 사용하여 판단한다. 카우프 지수는 생후 3개월에서 3세까지 사용한다. 13~15이면 체중부족, 16~18이면 보통, 19~22이면 과체중, 그 이상이면 비만으로 판단한다.

표 4-1 신생아의 반사

반 사		자극과 반응
생존반사	젖 찾기 반사 (rooting reflex)	신생아의 뺨을 만지면 아기는 접촉된 방향으로 고개를 돌리고 뺨에 닿는 물건을 빨려고 한다. 출생 시에 존재하는 이 반사는 젖꼭지를 찾고 음식물을 먹을 수 있도록 돕는다.
	빨기 반사 (sucking reflex)	신생아의 입이나 입술을 둥근 물체로 자극하면 빨기 시작하다가 생후 1년경에 이르면 사라지기 시작한다.
	삼키기 반사 (swallowing reflex)	입속에 음식물이 들어오면 신생아는 그것을 삼킨다.
비생존반사	바빈스키 반사 (babinski reflex)	신생아의 발바닥을 자극하면, 발가락을 발등 위쪽으로 부챗살처럼 편다. 생후 6개월 이후에 사라진다.
	모로반사(경악반사) (Moro or startle reflex)	갑작스럽게 큰 소리가 나거나 머리의 위치가 변하면, 아기는 팔과 다리를 벌리고 손가락을 펴며, 마치 무엇을 껴안으려는 듯이 몸 쪽으로 팔과 다리를 움츠린다. 생후 3~4개월경에 사라진다.
	파악 반사 (grasping reflex)	신생아의 손바닥을 가볍게 두드리거나 얇은 물체를 사용하여 살짝 누르면, 그것을 잡으려고 주먹을 쥔다. 생후 3~4개월 이후에는 사라진다.
전 생애 동안 지속되는 반사	눈깜박거리기 반사 (blinking reflex)	신생아의 눈에 빛을 비추거나 물체가 신생아를 향하여 이동하면 신생아는 눈을 깜박거린다.
	슬개건 반사 (knee-jerk reflex)	무릎뼈 아래를 가볍게 두드리면 신생아는 갑자기 무릎을 뻗는다. 근육질환을 가진 아기는 반응하지 않으며 지나치게 흥분하는 아기는 과장되게 반응한다.
	재채기 반사 (sneezing reflex)	신생아의 콧속을 자극하면, 기도를 깨끗하게 하기 위해 재채기를 한다.

성장·발달은 형태적 성장, 기능적 발달과 정신발달, 운동기능의 발달 등을 다 포함하며, 연속적·동시적이며 복잡하게 관련되어 있다.

① 성장·발달은 대부분의 경우, 질서 있게 정해진 순서대로 진행된다.

② 성장·발달은 연속적이다. 그러나 항상 균일하게 연속되는 현상은 아니며, 어느 시기에는 급격하게 성장하는 등 고르지 않다.

③ 체내 기관이나 기능의 성장·발달에는 연령이 증가함에 따라 결정적인 시기가 있다.

④ 성장·발달은 개인차가 매우 크다.

⑤ 성장·발달은 머리에서 아래쪽으로 진행되며, 중심부터 말단을 향해 진행되고, 쉬운 운동으로부터 미세한 운동으로 진행된다.

⑥ 유전, 인종, 성별, 내분비 호르몬, 영양상태, 질병, 계절의 영향, 사회 경제적 여건에 의해 영향을 받는다.

(2) 저항력 및 적응력의 미숙

영아는 질병에 대한 저항력이나 환경변화에 대한 적응능력도 성인에 비해 매우 낮다. 따라서 이 시기에 영양의 과부족이나 불균형 또는 영양섭취방법이 적절하지 않으면 성장과 발달이 제대로 이루어지지 않을 수 있다.

(3) 소화흡수기능 미숙

영아는 소화흡수가 미숙하고 면역력도 약하므로 불결하거나 소화가 잘 안 되는 음식을 주면 쉽게 소화장애가 일어난다. 따라서 식품선택, 음식을 주는 방법, 식품위생에 대해 각별히 주의해야 한다.

(4) 영양결핍에 대비

영아는 체중당 영양수요가 커서 부족한 경우에는 반응이 강하게 나타난다. 특히 이유기 또는 단유 후의 어린이 영양결핍은 심각한 문제가 될 수 있다.

(5) 발육의 개인차이

영아 발육은 선천적 소인에 따른 체내 대사와 후천적 환경조건에 따라 개별차이가 크다. 각종 육아 자료에 표시된 신장, 체중 등의 기준치나 발육곡선은 어디까지나 기준이며, 모든 영아가 그대로 발육해야만 건강하다고 생각할 수는 없다.

(6) 영아의 신체적 특성

① 신체발달

영아의 성장속도는 일생에서 가장 빠르고 개인차가 크며, 신체 각 부위의 성장률과 시기도 다르다. 출생 후 1년까지는 몸의 성장이 가장 빠르고 생후 1년부터 사춘기까지는 다리의 성장이 빠르다.

뇌는 영유아기에 급속히 자라는데, 생후 2세에 성인 크기의 약 50%가 되며, 4세에 75%로 크고, 6~10세에 100%로 성장한다.

출생부터 2세까지 중추신경계는 영양공급에 민감하여 적절한 영양공급이 이루어지지 않으면 미엘린을 형성하는 지방화합물의 합성이 손상을 받아 비가역적 손상을 입게 된다. 미엘린 형성은 생후 2세까지 급격히 진행되며 10세 정도에 완성된다.

② 체 중

영아의 체중은 성장의 가장 중요한 척도이며 영양상태 판정에 중요한 지표가 된다. 신생아의 출생 당시 표준체중은 남아 3.4kg, 여아 3.3kg이다(2007년). 체중은 재태기간, 모성의 분만 횟수, 인종차이, 모체의 건강과 영양상태와도 관계가 있다.

출생 후 3~5일이 되면 체중이 출생 시보다 6~10% 정도 감소한다. 이는 태변, 요의 배설, 폐와 피부로부터의 수분증발 및 일부 조직에서의 이화작용 등에 의해 생기는 일시적 현상으로 7~10일경에는 다시 출생 시의 체중으로 회복되는데, 이를 '생리적 체중감소'라고 한다.

그 이후에는 빠른 속도로 체중증가가 일어나게 되며, 4개월이 지나면 출생 당시 체중의 2배가 되고 만 1세에는 3배가 된다. 출생 시 체중이 적은 아기가 성장 초기에는 체중증가가 더 빠르게 나타나므로, 출생 시 체중의 2배로 되는 시기가 빠르다.

③ 신 장

우리나라 신생아의 출생 시 표준신장은 남아 50.1cm, 여아 49.4cm이다(2007년).

그러나 아기마다 성장양상이 다르므로 유전적으로 키가 큰 아이가 출생 시 신장이 작았다면 첫 3~6개월 동안 성장속도가 빠르며, 유전적으로 신장이 작은 아기가 출생 당시 신장이 큰 경우는 성장속도가 평균보다 느리다.

생후 1년이 되면 출생 시 신장의 1.5배 정도 자라고 5세가 되면 2배가 된다. 그러나 신장도 유전, 생활환경, 영양 등에 의해 영향을 받는다.

④ 머리둘레

신생아의 머리둘레는 평균 남아가 34.7cm, 여아가 34.1cm로서 남아가 약간 크다.

출생 시의 머리둘레는 가슴둘레보다 크나 만 1세가 되면 머리둘레와 가슴둘레가 거의 비슷해지며, 만 3세가 되면 가슴둘레가 머리둘레보다 커지게 된다.

⑤ 가슴둘레

가슴둘레는 피하지방이나 근육조직 등의 발달에 따라 달라지고 가슴둘레는 체중과 거의 비슷하게 증가하며, 질병이나 영양결핍이 있으면 감소되나 회복이 빠르다.

⑥ 상완위

상완위는 팔꿈치 윗부분인 윗팔 중앙부의 가장 굵은 부분으로 생후 1년 반까지는 성장에 따라 증가하기 때문에 영양평가상 의미가 있으나, 1년이 지나면 상완위의 증가는 많지 않으므로 영양평가지표로는 별로 의미가 없다.

⑦ 피하지방

영양상태가 정상으로 발육하고 있는 영아는 지방축적이 적당히 되어 있으나, 영양상태가 약화되면 복벽, 가슴둘레, 상완 내측, 대퇴부 등의 순서로 피하지방이 감소된다.

⑧ 치 아

유치는 생후 5~6개월에 아래 앞니가 나오기 시작하여 모두 20개가 나오며, 나오는 시기와 순서는 개인차가 있다. 영구치는 6세 전후에 어금니가 생기기 시작하여 28개 혹은 32개가 된다.

튼튼한 치아를 만드는 데 필요한 영양소는 칼슘, 인, 비타민 A, 비타민 C, 비타민 D와 단백질 등으로 이들의 공급이 중요하다.

(7) 신체 구성성분

신생아 세포외액의 수분 함량은 출생 시에 가장 높다가 월령이 증가하면서 점차 감소하며, 단백질 함량은 성인에 이르기까지 점차 증가한다.

① 체액의 변화

체중당 체내 총 수분 함량의 비율은 출생 당시 70%이던 것이 생후 12개월에는 60%로 감소한다. 체액량의 감소는 세포외액의 손실에서 온 것으로, 출생 시 체중의 42%이었다가 1세경에 32%로 감소한다.

② 근육조직

영아는 성장하면서 근육조직이 증가하고 체수분은 감소하며 단백질 함량은 증가한다.

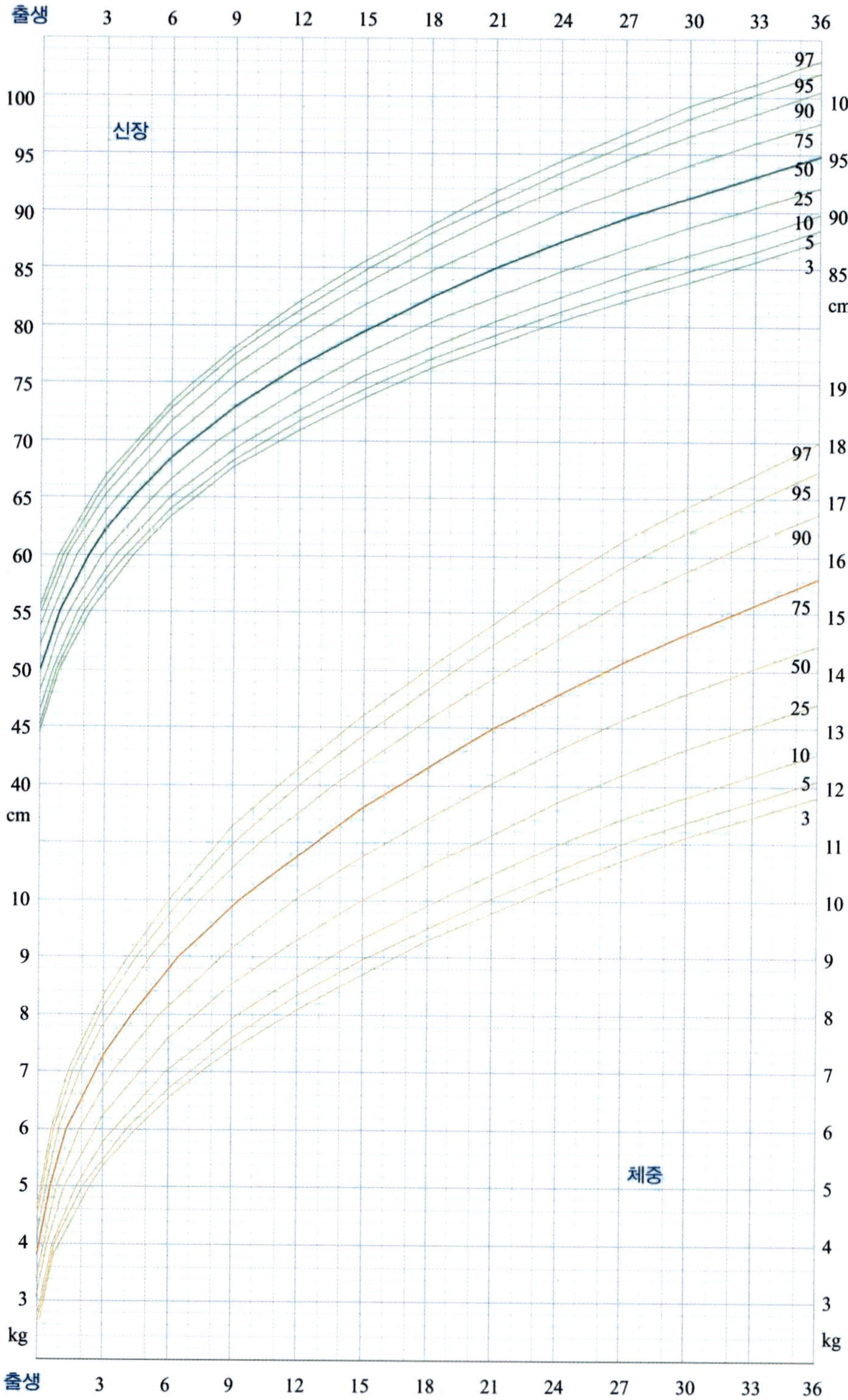

그림 4-1 남아의 성장곡선 도표 (0~36개월)
자료 : 보건복지부 질병관리본부, 소아청소년 성장곡선(신체발육 표준치)

guide

신생아의 생리적 체중

생후 3~5일 : 출생 시 5~10% 감소, 태변, 요의 폐, 피부로부터 수분의 보충할 만한 모유가 충분히 지 않으므로

생후 7~10일 : 수유량이 면서 체중도 증가하고 다시 시의 체중으로 회복됨.

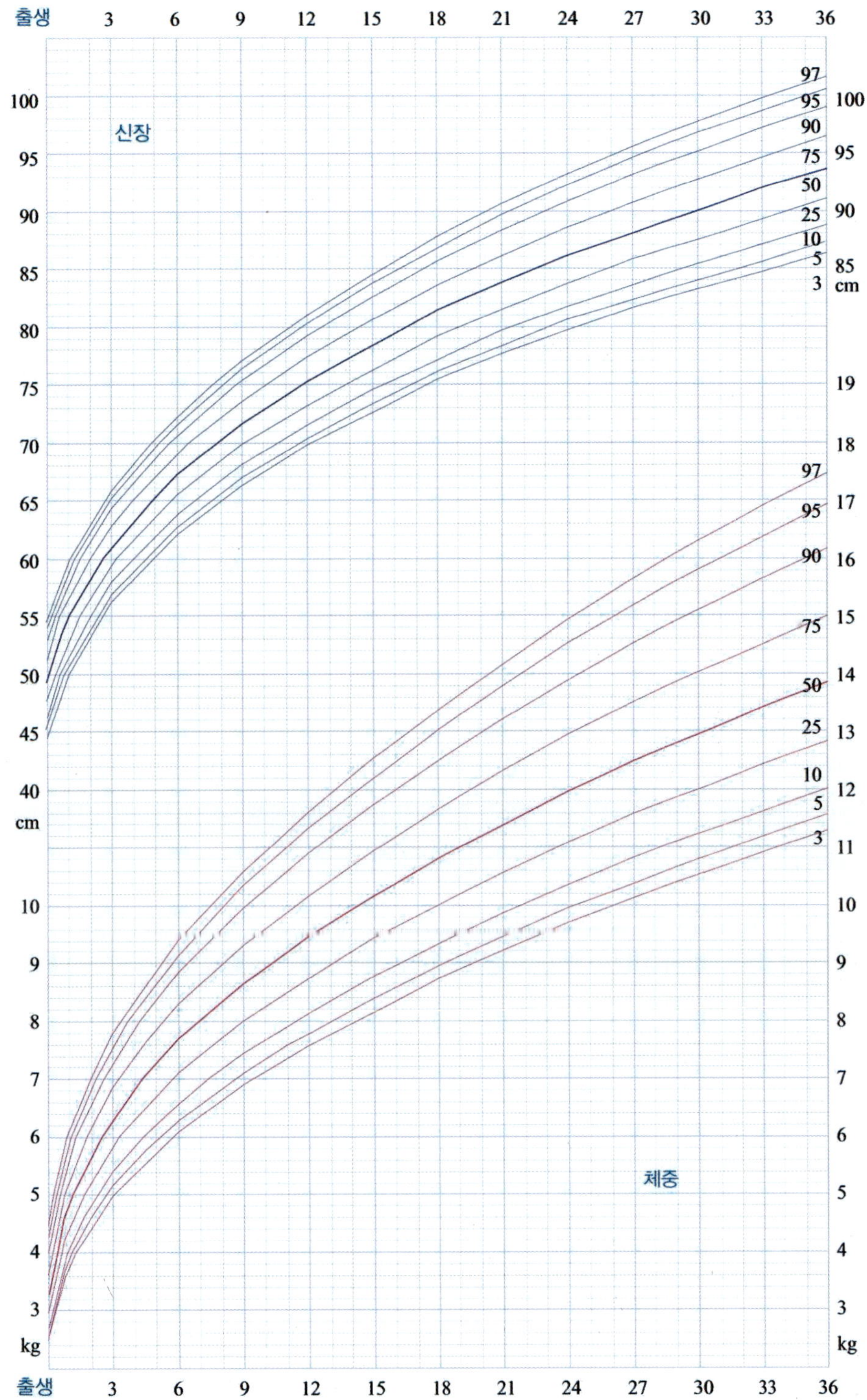

그림 4–2 여아의 성장곡선 도표(0~36개월)

③ 체지방

태아기부터 체지방 조직이 서서히 발달하여 임신 5개월경에는 태아의 체지방 함량이 체중의 0. 5%를 보이다가 분만 시 16%로 증가한다. 출생 후 9개월까지 지방의 축적이 빠르게 진행되는데 2~6개월 사이에는 지방조직이 근육보다 2배나 더 많이 증가되며, 1세가 되면 25%가 된다.

④ 혈 액

적혈구나 혈색소 함량 등은 영양상태, 특히 철 부족에 의한 빈혈 등과 관련이 있다. 영아기에는 내외적 변화에 의해 빈혈을 일으키기 쉬우나 회복도 빠르다. 태아기에는 골수 외에서도 조혈이 이루어지나 출생 후에는 골수에서만 조혈이 이루어진다.

혈액 중의 적혈구 수나 혈색소 함량이 감소하는 것은 철 부족이나 단백질의 대사 이상 등 영양장애 때문이다. 6개월이 지나도 혈색소 함량이 증가되지 않으면 철이나 다른 영양소 부족으로 인한 빈혈로, 적혈구 수가 350만/mm^3 이하, 혈색소량이 11g/dL 이하일 때를 말한다.

⑤ 체 온

인체는 대사를 통해 에너지를 계속 생산하여 생명유지와 생활현상을 유지하고 있으며 나이가 어릴수록 대사가 항진된다. 그 때문에 에너지의 생산과 발산의 균형이 깨어지기 쉽다. 체온은 체온중추나 신경기능에 의해 조절되는데, 신생아나 미숙아는 중추신경의 미숙으로 체온이 불안정하다.

체온측정은 입, 겨드랑이 및 직장에서 측정을 하는데, 영아는 주로 직장온을 재며, 다른 부위에 비해 0.5℃ 정도 높다.

생후 3~5일의 신생아는 체온이 38~39℃로 높아지는 경우가 있는데, 이를 '일과성열' 또는 '기아열'이라고 한다.

⑥ 맥 박

어릴수록 맥박수가 많다. 이는 호흡수와 밀접하게 관계가 있으며, 맥박은 수면 중에 측정하는 것이 정확하다. 호흡수와 맥박수 비는 신생아 1 : 2.5, 영아는 1 : 3.5, 유아 및 아동은 1.35 : 4.0 정도이다.

4-2 영아의 소화·배설기계

1. 구 강

영아의 구강은 형태적·기능적으로 흡유하기 쉽고 흡유에 필요한 압력이 생길 수 있도록 되어 있다. 입술은 유방에 밀착하기 쉬운 구조로 되어 있으며, 뺨에도 특수한 지방체가 있어서 입안의 압력으로 뺨이 들어가는 것을 막기 때문에 흡인력이 강하다.

신생아는 타액의 분비량이 적어서 구강점막이 건조하기 쉬우며, 구강 내는 산성이지만 생후 1주경부터 타액의 분비량이 현저히 증가하여 중성에서 알칼리성으로 변한다. 타액의 주성분인 프티알린은 전분 분해효소이므로 모유로 양육할 때는 불필요하다.

그러나 인공영양으로 곡분을 첨가하거나 이유를 개시하여 전분량이 증가하면 타액의 양도 증가한다. 신생아는 타액의 분비가 적으나 차차 타액량이 많아짐으로써 생후 1년경에 하루의 분비량은 50~150mL 정도가 된다.

생후 한 달의 신생아는 모유와 우유의 맛의 차이를 잘 모른다. 하지만 2~3개월 경부터는, 모유는 먹어도 우유를 싫어하는 아기가 있다.

반면에 우유를 싫어해도 10개월쯤 되면 이유식보다 우유를 좋아하는 경우도 있다. 영아의 경우, 만 4개월이 지나면 반고체형을 삼키게 되고, 7개월 이후부터는 불완전하나마 컵으로 액체를 마실 수 있다.

2. 위

신생아기의 위는 수축상태에서는 굵고 짧으며, 약간 만곡된 모양이지만 확장상태에서는 일반적으로 타원형이다. 영아의 위는 신축성이 있으며, 위의 크기와 모양은 성장하면서 달라지며, 또 먹는 음식물과 체형에 따라서 달라진다. 처음에는 통(筒)과 같은 모양이지만, 성장하면서 경사가 생겨 위저가 형성되며, 연령이 많아짐에 따라 더욱 경사가 생겨서 성인형에 가까워진다.

영아의 위는 만곡이 성인보다 훨씬 적기 때문에 분문의 기능이 발달되지 못해 토하기 쉽다. 영유아의 위 운동은 전체적으로 일어나는 수축작용에 의해 위 안의 내용물을 내보내게 되며, 성인들과 같은 연동이나 파동은 뚜렷하지 않다.

유즙은 위 안으로 들어오면 위 운동에 의해 위액과 혼합된다. 위액 속에는 응유효소와 염산, 펩신, 카텝신, 리파아제 등이 있다. 염산의 분비는 유아기에는 적지만, 아동기가 되면 왕성해진다.

우유는 카제인 함량이 많기 때문에 산 결합력이 강해서 pH 4~5로 유지하는 데는 모유보다 3배 정도의 염산이 더 필요하다. 때문에 인공영양아들은 염산분비가 많아서 부담이 된다. 유아가 섭취한 유즙 카제인은 위에서 칼슘의 존재하에 레닌에 의해 응유하여 파라카제인이 되고 산도의 상승에 따라 유청 단백질과 함께 펩신의 작용을 받는다.

모유영양아는 인공영양아보다 지질의 소화가 왕성한데, 이는 모유에 리파아제가 많이 함유되어 있기 때문이다.

영아가 젖을 먹을 때, 또는 호흡 할 때, 공기가 위 안으로 들어오게 되는데 이렇게 들어온 공기의 일부는 장으로 내보내게 되지만 대부분은 트림으로 배출된다.

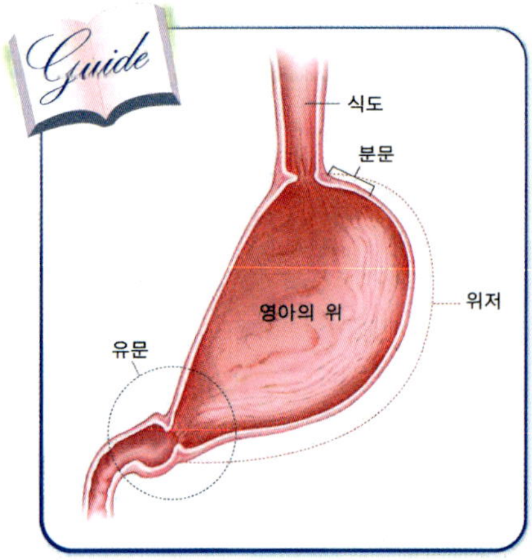

그림 4-3 유아의 위

3. 소 장

영유아의 장관은 길이 약 3~5m로 신장의 약 6~7배 정도이다. 이는 성인의 장관이 키의 4.5배인 것에 비하면 상당히 긴 편이다. 이와 같이 영유아는 장관이 길기 때문에 복부가 팽배해 있다.

소장에서 분비되는 췌액(trypsin, steapsin, amylase), 장액(invertase, maltase, lactase, lipase, erepsin), 담즙 등의 작용에 의해 소화가 이루어진다. 음식물은 소장 내에서 90%가 소화되며 당질은 단당류로, 지질은 지방산과 글리세롤로 분해되고, 단백질은 아미노산으로 분해되어 장벽에 있는 소장 점막에서 흡수된다.

일반적으로 영아는 소화와 흡수 등의 기능이 미숙하여 단백질이나 지방 등의 분해가 완전하지 않은 채로 흡수되기 쉬우므로 과민증 또는 중독을 일으킬 수 있다.

4. 대 장

대장에서는 주로 수분이 흡수된다. 흡수되지 않는 섬유소, 전분, 단백질, 지질, 무기질 등이 분변을 형성한다. 세균도 중요한 요소로 유아 건조 분변량의 10~20 % 정도를 차지한다.

태아는 무균상태의 태내에서 성장하고 출생 시 태변에는 세균이 발견되지 않지만, 생후 몇 시간이 지나면 세균이 발견되는데 장내 세균의 종류는 영양 방법에 따라 다르다. 모유영양아는 비피더스균이 많으나, 인공영양아 및 이유기 이후에는 대장균이 많다.

5. 간

영아는 체중에 비해서 간이 크다. 간은 담즙을 생성해서 지방의 소화를 돕는다. 또한 지방의 합성과 산화, 요소 등의 생성, 비타민 A, C, D 등의 저장, 조혈작용 및 해독작용 등 중요한 생리기능이 간에서 일어난다. 이러한 작용은 연령이 어린 영아일수록 미숙하고 불완전하므로 약간의 장애가 있어도 간의 기능이 떨어지고 중독증상이 쉽게 일어난다. 간의 구조가 성인처럼 되는 시기는 8세경이다.

6. 수분 배설

수분이 체외로 배설되는 경로에는 호기, 땀, 요에 의한 것이 있다. 호기와 땀에 의한 수분의 배설은 유아는 24시간에 75~300 mL, 소아는 300~600 mL, 성인은 600~1,000 mL이다.

7. 분 변

① 태 변

출생 직후에는 흑갈녹색이며 냄새가 별로 나지 않는 변으로, 이는 태아기에 생긴 장벽에서 떨어진 상피를 비롯해서 출생 시 입으로 들어간 양수의 잔사 및 소량의 혈액 등으로 형성되며 약 80 %가 수분이다. 태변은 출생 후 시작하여 3~4 일경에 끝나는 것이 보통이다. 태변에 이어서 녹색을 띠는 이행변이 여러 번 배설된다.

② 모유영양아의 변

모유영양아의 변은 보통 황금색을 나타내는데, 장내의 산화작용 때문에 생리적으로 녹색을 나타내는 경우도 있다.

하루의 배변횟수는 모유영양아가 인공영양아보다 많으며(2~5회), 변 속에는 비피더스균이 많다.

③ 인공영양아의 변

우유영양아의 변은 모유영양아에 비교하면 수분이 적으며 약간 굳고 고형변이 되기 쉽다. 색은 담황색이며 냄새가 심하게 나고, 변 속의 세균은 주로 대장균이다.

요즈음은 인공영양이라 해도 모유 성분에 가까운 특수 조제분유를 많이 이용하므로 변의 성상도 모유영양아의 경우와 비슷해져 녹색변을 보게 된다.

④ 유아변

이유가 끝나면 어른의 변과 비슷해져서 변의 색은 암갈색이며, 단백질의 분해산물에 의해 특이한 변 냄새를 낸다. 유아는 하루에 1~2회 유형 소화변을 배출하며, 변 속의 세균은 거의가 대장균이다. 영양섭취가 적은 유아는 염소의 분변과 같은 작은 덩어리의 굳은 변을 배출할 때도 있다.

8. 신장과 배설기능

신장은 출생 시에 약 23g이던 것이 1세가 되면 65g이 되고 성인이 되면 약 265g 정도가 된다. 신장은 요의 생성 이외에도 체액의 조성, 삼투압, 산-염기 평형의 조절 및 유지 등의 역할을 한다. 또 혈액성분 가운데에서 과잉물질을 배설하고 산과 알칼리의 평형을 조절하며, 체액의 삼투압을 일정하게 유지하는 등 중요한 작용을 한다. 그러나 신생아나 영아는 기능이 미숙하다.

신장의 요는 방광에 비축된다. 방광 내에 요가 많이 모여 방광압이 높아지면서 자극이 대뇌에 전달되어 요의(尿意)가 생긴다. 방광이 수축하면 괄약근이 열리게 되어 배뇨가 일어난다. 방광이 확장되면 괄약근이 수축해서 요는 방광 내에 축적된다.

영아의 요 생성, 배뇨는 성인과 거의 같으나, 나이가 어릴수록 신장의 기능이 미숙할 뿐만 아니라, 배뇨를 조절하는 신경의 발달도 충분하지 않다. 예를 들면 영아의 배뇨는 의식에 따르지 않고 반사적으로 일어난다. 방광내압이 높아지면 자극이 대뇌까지 전달되지 않은 채 반사적으로 배설이 시작된다. 1년 6개월부터 2년쯤 되면 점차로 대뇌에서 조절하게 되어 자신의 의사에 의해 배뇨를 할 수 있게 된다.

2~3세 정도까지는 수면 중에 배뇨를 억제시키는 작용이 감소된다. 따라서 수면 중에만은 아직 반사적 배설이 일어난다. 그 후 연령이 많아지면 수면 중에도 억제작용이 일어남으로써 야뇨(夜尿)가 없어진다. 대부분 4세 이후가 되면 야뇨는 적어진다.

신장의 기능은 태아기에는 무(無)에 가깝다가 출생과 동시에 실제 기능이 시작되나, 신생아기에는 유아기 이후와 비교하면 여러 능력이 현저하게 떨어진다. 모유영양인 경우에는 모유성분이 영아의 신장 농축기능을 넘는 일이 없으나, 인공영양으로 농후한 유즙을 주었을 때에는 수분결핍이나 고온환경 등에 좋지 못한 여건이 겹치게 되면 부종이 생기거나 탈수증 등의 영양장애를 일으키기 쉽다.

연령이 적을수록 배뇨의 횟수가 성인보다 많지만, 한 번에 나오는 요량(尿量)은 많지 않다. 인공영양아의 요 배설량은 모유영양아보다 많다. 그러나 요 배설은 계절, 식사, 신체와 정신상태 등에 따라 큰 변동이 있다.

4-3 영아의 영양방법

1. 모유영양(Breast feeding)

모유는 아기가 성장 발육하는 데 가장 알맞은 양과 조성을 가지고 있다. 이는 영아의 영양권장량이 모유성분 조성에 기준해서 만들어진 것을 보아도 알 수 있다. 모유 속의 영양분은 영아의 뇌의 급격한 발달에 알맞게 되어 있다. 모유에는 유당이 많으며, 유당의 성분인 갈락토오스는 신경조직을 합성하는 데 관여한다.

모유의 단백질과 우유의 단백질의 생물가를 보면 모유가 단백질량은 적으나 생물가는 훨씬 높으며 모유 단백질이 소화가 더 잘 된다. 모유의 지방은 영아의 성장 발육과 건강에 필수적인 리놀레산 함량이 많으며, 우유 지방보다 유화도 더 잘 되어 있으므로 소화가 잘 된다.

모유에는 나트륨, 칼륨, 칼슘, 인 등이 우유보다 함량이 적어서 영아의 신기능에 부담을 줄 우려가 없다. 모유 속의 Ca/P 비율은 약 2.4 : 1이며, 우유의 Ca/P 비율은 1.3 : 1이다. 그러므로 우유는 희석시키지 않으면 영아의 신장에 과중한 부담을 주게 된다.

이와 같이 모유는 영양효율이 좋고 대사부담이 적으므로 대사기능이 미숙한 영아기에 가장 바람직하다.

모유에는 유아를 보호하는 면역성분이 있어 인공영양아에 비해 감염률이 낮다. 면역항체는 포유 후 장내에 흡수되지 않고 장 점막에 붙어서 장관계의 바이러스 및 세균의 침입을 막는 역할을 하고 있다. 신생아기에는 특히 병원성 대장균의 감염 예방에 결정적 역할을 한다.

(1) 항감염인자

포유병에 의한 인공수유는 조유과정에 오염되기 쉬우므로 영아가 감염되기 쉽다. 그러나 모유에는 유아를 보호하는 면역성분이 있어, 인공영양아에 비해 감염률이 낮다. 모유 속에 들어 있는 항감염물질은 다음과 같다.

① 항생물질

모유에는 분비형 IgA(secretory immunoglobulin A)가 분비되어 영유아를 감염으로부터 보호한다. IgA는 모체가 획득한 면역능력으로 영아의 수동면역을 형성하는 데 관여한다.

모유에는 그밖에도 IgG(immunoglobulin G), IgM(immunoglobulin M), IgE(immunoglobulin E) 등이 장관에 면역효과를 주고 있다.

특히 면역 글로불린은 초유에 다량 함유되어 있다.

② 락토페린 (lactoferrin)

세균의 성장을 억제시키는 철과 결합되어 있는 철 결합 단백질로서 매우 효과적인 면역인자이다.

③ 라이소자임 (lysozyme)

직접적으로 세균을 파괴하는 효소이다.

④ 백혈구

모유 속의 백혈구는 저체중 영아에게 일어나기 쉬운 결장염을 예방하는 데에 관여한다고 알려져 있다.

⑤ 매크로파지 (macrophages)

식세포성으로 운동성이 있으며, 미생물을 둘러싸서 식균작용을 한다.

⑥ 비피더스 인자 (bifidus factor)

비피더스 인자는 분지 락트산 간균(lactobacillus bifidus)의 성장을 촉진시키며 장내 병균의 번식을 억제한다.

⑦ 분변의 산도

모유영양아의 분변은 약간 산성이나 인공영양아는 산도가 약하다. 산도는 장에서 질병을 일으키는 병균의 증식을 억제한다.

(2) 항알레르기 인자

모유에 의해서 알레르기가 일어나는 영아는 거의 없다. 모유 속의 IgA는 잠재적인 알레르겐을 결합시키며 그 흡수를 억제한다.

인공수유는 대량의 잠재적 알레르겐을 줄 뿐만 아니라 이를 흡수시키는 분비형 IgA도 없으므로 출생 후 인공영양을 하면 아기는 알레르기 반응을 일으키기 쉽다.

(3) 모체의 생리에 주는 영향

모유를 주면 배란을 억제하는 프로락틴(prolactin)의 혈중농도를 증가시켜서 임신을 억제하고, 옥시토신(oxytocin) 분비를 자극시켜 모체의 자궁을 정상 크기로 신속히 회복시킨다.

(4) 사회경제성 및 기타

모유영양은 인공영양에 비해 경제적이며 편리하다. 포유병을 소독하고 분유를 타는 등 준비가 번거롭지 않으며 시간과 장소에 구애받지 않고 수유할 수 있다. 모유영양아의 분변은 냄새가 덜 나고 수분이 많은 반면, 인공영양아는 심한 냄새가 나고 단단한 변을 보며 변비에 걸리기 쉽다.

(5) 심리적 영향

모자간의 접촉으로 친밀감을 주며 영아의 정신발달에 좋은 영향을 준다.

(6) 모유영양의 수유법

1) 모유 먹이는 방법

출산 후 2~3일 동안은 분량이 적은 초유가 나오는데, 신생아의 경우에는 한 번에 약 5분가량으로 제한한다. 영아에게는 3시간에 한 번 정도 젖을 먹인다.

2) 수유량, 흡유시간 및 수유간격

아기가 정상적으로 발육할 때에는 젖먹이는 간격과 하루의 젖먹이는 횟수가 대략 일치한다. 처음 5분 동안에 먹는 분량이 아기가 한 번에 먹는 전체 분량의 반가량이 된다. 그 다음 5분 동안에는 약 30~40 % 먹고, 다음 5분 동안에는 10~20 % 먹는 정도에 지나지 않는다.

시간을 정해서 젖을 주는 법을 '규칙수유'라고 한다. 아기 고유의 생활리듬을 존중하여 아기의 욕구에 맞추어서 수유하는 것은 '자율영양법(selfdemand feeding)'이라고 한다.

3) 모유분비 부족

① 모유분비 부족의 판정

모유영양인 경우에는 특별히 측정을 하지 않는 이상 수유량은 알기 어려우나, 다음 사항에 의해 모유분비 부족을 알 수 있다.

- 수유간격이 짧아진다.
- 체중 발육의 부조화가 보인다.
- 깊이 잠을 못자고 빨리 눈을 뜬다.
- 변비 또는 설사의 경우는 모유분비 부족의 가능성이 짙다.

이러한 경우에는 수유량을 측정할 필요가 있다. 수유량은 젖을 주기 전과 준 다음의 체중을 옷을 입힌 채로 측정하여 그 차에 의해 추정한다. 이것을 여러 번을 되풀이하여 평균치를 내고 1회 수유량으로 한다.

② 모유부족의 원인 및 대책

[원인]

- **영아** : 모유 분비량을 정하는 최대의 요소는 영아의 요구로 정신박약, 분만장애 등에 의한 흡유력 불완전, 과민, 구개파열 등 영아에게 원인이 있는 경우도 있다.
- **신생아의 혼합영양** : 모유분비 부족의 가장 큰 원인은 신생아 때에 너무 일찍 혼합영양으로 이행한 것이다. 생후 5~7일에는 되도록이면 조제유를 주지 않도록 한다.
- **수유간격** : 유방은 자극이 부족하면 비유능력이 점차 약해진다. 자율수유인 경우에도 영아의 요구 횟수가 하루에 3~4회일 때에는 수유간격이 너무 길어서 유즙분비를 감퇴시키므로 주의해야 한다.
- **정신적·육체적 피로** : 모체가 불안하거나 걱정이 많으면 모유분비는 감소된다. 특히 신생아기에 모체의 육체적 피로가 회복되지 않는 시기에는 가사에 관한 일이나 신생아의 건강에 대해 사소한 일로도 크게 불안해지기 쉽다.

  불안정하고 밤에 우는 아기의 경우, 엄마는 수면이 모자라 더욱 피곤해진다. 수유 중에는 과한 노동을 피하도록 모든 가족이 배려해야 한다.
- **영양불량** : 우리나라에서는 수유기에 식품금기가 많은데, 이는 영양 교육 등으로 시정해야 한다.

[대책]

영아의 요구에 따라 여러 번 수유를 되풀이하는 동안에 일반적으로는 생후 3~6일째부터 유즙이 나오기 시작하며 모유의 분비량이 증가하므로 생후 2주경의 유아는 15~20분으로 충분한 양을 섭취할 수 있게 되며, 이에 따라 수유 횟수도 3시간마다 6~8회로 되어 모유영양이 잘 이루어진다. 신생아 초기의 수유목적은 되풀이되는 흡유자극으로 앞으로의 모유분비를 증가시키는 것이다.

[모유분비를 촉진시키기 위해 유의해야 할 점]

- 육체적·정신적 과로를 피하고 마음의 평안을 가져야 한다.
- 에너지와 단백질 함량이 많은 식사와 수분을 충분히 섭취해야 한다.

[모유의 수유를 금하는 경우]

- 엄마에게 심부전, 만성간염, 악성종양이 있는 경우
- 엄마에게 감염병이 있는 경우
- 엄마에게 간질, 정신병이 있는 경우

2. 인공영양(Bottle feeding)

모유영양이 가장 바람직하지만, 어떤 이유로 인해 불가능할 경우에 모유 이외의 영양식품으로 육아를 하는 것을 '인공영양'이라 한다.

표 4-2 인공영양을 하는 이유

	유아 성별			지역별		
	전체	남	여	대도시	중소도시	읍면지역
모유량이 부족하거나 안 나와서	62.7	65.9	59.1	63.5	63.8	55.1
엄마 건강 때문에	9.4	8.5	10.4	10.6	8.8	7.5
아기 건강 때문에	11.2	11.5	10.8	6.1	10.9	31.5
직업 때문에	8.5	8.3	8.7	9.6	8.5	4.3
분유가 더 좋다고 들어서	0.9	1.7	–	1.3	0.7	–
미용상의 이유로	0.8	–	1.7	–	1.7	–
병원에서 조제분유를 먹여서	2.6	2.3	3.0	5.7	–	1.6
유두함몰 때문에	3.9	1.8	6.3	3.2	5.6	–

자료 : "2005 건강행태 및 만성질환", 통계자료집, 2006. 11, p. 37

(1) 인공영양에 사용되는 우유의 종류 및 특성

① 연 유

신선한 우유를 농축하여 수분의 약 60%를 증발시켜서 균질화하고 통에 봉입해서 멸균한 것으로, 1 : 1.2~1.5배로 희석시키면 전유와 같은 농도가 된다.

② 전지분유

우유를 탈수·분말 상태로 만든 것을 분유라고 하며, 12%로 용해시키면 우유와 거의 비슷해진다.

③ 탈지분유

우유에서 지방을 제거한 탈지유를 분말형태로 만든 것으로, 영아에게는 좋은 단백질·칼슘원으로 이용된다.

④ 영아용 조제유

- 단백질 : 단백질을 감량시켜 알부민과 카제인의 비율을 모유와 비슷하게 만들었다.
- 지질 : 유지방의 일부를 식물유로 치환하여 모유의 지방산 조성과 비슷하게 만들었다.
- 무기질 : 위의 부담을 감소시키기 위해 감량한다.
- 당질 : 유당이 첨가되어 있다.
- 비타민류 : 부족한 비타민이 첨가되어 있다.

(2) 포유병과 젖꼭지의 선택

① 포유병

무색투명으로 요철이 없고 세척하기 쉬운 것이 좋다. 유리제품이 좋으나 무겁고 깨지기 쉽다.

합성수지로 만든 포유병은 가볍고 깨지지 않으나, 상처가 생기기 쉽고 오염되기 쉽다. 또 불투명한 제품이 많기 때문에 오염되어도 눈에 잘 보이지 않는다는 단점이 있다.

② 젖꼭지

탄력성이 있고 뒤집어서 씻을 수 있어야 한다. 고무나 실리콘 고무제가 많다.

젖꼭지 구멍은 가운데 하나만 있는 것, 3~4개 있는 것 또는 십자형인 것 등이 있다. 구멍의 크기에 따라 S, M, L 등으로 구별되고 있으므로 영아의 개월수에 따라 선택한다.

보통 3개월까지는 S를 사용한다. 그러나 구멍이 너무 크면 젖이 한꺼번에 쉽게 나오고, 너무 작으면 충분히 다 마시기 전에 아기가 피로해지므로 필요량을 마실 수 없게 된다.

(3) 우유의 온도

수유 시 우유의 온도는 영아의 기호에 따라 차이가 있다. 일반적으로 체온보다 약간 높은 37~40℃ 정도가 적당하다. 우유의 온도를 잴 때는 팔의 안쪽에 젖을 2~3방울 떨어뜨려 뜨겁지도 차갑지도 않은 상태가 좋다. 또 포유병이 유리이면 뺨에 대보아서 약간 뜨겁게 느낄 정도면 된다.

(4) 우유를 남기는 경우

- 젖꼭지의 구멍이 너무 작은 경우
- 위 속에 공기가 가득 차 있어서 우유를 먹을 수 없는 경우
- 겨울에 우유가 완전히 식은 경우
- 과즙 또는 다른 수분을 수유 전에 주는 경우

4-4 영아의 발달과정

1. 0~1개월 반

체중증가는 발육의 한 기준이 된다. 그러나 아기의 발육이 순조롭게 진행되는가를 판단하기 위해서는 키, 몸무게, 머리둘레, 피부색, 가슴둘레, 윤기, 손발의 운동이나 다양한 반사운동 등 여러 면에서 살펴보아야 한다.

뇌의 발달은 아직 미숙하지만, 눈과 귀가 반응하며 피부 감각도 있다. 신생아는 거의 하루 종일 자고 있으며 깨어 있는 시간은 거의 없다. 신생아는 체온조절이 어려우므로 방안 온도는 20℃ 정도가 좋다.

(1) 반사행동을 한다.

수면시간은 하루 18~20시간 정도이다. 배가 고플 때나 기저귀가 젖었을 때 눈을 뜬다. 이런 동작은 반사적인 것으로 자신의 의지가 아니다. 입술에 닿는 것을 빤다든가 소리에 깜짝 놀라 손을 펴는 동작도, 태어날 때부터 가지고 있었던 반사행동이다. 빠는 반사란 입술에 닿은 것을 반사적으로 빠는 행동이다.

쥐는 반사란 손바닥으로 물건을 꽉 움켜쥐는 동작이다. 어른이 아기의 손바닥에 손가락을 넣으면 아기는 반사적으로 다시 쥔다.

또 강한 빛을 쬐거나 눈꺼풀에 입김을 불면 눈을 감는데, 이것도 반사이다. 그 밖에 좋은 기분에서 자고 있을 때나 배가 부를 때 보이는 미소도 반사적이면서 이 시기의 아기다운 행동이다.

(2) 자극에는 확실히 반응한다.

지금까지 '태어난 지 얼마 안 된 아기의 눈은 아직 보이지 않는다'고 알려져 왔으나 정면으로 30~40cm 정도 떨어진 것이라면 희미하게 보인다고 한다. 시야는 어른처럼 넓지는 않지만, 양쪽 동공의 안쪽에 있는 것이라면 보인다. 한 가지 것을 가만히 응시하는 행동은 뇌의 신경회로를 신장시킬 수 있는 아주 중요한 행위이다.

또 소리가 들리는 것은 알 수 있어도 막 태어난 아기가 말을 이해할 수 있으리라고는 생각하지 않는 엄마가 많다. 그러나 엄마의 말소리나 숨소리 리듬 등에 아기는 확실히 반응하고 어느 것이 유쾌한 소리인지도 알고 있다.

(3) 생후 3주째부터 반사기에서 반응기로 발달한다.

태어난 지 3주째가 되면, 젖꼭지가 입에 닿았을 때에야 빨던 아기가 스스로 젖꼭지를 찾는 행동을 하기 시작한다. 배가 고프면 입을 벌렸다 오므렸다 하는 등 원하는 동작을 한다.

젖을 빠는 힘도 강해지고 꽉 쥐고 있었던 손도 펴져 있는 때가 많아진다. 이런 것들은 아기가 반사에서 반응기로 계속 발달해 가는 과정이다.

아직 반사에 강한 시기이지만, 머리를 움직이게 되는 무렵에는 태어날 때부터 갖고 있던 반사의 동작이 차츰 약해지고 스스로 하는 반응의 동작이 늘기 시작한다. 청각이나 시각도 점점 발달하여 소리가 나는 것, 움직이는 것, 빨갛고 둥근 것 등에 반응을 보인다.

운동능력도 하루가 다르게 발달하여 생후 1개월 반 정도가 되면 손을 입으로 가져가고 손가락을 빨기 시작한다.

자신의 의지로는 몸을 움직이는 것도 머리의 방향을 바꾸는 것도 불가능하므로, 기저귀를 갈거나 젖을 주거나 목욕할 때는 손발을 뻗게끔 가볍게 쥐어주거나 마사지해 준다.

이것은 운동능력을 기르거나 피부감각을 단련시키기 위해 중요하며, 특히 피부감각은 이 시기부터 3개월경까지 급속히 발달하므로 마사지로 자극을 충분히 해주는 것이 좋다. 1개월이 지나면 낮과 밤의 구별이 생기고 뇌가 가장 활발하게 발달한다.

(4) 반응의 변화를 유도한다.

반복해서 반사를 유도하면 반응이 강해지고 자극을 주지 않아도 스스로 하게 된다. 그 예로 입에 대는 것을 빨아들이다가 스스로 젖가슴이나 우유꼭지를 찾게 된다. 이는 반응적인 행동으로 태어나면서부터 자극에 새로운 자극이 더해져서 2개의 자극 사이에 조건부가 생긴 다음, 새로운 자극에 대해 일어난다.

2. 1개월 반～3개월 반

(1) 발 육 : 성장이 빠르고 개인차가 있다.

성장이 빠른 시기로 만 1개월이 되면 체중은 태어날 때보다 1kg 이상 늘어나고 하루에 약 30g 정도 늘어난다.

키도 약 5cm 정도 자란다. 신생아 때에는 하루 종일 잠을 자지만 이 시기가 되면 잘 때와 일어나 있을 때가 분명히 구분된다.

(2) 감 각

빛과 강한 색만을 느끼던 눈의 기능이 발달하여 사물이 희미하게 보이며 움직이는 것을 눈으로 쫓기도 한다. 또한 귀가 잘 들리게 되어 여러 소리에 반응을 보인다. 아직 목을 가눌 수 없으므로 주의해서 안아줘야 한다.

(3) 영 양

순조롭게 발육하는 아기는 수유시간도 일정해져서 대부분 3~4시간 간격으로 하루에 6~7회 정도 먹게 된다. 한 번에 수유하는 시간은 약 20분이지만, 30분 이상 계속해서 젖을 빨거나 1시간 정도밖에 지나지 않아서 다시 먹으려고 하며, 체중증가가 고르지 않을 때에는 모유부족인 경우가 많으므로 인공영양이나 혼합영양으로 한다.

과즙을 주는 것도 좋은 방법이다. 과즙은 모유의 부족을 보충해 줄 수 있을 뿐만 아니라 수분과 비타민 C를 공급해 주고, 변비에도 효과가 있다.

(4) 건 강

특별히 이상이 없고 발육이 순조로우면 가끔 바깥공기를 쏘이는 것이 좋다. 처음에는 창문을 열어 실내를 환기하여 신선한 공기와 아기를 접촉시켜 주는 것이 좋다. 또한 옷을 얇게 입히면, 스스로 체온조절능력이 생기므로 건강한 몸을 만드는 데 효과적이며, 손발의 움직임을 방해하지 않으므로 운동 기능의 발달을 촉진한다.

아직 머리뼈가 굳지 않았으므로 아기를 한쪽으로만 엎어놓으면 머리의 모양이 달라지거나 찌그러지는 경우가 있다. 그러므로 목을 가눌 수 없는 1~2개월 동안에는 때로 머리의 방향을 바꿔 줘야 한다. 머리가 한쪽으로만 향하면 사경을 의심할 수 있다. 이것은 목의 근육이나 척추에 이상이 있기 때문에 생기는 것으로, 의사의 진단 및 치료를 받는다.

(5) 감각을 사용해 새로운 지식을 늘려 간다.

뇌의 신경회로가 크게 신장해서 확대될 때이므로 아기를 지치게 하지 않는 범위에서 여러 가지 자극을 줌으로써 반응을 일으키도록 한다.

눈으로 보고 손으로 만지며 소리를 듣고 몸을 움직이는 등 모든 감각을 사용하면서 새로운 지식을 늘려갈 수 있게, 엄마는 아기와 정보 교환을 하는 데 주의를 기울여야 한다. 2개월쯤부터는 물건을 가만히 응시하는 행동이 분명해진다. 이는 의식적으로 어떤 행동을 할 수 있는 능력의 기초가 되는 동작이고 아기의 마음이 발달해 간다는 증거이다.

(6) 고개를 가누고 생활리듬이 정해지기 시작한다.

3개월 말이 되면 약 70%의 아기가 목을 가눈다. 반사적인 행동이 중심이 되던 것과는 달리, 운동능력이 신장하므로 목이나 발을 강하게 해주어야 한다.

목욕 후에는 손발을 사용한 전신운동을 가볍게 시키고, 하루 두세 번 몸을 뒤로 젖히기를 시켜 등을 슬쩍 누르거나 마사지를 해 주어 목가누기를 거들어 준다.

2~3개월 무렵은 하루의 생활리듬이 생기기 시작하는 시기다. 밤에는 푹 자고 낮에는 노는 시간이 길어지면서 수면 패턴이 결정된다.

(7) 뇌의 신경세포가 활발히 발달한다.

아기의 마음이나 의지가 생기고 뇌의 신경세포 발달이 빨라지면 주위를 둘러보고 소리에 반응하며 손으로 물건을 쥐려고 하는 등의 적극적인 탐구심도 생긴다. 손으로 물건을 잡으려 하는 것은 뇌의 움직임이 동반되는 것이며, 손 운동의 기초가 되는 것이므로 아기가 흥미를 갖는 것에 손을 대는 것은 의미가 있다.

아기가 스스로 손을 내어서 만져보고 싶은 마음을 갖도록 아기에게 흥미있는 물건을 보여주고 유도해 본다. 아기는 소리가 나면 그쪽으로 얼굴을 돌려 소리가 난 곳을 확인하려고 한다. 이처럼 여러 가지 감각을 혼합시키는 일이 가능하므로 소리도 나면서 움직임이 있는 장난감을 보여주고 아기의 호기심을 자극해 여러 감각이 조화되도록 유도한다.

(8) 소재와 형태가 다른 여러 가지 것을 만지게 한다.

아기는 눈으로 보고 손으로 만지고 거기서 얻은 정보를 뇌로 보낸다. 뇌는 그 정보들을 통합해서 그것이 어떤 것인지 또 다음에 어떤 행위를 해야 하는지 판단한다. 그러므로 뇌에 많은 정보를 보내고 활발하게 움직이게 하기 위해서도 많은 것을 만지게 하는 것이 좋다.

(9) 스스로 장난감에 손을 뻗게 한다.

자신의 의지대로 손을 움직일 수 있게 되는 것은 우선 손을 앞으로 내미는 것에서 시작된다. 아기의 흥미를 끄는 장난감을 이용해서 손의 움직임을 자극한다.

(10) 양손을 똑같이 사용하게 한다.

이 시기에는 잘 쓰는 손이 아직 정해져 있는 것이 아니므로 좌우 양쪽의 손을 같이 잘 쓸 수 있게 해준다. 오른손과 왼손의 역할이 확실히 나누어져 잘 쓰는 손이 완성되기 시작하는 것은 젓가락이나 연필 등의 도구를 사용하여 장난을 하게 되면서부터이다. 아기가 좌우 어느 쪽의 손을 내밀어도 좋게끔 아기의 정면에 장난감을 내민다.

4-5 영아 돌보기

아기의 목욕시간은 매일 일정하게 정해 놓는 것이 아기의 규칙적인 신체리듬 형성을 위해서도 좋다. 실내 온도가 비교적 안정되고 따뜻한 오전 10시부터 오후 2시경이 가장 적당하다. 수유 직전과 직후의 1시간은 피하는 것이 좋다.

(1) 목욕시간

너무 오래 목욕을 하면 아기가 지치기 쉬우므로 5~10분 정도로 짧게 끝내는 것이 좋다. 또 귀에 물이 들어가지 않게 주의한다. 자칫하면 중이염이 되기 쉽기 때문이다.

(2) 수분 보충

목욕을 마친 아기는 갈증을 느끼므로 우유병에 끓여서 식힌 보리차나 과즙을 마시게 한다.

(3) 기저귀 갈기

갓 태어난 아기의 몸은, 팔은 W자형으로 구부리고 발은 M자형으로 무릎을 구부려 몸 쪽으로 바싹 끌어당기고 있다.

아기의 가장 자연스러운 이 자세가 잘못된 기저귀 갈기에 의해 아기의 엉덩이와 넓적다리의 관절이 빠지는 고관절탈구를 일으키기 쉬우므로 새 기저귀를 갈 때는 반드시 엉덩이 밑으로 손을 넣어 허리까지 들어올린다.

(4) 안기와 업기

① 목을 가누기 전까지는 머리를 받치고 안는다.

아직 목을 가눌 만큼 힘이 없는 아기를 안을 때는 아기의 목이 뒤로 젖혀지지 않도록 엄마의 손으로 받치고 안는다. 엄마의 팔꿈치가 아기의 등에 수직으로 닿도록 안는 것이 아기가 전체적으로 몸에 안정감을 얻는 좋은 자세이다.

② 엄마의 가슴 높이에서 비스듬히 안는다.

아기를 안을 때는 언제든지 아기가 답답하게 느끼지 않도록 너무 힘을 주어 안지 않도록 한다.

③ 목을 가누게 되면 다양한 방법으로 안는다.

목을 가누게 되면 엄마의 무릎 위에 걸터앉히거나 한 손으로 비스듬히 안는 방법 등 여러 가지 자세로 안아 보면 아기가 가장 편안하게 느끼는 자세를 알 수 있으며, 이때도 아기의 발이 벌어져 자유롭게 움직일 수 있도록 해야 한다.

(5) 조제유 먹이기

① 조제유를 먹일 때는 눈을 마주치며 먹인다.

② 젖꼭지 가득 조제유를 채워 먹인다.

조제유를 먹일 때는 아기를 비스듬히 세워 안고 먹인다. 포유병을 45도 정도로 기울여 젖꼭지 안에 조제유가 가득 차게 먹여야 공기가 들어가지 않는다.

수유 후에는 모유와 마찬가지로 아기의 등을 가볍게 두드리거나 어루만져서 트림을 시킨다. 조제유가 나오는 양은 포유병을 거꾸로 들었을 때 계속해서 똑똑 떨어지는 정도가 적당하다.

③ 먹고 남은 조제유는 다시 먹이지 않는다.

아기에게 영양을 공급하는 포유병 등의 수유도구는 언제든지 위생적으로 관리하고, 먹고 남은 우유는 세균이 번식할 수 있으므로 다시 주지 않는다.

(6) 일광욕

자외선은 아기의 피부에서 비타민 D를 생성한다. 비타민 D는 아기의 골격 성장과 피부를 튼튼하게 해주는 데 필요한 영양소이다.

아기는 일광욕을 하면서 바깥공기를 쐬게 되면 혈액순환이 원활해져 밤에도 깨지 않고 숙면할 수 있게 된다. 일광욕은 바람이 잔잔하고 따뜻한 햇살이 비추는 때가 적당한데 여름에는 오전 10시 이전이 좋고, 여름을 제외한 다른 계절에는 오전 10시부터 오후 3시 사이가 좋다.

일광욕을 할 때는 반드시 챙이 있는 모자를 씌워 일사병을 예방한다. 아기의 얼굴과 머리에 직사광선이 직접 닿지 않도록 주의하면서 무릎 아래 부분에 2~3분 정도 햇빛을 쬐도록 한다. 일광욕이 끝나면 주스나 보리차 등을 주어서 수분을 보충해 준다.

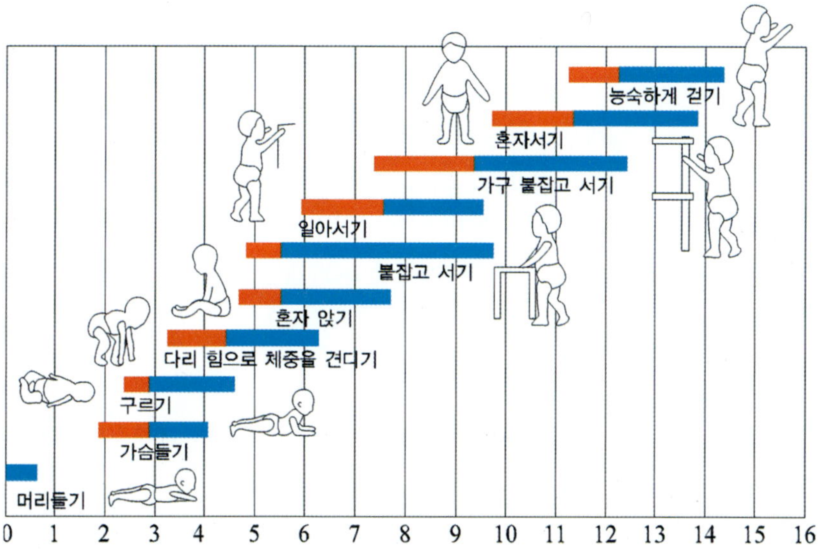

그림 4-4 이행운동의 발달

(출처 : Frankenburg & Dodds)

4-6 영아의 영양섭취기준

(1) 에너지

영아기는 체중 kg당 에너지 필요량이 가장 높은 시기이다. 이는 체중에 비해 체표면적의 비율이 상대적으로 높아서 체표면으로부터 열손실이 크고, 성장률이 높아 에너지 소비가 많으며, 대사율과 활동량이 크기 때문이다. 영아의 에너지 요구량은 정상적으로 성장하는 영아들의 실제 에너지 섭취량에 근거하여 추정한다.

한국인 영아의 체중인 0~5개월의 6.5 kg, 6~11개월의 9.1 kg을 적용하여 이들의 에너지필요추정량은 각각 550, 700 kcal/일이다.

표 4-3 영아의 에너지 필요추정량 산출과정

연령(개월)	설정 기준		최종 결정값 (kcal/일)
	영아의 에너지소비량	성장에 따른 축적량 (추가 필요량)	
0–5	89kcal/kg/일×6.2kg–100kcal/일	115.5kcal/일	550
6–11	89kcal/kg/일×8.9kg–100kcal/일	22kcal/일	700

(2) 당 질

영아가 사용하는 총 에너지의 약 60 %는 뇌가 소비하며, 포도당의 요구량도 성인에 비해 4배 정도 높다. 그러나 뇌는 케톤체를 에너지원으로 사용할 수 있고, 영아에서 포도당 신생대사가 활발하기 때문에 탄수화물의 최소요구량은 결정하기 어렵다. 영아의 탄수화물 섭취 최저수준은 분명하지 않으나 1세까지는 모유로부터 섭취하는 탄수화물 양이 가장 바람직한 탄수화물 수준이라고 간주되고 있다. 영아기의 탄수화물 충분섭취량은 0~5개월과 6~11개월 각각 1일 60 g과 90 g이다.

guide

영아가 사용하는 에너지의
가량이 두뇌에서 사용되며,
아의 체중 당 포도당 요구
성인에 비해 4배 정도 높다.

(3) 단백질

0~5개월 영아의 충분섭취량은 10 g/일이며, 영아 후기(6~11개월)의 단백질 권장섭취량은 15 g/일이다.

(4) 지 방

지방은 당질과 마찬가지로 체내 에너지원으로 중요하며, 필수지방산의 공급, 지용성 비타민의 흡수 등에도 중요한 역할을 하므로 부족하면 성장이 저해된다. 영아는 지질 섭취가 상대적으로 높아 모유 영양에서는 섭취 에너지의 약 50 %를 지질에서 충당하고 있다. 영아의 0~5개월 지방의 충분섭취량은 25 g/일로 정하였으며, 이때 지방 에너지 비는 45 %가 된다.

영아 후기 모유의 지방함량은 영아 전기와 거의 같으나 모유 섭취량이 적어지며, 이유 보충식으로 영아용 시리얼, 채소, 과일 등이 주어지므로 지방으로 섭취되는 에너지는 점차 감소한다. 6~11개월 영아의 총 지방 섭취량은 25 g/일이다.

① 필수지방산

• n-6 지방산

n–6 지방산 함량이 적은 탈지유를 섭취한 영아들은 피부 병변이 발생하고 성장이 좋지 않으므로 리놀레산을 50 mg/100 kcal 이상 섭취해야 한다고 한다. 그러므로 0~5개월 영아의 n–6 지방산 충분섭취량은 2.0 g/일, 6~11개월 영아는 4.0 g/일이다.

• n-3 지방산

영아의 두뇌 성장과 망막 형성에 DHA를 제공하는 n-3 지방산 공급은 매우 중요하여 0~5개월 영아의 n-3 지방산 충분섭취량은 0.3 g/일, 6~11개월 영아는 0.8 g/일이다.

표 4-4 영아기의 총 지방과 n-6 및 n-3 불포화지방산 영양섭취기준

	구 분		충분섭취량(g)	선정 기준
총 지방 (g/일)	영아기	0~5개월	25	**모유 지방 섭취량** 750 mL/일×32 g/L=24 g/일 → 25 g/일
		6~11개월	25	**모유+이유보충식 지방섭취량** 600 mL/일×32 g/L+6.5 g/일=25.7 → 25 g/일
n-6 불포화 지방산 (g/일)	영아기	0~5개월	2.0	**모유 n-6 지방산 섭취량** 750 mL/일×1.5 g/L=1.125 g/일→2.0 g/일
		6~11개월	4.5	**모유+이유보충식 n-6 지방산 섭취량** 600 mL/일×1.5 g/L+3.93 g/일=4.83 g/일→ 4.5 g/일
n-3 불포화 지방산 (g/일)	영아기	0~5개월	0.3	**모유 n-3 지방산 섭취량** 750 mL/일×0.29 g/L=0.22/일 → 0.30 g/일
		6~11개월	0.8	**모유+이유보충식 n-3 지방산 섭취량** 600 mL/일×0.29 g/L+0.63 g/일=0.80 g/일

한국인 영양섭취기준, 보건복지부, 2015

(5) 수 분

신체 크기에 비해 체표면적이 큰 영아는 체표면으로 증발되는 수분의 양이 많기 때문에 수분이 많이 요구되며, 성인에 비해 호흡수가 많아 영아가 호흡을 통해 상실하는 수분의 양도 많을 뿐만 아니라 새로운 조직 합성과 체액의 부피 증가 때문에 더 많은 수분이 필요하다.

영아는 총 수분손실 중 피부와 호흡기로 상실되는 불감수분손실이 60 %나 되는데, 이는 성인 불감수분손실인 40~50 %보다 높으며, 불감수분손실은 외부 기온이 높거나 체온이 높을 때 증가한다.

영아의 적정 수분 충분섭취량(총 수분)은 영아 전기 700 mL/일이다. 영아 후기에는 모유를 통한 수분섭취량과 이유보충식을 통한 수분섭취량을 더하여 수분 필요량을 추정한다. 영아 후기의 총 수분 충분섭취량은 800 mL/일이다.

(6) 무기질

무기질은 조직의 구성 및 생체기능의 조절 등에 필수불가결한 영양소이다. 골격과 치아의 형성은 칼슘, 인, 마그네슘이, 세포외액은 나트륨과 염소가 주요 원소이며, 세포내액에는 칼륨과 마그네슘, 인 등이 함유되어 있다.

무기질 함량은 출생 시에는 체중의 3 %이지만 성인이 되면 체중의 4~5 %가 된다. 성장이 왕성한 영유아기에는 무기질 대사도 활발하고 필요량도 증가하지만 식품이나 음료수 중에도 소요량을 상회하는 함량이 있으므로 철·칼슘 외에는 결핍증상이 거의 없다.

① 칼 슘

모유 내 칼슘은 이용률이 높아 70 %가 체내에 보유되고 우유 칼슘의 체내 보유율은 25~30 %이다. 칼슘의 흡수는 칼슘과 인의 비율(2:1~1:1 범위가 적당), 비타민 D에 의해 영향을 받으며 장내의 pH도 영향을 미치는데 산성이면 흡수가 좋다.

장내가 알칼리성인 인공영양아는 칼슘이 물에 불용인 염류를 형성하여 흡수를 방해할 뿐만 아니라, 우유 중에는 모유보다 3배나 많은 칼슘이 있음에도 인공영양아에게 구루병이나 테타니의 위험이 더 크다고 한다. 0~5개월 영아의 칼슘 충분섭취량은 210 mg, 6~11개월은 300 mg이다.

② 인

영아 초기에는 모유를 통한 인 섭취량이 영아에게 가장 적정한 수준이다. 0~5개월 영아의 인의 충분섭취량은 100 mg, 6~11개월은 300 mg이다.

③ 철

태아기의 철 축적은 주로 임신 말기의 3개월 동안에 이루어져 출생 시에 보유한 철은 생후 3~4개월 동안의 수요를 충족시킬 수 있다. 5~6개월이 되면 철 결핍이 생긴다.

영아 후반기 6~11개월에는 철의 저장과 유지를 위해 공급이 이루어져야 하는 시기로 모유만으로 철을 섭취하면 영아의 성장부족을 초래할 수 있다. 0~5개월 영아의 철 충분섭취량은 0.3 mg이며, 6~11개월의 권장섭취량은 6 mg이다.

④ 아 연

아연은 영아의 성장에 매우 중요한 영양소이며, 신체 내 아연의 요구량은 남아에게서 더 높다. 0~5개월 영아의 충분섭취량은 2 mg이다. 신생아의 간에 저장되었던 아연은 영아 후반기에는 거의 소모된다.

아연 섭취량은 영아의 체중 증가와 상관관계가 있는데, 7개월 이후 모유의 아연 함량이 더욱 낮아지므로 영아 후반기에는 모유 수유만으로는 영아의 성장에 필요한 아연을 다 채울 수 없다. 6~11개월 영아의 권장섭취량은 3 mg이다.

⑤ 구 리

0~5개월 영아의 구리 충분섭취량은 240μg, 6~11개월은 310μg이다.

(7) 비타민

① 비타민 A

비타민 A는 성장발육, 점막상피세포의 대사 및 시각에 관여하며 부족할 경우 발육장애, 피부의 각질화, 감염성 질환에 대한 저항력 저하, 야맹증, 건조성 안염을 유발하게 된다. 0~5개월의 영아의 비타민 A 충분섭취량은 300μgRE/일이다.

영아는 약 4개월 전후로 과즙 등 보충식을 주기 시작하여 월령이 증가할수록 액상 요구르트, 야채고기죽, 달걀 등을 보충 섭취해야 한다. 6~11개월의 영아에서 이러한 보충식을 통한 비타민 A의 추가섭취량은 확실하지 않으나 보충식을 통한 섭취를 감안하여 450μgRE 을 충분섭취량으로 정하고 있다.

② 비타민 D

FAO/WHO에 의하면 하루 약 100 IU(1 IU=0.025μg 비타민 D_3)의 비타민 D로 구루병을 방지할 수 있다고 한다. 비타민 D는 7-dehydrocholesterol이 자외선 조사에 의해 생성되므로 일광욕을 하면 충분하다. 그러나 영유아의 경우 자외선 조사가 충분하지 않으면 섭취해야 한다. 우리나라의 0~5개월, 6~11개월 영아 모두 비타민 D 충분섭취량은 5μg이다.

③ 비타민 E

모유에는 불포화지방산 함량이 높으며 비타민 E도 많이 들어 있다.

0~5개월 영아의 비타민 E 충분섭취량은 하루 3.0 mg α-TE, 6~11개월 영아는 4.0 mg α-TE이다.

④ 비타민 B_1

비타민 B_1은 당질대사과정에 중요한 역할을 하며, 결핍되면 각기병을 유발하는데, 쌀을 주식으로 하는 우리나라의 경우 잠재적인 결핍상태로 식욕부진, 체중감소, 불안, 초조, 피로 등의 증세를 나타낸다.

0~5개월 영아의 티아민 충분섭취량은 1일 0.2 mg, 6~11개월 영아는 0.3 mg/일이다.

⑤ 비타민 B_2

비타민 B_2는 체내에서 여러 가지 산화환원반응을 촉매하는 효소의 보효소로 결핍되면 구각염, 구순염, 설염과 지루성 피부염, 상처치유의 지연현상, 광선에 대한 공포증, 안구충혈과 백내장 등의 증상이 나타난다. 0 ~ 5개월 영아의 비타민 B_2 (리보플라빈) 충분섭취량은 0.3 mg, 6 ~ 11개월 영아는 0.4 mg이다.

⑥ 비타민 C

비타민 C는 콜라겐의 형성에 관여하며 감염을 억제한다. 결핍되면 괴혈병과 전염성 질환에 대한 저항력이 감소한다.

반면에 비타민 C를 과잉섭취하면 배뇨 시의 뜨거운 느낌(burning sensation)과 피부염 또는 설사 등의 증상을 일으키기도 한다. 괴혈병을 방지하려면 1일 10 mg 이상을 섭취하여야 하며, 조직의 형성이 왕성한 영아에게 더 많이 필요하다.

영아의 혈액 중에는 성인에 비해 2배 이상의 비타민 C가 함유되어 있으며 모유에도 비타민 C가 다량 함유되어 있다. 영아의 일일 비타민 C 충분섭취량은 35 mg이다. 6 ~ 11개월 영아는 점차 모유섭취량이 줄고 이유보충식을 섭취하므로 비타민 C 섭취량은 45 mg이다.

⑦ 니아신

니아신은 조효소로 전환되어 체내 산화·환원반응에 관여하며, 당질대사, 지방대사, 세포호흡, 스테로이드 합성과정에 관여한다. 체내에서 트립토판 60 mg이 니아신 1 mg으로 전환되며 니아신이나 트립토판이 결핍되면 펠라그라 증세를 유발한다. 결핍 정도에 따라 피부염, 식욕부진, 구토, 변비, 설사가 나타나고 심한 경우 위점막에 염증이 생기며 피로, 불면, 우울증과 기억상실 등을 초래한다.

0~5개월 영아의 니아신 충분섭취량은 2 mg NE를 권장한다. 6~11개월 영아의 경우에는 에너지 섭취량이 증가되는 것을 고려하여 3 mg NE이다.

⑧ 비타민 B_6

비타민 B_6는 아미노산 대사의 보조효소로 pyridoxal phosphate(PLP)로 전환되어 단백질 대사에 관여한다. 헤모글로빈의 합성, 당신생, 니아신 신생, 지질 및 핵산대사, 면역계, 신경전달물질 합성 및 steroid 호르몬의 작용 등을 조절하고 비타민 B_{12}의 흡수에 관여한다.

영아기는 단위체중당 단백질 필요량이 일생 중 가장 큰 시기이므로 성장기에 적절한 단백질 대사가 이루어지도록 충분한 비타민 B_6 섭취가 매우 중요하다.

결핍증으로 눈, 코, 입 주위의 지루성 피부염, 구내염과 불안, 우울증 및 말초신경염 등의 증세를 보이고 영아들의 경우에는 경기(seizure)를 유발할 수도 있다. 0~5개월 모유영양아의 1일 충분섭취량은 0.1 mg, 6~11개월 영아는 0.3 mg이다.

⑨ 엽 산

세포 분열과 성장에 필수적인 엽산은 비타민 B_{12} 및 비타민 C와 함께 단백질 대사에 관여하며 핵산을 합성하고 헤모글로빈 형성에도 관여하며 위산분비를 촉진시킨다. 영아기는 빠른 성장을 하는 시기이므로 엽산의 요구량이 증가한다.

영아의 엽산 충분섭취량은 0~5개월의 모유영양아는 65μg DFE, 6~11개월의 영아는 80μg DFE이다.

⑩ 비타민 B_{12}

0~5개월 영아의 충분섭취량은 0.3μg, 6~11개월 영아는 0.5μg/일이다.

표 4-5 영아의 각 영양소별 권장섭취량

보건복지부, 2015

연령 (개월)	에너지[1] (kcal)	단백질 (g)	비타민 A (μgRE)	비타민 D (μg)	비타민 E (mg α-TE)	비타민 C (mg)	티아민 (mg)	리보플라빈 (mg)
0~5	550	10[2]	350[2]	5[2]	3[2]	35[2]	0.2[2]	0.3[2]
6~11	700	15	450[2]	5[2]	4[2]	45[2]	0.3[2]	0.4[2]

연령 (개월)	니아신 (mg NE)	비타민 B_6 (mg)	엽산 (μg DFE)	칼슘 (mg)	인 (mg)	철 (mg)	아연 (mg)	구리 (μg)
0~5	2[2]	0.1[2]	65[2]	210[2]	100[2]	0.3[2]	2[2]	240[2]
6~11	3[2]	0.3[2]	80[2]	300[2]	300[2]	6	3	310[2]

[1] 필요추정량 [2] 충분섭취량

4-7 이유기 영양(Weaning Nutrition)

1. 이유의 정의

이유는 유즙만의 영양에서 고형식인 성인식사 형태로 옮겨가는 것을 말한다.

2. 이유의 목적

(1) 섭식기능

이유는 섭식기능의 동작과 의욕을 일으켜 주고, 유즙 이외의 음식맛을 경험하는 시기이다.

(2) 영양보충

모유영양은 생후 5~6개월이 경과되면 단백질, 철분, 비타민 등의 영양소가 감소되고 수분이 많아지기 때문에 유즙만으로는 영양이 부족해진다.

영아는 성장이 빨라 생후 3개월이 되면 출생 시 체중의 2배, 5개월이 되면 2.5배로 성장하나 모유분비는 이와 똑같이 증량되지 않는다.

유즙의 에너지는 70 kcal/100 mL이며, 영아가 마시는 유즙은 하루 최대 1,000 mL이므로 에너지는 700 kcal가 된다.

영아의 하루 필요 에너지는 100 kcal/kg이므로 체중이 7 kg을 넘으면 유즙 이외의 고형식품으로 에너지를 보충해야 한다.

영아는 태내에서 철, 구리 등의 영양소를 여분으로 저장해서 출생하나 생후 5~6개월이 되면 저장된 영양소는 모두 소비된다. 그러므로 철, 구리, 단백질 등 부족한 영양소를 식사로 보충할 필요가 있다.

(3) 정신발달

5~6개월이 되면 영아는 부모가 식탁에서 먹고 있는 음식에 관심을 나타내며 그것을 원하는 욕구가 나타나기 시작한다. 이를 만족시키는 것은 아기의 심리발달에도 중요하다.

이유식을 먹음으로써 미각, 취각, 촉각을 자극할 뿐만 아니라 시각도 발달시킨다. 지금까지 엄마의 품안에 안겨 젖을 먹던 자세로부터 의자에 앉아 식사를 하는 자세로 변화하고 씹어 먹고 마시는 행동을 통해 정신발달이 자극된다.

(4) 바른 식습관 확립

이유기는 인간생활 중에서 음식에 대한 첫 번째 인상을 형성하는 중요한 시기이므로 식품의 선택, 주는 방법에 주의를 하여 바람직한 식습관을 확립해야 한다.

3. 이유기에 주의해야 할 일

(1) 영아의 식욕 리듬을 주시

건강한 영아일지라도 식욕은 매일 똑같지 않으며 약간의 변화가 있다. 수유하는 경우와 마찬가지로 식욕의 리듬을 존중해서 시간과 분량을 결정한다.

(2) 체중의 증가

영아가 기분이 좋고 체중의 증가상태가 순조로우면 젖과 이유식의 분량이 적당한 것으로 생각해도 된다. 한 달에 한 번은 체중을 측정해서 그 증가량에 유의한다.

(3) 분변 성상에 주의

이유식을 주면 변은 어른 변 성상에 가까워지며 섭취한 식품에 따라 색과 냄새가 달라진다. 채소는 그대로 변으로 나와 놀라서 중지하는 일이 많으나 조금씩 익숙해지면 소화능력도 왕성해진다. 또 영아의 체질에 따라서는 새로운 식품을 주면 변이 묽어지거나 횟수가 증가되는 경우도 있다.

4. 이유의 준비

(1) 스푼에 익숙해지도록 하며 젖과 다른 맛을 경험하게 할 것

포유병으로 마시게 한 과즙을 조금씩 스푼으로 준다. 희석시킨 된장국, 채소 수프 등을 스푼으로 주면서 스푼에 익숙해지도록 하여 젖과 다른 맛을 알게 한다.

(2) 수유시간을 결정할 것

수유시간이 불규칙하며 수유간격이 너무 짧은 경우에는 위장장애가 일어나기 쉬우므로 수유는 4시간 간격으로 하루 4~5회 준다.

5. 이유의 개시

일반적으로 이유개시 시기는 5개월째이며 출생 시 체중의 약 2배 정도 되었을 때가 좋다.

아래와 같은 경우에는 한 달 가량 먼저 이유를 해도 좋다.

① 발육이 좋고 먹겠다는 의욕이 있는 경우

② 젖을 먹고 있으나 체중증가가 잘 되지 않는 경우

너무 빨리 이유식을 서두르는 것은 아기에게도 부담이 되고 경제적으로도 낭비이며, 염이나 당분을 여분으로 먹게 되어 아기에게 좋지 못한 영향을 줄 수도 있다.

반대로 이유가 너무 늦으면 다음과 같은 문제가 생길 수 있다.

① 체중증가 저하로 빈혈이 생기거나, 근력발달이 나빠진다.

② 젖 이외의 것을 싫어하고 영양실조의 원인이 된다.

③ 병에 대한 저항력, 치유력이 약해진다.

④ 정신적으로 의존하려는 경향이 강해지고 잘 운나.

6. 이유진행의 원칙

(1) 이유식의 조건

① 식품의 조리형태

부드러운 형태의 음식이 좋다.

소화가 잘 되어야 하므로 식품의 종류보다 조리형태, 입자의 크기를 고려한다. 초기(5~6개월)에는 수분이 많고 풀 같은 것, 형태는 있으나 혀에 닿으면 부서지는 것(감자 으깬 것), 입안으로 들어오면 잇몸으로 자를 수 있는 것(토스트, 죽 등)의 순서로 진행한다.

② 간은 싱겁게

이유기에는 여러 가지 맛을 경험하는 시기이며 미각이 형성된다. 그러므로 진한 맛의 음식을 먹으면 다른 미각의 발달에 장애가 생긴다. 맛의 기본은 소금이며 가능한 한 싱겁게 한다. 소금을 너무 많이 먹으면 영아의 신장에 과중한 부담을 주게 된다. 이유식에는 조미료를 쓰지 않는 것이 좋다.

③ 안전과 위생

영양가가 풍부하고 신선하고 청결하게 조리된 것을 사용한다.

알레르겐이 되기 쉬운 식품은 초기에는 피해야 한다. 항원성이 강한 난백은 7개월 이후에 사용하고 생선, 고기 등은 잘 가열한 것을 사용한다.

(2) 이유 전기 (5~6개월)

① 이유식은 하루 1회를 원칙으로 하고 오전 중 수유 직전에 준다.
② 조미는 싱겁게 한다.
③ 하루에 한 가지 식품을 한 숟가락부터 주기 시작하여 영아의 변, 식욕, 기분 등을 주의하면서 차차 양과 종류를 늘린다.
④ 채소 수프를 줄 경우에는 끓인 물로 연하게 희석하여 부드럽게 해서 주며, 달걀노른자는 꼭 삶은 것을 이용하는데 죽이나 우유 또는 수프에 섞어서 소량만 준다.

(3) 이유 중기 (7~8개월)

① 이유의 횟수는 2회로 늘리며 2회째의 이유식을 시작할 때는 1회째의 2분의 1정도부터 준다.
② 식품의 종류, 분량은 천천히 늘리고 서서히 식품과 맛에 익숙해지도록 한다.

③ 하루의 영양섭취량 중 이유식이 차지하는 비율이 많아지므로 내용에 대한 질적 배려가 중요하다.

④ 모유분비가 잘 되어도 단유의 준비를 한다.

(4) 이유 후기 (9~10개월)

① 이유식을 3회로 한다.

② 모유 또는 분유를 우유로 바꾼다.

③ 비스킷, 크래커, 빵의 가장자리 등을 손에 쥐고 먹는 연습을 하는데 목에 막히지 않도록 한다.

④ 이유식의 재료에 사용하는 식품의 종류는 점점 확대되어 성인용의 식사에서 이용 가능한 것은 많아지나, 부드럽게 삶아 소화가 잘 되는 형태로 준다.

(5) 이유 완료기 (1세 전후)

① 이른 아침의 수유는 피하며 성인의 식사와 같이 아침, 점심, 저녁의 3회식으로 하고, 우유는 식후에 주지 말고 간식용으로 한다.

② 점심과 저녁의 간격이 길어지므로 그 사이에 우유와 과실 또는 비스킷 등 가벼운 간식을 준다.

③ 손을 쓰는 시기이므로 청결하게 해서 음식을 자신이 손에 들고 먹는 연습, 스푼으로 먹는 연습, 컵으로 우유를 마시는 연습 등을 시킨다.

4-8 영유아를 위한 식생활 관리

[영유아를 위한 식생활 실천지침]

(1) 영아기

① 생후 6개월까지는 반드시 모유를 먹인다.

② 생후 1년까지는 모유를 먹이는 것이 좋다.

③ 모유를 먹일 수 없는 경우에만 조제유를 먹인다.

④ 조제유는 정해진 양을 물에 타서 안고 먹인다.

⑤ 잠잘 때는 젖병을 물리지 않는다.

(2) 이유기

① 이유식은 성장단계에 맞추어 먹인다.
② 집에서 만든 이유식을 먹인다.
③ 신선한 재료를 위생적으로 조리한다.
④ 이유식은 간을 하지 않고 조리한다.
⑤ 이유식은 숟가락으로 떠 먹인다.
⑥ 곡류, 과일, 채소, 생선, 고기 등 다양한 식품을 먹인다.
⑦ 다양한 조리법으로 만들어 먹인다.
⑧ 싱겁고 담백하게 조리한다.
⑨ 안전한 식품을 사용한다.

(자료 : 보건복지부)

4-9 미숙아

1. 미숙아란?

세계보건기구에 의하면 임신기간 37주 미만 또는 최종 월경일로부터 37주 미만에 태어난 아기를 미숙아(premature infant) 또는 조산아(preterm infant)라고 한다. 재태기간과 상관없이 출생 당시의 체중이 2,500g 미만인 경우를 저체중 출생아(low birth weight, LBW)라고 하는데, 저체중 출생아의 약 2/3는 미숙아이고 나머지 1/3은 산모나 태반 및 태아의 여러 원인으로 재태기간에 비해 체중이 작은 저체중출생아이다. 최근에 와서 이러한 아기들의 출산율이 증가하고 있지만 의학 기술의 발달로 미숙아의 생존율은 점차 증가하고 있다.

2. 미숙아 출산의 원인

대부분의 경우 원인을 알 수 없으나 낮은 사회경제적 여건, 산모 나이가 16세 미만이거나 35세 이상인 경우, 오랜 기간 서 있거나 물리적 스트레스를 받는 활동을 하는 경우, 급성 또는 만성 질환이 있는 경우, 다태아인 경우, 이전에 미숙아를 분만한 경우, 자궁기형이나 전치태반, 임신성 고혈압이나 임신성 당뇨 등의 산과적 질환이 있는 경우, 태아 상태가 안 좋은 경우에 미숙아로 출생할 확률이 높다.

표 4-6 미숙아 출산원인

태아 측 원인	태아 곤란증, 다태 임신, 태아 적아구증, 비면역성 태아수종, 자궁내 성장 지연
태반/자궁 이상	태반 기능 부전, 전치 태반, 태반 조기 박리, 자궁 기형, 자궁 손상, 자궁경관 무력증, 조기 양막 파수, 양수
산모 측 원인	산모의 나이(<16세 또는 >35세), 활동성, 급성 및 만성 질환, 임신 중독증, 과거 미숙아 분만력, 약물 남용, 감염증
기타	부정확한 재태주령

3. 분 류

신생아의 장기생존률 및 유병률이 조금씩 차이가 나기 때문에 저체중 출생아와 초극소 저체중 출생아로 분류한다.

① 저체중 출생아

체중이 1,500g 미만인 신생아를 극소 저체중 출생아(very low birth weight, VLBW)

② 초극소 저체중 출생아(extreme low birth weight, ELBW)

체중이 1,000g 미만인 신생아

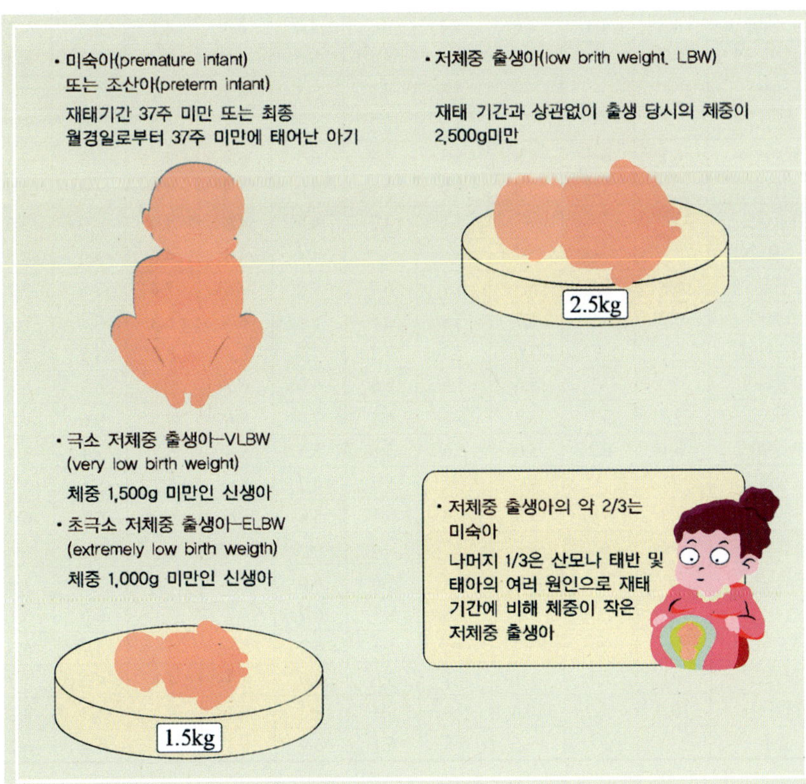

표 4-7 연도별 합계출산율 및 미숙아(저체중 출생아) 발생률 현황

	2008년	2009년	2010년	2011년	2012년
합계출산율	1.19	1.15	1.23	1.24	1.30
미숙아 발생률	48.78	49.35	50.06	52.30	53.39
미숙아 수	22,725명	21,954명	23,537명	24,647명	25,870명

단위 : 1천명당 명

보건복지부 제출자료 및 통계청(KOSIS)

표 4-8 OECD 국가별 저출생 체중아율 추이(1970-2010, 통계청)

단위 :%

	1970	1975	1980	1985	1990	1995	2000	2005	2006	2007	2008	2009	2010
그리스	–	–	5.9	6.0	6.0	6.8	8.1	8.8	9.0	8.8	8.4	9.6	10.0
네덜란드	–	–	–	–	5.6	7.2	–	7.0	7.0	6.3	5.5	–	6.5
노르웨이	4.5	4.2	3.8	4.4	4.6	4.6	5.0	4.8	4.9	5.1	5.2	5.4	–
뉴질랜드	–	–	5.8	6.0	6.2	6.0	6.4	6.0	5.8	5.9	5.9	5.9	5.9
대한민국	–	–	–	–	–	3.0	3.8	4.3	4.4	4.7	4.9	4.9	5.0
덴마크	6.0	6.2	5.8	5.8	5.2	5.5	5.7	5.8	6.0	6.7	6.5	6.1	5.2
독일	–	5.9	5.5	5.7	5.7	6.1	6.4	6.8	6.8	6.9	6.9	6.9	6.9
룩셈부르크	–	–	6.3	6.0	5.4	5.7	–	5.7	5.6	4.7	6.5	6.4	6.7
멕시코	–	–	–	–	–	8.4	9.7	8.8	8.3	7.8	8.1	8.4	8.5
미국	7.9	7.4	6.8	6.8	7.2	7.3	7.6	8.2	8.3	8.2	8.2	8.2	8.2
벨기에	–	–	–	–	6.1	6.8	7.0	7.0	7.1	6.8	6.9	–	–
스웨덴	4.3	4.3	4.0	4.4	4.3	4.4	4.4	4.1	4.3	4.2	4.4	4.2	4.2
스위스	–	–	5.1	5.2	5.1	6.0	6.2	6.4	6.4	6.4	6.4	6.6	6.6
스페인	–	–	–	3.6	4.5	5.5	6.5	7.2	7.2	7.6	7.6	7.8	7.7
슬로바니아	–	–	–	5.5	5.2	5.1	5.8	6.0	5.9	6.3	6.3	5.9	6.2
슬로바키아	6.2	6.5	5.9	5.8	5.8	6.5	6.7	7.2	7.3	7.5	7.3	7.4	9.0
아이슬랜드	–	3.2	3.4	3.9	2.9	4.4	3.9	3.9	4.0	3.8	3.8	4.1	3.6
아일랜드	–	–	–	4.1	4.2	4.7	4.8	4.9	4.9	5.0	5.2	4.8	5.0
에스토니아	–	–	–	–	–	4.4	4.3	4.6	4.4	4.5	4.6	4.5	4.0
영국	6.8	6.4	6.7	6.7	6.7	7.2	7.5	7.4	7.5	7.1	7.1	7.1	6.9
오스트리아	6.2	5.9	5.7	5.8	5.6	5.7	6.3	6.8	7.1	7.2	7.1	7.1	7.0
이스라엘	–	–	7.0	7.3	7.2	7.7	8.4	8.2	8.2	8.4	8.4	8.3	8.1
이탈리아	–	–	5.6	5.6	5.6	6.0	6.7	6.8	6.7	6.8	7.0	7.0	–
일본	5.7	5.1	5.2	5.5	6.3	7.5	8.6	9.5	9.6	9.7	9.6	9.6	9.6
체코공화국	6.1	6.2	5.9	5.6	5.5	5.5	5.8	6.7	7.1	7.4	7.3	7.6	7.7
칠레	–	–	–	–	5.4	4.7	5.0	5.2	5.5	5.7	5.9	5.9	5.8
캐나다	7.8	6.6	5.8	5.6	5.5	5.8	5.6	6.0	6.1	6.0	6.0	6.1	–
터키	–	–	–	–	–	–	–	–	–	–		–	–
포르투칼	–	–	4.6	5.3	5.6	6.0	7.1	7.5	7.6	7.8	7.7	8.2	–
폴란드	–	7.3	7.6	7.8	8.1	6.7	5.7	6.1	6.0	6.1	5.7	6.1	6.0
프랑스	–	–	–	–	5.3	5.7	6.8	–	6.7	6.6	–	–	6.4
핀란드	5.1	4.5	3.9	4.1	3.6	4.0	4.3	4.1	4.3	4.3	4.1	4.3	4.3
헝가리	10.7	11.2	10.4	9.9	9.3	8.2	8.4	8.2	8.3	8.2	8.3	8.4	8.6
호주	–	–	–	5.8	6.1	5.9	6.3	6.4	6.4	6.2	6.1	6.2	–

자료 : OECD Health Data, 2011

4. 미숙아 출산의 빈도

미숙아 출생의 빈도는 사회, 경제적 여건과 출생 전 관리 등에 따라 다르지만 대략 4~8% 정도인 것으로 알려져 있다. 고령출산이 늘고, 산모의 음주 및 흡연율이 증가되고 직장에 다니면서 물리적 및 정신적 스트레스가 쌓인다거나 불임부부의 경우 시술이 늘면서 상대적으로 다태아 및 미숙아 출생율이 증가되는 것으로 알려져 있다.

그림 4-9 출산연령별 저출생체중아 발생률(2000-2010)

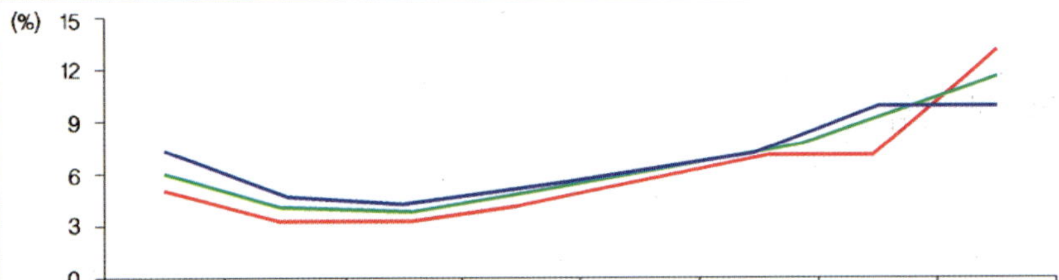

	15-19세	20-24세	25-29세	30-34세	35-39세	40-44세	45-49세	50세이상
2000년	4.9	3.5	3.5	4.1	5.7	7.3	6.9	13.0
2000년	6.0	4.0	3.8	4.3	6.0	7.0	8.9	11.7
2000년	7.3	4.9	4.3	5.0	6.4	7.3	9.8	9.8

주 : 출산연령별 출생아 100명당 저출생체중아수. 단, 출생체중 미상 제외
자료 : 통계청, 인구동태보고, 각 년도

5. 미숙아 사망률 및 합병증과 질병

미숙아 사망률이 나날이 줄어들고 있음에도 불구하고, 현재까지 미숙아 사망은 신생아 사망의 주요 원인으로 생후 3일 이내에 발생하게 되며, 신생아 호흡곤란증후군, 두 개내 출혈, 패혈증 등이 주된 원인이다. 미숙아의 사망률은 출생체중과 재태주령이 낮을수록 증가한다. 미숙아는 만성 폐질환과 뇌출혈 후 수두증, 뇌실주위백질 연화증, 그리고 미숙아 망막병증이 있으며, 그 밖에 여러 가지 문제점이 발생할 수 있다

(1) 미숙아 망막증

미숙아에게 일어나는 안과 질환으로 출생 시 체중 1.5kg 이하, 임신기간 32주 이하 미숙아에게 많이 나타나며 실명까지 초래할 수 있다.

(2) 패혈증

구토, 설사, 복부팽만, 호흡곤란, 발열 등의 증상을 보인다.

(3) 동맥관 개존증

출생 후 동맥관이 닫혀야 하는데, 출생 후에도 동맥관이 열려 있는 경우로 가벼운 경우에는 무증상이지만, 개존이 클 경우 심부전과 성장지연을 동반한다.

(4) 기관지 폐이형성증

호흡곤란 증후군이나 심장질환으로 오랫동안 산소치료와 인공호흡기를 사용한 미숙아들에게서 발생하는 질환으로 호흡이 거칠고, 피부가 파랗게 되기도 하며 수유도 힘들다.

(5) 괴사성 장염

재태 36주 미만 미숙아에서 나타나며, 장의 점막 혹은 전 층의 괴사로 인하여 생기는 미숙아의 소화기 질환이다. 증상으로는 복부팽만, 혈변, 무호흡, 시맥, 위지류, 담증성 구토, 쇼크 등이 있다.

6. 미숙아의 특징

전체적으로 피하지방조직이 얇고 솜털이 많아서 혈관이 비쳐 보이고, 머리가 전체적인 몸에 비해 크다. 체온조절을 자기 스스로 하지 못하고, 면역이 떨어져 있어서 감염이 되기 쉽다.

① 성숙아보다 체중의 감소 정도가 크게 나타나며 회복 또한 느리다.
② 미숙아는 빨거나 삼키는 섭식기능이 발달하지 않아서 소화·흡수기능 또한 미숙한 상태
③ 미숙아는 체내 영양소의 저장량이 제한

7. 미숙아의 영양소 필요량

미숙아는 출생 직후 성장하지 못한 것을 만회하기 위해 정상아에 비해 더 많은 에너지와 단백질 및 영양소를 필요로 하므로 충분히 공급해야 한다.

① 미숙아의 영양소 필요량 : 재태 연령의 태아와 유사하게 이루어지도록 하는 것이 바람직하다.
② 미숙아의 에너지 필요량 : 약 120kcal/kg(95~160kcal/kg)을 공급한다.
③ 단백질 필요량 : 단위 체중당 3g 정도를 공급한다.
④ 모든 필수아미노산과 히스티딘, 티록신 및 시스테인의 충분한 공급이 필요하다.
⑤ 필수지방산인 리놀레산은 총열량의 2~4%가 되도록 공급하며, 아라키돈산과 DHA 등은 중추신경계의 발달에 필요하다.

⑥ 골격의 무기질화가 잘 이루어지도록 하기 위해서는 칼슘과 인의 보충이 필요하다.

⑦ 철분 보충제나 철분 강화 조제유를 공급한다.

8. 미숙아의 수유

미숙아는 젖을 먹는데 필요한 반사 및 운동기능이 잘 발달되어 있지 않아 수유가 어려우며, 흡인반사가 미숙하고 위의 용량도 부족하여 장운동 능력이 감소되어 있다. 미숙아, 저체중아, 극소저체중아는 위장관 문제로 장출혈이 생기며 궤사성 장염이 발생하기 쉽다. 이런 경우에는 정맥영양을 통해 영양공급을 한다.

미숙아의 체중과 건강상태에 따라 수분, 에너지, 단백질, 아미노산, 무기질, 비타민 등을 조합하여 조제한 영양액을 공급한다. 정맥으로 영양공급을 하게 되면 장의 흡수를 담당하는 상피세포가 퇴화하므로 빨리 경구 영양공급으로 전환하는 것이 바람직하다.

① 가능한 한 합병증을 일으키지 않으며 성장에 필요한 영양소를 공급한다.

② 미숙아는 생후 며칠~몇 주 동안 정맥영양을 통해 영양을 공급, 증상이 호전됨에 따라 경장영양으로 진행시킨다.

③ 미숙아에게는 모유수유를 하는 것이 바람직하다.

④ 모유를 섭취하는 미숙아에게는 칼슘과 인을 보충해 줄 것을 권장한다.

⑤ 시판되는 모유 강화제 : 칼슘과 인 외에 단백질, 탄수화물, 지질, 비타민 및 무기질 함유된 것을 공급한다.

⑥ 미숙아를 위한 조제유도 있으므로 필요한 경우 공급한다.

미숙아용 조제유는 에너지와 단백질, 영양소 함량이 만삭아용 조제유에 비해 높다.

영아기 영양 핵심문제

1. 영아의 생후 1년간의 성장·발달에 대한 설명으로 바르게 된 것은?

① 신장은 3배, 두위는 2배 증가한다.
② 신장은 약 1.5배, 체중은 약 3배로 증가한다.
③ 피하지방은 3배, 신장은 3배 증가한다.
④ 두위는 2배, 피하지방은 3배로 증가한다.

2. 이유의 원칙에 대한 설명 중 옳은 것은?

① 5개월째가 되면 무조건 시작한다.
② 성인처럼 딱딱한 음식을 준다.
③ 간은 싱겁게 한다.
④ 이유식은 젖병에 넣어 먹인다.

3. 영아의 뇌 성장 발달에 필요한 성분으로 우유보다 모유에 많은 것으로만 된 것은?

① 리놀레산, DHA
② 시스틴, 타우린, 카제인
③ 발린, 리신, 콜레스테롤
④ 유당, 카제인, 칼슘

4. 이유에 대한 설명으로 적절하지 않은 것은?

① 모유영양만으로는 철분, 구리 등의 영양소가 부족하므로 보충해야 한다.
② 이가 나고 저작능력이 발달되면 이에 맞는 고형식을 준다.
③ 새로운 질감, 색, 맛을 가진 식품을 먹음으로써 지적·정서적 발달을 돕는다.
④ 생후 1세까지 모유 수유를 한 후 이유를 시작하는 것이 건강상 좋다.

5. 이유를 너무 늦게 하면 발생할 수 있는 문제점을 바르게 지적한 것은?

① 성장부진과 빈혈
② 면역기능 저하와 비만
③ 충치와 비만
④ 알레르기 발생, 설사

정답 **1.** ② **2.** ③ **3.** ① **4.** ④ **5.** ①

충치 유발 정도는 설탕 섭취량보다는 설탕 섭취빈도와 설탕의 형태에 따라 영향을 받는다. 끈끈한 사탕을 간식으로 준 경우가 설탕물을 식사와 함께 준 경우보다 충치 발생이 높았다. 과자, 케이크, 사탕이 가장 충치 유발성이 높은 간식이며, 취침 전에 단 음료나 과자 등을 섭취하는 유아의 충치발생이 높았다.

• 충치 유발성이 낮은 식품

단백질 식품으로 특히 염기성 아미노산을 많이 함유한 것이나 지방, 칼슘과 인, 무기질 함량이 많은 식품은 치아를 튼튼하게 하고 pH 6.0 이상인 식품(우유나 지방류)은 치아 표면에 유성막을 형성하여 치아를 보호하며 섬유소가 많이 함유된 식품은 치아 표면에 달라붙은 음식 찌꺼기를 닦아내는 역할을 한다.

• 세 균

연쇄상 돌연변이종은 평상시 누구의 입속에나 있으므로 당분을 제한하고 입안에 당이 장시간 머무르거나 치아의 주위에 부착하는 것을 방지하기 위해 식사 후 물로 양치질하거나 이를 닦아 치아를 깨끗이 해야 한다.

4. 감 기

면역이 감소되어 있으면 병에 대한 저항력을 떨어뜨려 감기에 걸리므로 영양섭취를 잘 시킨다.

5. 설 사

장의 자극, 여행과 같은 규칙적인 생활에서의 변화, 스트레스, 감염, 식중독 등이 원인이다. 체온이 올라가고 하루 이상 구토가 계속되면서 평소보다 10배 이상 수분이 포함된 설사를 하면 조치가 필요하다.

수분을 보충하고 손실된 수분과 전해질(Na, K 등) 보충을 위한 액체를 공급한다. 너무 차거나 뜨거운 음료는 장의 연동운동을 증가시켜 설사를 악화시킬 수 있으므로 실온과 같은 온도의 액체가 좋다.

음식을 먹게 됨에 따라 처음에는 약간 설탕이 포함된 수분을 공급하다가 섭취량을 늘린다. 처음에는 당질 또는 지방 함량이 높은 식품을 제한하고 소화·흡수가 어려운 섬유소도 제한해야 한다. 사과 중에 많이 있는 펙틴은 수분을 흡수하여 점도가 있는 변을 만들므로 권장한다.

유아기 영양 핵심문제

1. 유아는 위가 충분히 발달하지 못하여 세 끼니에서 충분한 에너지와 영양소를 얻지 못하므로 간식으로 영양소를 제공받아야 한다. 가장 적합한 1일 간식량의 열량 공급 비율은?

① 30~35% ② 40~45%
③ 55~60% ④ 10~15%

2. 유아기 간식을 선택할 때 고려하는 점으로 틀린 것은?

① 식사에서 부족된 영양소를 공급하는 식품을 선택한다.
② 충치를 덜 일으키는 식품을 선택한다.
③ 영양소 밀도가 낮은 식품을 선택한다.
④ 맛있고 식욕을 돋울 수 있는 식품을 선택한다.

3. 유아기의 철 결핍성 빈혈은 흔한 영양결핍이므로 철 성분이 함유된 식품을 공급하는 것이 필요하다. 유아기의 철 급원식품으로 옳지 않은 것은?

① 우유 및 유제품
② 건포도
③ 달걀
④ 살코기

4. 유아기 간식으로 좋은 식품이 아닌 것은?

① 고구마 ② 케이크
③ 우유 ④ 사과

정답 **1.** ④ **2.** ③ **3.** ① **4.** ②

Chapter 6

어린이 영양

아동기(어린이)는 만 6세에서 11세까지의 초등학교 아동으로 완만하고 안정적인 변화를 나타낸다. 성장발육에 필요한 영양을 적정량 공급함으로써 심신의 건전한 발달을 도모하고 올바른 식습관을 형성하도록 지도해야 한다.

6-1 신체적 성장

(1) 체중과 신장

체중증가는 1년에 약 1.8~2.7 kg 정도이며, 신장은 7~8세 사이에는 1년에 7.6 cm 정도 증가한다.

여아의 성장속도가 남아에 비해 2~3년 정도 빠르다. 신장은 여아의 경우에는 10~12세, 남아의 경우에는 12~14세에 급성장기를 맞이하게 된다. 체중은 여아가 10~13세에, 남아는 12~14세에 가장 많이 증가하나, 성장발달 양상은 개인차가 크다.

(2) 신체 구성성분의 변화

미취학 아동기부터 체중에 대한 근육량의 비율이 점점 증가하게 된다. 이 시기의 아동은 연령이 증가함에 따라 체지방량이 감소하나, 여아는 남아보다 피하지방을 더 많이 가진다. 6~10세까지는 두뇌성장이 끝나고 신체의 크기에 비해 머리의 크기는 작아진다.

아동기에는 체액의 이동이 다소 완만해지기 때문에 유아기보다 탈수에 대한 부담이 적다. 이 시기에는 세포내액이 증가하고 세포외액은 상대적으로 감소한다. 또 골격의 성장으로 다리가 길어진다. 그러므로 골격성장에 필요한 단백질, 칼슘, 비타민 D 등의 섭취가 중요하다. 성장호르몬, 갑상선 호르몬의 영향을 받아 근육이 증가하고 지방조직도 증가한다. 성장호르몬은 세포를 증식시키고 단백질 합성을 촉진하며 성장을 촉진한다.

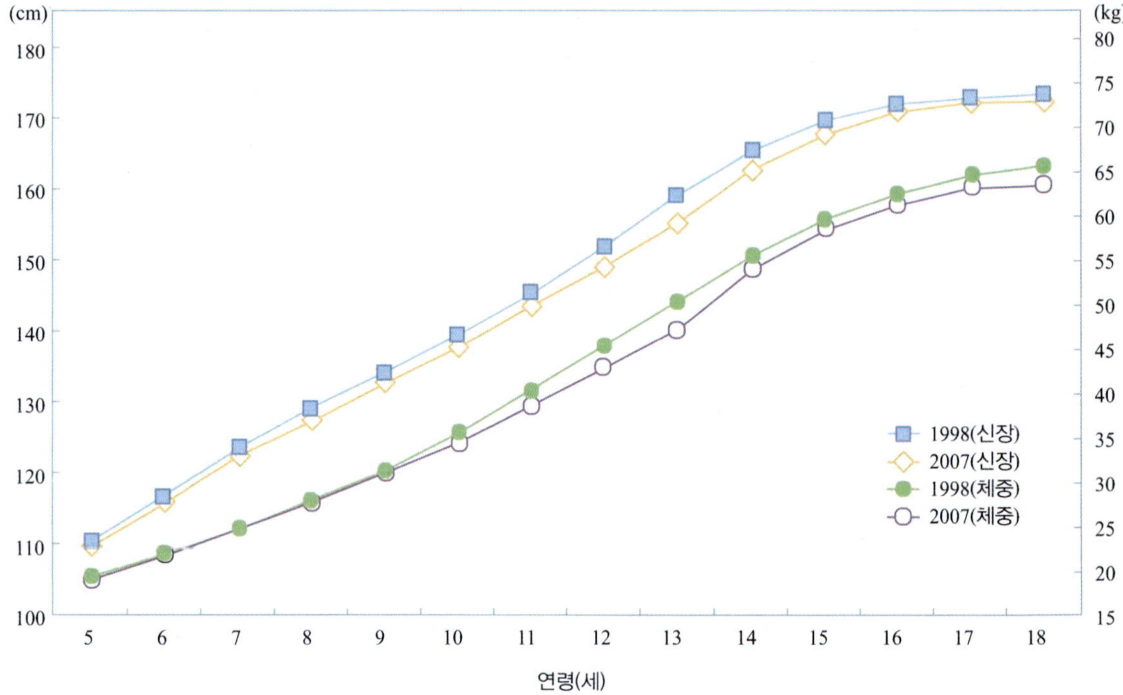

그림 6-1 소아 청소년 남아의 성장곡선(표준신장, 표준체중)

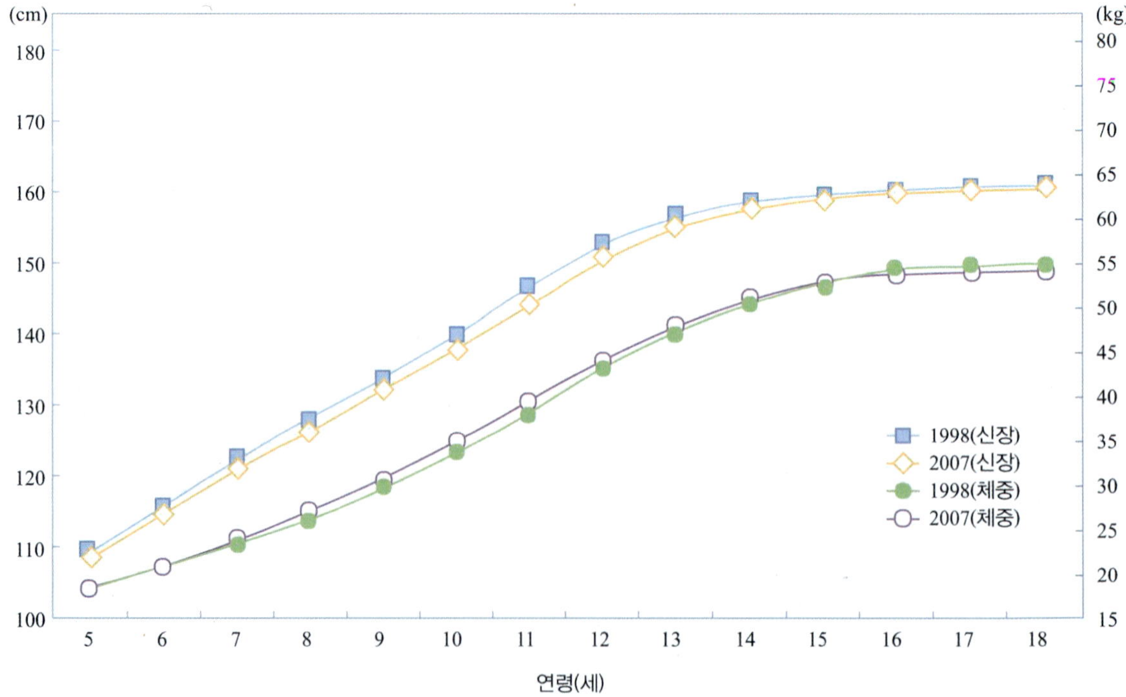

그림 6-2 소아 청소년 여아의 성장곡선(표준신장, 표준체중)

6-2 아동기의 영양섭취기준

(1) 에너지

에너지 필요추정량은 6~8세 남자아동은 1,700 kcal, 여자아동은 1,500 kcal, 남자아동 9~11세는 2,100 kcal, 여자아동은 1,800 kcal이다.

(2) 단백질

기존 조직을 유지하고 새로운 조직의 합성을 위해 공급되어야 한다. 성장을 위한 단백질 요구량은 조직 1 kg당 1~4 g으로 추산된다. 우리나라 아동의 단백질 권장섭취량은 6~8세 남아는 30 g/일이고, 여아는 25 g/일, 9~11세 남아와 여아 모두 40 g을 권장하고 있다. 필수 아미노산도 충분히 공급되어야 한다.(표 6-1).

(3) 당 질

아동기의 당질 권장섭취량은 성인과 유사한 55~70 %이다.

(4) 지 질

지질이 총 에너지 섭취에서 차지하는 비율은 3~18세에는 15~30 %로 정하였다. 3~19세의 n-6 불포화지방산 비율은 4~8 %, n-3 불포화지방산의 비율은 1.0 % 내외로 정하였다.

표 6-1 필수, 비필수 및 조건적 필수 아미노산

필수 아미노산	비필수 아미노산	조건적 필수 아미노산[1)]	조건적 필수 아미노산의 전구체
Histidine[2)]	Alanine	Arginine	Glutamine/glutamate, aspartate
Isoleucine	Aspartic Acid	Citrulline	Methionine, serine
Leucine	Asparagine	Ornithine	Glutamic acid/ammonia
Lysine	Glutamic Acid	Cysteine	Serine, choline
methionine	Serine	Tyrosine	Glutamate
Phenylalanine		Glutamine	Phenylalanine
Threonine		Glycine	
Tryptophan		Proline	
Valine		Taurine	

1) 조건적 필수 아미노산이란 합성이 그 대사적인 요구에 충분하지 않을 경우 식이를 통한 공급이 요구되는 아미노산을 말한다.

2) 히스티딘은 필수 아미노산이라고는 하지만, 8개의 다른 필수 아미노산과는 달리 히스티딘 결핍 식사 시 바로 음성 질소평형이 야기되거나 단백질 합성이 감소되지는 않아 필수 아미노산으로서의 기준이 다르다.(Laidlaw와 Kopple, 1987)

(5) 섬유소

아동들도 성인과 마찬가지로 정상적인 배변에 도움을 주고, 식사와 관련되어 있는 암을 예방하며, 혈청 콜레스테롤 농도를 감소시켜 심혈관질환의 위험을 감소시키고, 비만과 제 2 형 당뇨병을 예방하기 위해 섬유소의 섭취량이 충분해야 한다. 아동의 섬유소 1일 충분섭취량은 6~11세 남아 · 여아 모두 20g을 권장한다.

(6) 비타민

① 비타민 A의 권장섭취기준은 6~8세 남아는 450 μgRE/일이고, 여아는 400 μgRE/일을, 9~11세 남아는 600 μgRE/일, 여아 550 μgRE/일을 권장한다.

② 비타민 D : 칼슘 대사와 뼈의 건강을 고려하여 6~11세 남아 · 여아 모두 5 μg/일을 권장한다.

③ 비타민 E : 6~8세 남아와 여아의 비타민 E 충분섭취량은 7 mg α-TE/일이고, 9~11세도 남녀 모두 9 mg α-TE/일을 권장한다.

④ 비타민 K : 6~8세 남녀아동의 비타민 K 충분섭취량은 45μg/일이고, 9~11세 남녀아동은 55μg/일을 권장한다.

⑤ 비타민 C : 6~8세 남아의 비타민 C의 권장섭취량은 55 mg/일이고, 여아는 60 mg/일이며, 9~11세는 남아는 70 mg/일, 여아는 80 mg/일을 권장한다.

⑥ 티아민 : 6~8세 아동의 티아민 권장섭취량은 남아 · 여아 모두 0.7 mg/일이고, 9~11세 아동은 남아 · 여아 모두 0.9 mg/일을 권장한다.

⑦ 리보플라빈 : 6~8세 아동의 리보플라빈 권장섭취량은 남아 0.9 mg/일, 여아 0.8 mg/일이고, 9~11세 남아는 1.2 mg/일, 여아는 1.0 mg/일을 권장한다.

⑧ 엽산 : 6~8세 남녀 아동의 엽산 권장섭취량은 220μg DFE/일이고, 9~11세 아동은 300μgDFE/일을 권장한다.

⑨ 비타민 B_{12} : 6~8세 아동의 비타민 B_{12}의 권장섭취량은 남녀 모두 1.3 μg/일, 9~11세 아동은 남녀 모두 1.7μg/일을 권장한다.

(7) 무기질

① 칼 슘

아동기의 칼슘 흡수율은 40 % 정도로 알려져 있으며, 체내 요구가 큰 성장기, 임신 수유기에는 칼슘의 이용률이 증가한다. 유당은 칼슘의 흡수를 증가시키지만 피틴산(phytate), 옥살산(oxalate), 인 등은 칼슘과 결합하여 흡수를 저해한다.

단백질 섭취량이 많으면 소변으로 배출되는 칼슘량도 증가한다.

칼슘의 섭취가 부족하면 뼈조직의 구성과 성장이 위축되어 경련, 구루병, 골연화증, 골다공증 같은 결핍증이 나타난다. 아동의 칼슘 권장섭취량은 6~8세 남자 여자 아동 모두 700 mg/일, 9~11세 아동은 800 mg/일이다.

② 인

체중의 0.9~1 %를 차지하며 체내에 존재하는 인의 85 %는 칼슘과 결합하여 골격과 치아를 구성하고 있다. 골격 내 인과 칼슘의 비율은 1 : 2를 이루고 나머지는 혈액과 연조직에 주로 무기인산의 형태로 존재한다.

아동은 식사에서 50~70%의 인을 흡수하며, 인의 흡수가 부족한 경우에는 90% 이상의 흡수율을 보인다. 우리 식생활에서는 인이 부족한 경우는 거의 없으며 오히려 과잉이 우려되고 있다.

6~8세 아동의 인 권장섭취량은 남아 600 mg/일, 여아 550 mg/일이고, 9~11세 아동은 남녀 모두 1,200 mg/일이다.

③ 나트륨

6~8세 아동의 나트륨 충분섭취량은 남녀아동 모두 1일 1.2 g/일이고, 9~11세 남녀아동은 1.4g/일이다.

④ 칼 륨

칼륨 결핍증은 장기간에 걸친 섭취량 부족에서 올 수 있다. 고혈압, 뼈의 탈무기질화, 신석증과 같은 만성질환을 유발한다. 6~8세 아동의 칼륨의 충분섭취량은 남녀아동 모두 2,600 mg/일, 9~11세 아동은 3,000 mg/일이다.

⑤ 마그네슘

마그네슘은 엽록소의 구성성분으로 녹색엽채에 많으며 견과류, 두류 및 곡류에도 풍부하다. 그러나 마그네슘은 도정과정 중 80~96 %가 손실된다. 일상적인 식사에서는 마그네슘 결핍이 흔하지 않으나 정제된 식품이나 가공식품에의 의존도가 높은 경우, 마그네슘 섭취량이 낮아질 수 있다.

마그네슘의 흡수는 공장과 회장부위에서 단순확산 및 능동수송에 의해 일어난다. 일상적인 식이에서의 마그네슘 흡수율은 약 40~60 %이며, 마그네슘이 부족한 식이를 섭취할 때에는 흡수율이 75 %까지 높아지고 마그네슘이 풍부한 식이를 섭취할 때에는 25 % 정도로 낮아진다.

칼슘을 다량 섭취했을 때에는 마그네슘 흡수가 감소될 수 있으며, 곡류 외피에 있는 피트산은 마그네슘과 불용성의 염을 형성하여 흡수율을 감소시킨다. 또한 식이섬유소가 많은 식사에서는 마그네슘의 생체이용률이 낮아질 수 있다. 비타민 D는 마그네슘의 흡수를 높인다.

체내 마그네슘 항상성은 신장에 의해 주로 조절되는데 사구체에서 여과된 마그네슘의 대부분이 재흡수되므로 마그네슘의 배설량은 극히 적다.

6~8세 아동의 경우 남아의 권장섭취량은 160 mg/일이고, 여아의 권장섭취량은 150 mg/일이다. 9~11세 아동의 경우 남아의 권장섭취량은 230 mg/일이고, 여아는 210 mg/일이다.

⑥ 철 분

아동기에는 성장속도가 매우 빨라서 혈액량의 증가속도도 급속하므로 철분의 요구량이 많으며, 여아의 경우 초경이 시작되는 아동이 많으므로 철분의 요구량이 많다. 그러나 철분은 흡수율이 높지 않아 10 % 정도이며, 동물성 식품에 많이 들어 있는 헴철의 흡수율이 높다.

우리가 많이 섭취하는 곡류, 채소류 등에는 비헴철이 많이 함유되어 있어서 흡수율이 낮으며, 특히 이들 식품은 섬유소, 피트산, 수산, 탄닌 등이 많아서 흡수를 저해시킨다. 6~8세 남아의 철분 권장섭취량은 9 mg/일이고, 여아는 8 mg/일이며 9~11세 아동은 남아와 여아 모두 10 mg/일이다.

⑦ 아 연

인체에 약 1.5~2.5 g 정도가 존재하며 90 % 정도가 근육 및 골격에 분포되어 있다. 미량이지만 정상적인 단백질 합성과 성장에 필수적이다. 아연이 부족한 식사를 하면 식욕감퇴, 미각의 변화, 성장지연, 피부변화, 면역기능 저하 등의 증상이 나타난다.

주요 급원은 동물성 식품이며, 수산, 피트산 등은 불용성 화합물을 만들어서 아연흡수를 저해한다.

표 6-2 어린이의 영양소 권장섭취기준

연령 (세)		에너지[1] (kcal)	단백질 (g)	비타민 A (μgRE)	비타민 D[2] (μg)	비타민 E[2] (mg α-TE)	비타민 C (mg)	티아민 (mg)	리보플라빈 (mg)
남	6~8	1,700	30	450	5	7	55	0.7	0.9
	9~11	2,100	40	600	5	9	70	0.9	1.2
여	6~8	1,500	25	400	5	7	60	0.7	0.8
	9~11	1,600	40	550	5	7	80	0.9	1.0
연령 (세)		**니아신 (mg NE)**	**비타민 B_6 (mg)**	**엽산 (μg DFE)**	**칼슘 (mg)**	**인 (mg)**	**철 (mg)**	**아연 (mg)**	**구리 (μg)**
남	6~8	9	0.9	220	700	600	9	6	440
	9~11	12	1.1	300	800	1,200	10	8	580
여	6~8	9	0.9	220	700	550	8	5	440
	9~11	12	1.1	300	800	1,200	10	8	580

[1] 필요추정량 [2] 충분섭취량

보건복지부, 2015

히스티딘이나 시스테인과 같은 아미노산은 아연의 흡수를 향상시키며, 아연에 대한 철분이나 구리의 비율이 높을 때 아연의 흡수는 저하된다.

6~8세 어린이의 권장섭취량은 남아는 6 mg/일이고, 여아는 5 mg/일이다.

9~11세의 어린이의 권장섭취량은 남녀 모두 8mg/일이다.

⑧ 구 리

구리는 다양한 효소의 기능과 구조에 관련된 역할을 한다. 6~8세 남녀아동의 구리 권장섭취량은 440 μg/일, 9~11세 아동은 남녀 모두 580 μg/일이다.

⑨ 요오드

우리나라는 해산물을 통한 요오드 섭취가 많아 결핍증이 거의 없다. 6~8세 요오드 권장섭취량은 100 μg/일, 9~11세 아동은 110 μg/일이다.

6-3 아동기의 식품선택에 영향을 주는 요인들

(1) 부모의 영향

아동의 식품섭취는 문화적·환경적·사회적 요인들에 의해 결정된다. 부모나 가족의 영양지식은 아동들의 식품 선택에 중요하며, 부모의 식습관은 아동들에게 그대로 이어지는 경우가 많다. 또한 부모와 아동들의 의사소통도 섭취하는 식품의 양에 중요한 영향을 주는데, 정상체중의 아이들이 비만인 아이들보다 부모와 대화를 많이 나누며 식사를 하는 것으로 나타났다.

(2) TV의 영향

아동의 식습관에 대중매체, 특히 TV가 많은 영향을 미친다. 아동들은 대개 TV 시청으로 많은 시간을 보낸다. 이러한 경우에는 운동부족으로 인해 비만이 발생하는 사례가 많다.

(3) 광고의 영향

TV나 신문 등의 광고는 성장기 아동의 간식 선택과 가족의 상품구매에 큰 영향을 미친다.

6-4 학교급식

(1) 학교급식의 의의

학교급식은 교육의 일환으로 성장기 아동들에게 정상적인 발육에 필요한 균형 잡힌 영양을 제공하여 아동들의 체력 향상을 도모하고 국민의 식생활 개선 및 국가의 식량·영양 정책에 기여하는 데 목적이 있다.

① 식사에 관한 올바른 이해와 바람직한 식습관을 기르도록 교육시킨다.
② 식량의 생산·분배·소비에 관하여 바르게 이해할 수 있도록 유도한다.
③ 학교생활을 풍요롭게 하고 사교성을 기르고 사회생활을 배우도록 한다.
④ 식생활의 합리화와 영양의 개선 및 건강증진을 도모한다.

(2) 학교급식의 징짐

① 친구들과 동일한 식사를 같이 함으로써 사회성 훈련이 이루어진다.
② 가정에서 싫어하던 음식도 즐거운 분위기에서 먹을 수 있게 되기 때문에 편식을 교정할 수 있다.
③ 급식재료의 대량구입으로 경비가 절약될 수 있다.
④ 가정의 식사가 적당하지 못한 경우에 집단급식을 통해서 그 결점이 보완되며, 가정의 식사를 개선하는 계기도 될 수 있다.
⑤ 식사 전의 손씻기나 식사태도 등의 지도가 가능하다.

(3) 학교급식을 할 때의 유의점

학교급식은 식단작성이 매우 중요하다. 식단작성은 아동의 성장·발육·특수성을 이해하여 기준에 맞도록 해야 한다. 골격이 발달하고 유치가 영구치로 바뀌는 시기이므로 칼슘을 충분히 공급하며, 동물성 단백질의 비율을 성인보다 높이고, 비타민 B_1의 부족은 권태감을 유발할 수 있으므로 주의한다.

영양권장량을 맞추기 위해서는 재료구입, 조리하는 과정 중에 폐기로 손실되는 양, 조리에 의해 손실되는 양을 충분히 고려해야 한다. 가열조리에 의해 비타민 A는 20%, 비타민 B_1은 30%, 비타민 B_2는 25%, 비타민 C는 50% 정도가 파괴되므로 유의한다.

학교급식의 식단은 주식과 부식, 우유로 이루어진다. 주식으로는 밥과 빵 등이 있으며, 부식은 단백질·지질·무기질·비타민 등을 공급하고, 우유는 칼슘을 제공한다.

아동들의 기호를 파악하여 어린이들이 즐길 수 있는 재료와 조리법을 선택하는 것이 바람직하다. 그러나 기호만 생각하다 보면 영양이 불균형해질 수 있다.

식단작성 시 식품재료의 선택은 계절이나 지역적 특성을 고려하고 신선도, 가격 및 위생적인 면도 고려한다. 인스턴트 식품과 가공식품의 방부제나 착색제 등의 첨가물에 주의하고, 자극이 강한 향신료의 사용은 가능한 한 피하는 것이 좋다.

아동의 기호를 고려하며 잔식이 많지 않게 작성해야 한다. 잔식은 환경오염의 원인이 되며, 식재료가 낭비된다.

6-5 아동기의 영양과 관련된 문제들

1. 영양부족

아직도 전 세계 여러 곳에서 수백만 명의 아동들이 영양실조로 죽어 가고 있으며 영양부족은 큰 문제가 되고 있다. 우리나라도 많은 아동들이 영양불량으로 고통받고 있다.

2. 비 만

영양과잉과 운동부족 등 여러 요인으로 인해 과체중아동과 비만아동 수는 날로 증가되어 심각한 건강문제가 되고 있다. 아동기 비만은 유전과 환경, 그리고 생활양식 모두 중요한 역할을 한다. 특히 어린이 · 청소년 비만 유병률은 2배 가까이 증가하고 있어 감소추세로 돌아서기는 쉽지 않다.

비만이란 지방세포의 수가 증가하거나 크기가 커져서 피하층과 체조직에 과도한 양의 지방이 축적되어 있는 상태를 말한다. 아동 및 청소년비만은 성인비만으로 이행하기 쉽다.

비만은 일생 동안 건강한 식생활과 활동적인 생활양식을 필요로 하는 치료하기 어려운 만성 질환이다. 고도비만아들은 당뇨병, 이상지질혈증, 고혈압 및 동맥경화증과 같은 성인들에게서 나타나는 합병증을 동반하는 경우가 많다.

또 비만으로 열등의식에 빠지게 되고, 외모에 대해서도 자신감을 상실하게 되어 친구들과 어울리려고 하지 않으므로 운동부족이 더욱 심화되고 이로 인해 비만이 더 심해지기 쉽다.

(1) 비만의 원인

비만의 발생은 인종, 성별과 연령에 따라 다르게 나타난다. 비만의 원인은 유전적 요인과 불건전한 식습관, 운동부족, 활동량 저하 등의 환경적 요인들이 복합적으로 작용하는 것으로 알려져 있다.

① 과 식

습관적인 과식에 의해 과잉 에너지가 축적되는 경우와 식사량은 보통이라도 운동량이 적기 때문에 과잉 에너지가 생김으로써 비만으로 된 경우가 있다. 일반적으로 발육기의 비만은 전자의 경우가 많다.

비만아는 간식으로 설탕이 많이 함유된 음료수나 과자류 섭취가 많고 식사내용도 당질의 섭취량이 많다.

② 섭취 에너지와 소비 에너지의 불균형

비만은 에너지 섭취와 에너지 소비의 불균형에 의해 초래된다.

③ 유전적 요인

아동비만에는 유전적 요인이 매우 중요하다. 연구에 의하면 부모가 모두 정상이면 자녀가 비만이 될 확률이 10 %이나, 한 부모가 비만이면 50 %, 양쪽 부모가 비만이면 80 %가 비만이 될 가능성이 있다고 한다.

④ 환경적 요인

고칼로리 식품의 소비가 증가함에 따라 비만율이 증가하는 추세를 보이고 있다. 가족이나 부모의 역할, 부모의 비만 정도와 아동의 지방음식 선호, 부모의 식품 선택, 식습관, 총 지방섭취량, 포화지방의 섭취량, 채소·과일의 섭취 부족, 외식, 튀김음식, 청량음료, TV 시청시간, 운동량 부족 등이 비만 발생에 관련된다.

(2) 비만 어린이의 식사행동

① 열량이 많은 식품을 선호하는 경향이 있다.
② 식사의 정규성이나 규칙성이 없다.
③ 식사를 통한 사회성이 부족하다.
④ 오전보다 오후에, 특히 밤에 많이 먹는다.
⑤ 음식의 양 조절이 어렵다.

(3) 아동 비만의 진단기준

① 뢰러 지수(Röhrer index) : 학령기 어린이의 영양상태를 나타내는 데 주로 사용되며, 신장이 작은 어린이는 비만으로 판정되기 쉬운 단점이 있다. 129 이하일 때 허약 또는 체중부족, 130~149일 때 정상, 150 이상일 때를 비만으로 판정한다.

$$\text{뢰러 지수} = \text{체중(kg)} / \text{신장(cm)}^3 \times 10^7$$

② **비만도** : 성별, 연령별, 신장별 체중 50 백분위수를 표준체중으로 비만도를 계산하여 20 % 이상을 비만으로 정의하였고, 이 중에서 20~30 %는 경도비만, 30~50 %를 중등도비만, 50 % 이상을 고도비만으로 분류한다.

비만도(%)=(실측 체중－신장별 표준체중)/신장별 표준체중×100

③ **체질량 지수** : 체질량 지수(BMI, Body Mass Index : kg／m^2)는 체중을 신장의 제곱으로 나눈 것으로 25 이상이면 비만으로 분류한다.

④ **피부두께** : 삼두박근과 견갑골 하부의 피부두께가 성별 · 연령에 비교하여 95 백분위수 이상일 때에 비만이다. 피부두께는 근육과 뼈가 증가하는 과체중과 비만을 감별하는 데 도움을 준다.

⑤ **신장별 체중** : 신장·성별에 비교한 체중이 95 백분위수 이상이면 비만이다.

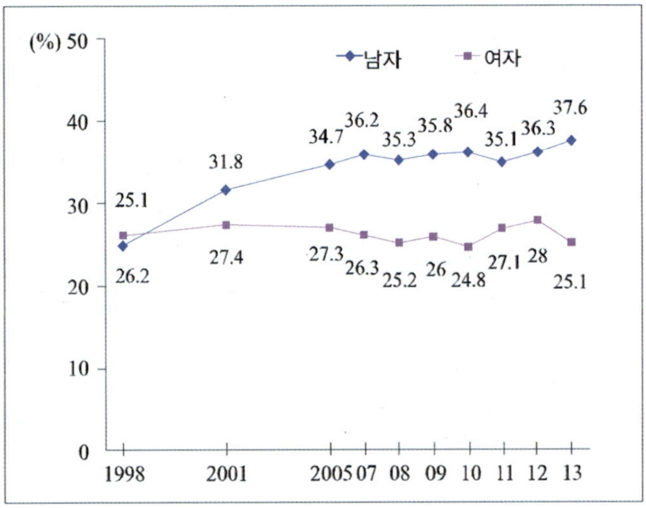

그림 6–3 최근 한국 청소년의 비만유병률의 변화

질병관리본부, 2014

(4) 아동기 비만의 치료

표준체중 전후로 유지하는 것으로 영양치료요법, 운동요법, 행동요법, 교육 등이 있다.

1) 영양치료요법

영양치료요법의 목적은 비만어린이 및 가족들에게 균형잡힌 건강한 식사를 하게 하고 건강한 식사 습관을 갖게 하는 데 있다.

아동은 계속 성장하는 시기이므로, 성장을 위한 충분한 영양공급이 필요하며 비만 조절을 위한 영양요구량을 개인별로 고려해야 한다.

무리한 체중 감량보다는 과잉섭취 등 잘못된 식사량의 조절과 식사습관을 수정하는 것이 바람직하다. 경도비만아의 경우, 체중감량이 필요하면 6~12개월에 걸쳐서 서서히 한다. 칼로리 섭취량 중 300~500 kcal/일 감소시키면 주당 500g의 체중이 감소하고, 6개월 내에 10 %의 체중감소가 가능하다.

고도비만의 경우, 500~1,000kcal/일의 칼로리를 감소시키면 약 1주에 500~1,000g의 체중이 감소한다. 체중감량 후에 체중유지 프로그램이 잘 지켜지지 않으면 체중이 다시 증가한다.

식사요법을 실시할 때에 가장 중요한 것이 체중조절을 위한 적절한 영양요구량의 결정이다. 10~14세 아동에서 체중감량의 대상이 되는 경우에는 비만의 정도에 따라 하루 1,000~1,500kcal 정도로 식사량을 제한한다. 저열량, 저탄수화물, 정상지질, 고단백질 식이요법이 원칙이다.

총 칼로리의 20 %를 단백질, 30 %를 지방, 50 %를 탄수화물로 한다. 지나치게 엄격한 열량계산은 스트레스를 야기할 수 있으므로 좋지 않다.

그림 6-3 어린이들이 좋아하는 고칼로리 음식

표 6-4 1,100kcal 저열량 식단(양식)

	식품명	수량(g)	칼로리(kcal)	단백질(g)	지질(g)	탄수화물(g)
아침 342kcal	두유	200	120	3.1	3.0	5.2
	식빵	1개(大)	100	3.7	0.5	60.2
	사과잼	25	74.5	–	–	19.2
	사과	50	25	0.07	–	5.8
	오렌지	50	23	0.44	–	2.9
점심 426.5kcal	농축 귤 주스	50	111.5	2.5	0.65	25.6
	쇠고기	50	65	11.4	1.8	–
	식빵	1개(大)	100	–	–	–
	사과	100	50	1.4	0.3	11.7
	치즈(가공)	30	100	7.26	9.26	0.93
저녁 338kcal	셀러리	70	20	2.0	–	3.0
	토마토케첩	50	57	1.35	0.1	13
	요구르트	100	77	3.5	0.1	15.5
	소시지 · 핫도그	100	184	11.6	6.3	20.4

표 6-5 1,300kcal 저열량 식단(양식)

	식품명	수량(g)	칼로리(kcal)	단백질(g)	지질(g)	탄수화물(g)
아침 345kcal	토마토 주스	400	100	0.8	0.4	24.8
	마가린	10	75.9	0.03	8.2	0.02
	귤	100	50	0.9	0.1	11.8
	식빵	50	149	5.6	0.7	30.1
점심 439kcal	아이스크림	60	100	–	–	–
	닭고기(넓적다리)	50	243.5	7.25	22.6	–
	귤 넥타	100	49	0.7	0.1	11.8
	감자튀김	1	56.2	–	0.43	30.1
저녁 296kcal	생선튀김	50	76.5	6.6	1.3	8.8
	달걀	100	151	12.0	10.2	0.8
	두유	100	60	3.1	3.0	5.2
	사과	200	100	2.8	0.6	23.4
	절편	25	54	–	–	12.2

표 6-6 1,100 칼로리 저열량 식단(한식)

	식품명	수량(g)	칼로리(kcal)	단백질(g)	지질(g)	탄수화물(g)
아침 345kcal	흰밥	100	139	2.7	0.2	31.9
	두부	100	100	8.6	5.5	2.0
	갈치	50	66.5	9.0	3.0	0.015
	콩나물국	100	31	3.4	0.9	2.9
	배추김치	100	19	2.0	0.6	1.3
점심 439kcal	흰밥	70	100	2.7	0.2	31.9
	쇠고기	100	131	22.8	3.7	–
	낙지	100	69	14.6	0.6	0.3
	사과	100	50	1.4	0.3	11.7
	코코아가루	25	89.9	4.65	0.72	17.8
저녁 296kcal	삶은 국수	50	16.5	4.9	0.64	35.8
	배추김치	50	9.5	1.7	0.045	1.45
	돼지고기(등심)	33	85.6	5.9	6.2	0.2
	멜론	100	36	0.5	0.2	9.4

어린이 비만 치료에 초저열량식이(800 kcal/일 이하), 저열량식이요법(800~1,000 kcal/일)은 원칙적으로 금기이다.

① 생선·고기·콩제품은 많이 먹어도 되지만, 지방이 적은 부분을 섭취한다.
② 채소·해조류를 이용해서 양적인 면을 보충한다.
③ 유지류는 g당 9 kcal로 단백질·당질의 2배이므로 공복감 해소를 위해 적당량 섭취한다.
④ 우유는 유아의 발육에 필요한 모든 영양소를 포함하므로 한 컵은 준다.
⑤ 짠맛이 강하면 쌀밥이나 빵 등을 많이 먹게 되므로 염분을 제한하여 싱겁게 하고 단맛을 적게 한다.

2) 운동요법

운동은 체중감소, 심폐기능의 강화, 감소된 체중의 유지효과 등이 있다. 운동에 따른 에너지 소모는 크지 않으므로 규칙적이고도 지속적인 운동을 해야 한다. 운동요법의 목적은 유산소운동을 하고 활동량을 증가시키는 데 있다. 비만치료에 권장하는 유산소운동으로는 달리기, 걷기, 자전거 타기, 수영 등 여러 가지가 있다.

운동요법은 다음을 원칙으로 시행한다.

① **빈도** : 최소한 일주에 3~5번
② **강도** : 최대 활동량의 50~60 %, 낮은 강도의 운동일수록 체지방을 에너지로 더 많이 이용한다.

③ **시간** : 처음에는 15분으로 시작하고 운동시간을 1시간이 될 때까지 서서히 증가하며, 1일 1시간, 주말에는 등산 등으로 2시간 운동을 하게 한다.

④ **종류** : 큰 근육을 사용하는 운동(걷기, 조깅, 수영, 사이클, 줄넘기, 등산, 에어로빅 등)을 권장한다.

⑤ 재미있는 운동으로 흥미를 가지고 참여할 수 있도록 한다.

⑥ 신체 활동량을 증가시킨다(학교에 걸어서 등교, 승강기보다는 계단을 이용, 자동차보다는 자전거를 이용).

⑦ 활동량이 적은 습관을 줄인다(TV 시청, 식사 후에 바로 눕는 것 등).

⑧ 가족 전체가 참여하여 할 수 있는 즐거운 운동과 놀이를 권장한다.

⑨ 운동 전후에 음료수 및 음식섭취를 제한한다.

[심박수를 이용한 운동 강도 결정법]

① 최대 맥박수(220 – 본인 나이)의 50~60 %로 한다.

② 운동 후 등 쪽에 땀이 촉촉하게 나왔을 때가 적정운동이라 할 수 있다.

③ 운동 중에 다음과 같은 이상 반응이 나타나면 곧 운동을 중지하고 진료를 받아야 한다.

- 식은땀
- 두통
- 현기증
- 구토
- 가슴이 뛰고 통증
- 숨이 차고 얼굴 창백
- 근육의 경직 및 통증
- 손발의 마비 및 통증

* 그 밖의 이상이 있을 때

[아동의 운동 처방 예]

권장 운동 종목 (유산소 운동)			
□ 걷기 (산책)	□ 달리기	□ 자전거 타기	□ 줄넘기
□ 수영	□ 에어로빅	□ 맨손체조	□ 등산
□ 계단 오르기	기 타 : ____________		

운동 횟수
일주일에 회

운동 지속시간
하루에 분

운동 강도*
이마에 땀이 흐르는 정도, 숨이 차는 정도, 땀으로 옷이 젖는 정도

표 6-7 식품섭취 열량과 운동을 통한 에너지 소비량

식 품	열 량	걷기, 자전거	달리기	수 영	배드민턴
라면 1개	500 kcal	3시간	1시간	1시간 25분	1시간 30분
햄버거 1개	270 kcal	1시간 5분	32분	46분	50분
피자 1쪽	250 kcal	1시간	30분	39분	56분
닭튀김 1개	230 kcal	55분	28분	28분	45분
자장면 1그릇	540 kcal	3시간 10분	1시간 5분	1시간 30분	1시간 40분
햄 1쪽	140 kcal	35분	17분	24분	25분
우유 1팩	125 kcal	30분	15분	21분	23분
달걀 프라이 1개	120 kcal	30분	14분	20분	22분
오렌지 주스 1잔	100 kcal	25분	12분	17분	18분
사과 1개	100 kcal	25분	12분	17분	18분
바나나 1개	100 kcal	25분	12분	17분	18분
낭근 1개(140g)	40 kcal	10분	5분	7분	8분

3) 행동요법

행동요법은 어린이비만치료에 가장 효과적인 방법이다. 비만을 초래하는 잘못된 식습관과 생활습관을 교정하여 음식섭취량을 감소하고 활동량과 운동량을 증가시켜 소비열량을 높여서 체중감량의 효과를 높인다. 초기의 체중감소율은 다소 낮지만, 장기간 체중감소 효과는 가장 크다.

비만을 초래하는 부적절한 식사 습관과 생활습관을 찾아내어 서서히, 20주 이상 장기간에 걸쳐서 식사 및 생활습관을 수정하는 것이 치료 효과가 좋다.

① 자기 관찰

행동요법 프로그램의 핵심으로 치료 시작 전에 비만아들의 개인별 식사습관 및 행동양식을 정확히 평가·분석하는 단계로, 치료지침을 세우는 데 도움을 준다.

- 식사 시간(아침, 야식의 섭취여부)
- 식사 장소
- 식사와 관련없는 일을 하면서 식사를 하는지(TV 시청, 독서)
- 음식의 종류(고지방 음식, 인스턴트식품, 음료수 등)
- 식사 시의 기분
- 같이 식사하는 사람(나쁜 식사습관을 조장하는 사람은 없는지)
- 배가 고플 때 먹는지, 그냥 습관적으로 먹는지
- 식사에 걸리는 시간(다른 사람보다 빨리 먹는지)
- 식탐이 있는지

- 운동의 종류, 시간, 강도를 조사하여 분석한다.
- 가족단위 치료를 위해 가족들의 행동, 음식 소비형태를 조사·분석한다.

② 자극 조절

부적절한 식사나 잘못된 생활습관을 수정한다. 식사와 관련된 자극을 줄이기 위한 다양한 방법과 일상생활에서 활동량을 늘일 수 있는 각종 방법을 가르친다.

- TV 시청시간을 1~2시간 정도로 제한한다. 텔레비전 광고는 어린이들의 음식 섭취를 증가시킨다.
- 아침을 거르고 방과 후부터 자기 전까지 과식하는 습관을 줄인다.
- 방과 후에 2시간 정도 축구나 농구 등을 하면서 친구들과 마음껏 놀게 한다.
- 컴퓨터 게임이나 전자오락보다는 친구들과 밖에서 활동하게 한다.
- 일찍 자고 일찍 일어나는 습관을 길러 준다.
- 습관적으로 먹지 않도록 하고, 폭식을 하지 않게 한다.
- 음식을 미리 계획하여 구입한다.
- 신선한 과일이나 야채를 먹게 한다.
- 식사 후에 남은 음식은 치운다.
- 식사는 식탁에 앉아서 한 곳에서만 먹는다.
- 먹는 동안 다른 일은 하지 않는다. 식사시간은 20분 이상에 걸쳐서 천천히 먹는다.

③ 강화

긍정적인 강화와 동기를 부여하는 것이 부정적인 강화를 하는 것보다 효과가 크다.

강화의 종류로는 음식물과 같은 소모성 강화 자극, 장난감이나 학용품과 같은 조작이 가능한 자극, 시각적·청각적 자극, 그리고 미소, 칭찬과 같은 사회적 자극 등이 있다. 식사습관과 생활 습관의 변화에 대한 약간의 성과에도 부모와 가족들이 애정어린 격려와 칭찬을 해주는 것이 좋다.

- 사회적 지지
  비만치료에 있어서 가족이나 친구들의 참여 및 지지가 필수적이다.
- 인식 변화
  비만을 치료하려는 노력에 대해 긍정적인 인식을 가진 경우에 치료효과가 높다.

4) 정신치료

비만아들은 심리적·정신적 안정이 아주 중요하다. 비만은 우울증, 대인공포증, 학습장애, 신체장애, 품행장애, 등교거부 등의 원인이 될 수 있다.

5) 교 육

학교에서 올바른 식생활 지침, 주의해야 할 음식과 권장 식품, 인스턴트식품의 단점, 운동의 필요성, 운동의 장점, 운동할 때의 기본원칙 및 주의사항, 비만의 나쁜 점을 교육을 통해 가르쳐야 한다.

6) 비만어린이의 부모들이 가져야 할 바람직한 자세

① 바람직한 행동을 하였을 때, 상으로 음식물을 주지 않는다.
② 부모는 아이와 함께 하는 시간을 늘린다.
③ 가족의 식사시간과 간식시간을 정한다.
④ 식품구입 시에 고지방이나 고열량 식품의 구입을 삼간다.

3. 아침결식

아동기에 아침을 거르면 성장발육과 정서에 좋지 않은 영향을 미친다. 아침식사는 밤 동안의 공복으로 인해 체내 저장 글리코겐이 고갈되었을 때에 포도당을 보충하고 활동에 필요한 에너지를 공급한다는 중요한 의미가 있다.

아침을 거르는 아이들은 에너지와 영양소를 적게 섭취하게 되며, 주의집중력 저하와 학습능력 저하 등을 초래한다고 한다. 아침을 결식하면 점심을 과식하거나 일찍 간식으로 대치하는 경우가 생기게 되어 고칼로리 식품의 섭취를 조장하는 결과가 되기도 한다. 그러므로 성장기 아동들의 균형있는 영양을 위해서 반드시 아침을 먹는 습관을 갖도록 가정에서 많은 관심을 가져야 한다.

표 6-8 성별 · 연령별· 거주지역별 결식률

구 분		아침	점심	저녁
성 별	전체	20.5	5.7	4.2
	남자	21.5	5.4	3.0
	여자	19.5	6.0	5.4
연령(세)	1~2	4.5	3.9	1.3
	3~5	6.5	2.5	1.6
	6~11	9.9	2.0	1.9
	12~18	29.3	5.8	5.8
	19~29	40.3	10.5	5.7
	30~49	24.2	5.2	4.1
	50~64	10.0	5.5	4.3
	65+	3.2	4.2	3.2
거주지역	동	22.2	6.1	4.1
	읍·면 지역	14.1	4.3	4.4

자료 : 국민건강통계 제 5기 1차년도(2010), 국민건강영양조사

1) 결식률 : {(1일전 식사여부에 '아니오'로 응답한 대상자 수) + (2일전 식사여부에 '아니오'로 응답한 대상자의 수)}의 {(1일 전 식사여부 응답자 수) + (2일전 식사여부 응답자 수)}에 대한 분율

2) 2005년 추계인구로 연령표준화

아침식사와 학습능력

아침을 결식한 어린이들은 점심시간 전까지 공복상태인 채로 15시간 이상을 지내게 된다. 이러한 배고픔이 영양, 건강, 학습 수행능력에 영향을 줄 것이라는 가설을 가지고 여러 가지 조사연구가 수행되었다.

아침식사는 뇌에 에너지와 영양소를 공급한다. 포도당은 뇌의 주된 에너지원이고, 혈당은 회상과 기억을 포함한 업무 수행능력에 영향을 미친다고 알려져 있다. 아침을 먹지 않으면 뇌는 아침에 활동하기 위해서 몸에 저장된 에너지에 의존해야만 한다.

연구결과는 아침을 먹은 아이들이 학업성적 테스트에서 더 우수하였고 학교에서 문제를 잘 일으키지 않았다. 수학성적이 더 좋고 지나치게 활동적이지 않았으며, 심리·사회적으로 잘 행동하였고 결석률과 지각률이 낮았다.

또 다른 연구에서 National School Breakfast Program에 참여한 3~6학년의 아이들과 프로그램에 참여하지 않은 아이들을 비교한 결과, 프로그램 참여자들이 인지수행능력에서 향상되었고 지각과 결석이 감소하였다.

아침식사 섭취가 출석률을 높이기 때문에 아이들에게 더 많은 학습기회를 준다. 아침식사 여부에 따른 영양소 섭취실태를 조사한 결과, 결식아동은 열량, 단백질, 비타민 A, 비타민 B, 비타민 C 등이 부족하였다고 보고됨으로써 성장이 왕성한 시기에 아침식사의 결식은 성장에 지장을 주는 것으로 나타났다.

특히 허약한 어린이들이 아침식사를 하지 않았을 때는 학습의 수행능력이 저조한 것으로 나타났다. 이들 연구에서는 뇌의 기능이 영양소 이용 면에서 단기간의 변화에 민감하다는 것을 보여 주었다. 즉, 단시간의 공복상태가 어른보다는 아이들에게 더 큰 스트레스를 주어 혈당을 유지하는 항상성 조절 메커니즘에 대사이상을 초래할 수 있다고 한다.

4. 주의력 결핍 과잉행동장애
(ADHD, Attention Defiit Hyperactivity Disorder)

아동의 5~10%가 과행동증(hyperactivity), 과운동증(hyperkinesis), 학습지진(learning disability), 주의력 결핍증(attention deficit disorder, ADD) 등의 증세를 보인다고 한다.

(1) 진단기준

주의력 결핍장애는 중추신경계의 뚜렷한 증상없이 행동 및 학습장애를 유발하며, 증상은 과잉활동, 집중력 결핍, 충동적 행동, 협동심 부족 등으로 나타나고, 7세 이전에 발병하여 최소 6개월 이상 증세가 지속된다. 이런 특성은 성숙함에 따라 없어지는 것이 아니라 청소년기로 연결될 수 있으므로, 미연에 방지해야 한다.

(2) 원 인

① 출산 시 합병증 : 임신중독, 조산, 감염, 출생초기의 신생아 머리 손상, 경련
② 유전
③ 식이요인 : 살리시레이트(salicylate), 식품첨가물, 설탕
④ 환경요인 : 납같은 중금속 오염되었을 때, 부모와의 좋지 않은 관계
⑤ 대사장애 요인
도파민(Dopamine) 대사장애, 트립토판(tryptophan)과 티로신(tyrosine) 결핍이나 섭취 부족

(3) 치료방법

① 식사요법

주의력 결핍 과잉행동장애를 보이는 어린이는 인공색소나 향신료 사용의 증가와 관련이 있다고 관찰하여 살리실산염을 함유한 모든 식품과 인공색소나 향신료 BHA, BAT 등의 방부제를 함유한 모든 식품을 제한한 식이를 4~6주 실시한 결과 증세가 호전되었다고도 한다.

② 설탕 제한식

어린이들이 설탕을 섭취한 후 행동이 과격해진다는 보고와 함께 261명의 주의력 결핍 과잉행동장애 아동의 75%가 내당곡선이 비정상적이었다고도 하며, 이와는 반대로 설탕을 적게 섭취한 후에는 어린이들의 활동성이 줄어들고 조용해졌으며 비정상적인 내당력(glucose tolerance)을 발견하지 못했다고 한다.

6-6 아동을 위한 식생활 관리

[어린이를 위한 식생활 실천지침]

① 채소, 과일, 우유 제품을 매일 섭취한다.

- 여러 가지 채소를 매끼 섭취한다.
- 우유를 매일 2컵 이상 마신다.

② 고기, 생선, 달걀, 콩 제품을 골고루 섭취한다.

- 고기, 생선이나 달걀을 매일 섭취한다.
- 콩이나 두부를 매일 섭취한다.

③ 매일 밖에서 운동하고, 알맞게 섭취한다.

- 매일 걷기, 줄넘기, 뛰어놀기 등의 운동을 한다.
- 나이에 맞는 키와 몸무게를 유지한다.

④ 아침을 꼭 먹는다.

- 하루에 두 끼 이상을 밥으로 섭취한다.
- 좋아하는 반찬만 골라 먹지 않는다.

⑤ 간식은 영양소가 풍부한 식품으로 섭취한다.

- 간식으로는 과일과 우유가 좋다.
- 과자나 음료수, 패스트푸드를 적게 섭취한다.
- 불량식품을 먹지 않는다.

⑥ 음식을 낭비하지 않는다.

- 음식은 먹을 만큼 덜어서 먹고, 남기지 않는다.

⑦ 식사예절을 지킨다.

- 음식을 먹기 전에 손을 씻는다.
- 제자리에 앉아서 바른 자세로 섭취한다.

(자료 : 보건복지부)

어린이 영양 핵심문제

1. 아동기 신체발달 특성에 대한 설명 중 옳은 것은?

① 여아가 남아보다 2차 성장이 빨리 발달된다.
② 영아기보다 신체적 성장이 왕성하다.
③ 남아는 피하지방이 증가하고 골격발달도 증가한다.
④ 기초대사량이 매우 높다.

2. 아동의 식행동에 영향을 주는 요소를 설명한 것으로 옳지 않은 것은?

① TV나 광고는 아동들이 식품 구매에 큰 영향을 미친다.
② 어머니의 편식이나 식품 선호는 아동들에게 영향을 미친다.
③ 핵가족화는 자녀 위주의 식품 선호 경향을 형성시킬 수 있다.
④ 개인주의의 발달로 친구들의 식품기호는 큰 영향을 미치지 않는다.

3. 성장기인 아동기에는 비타민 C의 필요량이 증가한다. 비타민 C의 성장관련 작용과 급원식품이 맞는 것은?

① 뼈, 연골, 결합조직의 성분인 콜라겐 형성 도움 – 오렌지 주스, 귤
② 철분 흡수 증진과 결합조직 형성 도움 – 멸치, 우유
③ 시각 세포의 구성 성분 – 당근, 돼지고기
④ 각기병 예방 – 멸치, 귤

4. 학교급식의 중요성으로 옳지 않은 것은?

① 음식을 골고루 섭취하여 올바른 식습관을 형성하게 한다.
② 편식을 교정할 수 있다.
③ 공동체 속에서 사회성을 배우고 식사예절을 익힌다.
④ 영양상태가 좋아져서 체중이 증가한다.

5. 아동들이 흔히 섭취하는 간식을 바람직한 식품으로 바꿔 주었다. 옳지 않은 경우는?

① 청량음료 – 과일 주스 ② 케이크 – 과자, 감자 칩
③ 도넛 – 과일 ④ 아이스크림 – 요구르트 얼린 것

정답 1. ① 2. ④ 3. ① 4. ④ 5. ②

Chapter 7

청소년기 영양

청소년기(adolescence)는 아동기에서 성인기로 이행하는 시기로, 12~18세에 해당되고 제2의 급성장기(growth spurt)이며, 신체적·정신적·사회적인 변화를 다양하게 겪게 된다. 청소년기는 동화작용이 활발하게 일어나며 호르몬의 활동이 늘어나고 생식기관이 발달하여 성적인 발달이 시작하고 완성되는 시기이다.

7-1 청소년기의 성장과 발달

1. 청소년기의 신체발달

이 시기에 성인신장의 약 20%가 늘고 성인체중의 약 50%가 증가하며, 신체기관의 크기는 2배가 증가한다.

2. 청소년기의 특징

(1) 신체 구성성분의 변화

신체 구성성분의 변화가 일어난다. 사춘기 발달을 시작하는 가장 중요한 요인은 호르몬의 작용이고, 다른 하나는 영양상태이다. 사춘기 소녀의 초경은 일정한 체중에 도달되었을 때에 시작된다. 체중이 47.8 kg 정도에 도달하면 월경이 시작되고 급성장이 개시된다. 또 다른 이론은 체지방 함량이 체중의 17%에 도달하면 월경이 시작된다는 이론도 있다.

청소년기의 남자는 여자보다 골격과 근육조직이 더 많이 증대되기 때문에 남성은 근육조직 발달에 필요한 단백질, 철, 아연, 칼슘의 요구량이 여성보다 많게 된다.

표 7-1 청소년의 신장

(단위 : cm)

연도	12세		13세		14세		15세		16세		17세	
	남	여	남	여	남	여	남	여	남	여	남	여
1980	144.2	146.5	150.4	150.7	156.8	153.8	162.2	155.7	165.6	156.5	167.4	157.2
1990	150.1	150.9	157.0	154.6	162.5	156.6	166.8	157.6	168.9	158.1	170.1	158.6
1998	153.6	153.7	160.8	156.8	166.3	158.7	169.8	159.3	172.0	159.9	172.6	160.5
2008	158.1	155.9	164.3	158.4	169.1	159.7	172.0	160.5	173.3	160.8	173.9	161.2
2008 – 1980	13.9	9.4	13.9	7.7	12.3	5.9	9.8	4.8	7.7	4.3	6.5	4.0

자료 : 교육과학기술부 · 한국교육개발원, 교육통계연보

표 7-2 청소년의 체중

(단위 : cm)

연도	12세		13세		14세		15세		16세		17세	
	남	여	남	여	남	여	남	여	남	여	남	여
1980	35.6	38.1	40.0	42.7	45.9	46.3	51.9	49.4	55.5	51.5	58.5	52.4
1990	41.7	42.6	47.1	46.9	51.9	49.6	56.3	51.5	58.9	52.7	61.3	53.5
1998	45.9	45.8	51.5	49.6	56.0	52.2	60.0	53.4	62.3	54.1	64.1	54.8
2008	50.8	48.1	56.7	51.5	61.4	53.3	63.8	53.8	65.8	54.4	67.7	55.1
2008 – 1980	15.2	10.0	16.7	8.8	15.5	7.0	11.9	4.4	10.3	2.9	9.2	2.7

(2) 여드름

여드름은 피지선에 미치는 호르몬의 영향으로 시작되며, 청소년 발달의 정상적인 특징이다. 여성 14~16세, 남성 16~19세에 가장 많이 생긴다. 이는 안드로겐, 피지선 크기, 피지 생성량, 스트레스, 월경주기의 변화에 의해 영향을 받는다. 피부의 피지선은 호르몬의 조절을 받으며, 사춘기의 호르몬 생성의 증가는 피지생성을 증가시킨다.

여드름이 나지 않는 사춘기 소년보다 여드름이 발생한 소년의 경우에 혈청 내의 테스토스테론 농도가 더 높은 것으로 보고되고 있으며, 스트레스도 부신의 안드로겐의 분비를 증가시켜 여드름을 악화시킨다.

테스토스테론은 14세 전후에 농도가 높아져서 2차성징발현하여 수염, 겨드랑이털, 음모, 변성, 근육량 증가 등이 나타난다.

7–2 청소년의 영양섭취기준

1. 에너지

청소년기의 에너지 권장량은 기초대사량과 활동수준, 사춘기 신체 급성장 발달에 요구되는 에너지 요구량에 의해 결정된다. 기초대사량은 제지방량에 따라 달라지는데, 청소년기에는 제지방량이 많이 증가되므로 에너지 필요량이 증가한다. 청소년기의 1일 에너지 필요추정량은 남자 12~14세 2,500 kcal, 15~18세 2,700 kcal, 여자 12~18세 2,000 kcal이다. 남자는 여자보다 기초대사량이 10% 높고 열량필요량도 많다.

2. 단백질

청소년기의 단백질 권장량은 신체유지와 새로운 조직의 합성에 필요한 단백질 요구량에 의해 결정된다.

청소년기의 1일 단백질 권장섭취량은 남자 12~14세 55 g, 15~18세 65 g이고, 여자는 12~18세 모두 50 g이다.

3. 당질과 지방

당질은 총 에너지의 55~70 %를, 지방은 총 에너지의 15~30 %를 권장한다. n–6 불포화지방산은 4~8 %를 총 에너지에서 섭취하고 n–3 불포화지방산은 1.0 % 내외로 섭취할 것을 권장한다. 다불포화지방산, 단일불포화지방산, 포화지방산의 비를 1 : 1 : 1로 하고 n–6/n–3 비를 4~10 : 1의 범위로 하며, 콜레스테롤의 섭취량을 1일 300 mg을 넘지 않도록 한다.

4. 섬유소

청소년기 섬유소의 1일 충분섭취량은 남자 12~18세 25 g, 여자 12~18세 20 g이다.

5. 비타민

청소년기에는 급속한 성장을 위해 필요한 비타민들이 충분히 공급되어야 한다.

(1) 비타민 A

비타민 A의 하루 권장섭취량은 남자 12~14세 750μgRE, 15~18세 850μgRE, 여자 12~14세는 650μgRE, 15~18세는 600μgRE이다.

(2) 비타민 D

골격의 석회화에 필요한 칼슘과 인의 항상성 유지에 관여하는 비타민 D는 골격이 빠르게 성장하는 청소년기에 요구량이 증가된다.

특히 사춘기에는 25(OH) – 비타민 D_3의 1,25$(OH)_2$ – 비타민 D_3로의 대사가 증가한다. 1,25$(OH)_2D_3$가 혈액에서 증가하면 소장에서 칼슘 흡수를 증가시켜 빠른 골격성장에 필요한 칼슘 공급을 늘린다.

청소년기의 비타민 D 하루 충분섭취량은 12~18세 남녀 모두 10 μg이다.

(3) 비타민 E

청소년기의 비타민 E의 1일 충분섭취량은 12~14세 남자 10 mg α – TE, 15~18세 11 mg α – TE, 여자 12~14세 10 mg α – TE, 15~18세 11 mg α – TE이다.

(4) 비타민 C

혈장 단백질 결합조직 및 근육량이 급격히 증가하는 청소년들에게는 비타민 C가 충분히 공급되어야 한다. 비타민 C는 콜라겐 합성에 관여하므로 청소년의 성장에 필수적이다. 비타민 C의 12~14세 남자 청소년의 하루 권장섭취량은 90 mg/일, 15~18세 105 mg/일, 여자 12~14세는 100 mg/일이고, 15~18세는 95 mg/일이다.

(5) 티아민

티아민의 1일 권장섭취량은 12~14세 남자 1.1 mg, 15~18세 1.3 mg, 여자는 12~14세 1.1 mg, 15~18세 1.2 mg이다.

(6) 리보플라빈

리보플라빈의 하루 권장섭취량은 12~14세 남자 1.5 mg, 15~18세 1.7 mg, 여자는 12~18세 모두 1.2 mg이다.

(7) 니아신

청소년기의 하루 니아신 권장섭취량은 12~14세 남자 15 mg NE, 15~18세 17 mg NE, 여자는 12~14세는 15 mg NE이고, 15~18세는 14 mg NE이다.

(8) 비타민 B_6

비타민 B_6의 1일 권장섭취량은 12~18세 모두 1.5 mg, 여자는 12~18세 모두 1.4 mg이다.

(9) 엽 산

엽산의 1일 권장섭취량이 12~14세 어린이는 남녀 모두 360μg DFE이고, 15~18세는 남녀 모두 400μg DFE이다.

표 7–3 청소년의 영양소 권장섭취량

연령(세)		에너지[1] (kcal)	단백질 (g)	비타민 A (μgRE)	비타민 D[2] (μg)	비타민 E[2] (mg α–TE)	비타민 C (mg)	티아민 (mg)	리보플라빈 (mg)
남	12~14	2,400	55	750	10	10	90	1.1	1.5
	15~19	2,700	65	850	10	11	105	1.3	1.7
여	12~14	2,000	50	650	10	10	100	1.1	1.2
	15~19	2,000	50	600	10	11	95	1.2	1.2
연령(세)		니아신 (mg NE)	비타민 B_6 (mg)	엽산 (μg DFE)	칼슘 (mg)	인 (mg)	철 (mg)	아연 (mg)	구리 (μg)
남	12~14	15	1.5	360	1,000	1,200	14	8	740
	15~19	17	1.5	400	900	1,200	14	10	840
여	12~14	15	1.4	360	900	1,200	16	8	740
	15~19	14	1.4	400	800	1,200	14	9	840

2015 한국인 영양소 섭취기준, 보건복지부, 한국영양학회

[1] 필요추정량 [2] 충분섭취량

6. 무기질

(1) 칼 슘

청소년기에는 전체 골격 성장의 45 %가 이루어지므로 칼슘은 매우 중요한 영양소이다. 12~14세 청소년기의 하루 칼슘 권장섭취량은 남자 1,000 mg, 여자 900 mg, 15~18세 남자 청소년 900 mg, 여자 800 mg이다. 이러한 양의 칼슘을 섭취하기 위해서는 칼슘의 높은 함량뿐만 아니라 이용 면에서도 좋은 급원으로 평가되고 있는 우유 및 유제품을 많이 섭취해야 하고, 섭취한 칼슘의 체내 이용률을 증진시킬 수 있는 방안도 필요하다.

(2) 인

인의 1일 권장섭취량은 12~14세 어린이 남녀 모두 1,200 mg, 15~18세는 남녀 모두 800 mg이다.

(3) 철 분

청소년기에는 신장과 체중의 급속한 증가와 함께 근육량, 혈액량, 호흡계 효소의 증가에 따라 철분의 요구량이 많다. 특히 청소년기 여자의 경우는 월경으로 매달 철분의 손실이 늘어나기 때문에 요구량이 증가된다.

남자의 경우는 월경으로 인한 철 손실은 없으나 발육정도가 여자에 비해 크다. 이를 근거로 철분의 1일 권장섭취량은 남자 12~18세의 경우 14 mg이고, 여자는 12~14세 16 mg, 15~18세 14 mg이다.

(4) 아 연

성장에 필수적인 아연은 청소년기에 매우 중요한 영양소이다. 청소년기에는 많은 양의 아연이 근육과 뼈에 저장된다. 아연은 체내에서 단백질 합성과 핵산대사에 중요한 역할을 하므로 세포분열이 왕성하게 이루어지는 청소년에게는 아연이 결핍되는 경우가 많다.

아연이 결핍된 청소년은 성장이 지연되고 성적 성숙도 둔화된다. 아연의 체내 보유량은 성장기 동안에 급격히 증가하며, 이 시기에는 식사 내 아연의 이용률도 높다. 아연의 하루 권장섭취량은 남자 12~14세 8 mg, 15~18세 10 mg, 여자 12~14세 8 mg, 15~18세 9 mg이다.

(5) 구 리

구리는 다양한 효소의 기능과 구조에 관련된 역할을 하므로 체중보다는 대사체중과 성장요인을 적용하여 성인의 필요량으로부터 청소년의 필요량을 추정한다. 구리의 하루 권장섭취량은 12~14세 남자 740 μg, 15~18세 840 μg, 여자 12~14세 740 μg, 15~18세 840 μg이다.

7-3 청소년기의 식사행동

1. 불규칙한 식사

청소년들은 아침 식사를 거르는 경우가 많고 집 밖에서 보내는 시간이 많으며 간식하는 횟수도 많다. 특히 10대 소녀들은 날씬해지기 위해 식사를 하지 않는 경우가 많은데, 이는 과도한 열량을 섭취하게 하는 패스트푸드나 간식으로 끼니를 해결하게 되어 오히려 체중조절이 힘든 경우도 많다.

이러한 식행동은 열량섭취는 감소되지 않으면서 여러 영양소의 균형잡힌 섭취를 저해하는 결과를 초래하게 된다.

2. 청소년들의 식사행동에 영향을 주는 요인들

(1) 대중매체 : TV, 광고

청소년들의 식사행동은 대중매체, 특히 TV 프로그램에서 보여주는 식품이나 식습관에 민감하게 영향을 받게 된다. 매체를 통한 식품의 대부분은 에너지가 많고 지방함량이 높으며, 무기질이나 비타민은 부족한 식품인 경우가 많으므로 청소년의 바른 식생활에 위해가 된다.

(2) 편의식품과 패스트푸드

청소년들이 선호하는 편의식품은 칼로리가 과잉되거나 식염함량이 높은 식품인 경우가 많아 비만 등을 유도하여 성인이 되어서도 여러 가지 질환에 노출될 확률이 많아지게 된다.

(3) 흡 연

청소년기의 흡연은 후에 폐암으로 사망할 확률이 매우 높다. 10대의 흡연하는 임산부는 저산소증과 혈액순환 장애로 인해 출산 시 아기체중이 평균 200 g이 적으며, 유산 및 조산율은 3배나 높고 기형아 출생률과 신생아 사망률도 높다.

표 7-4 청소년들의 평생 흡연 경험률(%)

		전체	남자	여자
전체		26.0	32.9	18.4
학교급	중학교	20.5	25.3	15.2
	일반계고	26.6	35.6	16.6
	실업계고	47.5	55.1	38.3
학년	중 1	13.8	17.0	10.3
	중 2	21.9	26.6	16.7
	중 3	25.6	31.8	18.5
	고 1	30.8	38.7	21.6
	고 2	31.4	39.7	22.0

자료 : 제6차(2010) 청소년건강행태 온라인조사 통계(http://yhs.cdc.go.kr)
흡연경험률 : 평생동안 담배를 한두 모금이라도 피운 경험이 있는 사람의 비율

담배의 독성은 주로 타르 속에 있는 독성물질과 발암물질에 의한 것으로, 타르는 담배연기를 통해 폐로 들어가 혈액에 스며들어 세포 장기에 피해를 주기도 하고 잇몸이나 기관지 등에 직접 작용하여 표피세포 등을 파괴하거나 염증을 일으킨다.

니코틴은 마약과 비슷한 습관성 중독을 일으키는 물질로, 말초혈관을 수축하여 맥박을 빠르게 하고 혈압을 올린다. 또한 콜레스테롤을 증가시켜 동맥경화를 악화시키며, 소화기계·내분비계·호흡기계에도 나쁜 영향을 미친다.

담배 1개비에는 1 mg 정도의 니코틴이 들어 있으며, 40 mg이면 치사량이다. 담배연기의 기체 성분에는 일산화탄소가 들어 있어서 혈액의 산소운반능력을 감퇴시켜 만성저산소증을 나타내므로, 신진대사에 장애를 주고 노화를 촉진시킨다.

담배 속에는 400종이 넘는 유해한 화학물질이 함유되어 있으며, 이 중에는 지금까지 밝혀진 것만으로 30여 종이나 되는 발암물질이 포함되어 있다. 이들 유해물질은 신체 각 조직과 장기에 피해를 주며, 오랜 시간을 두고 몸에 축적되어 조직과 장기에 병적 변화를 일으킨다. 특히 신체성장이 완성되지 않은 청소년기의 흡연은 암, 심혈관계 질병의 발생가능성을 높인다.

(4) 음 주

알코올의 에너지는 1 g당 7 kcal로 당질보다도 많으나, 다른 필수영양소들이 거의 함유되어 있지 않으므로 다량 섭취하면 영양상의 불균형을 초래한다.

음주는 간·심장·소화기 및 순환계의 장애와 암 등을 유발할 수 있다. 청소년기는 급성장기로 알코올을 만성적으로 섭취하면 뇌세포에 비타민과 같은 필수영양소를 공급하는 데 차질이 생김으로써 영양부족이 올 수 있다.

표 7-5 청소년들의 평생 음주 경험률(%)

		전체	남자	여자
전체		54.8	57.1	52.2
학교급	중학교	42.4	44.7	39.9
	일반계고	64.6	67.3	61.6
	실업계고	75.5	75.5	75.4
학년	중 1	35.8	38.6	32.9
	중 2	41.5	43.3	39.5
	중 3	49.7	51.9	47.1
	고 1	60.3	62.6	57.8
	고 2	68.8	70.9	66.4

자료 : 제6차(2010) 청소년건강행태 온라인조사 통계(http://yhs.cdc.go.kr)
음주 경험률 : 평생 동안 술을 한 잔 이상 마셔 본 적이 있는 사람의 비율

(5) 약 물

환각제·신경안정제·각성제·마약류 등으로 학교성적 저하, 부정적 성격, 신체변화(장발, 퇴폐적 의상), 비행행동, 교우관계의 변화를 가져오며 정신적·육체적으로 치명적인 결과를 맞게 된다.

3. 청소년기의 섭식장애 (Eating disorder)

(1) 거식증(anorexia nervosa)

1) 증 상

① 사춘기 소녀나 젊은 여성들에게 나타나는 정신·생리학적 섭식장애로 식욕이 부족하지 않은 사람이 심리적으로 먹을 수 없거나 음식을 스스로 거부함으로써 극도로 쇠약해지는 질환이다.

② 정상체중의 유지를 거부(정상체중보다 15% 이하의 체중 원함)하고 저체중 상태인데도 불구하고 체중증가와 지방이 축적된다는 두려움을 갖는다.

2) 발생빈도

젊은 여성의 10% 정도에서 발생한다.

3) 생리적 특성

신경성 식욕부진 증상을 가진 장애가 시작될 때는 과체중인 경우가 많다.

처음에는 체중감소를 위해 구토를 유도하거나 설사제 및 이뇨제를 사용하지만 구토는 폭식으로 이어진다. 과도한 운동과 단식을 병행하면 다량의 체지방이 감소하게 되어 무월경 상태가 된다.

• 건강문제

① 피하지방 상실(body fat depletion) → 체온저하 → 체온보존 위해 솜털이 생김
② 근육소모(muscle wasting), 골질량 감소, 전해질 불균형
③ 무월경(amenorrhea), 빈혈, 변비
④ 구각염(cheilosis)
⑤ 낙설, 피부건조(desquamation, dry skin)
⑥ 가늘고 건조한 머리카락(thin, dry and brittle hair), 탈모증(alopecia)
⑦ 백혈구 감소 → 감염 위험 증가
⑧ 손톱의 변형(degradation of fingernails)

⑨ 갑상선 호르몬의 합성 감소 → 기초대사율 저하 → 심장박동 느려짐(혈중 칼륨수준 저하) → 피로

4) **치 료** : 조기에 발견·진단해야 하며, 정신치료와 영양적 지원이 필요하다.

(2) 과식증(bulimia nervosa)

한꺼번에 비정상적으로 많은 음식을 섭취한 후 스스로 구토와 설사를 반복한다.

1) 증 상

① 폭식과 구토를 반복하는 동안에 정상체중을 유지한다.
② 다량의 음식을 짧은 시간 동안에 폭식하는 태도(binge eating)를 보인다.
③ 폭식하는 습관을 통제하는 능력이 결여되어 있다.
④ 설사제와 이뇨제의 사용, 극심한 식사제한이나 단식, 격렬한 운동을 반복한다.
⑤ 자신의 외모와 체중에 대한 지나친 관심으로 인해 자신을 부정적으로 평가한다.

2) 심리적 특성

청소년들이 걱정거리를 잊기 위해 하는 경우도 있다. 기분변화가 심하고 우울증이 있다. 먹고 난 후에 죄의식을 느끼며, 체중에 강박관념을 나타내어 반복적으로 식사제한이나 다이어트를 한다.

3) 생리적 특성

탐식증을 갖는 청소년은 주기적으로 다량의 음식을 먹은 후에 구토하고 설사제를 섭취한다. 구토는 식품에 대한 생각이 왜곡되어 있어 나타난다. 섭취한 에너지를 제거하기 위해 설사제를 사용하거나 체액을 제거하기 위해 이뇨제를 사용하기도 한다.

4) 건강문제

치아손상, 인후염, 기관지염, 타액선의 확장(위산의 역류 또는 계속적인 자극으로), 식도염(산성 구토물이 보호되지 않는 조직에 노출하여 나타나는 증세), 얼굴의 모세혈관 조직 파열, 직장출혈(과도한 설사제 사용)이 나타나게 되며, 탈수로 인해 전해질의 불균형, 소화기관의 천공이나 파열, 신장손상 등 생명을 위협하는 상황까지 갈 수 있다.

5) 치 료

심리치료로 환자가 죄의식으로부터 벗어나게 하고 왜곡된 목표설정을 수정하여 음식으로 고민을 해결하려는 행동을 고쳐야 한다.

(3) 비 만

섭식장애 중의 하나가 청소년 비만이다. 비만은 체지방이 과도하게 축적된 상태이다. 최근 청소년 비만이 증가하여 청소년들의 건강을 위협하고 있다.

1) 청소년 비만의 원인

드물게 갑상선 기능저하증이나 쿠싱 증후군 등의 내분비질환이 원인이 되어 비만이 올 수도 있지만, 대부분의 청소년 비만은 음식을 과잉섭취하여 체내에 지방이 과다하게 축적되기 때문에 발생한다. 또 하나의 주요 원인인 운동부족은 비만 발생의 위험을 증가시키고 청소년들의 건강을 위협하고 있다.

비만 청소년의 행동 패턴은 대인관계나 주변환경에 소극적이며 고립감과 운동부족, 섭식행위의 이상, 가족 간의 불화를 보인다.

2) 청소년 비만의 증상

비만 청소년들은 대부분 신장이 표준 이상이며, 관절염과 같은 정형외과 질환이 흔하고, 피하지방이 주로 하반신에 축적되며 여러 가지 내분비계 이상이 나타난다.

3) 비만의 생리

① 고정점설(set-point theory)

일정한 체중은 개인에 따라 생리적으로 정상적일 수 있다. 그러한 신체의 특성은 그 체중에서는 신체를 정상적으로 유지시킬 수 있으나, 그 체중을 넘어서면 급격히 증가될 수 있다. 체중은 체온이나 혈압과 같은 다른 체내 기능과 같이 자가 기능조절에 의해 영향을 받으며, 각 개인의 체중은 일정한 고정점을 갖고 있는데, 비만인은 그 고정점이 높게 정해져 있다는 것이다.

② 에너지 요구량의 감소

체내의 생화학적 반응에 사용되는 에너지의 양이 적은 경우에는 체지방으로 전환되는 에너지의 양을 증가시킬 수 있다. 청소년 때 비만했던 기간이 길어질수록 비만의 정도가 더 커진다.

③ 인슐린 저항성

비만한 사람은 인슐린의 작용에 덜 민감하며 혈중 인슐린 농도가 상승되어 있으므로 체지방 축적이 쉽게 유도된다. 운동은 체중을 감소시키지 않는다 하더라도, 인슐린에 대한 감수성을 증가시킨다. 인슐린 저항성은 말초조직의 인슐린 수용체 감소와 세포 내 포도당 이용 감소가 주된 원인이다.

④ 유전적 소인(genetic predisposition)

부모가 모두 비만인 경우에 자녀의 80 %, 부모 중 한쪽이 비만인 경우에 자녀의 50 %가 비만이 될 수 있다고 한다.

⑤ 지방세포 비대형과 지방세포 증식형 비만

• 지방세포 비대형(hypertrophy)

지방세포 크기의 증가에 의한 비만으로, 체지방이 20 kg 이상인 성인 비만에서 발생하는 비만으로 지방세포 안에 중성지방이 과량 포함되어 있다.

• 지방세포 증식형(hyperplasia)

지방세포수의 증대에 의한 비만으로, 생애주기 초기에 주로 발생한다.

• 혼합형(hypertrophy and hyperplasia)

지방세포의 크기와 세포 수가 함께 증가하는 형태이다.

표 7-6 중 · 고생 비만치료를 위한 1,800kcal 식단

	음식명	재료명	분량 (g)	목측량	열량 kcal
아침	율무밥		185	9부 공기	470
	조갯살 두부국	조갯살	35	1/6컵	
		두부	40	1/12모	
		무, 쑥갓			
	소고기 버섯볶음	소고기	40	탁구공 1개	
		느타리			
		양파			
		식용유	1ts		
	오이무침	오이			
	배추김치	배추			
간식	우유		200	1컵	175
	귤	중 1개	100	중 1개	
점심	흑미밥		185	9부 공기	420
	소고기 미역국	소고기	20		
		미역			
	꽁치 김치조림	꽁치	50	小 1토막	
		김치			
	시금치나물	시금치			
	배추김치				
간식	두유		200	1컵	225
	식빵		35	1쪽	
저녁	현미밥		185	9부 공기	460
	시래기 된장국	시래기			
	오징어 볶음	오징어	50		
		호박			
		당근, 양파			
	뱅어포 구이	식용유	1ts		
		뱅어포	15	1장	
	배추김치				
	딸기		150	10개	50

4) 치료 및 예방

① 식사요법

저열량 식사가 권장된다.

• 탄수화물 : 단백질 절약과 산독증 및 심한 수분손실 예방을 위해 100g 이상이 필요하다.
• 단백질 : 체중 kg당 0.8 g/일이 필요하고, 100 kcal 열량 부족량당 최소 1.75 g씩 양질의 단백질이 필요(여성은 44 g, 남성은 56 g에 열량 부족량당 계산된 단백질 가산)하다.
• 지방 : 총 섭취열량의 30 % 이하로 섭취한다.

- **비타민·무기질·전해질** : 충분히 섭취한다.
- **섬유소** : 20~30 g을 음식으로부터 섭취한다.
- **콜레스테롤** : 하루 300 mg 이하로 줄여서 섭취한다.
- **수분** : 최소 1 mL/kcal/일 이상 섭취하도록 한다. 알코올은 금한다.

② 운동요법

운동은 체조직의 구성을 변화시키고 기초 대사율을 상승시킨다. 산소운반능력을 증가시키고 심리적 스트레스를 해소하며 당질대사의 효율성을 높인다. 또 HDL콜레스테롤 수준을 증가시키고 중성지방은 감소시킨다.

4. 청소년 운동선수의 영양소 요구량

10대 청소년 운동선수들에게는 격렬한 운동으로 인한 신체적 스트레스 외에도 청소년의 정상적 성장과 생리적 성숙을 유지시키기 위해서 특별한 영양적 지원이 필요하다. 운동에 필요한 에너지는 운동의 강도, 운동이 실시되는 기간, 운동의 종류에 따라 필요량이 다르다.

(1) 에너지원

운동할 때 에너지는 지방과 탄수화물로 공급되는데 운동강도가 낮은 경우에는 지방이 사용되며 운동강도가 높은 경우에는 탄수화물이 사용된다.

격렬한 운동 중에는 근육의 분해가 증가되므로 운동선수에게 단백질 필요량이 증가하나 과잉섭취가 더 도움이 된다는 연구 근거는 없다. 지구력을 요하는 마라톤 같은 운동은 경기 일주일 전부터 탄수화물 부하 식사요법으로 근육에 글리코겐을 다량 축적시킨다.

(2) 체중조절

10대 청소년 운동선수들이 무리하게 체중감량을 하거나 운동을 과도하게 하는 경우, 여성은 월경정지가 발생할 수 있다.

(3) 비타민과 무기질

운동선수는 근육에서의 산소이용능력이 중요하다. 적혈구 헤모글로빈에 있는 철은 조직으로 산소를 운반하며, 근육 내 미오글로빈 철은 근육에 산소를 보유한다.

지구력을 요하는 운동선수는 격렬한 운동에 대한 스트레스로 적혈구가 파괴되어 빈혈이 나타나므로 철 공급이 중요하다.

운동 중에 근육을 사용하면 열이 발생해서 체온이 올라가므로 이를 막기 위해 땀이 분비되어 탈수될 수 있다. 탈수상태가 되면 혈액의 부피가 감소하고 심장박동수와 혈압이 상승된다. 이때 체온조절능력이 떨어지면 체온이 올라가고 근육이 경련하므로 수분공급이 매우 중요하다. 또한 땀으로 전해질이 손실되므로 나트륨을 보충해야 한다.

(4) 단기간 경기

경기 바로 전날에는 당질을 주로 섭취하여 간과 근육에 글리코겐 생성을 촉진시킨다. 시합당일에는 다량의 식사를 피하고, 지방, 가스생성식품 등은 제한한다.

표 7-7 운동과 훈련이 신체조성과 대사에 미치는 영향

상태 변화	내 용
운동 중의 변화	RQ의 전반적인↓ 주열량원이 글리코겐에서 지방으로 대체 간과 근육의 글리코겐↓ 지방이동이 시간경과에 따라↓ 포도당 신생이 운동경과에 따라↓(글루카곤의 분비↑와 간의 주요효소↑로 인해) 단백질 합성↓(간, 근육) 단백질 함량↓(근육, 간, 혈장)
훈련에 따른 변화	운동 중 RQ↓(지방 이동 ↑로 인해) 단위운동속도에 대한 산소소모량의 약간↑ VO_{2max}의↓ 운동 중 혈류의 약간↑ 제지방량↑(근육비대로 인해) 체지방량↓ 당내성과 인슐린에 대한 예민도↓ 근육에 의한 젖산의 장기적↓ 공복 시 혈장 중성지방 농도↓ 총 콜레스테롤 불변, LDL↓, HDL↑

(5) 장기간 경기

글리코겐 부하요법(glycogen loading)으로 간과 근육의 글리코겐 저장을 증가시킨다. 운동경기가 시작된 후에 포도당을 공급하면 간 글리코겐을 절약하는 효과가 있으나, 경기직전에 섭취하는 것은 지방대사를 방해한다. 수분과 전해질의 균형이 중요하다.

7-4 청소년기의 식생활 관리

[청소년을 위한 식생활 실천지침]

① 채소, 과일, 우유 제품을 매일 섭취한다.

- 다양한 채소와 과일을 섭취한다.
- 우유를 매일 2컵 이상 마신다.

② 튀긴 음식과 패스트푸드를 적게 섭취한다.

- 스낵류와 튀긴 음식을 적게 섭취한다.
- 햄버거, 피자 등 패스트푸드를 적게 섭취한다.
- 가공식품과 인스턴트 식품을 적게 섭취한다.

③ 건강 체중을 바로 알고, 알맞게 섭취한다.

- 내 키에 맞는 체중을 알고 유지하도록 한다.
- 활동량을 늘리고 매일 운동한다.
- 무리한 다이어트를 하지 않는다.

④ 음료로는 물을 마신다.

- 술은 절대 마시지 않는다.
- 탄산음료를 적게 섭취한다.
- 물을 자주 마신다

⑤ 아침을 꼭 먹는다.

- 아침을 거르지 않는다.
- 저녁을 제 시간에 섭취한다.
- 한꺼번에 많이 먹지 않는다.

⑥ 위생적인 음식을 선택한다.

- 불량식품을 먹지 않는다.
- 가공식품의 영양표시와 유통기한을 확인한다.

⑦ 밥을 주식으로 하는 우리 식생활을 한다.

- 하루에 두 끼 이상을 밥으로 섭취한다.
- 밥과 다양한 반찬을 갖추어 섭취한다.

(자료 : 보건복지부)

청소년기 영양 핵심문제

1. 청소년기 성장 특징에 대한 설명으로 옳지 않은 것은?

① 영아기 이후로 가장 급속한 신체 성장이 이루어진다.
② 근육량의 증가는 남자가 여자보다 지속적으로 이루어진다.
③ 남자 청소년보다 여자 청소년이 지방 축적이 증가한다.
④ 여자가 남자청소년보다 2년 정도 늦게 성장이 시작된다.

2. 청소년기에 철분 필요량이 증가하는 이유가 아닌 것은?

① 혈액량 증가
② 근육 성장
③ 여학생의 경우 월경
④ 골격성장

tip 청소년기에는 혈액량이 급격히 증가한다. 이로 인해 새 적혈구의 생성이 많아지고 이와 더불어 성장하는 동안에는 근육에 미오글로빈이 증가하므로 철분 필요량이 증가한다.

3. 우리나라 청년기 여성에게 가장 많이 발생하는 영양결핍증으로 무리한 다이어트로 인해 발생할 수 있는 결핍증은?

① 구순구각염　　② 괴혈병
③ 빈혈　　④ 통풍

4. 청소년들이 좋아하는 패스트푸드의 영양적인 문제점으로 옳지 않은 것은?

① 지질 함량이 많다.
② 식이섬유소 함량이 많은 편이다.
③ 염분함량이 많은 편이다.
④ 다른 음식에 비해 열량이 높은 편이다.

정답 1. ④　2. ④　3. ③　4. ②

Chapter 8

성인기 영양

성인기에는 성장보다는 유지를 위한 대사가 이루어진다. 성인기의 영양필요량은 유지에 요구되는 양만 필요하므로 성장기보다 적다.

현대 사회는 의료와 과학기술의 발달로 생활이 편리해지고 식생활이 풍요로워짐에 따라 여분의 에너지가 축적되어 비만을 유발하게 되고 이는 대사질환의 발생을 높이고 있다.

그러므로 성인기에는 이러한 질환을 예방하기 위한 식생활의 관리가 필요하며, 이것은 곧 노화를 지연시키는 좋은 방법이기도 하다. 성인기의 균형 잡힌 식생활과 운동은 노년기를 건강하게 보낼 수 있는 밑거름이 되는 중요한 요소들이다.

8-1 성인기의 특성

신체의 성장 발달이 완료된 이후의 상태를 유지하려면 체구성성분이 동적 평형을 이루어야 하는데, 이를 위해서 성인기에도 에너지를 비롯하여 양호한 영양공급이 필요하다.

(1) 신체적 특성

대부분의 신체기관은 18세경에 생리적 성숙상태에 도달하나, 근골격계는 20대 초반에 완성되며 최대 골질량은 30대 초반까지 증가한다. 20~30대 초반에 신체의 크기 체력 및 성숙도가 정점에 달한다.

(2) 생리적 특성

체지방은 점차 증가하고 비지방조직인 근육량은 줄어든다. 근육량은 매 10년마다 2~3 %씩 감소하고 체지방이 증가하게 되면서 과체중, 비만이 될 수 있다.

여성은 45세경이 되면 폐경이 오게 되는데, 폐경이 되면 에스트로겐 분비량이 감소되어 골격이 부갑상선 호르몬에 예민해지므로 칼슘 용출량이 증가하면서 골질량이 저하된다. 또 여성 호르몬 분비 저하로 혈중 지질이 늘어나게 된다.

(3) 사회 심리적 특성

가족·직장·사회에서 주도적 위치에 있게 되므로 책임감으로 인한 스트레스를 많이 받는다.

8-2 성인기의 영양섭취기준

(1) 에너지

성장을 위한 에너지는 필요하지 않으며, 원활한 신진대사와 신체적·정신적 활동을 위한 에너지만을 필요로 한다. 즉, 휴식대사와 활동대사, 그리고 식품의 특이동적 작용(Diet induced thermogenesis, DIT)에 소모되는 1일 에너지 필요추정량은 성인남자 19~29세 2,600 kcal, 30~49세 2,400 kcal, 50~64세 2,200 kcal이며, 여자는 19~29세 2,100 kcal, 30~49세 1,900 kcal, 50~64세 1,800 kcal이다.

연령이 높을수록 에너지 필요추정량이 줄어든 것은 신장과 체중이 낮아지며 대사가 활발한 근육이 적어져 기초대사량이 감소하고 활동대사량도 줄어들기 때문이다. 여자는 남자에 비해 단위체중당 휴식대사량, 체중, 활동대사량이 적어 에너지 필요추정량이 낮다.

에너지 필요추정량은 아래의 공식에 의해 산출된 것이다.

성인 남자 : 662 − 9.53 × 연령(세) + PA{5.91 × 체중(kg) + 539.6 × 신장(cm)
PA = 1.0(비활동적), 1.11(저활동적), 1.25(활동적), 1.48(매우 활동적)

성인 여자 : 354 − 6.91 × 연령(세) + PA{9.36 × 체중(kg) + 726.0 × 신장(cm)
PA = 1.0(비활동적), 1.12(저활동적), 1.27(활동적), 1.45(매우 활동적)

최근 에너지 섭취량의 변화를 보면 섭취량이 증가한 것으로 나타났다. 에너지 섭취는 연령과 성별에 맞게 섭취돼야 한다.

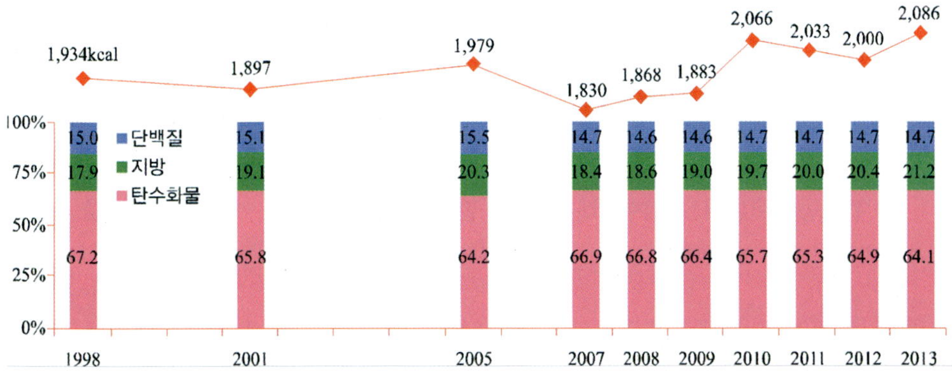

그림 8-1 최근 수년간 한국인의 에너지 섭취량의 변화

질병관리본부, 2014

(2) 탄수화물

탄수화물의 에너지 적정비율은 55~70 %를 권장한다.

(3) 지 질

지방섭취는 에너지 함량이 높기 때문에 소화기 부담의 경감, 지용성 비타민의 섭취 및 흡수, 필수지방산의 공급, 비타민 B_1의 절약, 세포막과 뇌 및 신경기능의 유지 등에 있어 중요하다.

그러나 포화지방과 콜레스테롤의 함량이 높은 식사는 순환기 질환의 발병 증가와 관련이 있고, 고지방 식사는 비만을 유발시킬 수 있으며, 암 발생에 대한 위험도 증가시킨다.

동물성 지방섭취 억제는 동맥경화증을 예방하지만 과도하면 동물성 식품에서 유래되는 양질의 단백질을 비롯한 각종 영양소의 섭취 감소로 인한 영양불균형을 초래할 수 있다.

혈청 총 콜레스테롤치는 허혈성 심장질환의 발생을 높이지만 혈청 콜레스테롤치가 낮은 일본인에게서 뇌출혈 증상의 비율이 높다는 보고도 있다. 이는 혈청 콜레스테롤을 과도하게 억제하는 식사는 저영양에서 기인하는 여러 문제를 유발시킬 수 있음을 의미한다.

철분과 아연의 주요 급원인 육류, 칼슘과 비타민 B_2의 주요 급원인 유제품에는 포화지방과 콜레스테롤이 많으므로 살코기나 저지방 우유 등을 이용하면 좋다. 또 불포화도가 높은 식물성 유지를 사용하면 포화지방 섭취를 줄일 수 있다.

우리나라에서는 지방섭취를 다음과 같이 권장한다.

① 섭취하는 칼로리의 20 %를 지방으로 섭취한다.

② 지방산의 균형된 섭취를 위해 다불포화지방산, 단일불포화지방산, 포화지방산의 비를 1 : 1 : 1로 하는 것이 바람직하다.

③ n–6 : n–3의 섭취비를 4 ~ 10 : 1의 범위로 하며 n–3지방산의 섭취를 강조하기 위해 등푸른 생선, 콩 제품, 들기름 등의 섭취를 권장한다.

④ 관상동맥질환의 위험이 있는 경우 콜레스테롤 섭취량은 하루 300 mg을 초과하지 않도록 한다.

(4) 단백질

단백질은 기존 조직을 유지하고 효소, 호르몬 등의 형성, 운반 및 저장, 항체 형성, 체액 및 산 염기의 균형 유지 등을 위해 필요하다.

또한 신체의 에너지원으로 쓰이거나 포도당 생성을 위한 탄소를 제공한다. 1일 단백질 권장섭취량은 성인 남자 19~29세 65 g, 30~64세 60 g이며, 여자는 19~29세 55g, 30~64세는 50 g이다.

(5) 복합당질

도정되지 않은 곡류, 두류, 과실, 채소 등에는 복합당질과 섬유소가 풍부하게 들어 있어서 여러 대사질환의 발현 위험을 감소시킨다.

식물성 식품으로 구성된 식사는 지방 함량이 적거나 적절할 뿐 아니라 수용성 섬유소가 혈청 지질 수준을 낮추어 심장 혈관 질환의 위험을 감소시켜 준다.

채소와 과실은 칼륨의 좋은 급원으로 혈압을 조절하는 데 중요 역할을 하여 뇌졸중의 위험을 감소시킬 수 있다. 녹황색 채소에 함유된 카로티노이드는 특정 암에 대해 보호작용을 하며, 식이섬유소는 대장과 위장관의 기능을 적절히 유지하는 데 도움을 준다.

1일 식이섬유소의 충분섭취량은 성인남자 19~64세 25 g, 여자는 19~64세 20 g이다.

(6) 수 분

한국 성인의 수분영양섭취는 총 수분량은 19~29세 남자의 경우 2,600 mL/일, 30~49세 2,500 mL/일, 50~64세 2,200 mL/일을 권하고 있으며, 여자는 19~29세 2,100 mL/일, 30~49세 2,000 mL/일, 50~64세 1,900 mL/일을 권하고 있다.

한국인의 수분섭취량은 표 8-1과 같다.

표 8-1 한국인 수분섭취기준의 설정근거

(mL/일)

	연령군(세)	고체음식[1)]	물[2)]	수분 섭취량 음료(mL)[3)]	액체[2), 3)]	총 수분[4)]
남자	19~29	1,400	811	5	1,300	2,600
	30~49	1,300	907	5	1,200	2,500
	50~64	1,200	778	3	1,100	2,200
	65~74	1,100	585	0	1,000	2,100
	75 이상	1,100	601	0	1,000	2,100
여자	19~29	1,000	713	2	1,000	2,100
	30~49	1,000	708	0	1,000	2,000
	50~64	1,000	615	0	900	1,900
	65~74	900	438	0	900	1,800
	75 이상	900	370	0	900	1,800

1) 0.53 mL/kcal로 산출, 단 #는 23.5 mL/kg/일로 산출, 10 단위로 반올림
2) 국민영양조사(2005)의 물 섭취량임
3) 국민건강영양조사(2005)의 '음료 및 주류' 섭취량 중앙값으로 우유, 주스, 국 등이 미포함됨.
4) 음식수분량(국 포함)은 EER 기준으로 산출하여 100mL 단위로 올림. (한국인 영양소 섭취기준 2015)

표 8-2 수분의 주요 급원식품 및 함량

급원식품	수분함량 (mL/100g)	급원식품	수분 함량 (mL/100g)
보리차	99.7 mL	오이	96.3 mL
보통우유	88.4 mL	수박	90.8 mL
녹차(침출액)	99.7 mL	배	88.4 mL
배추	95.6 mL	사과	86.3 mL
무(뿌리, 생것)	93.7 mL	감자	82.7 mL

(농촌진흥청 국립농업과학원, 2011)

(7) 비타민

① 비타민 A

성인의 비타민 A 필요량은 영양상태가 좋은 사람들이 체내의 비타민 A 총 함량을 유지하는 데 필요한 식사 중의 비타민 A 양을 기초로 정한다. 19~29세 남자의 권장섭취량은 800μgRE/일, 30~64세 750μgRE/일, 여자 19~49세 권장섭취량은 650μgRE/일, 50~64세 600μgRE/일이다.

② 비타민 D

비타민 D는 골밀도의 유지에 매우 중요한 영양소이며, 연령층에 따라 실외 활동량이 다른 점을 감안해야 한다. 한국성인의 비타민 D 충분섭취량은 19~64세 남녀 모두 10μg이다.

③ 비타민 E

비타민 E는 세포의 불포화지방산 함량과 관련이 있으며 식사를 통한 섭취량과도 연관되어 있다. α-TE : PUFA 비율을 0.4 정도로 유지하는 것이 적정하다고 한다. 그러나 한국인은 리놀렌산을 비롯해 DHA나 EPA 섭취량이 높은 편이므로 이 비율을 0.5로 상향 조정하였다.

우리나라 성인의 비타민 E 권장량은 가령에 따른 필요량이 특별히 다르지 않고 성차도 크지 않아 남녀 성인(19~64세) 모두 1일 12mg α-TE이다.

④ 비타민 K

비타민 K 필요량은 적은 편이고 대부분의 식품에 다량 함유되어 있으며 장내 세균으로부터 일부 합성된다. 성인 남자의 충분섭취량은 75μg/일이고 여자는 65μg/일이다.

⑤ 비타민 C

수용성 비타민 중 비타민 C는 생체 내에서 여러 가지 효소반응의 조효소로 쓰이며, 콜라겐 형성과 카르니틴, 신경전달물질의 합성, 철의 흡수, 면역기능, 상처회복 등의 기능에 관여한다. 또한 비타민 C는 강한 환원력으로 수용성 환경 내에서 생성되는 대부분의 자유기를 제거한다.

비타민 C의 백혈구(호중구, 림프구, 단핵구)에서의 항산화기능은 매우 중요하다. 백혈구 내 비타민 C는 혈장이나 적혈구 비타민 C보다 체내 저장량을 더 잘 반영해 주는 지표로서 그 농도는 상당히 높으며, 농도가 증가할수록 산화스트레스 손상에 대한 보호효과도 증가한다. 비타민 C는 생체 내에서 백혈구, 폐, 위 점막의 활성산화물질을 제거하고 지질과산화를 방지한다. 비타민 C 권장섭취량은 남녀 성인 모두 100 mg/일이다.

⑥ 비타민 B_1

비타민 B_1은 유리형 또는 인산 형태로 식물이나 동물조직에 존재한다.

주된 인산 형태인 티아민 피로포스페이트[thiamin pyrophosphate (TPP)]는 티아민 조효소 형태로 피루브산, 알파 케토글루타르산, 분지상 케토산(branched chain keto acids) 등과 같은 알파 케토산(α-keto acids)의 케토 전이(transketolation) 반응을 촉매한다.

티아민은 탄수화물·단백질·지질의 대사에 관여하므로 에너지 대사에 중요한 역할을 한다.

섭취된 티아민은 공장에서 흡수되는데 낮은 농도에서는 능동적 수송에 의해 흡수되나 높은 농도에서는 일부 수동적 확산에 의해 흡수된다. 흡수된 티아민은 혈장과 적혈구를 통해 각 조직으로 운반된다. 체내 총 티아민의 80%는 TPP 형태로 존재하며, 10%는 티아민 트리포스페이트[thiamin triphosphate (TTP)] 형태로, 나머지 10%는 티아민 모노포스페이트[thiamine monophosphate (TMP)] 및 유리형 티아민 형태로 존재한다.

티아민 및 티아민 대사물은 주로 소변을 통해 빠르게 배설된다. 따라서 티아민을 과량섭취할 경우에도 소량만 흡수되고 일시적으로 혈장 티아민 농도가 증가하지만 몇 시간 이내에 소변을 통해 배설되므로 혈장농도는 정상으로 돌아간다.

우리나라 성인 티아민 권장섭취량은 남자 1.2 mg/일, 여자 1.1 mg/일이다.

⑦ 비타민 B_2

리보플라빈은 flavin mononuuleotide(FMN)와 flavin adenine dinucleotide(FAD)의 두 가지 조효소 형태로 체내에서 일어나는 여러 가지 산화·환원반응의 촉매역할을 한다.

여러 종류의 플라빈 효소들은 탄수화물, 지방, 아미노산의 대사경로에서 탈수소반응, 수산화반응(hydroxylation), 산화탈탄산반응(oxidative decarboxylation), 이산소화반응(dioxygenation), 산소의 과산화수소로의 환원반응 등에 필수적이다.

또한 FAD 의존성 키뉴레닌 수산화효소(kynurenine hydroxylase)는 트립토판이 니아신으로 전환되는 데 필요하고, FMN 의존성 산화효소는 피리독신의 활성형 생합성에 필요하며, FAD 의존성 탈수소효소는 5′-메틸테트라히드로폴레이트 [methyl tetrahydrofolate(THF)] 생합성에 관여한다.

식품 속의 리보플라빈은 FMN, FAD 형태로 단백질과 결합하여 존재한다. 위장에서 위산에 의해 단백질과의 결합이 끊어지고 FAD, FMN은 소장의 윗부분에서 피로인산분해효소(pyrophosphatase)와 인산분해효소(phosphatase)에 의해 리보플라빈으로 전환된 후 흡수가 이루어진다. 흡수기전은 낮은 농도에서는 능동수송으로 운반되며, 높은 농도에서는 확산작용에 의해 이동된다.

혈액 내 리보플라빈의 일부는 혈장 알부민과 결합되어 운반되나 대부분은 면역글로불린과 결합되어 운반된다. 리보플라빈은 조직 내에서는 대부분이 FAD와 FMN 형태로 존재하고, 유리상태의 리보플라빈은 아주 적은 양이 존재한다.

리보플라빈은 소량이 담즙과 땀을 통해 배설되고 대부분은 소변을 통해 배설된다. 성인의 권장섭취량은 남자 1.5 mg/일, 여자 1.2 mg/일이다.

⑧ 니아신

니아신은 니코틴아미드, 니코틴산 및 그 유도체들 중에 생리활성을 나타내는 화합물을 말한다. 니아신의 조효소는 nicotinamide adenine dinucleotide (NAD) 및 nicotinamide adenine dinucleotide phosphate (NADP)인데, 생체 내 수많은 산화환원반응에 관여한다.

NAD는 탄수화물 대사, 지방산 대사, 세포 내 호흡, 알코올 대사에 관여하고 NADPH는 지방산 합성 및 스테로이드 합성에 관여한다. NAD는 5탄당 인산회로에 관여하며, DNA 복구, 유전자안전성(genomic stability), 면역에도 영향을 준다.

섭취한 니코틴산과 니코틴아미드는 위장과 소장에서 빠른 속도로 흡수된다. 낮은 농도에서는 Na^{+}-의존 촉진적 확산기전으로 흡수되나 높은 농도에서는 수동적 확산에 의해 흡수된다. 간과 소장에 있는 효소에 의해 NAD로부터 니코틴아미드가 유리된 후 각 조직으로 운반되고 각 조직에서 NAD 및 NADP로 전환된다.

간은 세포외액의 니코틴아미드 농도를 조절하는데 이 농도는 조직의 NAD 및 NADP 농도를 조절하게 된다. 아미노산인 트립토판은 간과 신장에서 니아신으로 전환될 수 있으며 전환율은 60 : 1 정도이다. 철, 리보플라빈, 또는 비타민 B_6의 영양상태가 불량한 경우 트립토판이 니아신으로 전환되는 효율이 감소한다.

니아신 결핍은 펠라그라를 유발한다. 펠라그라는 피부염(dermatitis), 소화관 점막의 염증, 구토, 변비 또는 설사(diarrhea) 같은 소화관 장애, 연한 홍색 혀(bright red tongue), 우울증, 무감각(apathy), 두통, 피로, 기억상실과 같은 신경장애인 치매(dementia)를 나타낸다. 심하면 사망한다.

오늘날에는 펠라그라가 흔하지 않으나 만성 알코올중독자, 선천적인 트립토판 대사 장애, 만성설사로 인한 흡수장애와 크론병(crohn's disease) 환자에서 볼 수 있다.

곡류의 니아신은 대부분 펩티드나 탄수화물의 결합형으로 존재하며 30 % 정도만 이용이 가능한데, 특히 옥수수와 수수가 결합형의 비율이 높다. 간 조직 및 두류의 니아신은 유리형으로 존재하고 있으므로 체내이용률이 높다.

식품 중에 강화 또는 첨가에 사용하는 니아신은 유리형이므로 체내이용률이 높다. 니아신의 급원으로는 쇠고기, 돼지고기, 생선, 내장, 달걀, 우유, 밀가루 등이 있으며, 조리되지 않은 식품의 니아신은 주로 NAD, NADP 형태로 존재하나 조리 또는 가공 중에 효소에 의해 가수분해될 수 있다.

니아신은 열, 조리, 장기간 보존에 안정하다. 성인의 니아신 권장섭취량은 남자는 16 mgNE/일, 여자는 14 mgNE/일이다.

⑨ 비타민 B_6

비타민 B_6는 식품 중에 피리독신(pyridoxine, PN), 피리독살(pyridoxal, PL), 피리독사민(pyridoaxamine, PM) 또는 각각의 인산화 형태로 존재한다. 비타민 B_6는 자연계에 유리형 또는 결합형으로 존재하는데 동물조직의 주요형태는 PLP와 PMP이며 단백질에 결합된 형태로, 식물성 식품의 주요형태는 PN과 PNP로서 당과 결합된 형태로 존재한다.

여러 가지 유도체로 흡수된 비타민 B_6는 대부분 간으로 운반되어 pyridoxal 5-phosphate(PLP)로 전환되며 4-pyridoxic acid(4-PA)로 이화되어 배설된다.

PLP는 아미노 전이효소 대사에 관여하는 효소의 조효소이며 헴 신생, 니아신 신생, 지질 및 핵산대사, 면역계 및 신경전달 물질(세레토닌, 타우린, 도파민, 노르아드레날린) 합성 및 스테로이드 호르몬 작용을 조정하는 역할을 한다. 또한 호모시스테인의 이화작용 및 인산화효소 반응의 조효소로서도 작용한다.

단백질 대사에 조효소로 작용하므로 필요량은 단백질 섭취에 영향을 받는다. 권장섭취량은 남자 1.5 mg, 여자 1.4 mg이다.

⑩ 엽 산

엽산은 프테로일글루탐산(pteroylglutamic acid, folic acid)과 그와 비슷한 활성을 가진 유도체들을 총체적으로 지칭한다. 식품과 체내에 존재하는 엽산의 주 형태는 환원형(tetrahydrofolate)으로서 다양한 형태의 단일탄소 단위와 글루탐산이 약 1~6개까지 추가로 연결된 프테로일폴리글루타메이트(pterolpolyglutamate)이다.

엽산은 핵산과 아미노산 대사에서 단일탄소 전이 반응에 조효소 역할을 한다. DNA 합성에 필요한 티미딜레이트(thymidylate)가 합성되기 위해서는 엽산이 꼭 필요하므로 엽산이 부족하면 세포분열이 정상적으로 일어나기 어렵다.

또한 퓨린 합성, 히스티딘의 분해, 세린과 글리신의 상호전환, 메티오닌의 합성에 관여한다. 특히 호모시스테인으로부터 합성된 메티오닌은 S-아데노실메티오닌(S-adenosylmethionine)으로 전환된 후 체내에 필요한 여러 대사과정에서 메틸기를 제공해 주는 중요한 물질로 작용한다.

식품에 들어있는 폴리글루타메이트 형태의 엽산은 소장에서 모노글루타메이트의 형태로 전환된 후 흡수된다. 흡수된 엽산은 주로 5-methyl-tetrahydrofolate의 형태로 문맥을 통해 간으로 들어가서 다시 폴리글루타메이트가 된 후 간에 저장되거나, 모노글루타메이트의 형태로 혈액으로 방출되어 운반된다.

조직으로 들어간 엽산은 다시 폴리글루타메이트의 형태로 전환된 후 조효소로 사용되거나 저장된다. 엽산 섭취가 부족하면 가장 먼저 혈청 엽산농도가 감소하고 점차 적혈구 엽산농도가 감소하며 호모시스테인 농도는 증가하게 된다.

이와 함께 골수와 세포분열이 빨리 일어나는 세포에 거대적아구성 변화가 생기고 빈혈이 나타난다.

또한 엽산이 결핍되면 세포분열이 빨리 일어나는 위장 점막에 영향을 주어 위장장애가 나타난다. 식품 중에 있는 다양한 형태의 엽산은 약 50 % 정도 흡수되며, 엽산 강화식품의 흡수율은 약 85 %로 추정된다. 그러므로 식품에 첨가된 엽산은 식품 중의 엽산에 비해 이용률이 1.7배(85/50) 높다. 따라서 이를 고려하여 식이엽산당량(Dietary Folate Equivalents)을 만들어 사용하고 있으며 섭취기준을 정하고 있다. 이에 의거하여 성인남녀 모두 권장섭취량은 400μg DFE/일이다.

⑪ 비타민 B_{12}

비타민 B_{12}는 체내에서 메틸코발라민(methylcobalamin)으로 호모시스테인이 메티오닌으로 전환되는 데 관여한다. 식품의 비타민 B_{12}는 위에서 위산과 펩신의 작용으로 단백질로부터 유리된 후 침샘과 위점막에서 분비되는 R 단백질(haptocorrin)과 결합하여 소장으로 운반된다.

소장에서는 췌장에서 분비되는 단백질 분해효소에 의해 R 단백질이 부분적으로 분해되는데 이때 유리된 비타민 B_{12}는 위벽세포에서 분비된 내적인자와 결합한다. 내적인자-비타민 B_{12} 복합체는 회장 점막에 있는 수용체와 결합한 후 흡수된다. 약 50 %의 혈중 비타민 B_{12}는 간으로 운반되고 나머지는 다른 조직으로 운반된다.

건강한 성인의 간에는 약 1.0μg/g의 비타민 B_{12}가 존재하며 체내 비타민 B_{12}의 pool은 2~3 mg 정도이다. 비타민 B_{12}는 담즙으로 배설되며 65~75 % 정도가 다시 재흡수된다. 그러나 내적인자가 결여된 사람은 담즙으로 배설된 비타민 B_{12}가 재흡수되지 않고 모두 밖으로 배설되므로 비타민 B_{12} 결핍증이 빨리 나타난다.

다량의 비타민 B_{12}를 주사로 투여하면 비타민 B_{12}가 단백질과 결합될 수 있는 이상으로 증가하여 소변으로 배설되지만 보통의 경우 대부분의 비타민 B_{12}는 대변을 통해 배설된다.

식품이나 담즙으로부터 온 흡수되지 않은 비타민 B_{12}, 대장에서 박테리아에 의해 합성된 비타민 B_{12}는 대변을 통해 배설되며 대변, 소변, 피부 등을 통해 배설되는 총 배설량은 비타민 B_{12} pool의 약 0.1~0.2 % 정도이다. 성인 남녀의 권장섭취량은 2.4μg/일이다.

⑫ 판토텐산

판토텐산은 Coenzyme A(CoA)와 지방산 합성효소의 일부인 아실기운반단백질(acyl carrier protein, ACP)의 구성성분으로 지방산과 탄수화물 대사에서 아실기의 활성화와 운반을 돕는다. CoA는 지방산의 산화, 아세틸 CoA와 아세틸콜린의 합성, 콜레스테롤과 heme 합성, 아미노산 분해 등 많은 대사반응에 관여하며 아실기운반단백질은 지방산 합성에 중요하므로 판토텐산은 생존에 필수적이다.

식품 중의 판토텐산은 대부분 CoA와 포스포판테테인(phosphopantetheine)의 형태로 들어 있는데 소장에서 판테테인(pantetheine)으로 가수분해된 후 판테테인 분해효소(pantetheinase)에 의해 유리형 판토텐산이 된다.

판토텐산의 충분섭취량은 남녀 모두 19~64세는 5mg/일이다.

⑬ 비오틴

비오틴은 황을 함유한 비타민으로 포도당, 아미노산, 지방산 대사에 관여하며, DNA 결합 단백질인 히스톤과 결합하여 세포증식과 DNA 보수과정에도 참여한다.

비오틴은 식품 속에 유리형태 혹은 단백질과의 결합형태로 존재한다. 결합형은 주로 식품이나 체내에서 합성된 비오틴 함유효소로서 소장의 단백질 분해효소에 의해 비오시틴(biocytin, biotin–lysine 결합체)이나 이들의 올리고펩티드 형태로 분해된 후 biotinidase(biocytinase)에 의해 비오틴으로 유리되어 흡수되고 효소합성에 재사용되거나 배설된다. 비오틴은 장내 세균에 의해 생합성된다.

섭취한 비오틴의 소장 흡수나 생합성된 비오틴의 결장 내 흡수는 모두 비오틴 수용체에 의한 나트륨 의존적인 능동 운반과정에 의해서 운반된다. 성인의 비오틴 충분섭취량은 30μg/일이다.

(8) 무기질

① 칼 슘(Ca)

성인기에 최대 골질량이 형성되며 장골의 성장은 그치지만 골질의 강화는 계속된다. 최대골질량의 연령은 골격부위와 성에 따라 다양하게 나타나지만 성인 이후 약 10년 동안 골질량의 축적은 계속된다.

성인기는 성장기 및 노년기에 비해 칼슘 결핍에 의한 심각한 장해발생은 적지만 노년기가 되면 골다공증의 발생 빈도가 현저히 증가하므로 성인기부터 칼슘섭취를 충분히 해야 한다. 우리나라 성인 남자 20~49세의 1일 권장섭취량은 800 mg, 50~64세는 750mg이며, 여자 20~49세는 800mg이다.

② 인(I)

인은 자연계에서 대부분 칼슘과 결합하여 인산칼슘의 형태로 존재한다. 인은 신생아 체중의 0.5 %를 차지하고 그 후 증가하여 성인의 경우 0.65~1.1 %를 차지하며 성인남자의 체내에 약 660~700 g 정도 함유되어 있다. 인은 세포막의 주요 구성요소인 인지질과 DNA, RNA 등 핵산과 뉴클레오티드의 구성요소이다.

산염기 평형을 조절하는 완충작용에 의한 정상 pH 유지와 에너지의 저장 및 이동 인산화 반응에 의한 여러 효소의 활성화 등에 관여한다. 식품으로 섭취한 인은 소장에서 유리된 무기인산염의 형태로 주로 농도에 의존하는 수동적 과정에 의해 흡수된다.

성인은 일반적으로 60~70 %의 인 흡수율을 보인다. 배설은 신장을 통해 이루어지는데 혈청의 무기인산은 사구체에서 여과되고 근위세뇨관에서 재흡수된다.

혈청 내 무기 인산의 농도는 출생 후 성인이 될 때까지 연령증가와 함께 점차적으로 감소하는데 이는 어릴 때 사구체 여과율이 낮기 때문이다. 성인의 권장섭취량은 남녀 모두 700 mg이다.

③ 나트륨 (Na)

우리나라 건강한 성인 남녀 19~64세의 1일 나트륨의 충분섭취량은 1.5 g(65 mmol)이다.

표 8-3 나트륨 주요 급원식품 및 함량

급원식품	나트륨 함량 (mL/100g)	급원식품	나트륨 함량 (mL/100g)
소금(식용)	33,597	돼지가공(햄), 등심	1,080
멸치가공(기타), 젓	11,826	돼지가공(햄), 로스	1,000
새우가공(기타), 추젓	9,138	칼국수, 생면	886
간장, 재래간장	7,157	밀 가공(빵류), 옥수수빵	778
미역, 마른 것	6,100	어묵, 튀긴 것	749
간장, 개량간장	5,858	밀 가공(빵류), 크로와상, 버터	744
된장, 양조된장	4,991	김치, 깍두기	596
된장, 재래된장	3,748	멥쌀 가공(떡류), 송편, 팥	466
쌈장	3,288	멥쌀 가공(떡류), 송편, 검정콩	463
고추장, 재래고추장	3,164	라면, 스프포함, 조리	388
고추장, 개량고추장	2,457	배추김치	232
국수, 건면	2,197	달걀, 생것	135

(농촌진흥청 국립농업과학원, 2011)

④ 칼 륨(K)

칼륨은 세포내액에 가장 다량으로 들어 있는 양이온으로 세포막의 전위를 유지하고 세포내액의 이온의 세기를 결정한다. 이온화된 칼륨은 나트륨 이온과 함께 신경 및 근육세포의 흥분과 자극전달을 조절하여 근육의 수축과 이완을 조절하는데 특히 심장박동의 유지에 중요한 역할을 한다.

또한 세포외액의 나트륨 이온과 함께 세포의 삼투압과 수분평형을 유지하는 기능을 한다. 체액의 산알칼리 균형을 유지시켜 주며 혈당이 글리코겐으로 전환되어 저장되거나 단백질이 저장될 때 칼륨과 함께 저장된다. 칼륨을 다량 섭취하였을 때 나트륨의 배설을 증가시켜 혈압을 강하시키는 효과도 있다.

건강한 성인에서 칼륨의 흡수율은 85%이며 세포내액의 농도는 Na/K-ATPase pump에 의해 유지된다. 흡수되지 않은 칼륨은 대변을 통해 배설되고 흡수된 칼륨의 77~90%는 신장을 통해 걸러지며 70~80%는 근위세뇨관에서 재흡수되고 나머지는 소변으로 배설된다.

혈중 칼륨이 증가하면 부신피질에서 알도스테론 분비를 자극하여 칼륨의 배설을 증가시킨다. 성인의 칼륨 충분섭취량은 1일 3.5g이다.

⑤ 철(Fe)

철은 헤모글로빈의 구성성분이며 헤모글로빈은 산소를 운반한다. 체내 철의 ⅔가 적혈구 내의 헤모글로빈에 존재하며 25%는 쉽게 이용 가능한 저장철의 형태로, 나머지 15%는 근육조직의 미오글로빈과 산화적 대사반응의 여러 효소의 구성성분으로 되어 있다.

세포와 세포 사이의 철 이동은 운반단백질인 트랜스페린과 철의 가역적인 결합을 통해 이루어지며, 세포막 표면에 있는 트랜스페린 수용체(transferrin receptor, TR)에 부착되어 세포 내로 유입된다.

철은 페리틴이나 헤모시데린의 형태로 저장되며 헤모시데린은 페리틴의 분해산물로서 불용성이다. 19세 이상 성인은 성장을 위한 공급이 필요 없으므로 조직의 철 보유량에 대해 고려할 필요가 없다.

성인의 하루 철 권장섭취량은 남자 19~64세는 10 mg, 여자 19~49세의 경우 14 mg, 50~64세 8 mg이다.

⑥ 아 연(Zn)

아연은 100여 종이 넘는 효소의 생리적 활성에 필요하다. 아연이 제거되면 활성도가 감소하였다가 아연과 함께 활성도가 복원되는 효소들을 일반적으로 아연금속효소(zincmetalloenzyme)라 하며, RNA polymerase, alcohol dehydrogenase, carbonic anhydrase, alkaline phosphatase 등이 해당된다.

아연 이온은 유전자 발현을 조절하는 요소들을 활성화하거나 저해하는 역할을 한다. 아연은 특히 면역체계와 같이 세포교체가 빠른 많은 조직에서 필수적인 역할을 한다. 아연결핍은 감염에 대한 초기반응단계뿐 아니라 세포성과 체액성 면역과정을 저해한다. 아연이 부족하면 세포증식이 저해되어 성장지연을 초래한다.

식이를 통한 아연은 동물성 단백질과 아미노산 같은 흡수를 촉진하는 식이인자, 피트산과 같은 흡수방해인자에 의해 영향을 받는다.

성인 남자의 하루 아연 권장섭취량은 19~29세 10 mg, 30~64세 9 mg이며, 성인 여자의 경우 19~49세는 8 mg고, 50~64세는 7 mg이다.

⑦ 구 리(Cu)

구리는 체내에서 산화환원효소의 구성요소이다. 구리함유효소는 아연 및 철 의존성 효소들에 비해 수적으로 적지만 에너지 생성 및 철의 대사에 중요한 역할을 한다.

구리는 Cu, Zn-Superoxide dismutase (Cu, Zn-SOD)에 결합하여 세포의 산화적 손상을 방지하는 역할을 한다. 세룰로플라스민(ceruloplasmin)은 철 이온의 산화를 촉진하여 트랜스페린과의 결합을 촉진함으로써 저장된 철과 장관 내의 철을 헤모글로빈 생성장소로 운반하는 역할을 한다.

구리가 부족하면 철의 이용률이 감소하고 적혈구 합성이 저하되어 빈혈이 발생된다. 구리는 또한 미토콘드리아 내 전자전달계의 마지막 과정에서 cytochrome C oxidase의 조효소로 작용하여 ATP 생성에 관여하고 있다.

구리는 결합조직 단백질의 세포간 또는 세포 내 사슬가교 형성을 촉발하는 반응에 필요한 lysyl oxidase를 활성화하므로 구리가 부족하여 이 효소의 활성이 억제되면 골격, 피부, 혈관이 비정상적으로 형성된다.

성인의 하루 구리 권장섭취량은 남녀 모두 800μg/일이다.

⑧ 불 소 (F)

불소는 충치예방과 관련된 미량원소로 체내 불소의 거의 대부분은 골격과 치아에 존재한다. 골격과 치아 그리고 혈장 중의 불소는 불소섭취량에 비례하며 연령이 많아질수록 증가한다.

불소의 흡수, 세포 내외로의 이동 등의 작용은 대부분 산 형태인 불화수소의 확산에 의하며, 칼슘에 대한 높은 친화력으로 인해 불소는 주로 석회화된 조직에서 찾아볼 수 있다. 또한 새로운 골격형성을 자극하며 흡수된 불소는 신장을 통해 배설된다.

건강한 성인의 경우 흡수된 불소의 50%는 골격과 치아 등 경조직에 유입되며 나머지 50%가 소변으로 배설된다.

19~29세 남자의 충분섭취량은 3.5 mg, 30~64세는 3.0 mg이며, 여자는 19~29세 3.0 mg, 30~64세 2.5 mg이다.

⑨ 망 간 (Mn)

망간은 골격 형성과 아미노산, 콜레스테롤 및 탄수화물 대사에 필수적인 영양소로 망간을 함유하는 효소에는 arginase, glutamine synthetase, phosphoenolpyruvate decarboxylase, Mn-Superoxide dismutase(Mn-SOD) 등이 있다. 식사로 섭취한 망간은 1~3% 정도만 흡수되며 그 후 담즙을 거쳐 신속하게 소장으로 배출된다.

소변으로 배설되는 망간 양은 매우 적어 담즙 배설이 어른에 비해 상대적으로 적은 신생아의 경우 독성의 위험이 있다. 망간은 간에서 트랜스페린과 α-2-마크로글로불린 또는 알부민과 결합하여 다른 조직으로 이동한다.

성인의 하루 충분섭취량은 19~64세 남자 4.0 mg, 여자 3.5 mg이다.

⑩ 요오드

요오드(iodine, I_2)는 갑상선 호르몬 티록신(thyroxine, T_4)과 triiodothyronine(T_3)의 필수 구성성분으로 뇌, 근육, 심장, 뇌하수체 및 신장에서 단백질 대사와 효소 활성을 조절한다. 식품으로 섭취된 요오드는 음이온(iodide, I^-)으로 환원된 후 대부분 위와 소장 상부에서 흡수되어 갑상선으로 이동한다. 요오드가 갑상선으로 유입되는 비율은 요오드 영양상태에 의해 조절된다.

요오드는 갑상선에서 갑상선 글로불린(thyroglobulin, Tg)과 결합하여 T_4를 형성한 뒤 순환계로 분비되어 간에서 합성된 단백질(transthyretin), 알부민(albumin) 등과 함께 표적세포로 이동한다. 조직에서 T_4는 셀레늄 함유효소인 탈요오드 효소(deiodinase)에 의해 T_3로 전환된다.

혈액의 갑상선 호르몬 농도가 감소하면 갑상선 자극 호르몬(thyrotropin, TSH)이 상승하며, 반대로 그 농도가 증가하면 TSH가 감소함으로써 갑상선기능을 조절한다. T_3로 전환되고 유리된 요오드는 재이용되거나 소변으로 배설된다.

성인남녀의 하루 권장섭취량은 150μg이다. 요오드는 다시마(건조 179 mg/100 g), 미역(건조 8.7 mg/100 g), 김(건조 3.6 mg/100 g)같은 해조류와 멸치(건조 219~284 mg/100 g), 굴(날것 126 mg/100 g) 등의 어패류에 풍부하다.

⑪ 셀레늄(Se)

동물과 식물 조직에 셀레노메티오닌(selenomethionine)과 셀레노시스테인(selenocysteine)의 형태로 존재하고 글루타티온 과산화효소(glutathione peroxidase, GSHPx)와 셀레늄 단백질 P(selenoprotein P)와 같은 셀레늄을 포함하는 단백질의 구성성분으로 혈장에 존재한다.

셀레늄은 흡수가 잘 되는 영양소로 식이로 섭취되는 셀레노메티오닌의 흡수율은 약 90% 이상이며, 메티오닌이 흡수되는 경로와 같은 경로로 흡수된다.

셀레늄은 메틸기가 결합된 상태로 배설되어 소변으로는 trimethylselenonium 형태로, 호흡으로는 dimethylselenide 형태로 배설된다. 셀레늄 함유단백질에는 글루타티온 과산화효소 등이 있으며, 체내에서 생산된 과산화수소를 분해하여 과산화수소에 의한 세포손상을 억제하는 항산화기능을 한다.

셀레늄의 부족증으로 케산병(Keshan disease)이 알려져 있는데, 중국에서 주로 어린이와 젊은 여성들에게서 나타나는 풍토성 심장근육질환으로 급성인 경우에는 갑작스런 심장기능 약화가 나타나고 만성인 경우에는 심장비대와 함께 다양한 심장기능 이상이 나타난다.

이 질병은 연골세포의 괴사가 가장 특징적인 증세로 연골의 비정상으로 인한 난쟁이 증세와 관절의 변형이 나타날 수 있다. 셀레늄 과잉증(알칼리병)은 간경화, 절름발이 증상, 탈모, 쇠약증세 등을 보인다고 한다.

하루 권장섭취량은 남녀 모두 60μg이다.

표 8-4 과다섭취 시 부작용이 있는 영양소들의 상한섭취량

영양소	평균필요량	상한섭취량	과다섭취 시 부작용
비타민 C	75mg (오렌지 0.7개)	2,000mg (오렌지 22개)	위장장애 발생
칼 슘	남자 19~29세 620mg 30~49세 600mg 여자 19~29세 530mg 30~49세 510mg (멸치 134g)	2,500mg (멸치 565g)	고칼슘뇨증 발생
요오드	95μg (미역 95mg)	2,400μg (미역 3g)	갑상샘 기능저하
나트륨[1)]	1.5g (자반고등어찜 한 토막)	2g (자반고등어찜 한 토막 반)	당뇨, 심장병 우려

1) 충분섭취량

* 자료 : 2015 한국인 영양소 섭취기준, 보건복지부, 한국영양학회

표 8-5 주요 영양소의 연령별 하루 평균필요량 및 상한섭취량

연 령		영양소	평균필요량	상한섭취량
남	15~18세	에너지 : 탄수화물, 단백질, 지방 (단위 : kcal)	2,700	없음
	19~29세		2,600	
	30~49세		2,400	
	50~64세		2,200	
	65~74세		2,000	
여	15~18세		2,000	
	19~29세		2,100	
	30~49세		1,900	
	50~64세		1,800	
	65~74세		1,600	
남	15~18세	비타민 A (단위 : μg) 우유 1컵 =150μg	590	2,400
	19~29세		540	3,000
	30~49세		520	
	50~64세		500	
여	15~18세		440	2,400
	19~29세		460	3,000
	30~49세		450	
	50~64세		430	
남	15~18세	아연 (단위 : mg)	8.2	35 (굴 200g)
	19~29세		8.1	
	30~49세		7.9	
	50~64세		7.5	
	65~74세		7.2	
여	15~18세		7.2	35(굴 200g)
	19~29세		7.0	
	30~49세		6.8	
	50~64세		6.3	
	65~74세		6.0	
남	15~18세	철 (단위 : mg)	11.8	45 (굴 550g)
	19~29세		7.7	
	30~49세		7.4	
여	15~18세		12.9	
	19~29세		10.8	
	30~49세		10.5	
남	15~18세	인 (단위 : mg)	790	3,500 우유 1컵 = 175mg
	19세 이상		580	
여	15~18세		580	
	19세 이상		580	

표 8–6 성인의 영양소 권장섭취량

보건복지부, 2015

연령 (세)		에너지[1] (kcal)	단백질 (g)	비타민 A (μgRE)	비타민 D[2] (μg)	비타민 E[2] (mg α–TE)	비타민 C (mg)	티아민 (mg)	리보플라빈 (mg)
남	19~29	2,600	65	800	10	12	100	1.2	1.5
	30~49	2,400	60	750	10	12	100	1.2	1.5
	50~64	2,200	60	750	10	12	100	1.2	1.5
여	19~29	2,100	55	650	10	12	100	1.1	1.2
	30~49	1,900	50	650	10	12	100	1.1	1.2
	50~64	1,800	50	600	10	12	100	1.1	1.2
연령 (세)		**니아신 (mg NE)**	**비타민 B_6 (mg)**	**엽산 (μg DFE)**	**칼슘 (mg)**	**인 (mg)**	**철 (mg)**	**아연 (mg)**	**구리 (μg)**
남	19~29	16	1.5	400	800	700	10	10	800
	30~49	16	1.5	400	800	700	10	10	800
	50~64	16	1.5	400	750	700	10	9	800
여	19~29	14	1.4	400	700	700	14	8	800
	30~49	14	1.4	400	700	700	14	8	800
	50~64	14	1.4	400	800	700	8	7	800

[1] 필요추정량 [2] 충분섭취량

⑫ 몰리브덴

체내에서 산화·환원 반응에 관여하는 금속효소의 보결분자단으로 작용한다. 인체에서 몰리브덴이 필요한 산화환원효소로는 크산틴 산화효소(xanthine oxidase), 알데히드 산화효소(aldehyde oxidase), 설파이트 산화효소(sulfite oxidase)가 있다.

몰리브덴의 대사는 섭취량에 따라 다르게 이루어지는데 섭취량이 많은 경우 대사가 빨라져서 소변으로 배설되는 양이 많아지며 섭취량이 적은 경우에는 소변 배설량이 감소되면서 체내에 보존된다. 몰리브덴은 간과 신장, 골격에 저장된다.

우유, 두류, 곡류 등이 몰리브덴의 좋은 급원이다. 몰리브덴의 남자 성인 상한섭취량은 500μg/일이고 여자 성인 상한섭취량은 450μg/일이다.

8-3 성인기 영양의 중요성

성인기의 양호한 영양은 노화의 시기와 속도를 늦추고 질병의 발생을 예방할 수 있다. 이를 위해서는 식물성 식품위주의 식사와 운동, 정상체중 유지가 필요하다.

성인기에 올 수 있는 질병은 대사증후군(metabolic syndrome)으로 인슐린 저항성 증가와 함께 고혈압, 고지혈증, 저 HDL혈증 등을 나타내는 장애로 비만이 주 원인이 되어 발생하는 경우가 많다.

1. 보호영양

성인기에 최적의 건강상태를 유지하기 위해서는 과일, 채소, 곡류·두류 등 식물성 식품 위주로 섭취하는 것이 바람직하다.

2. 식물성 식품 위주의 식사

주로 곡류·두류·채소류·과실류·버섯류 등으로 구성된다. 식물성 식품들은 식물체 화학물질을 함유하여 체내 산화적 손상을 방지한다. 이들 식품에는 플라보노이드, 카로티노이드, 안토시아닌 등이 함유되어 있다.

3. 식물체 화학물질

식물성 화학물질들은 체내에서 여러 가지 생리기능을 갖고 있으며, 각종 질병에 효과가 있다는 연구 결과가 많이 나오고 있다. 식물체 화학물질들은 암 발생을 감소시키는 차단인자 또는 억제인자로 작용할 수 있다.

억제인자의 작용은 세포 수준에서 암 유발인자에 노출된 세포에서 암화과정이 일어나지 않도록 한다. 심장질환에 대한 예방효과는 식물체 화합물질들이 LDL-콜레스테롤의 산화를 막고, 콜레스테롤의 합성과 흡수를 저해하기 때문이다.

이러한 성분들에는 테르펜(terpenes), 페놀, 티올, 리그난(lignans) 등이 있다.

(1) 테르펜(terpenes)

강력한 항산화제로 카로티노이드, 리모노이드(limonoids) 등이 있다.

카로티노이드는 테르펜의 한 종류로 토마토, 파슬리, 오렌지, 자몽, 시금치 등에 있다. 리코펜(lycopenes)은 토마토에 많으며 유리기를 파괴하는 효과가 β-carotene의 2배 정도 되고 암세포 억제 효과가 크다.

리모노이드는 테르펜의 한 종류로 자몽 등 감귤류에 많이 함유되어 있으며, 발암물질의 배설을 촉진한다.

(2) 페놀 (phenols)

식물체에서 산화적 손상을 방지하는 역할을 하는 물질로, 플라보노이드(flavonoid)와 이소플라본(isoflavones) 등이 있다.

플라보노이드는 식물체가 청색, 적청색, 자색 등을 띠게 하는 식물체 색소물질로 800종 이상이 있다. 플라보노이드는 수퍼옥사이드 음이온이나 단일산소 같은 자유기를 제거한다. 양파, 케일, 브로콜리, 포도, 사과, 곡류 등에 함유되어 있으며 암 발생을 감소시킨다.

이소플라본은 두류에 있으며, 에스트로겐과 구조가 유사하므로 에스트로겐의 작용물질 또는 길항물질로서의 양방향성 기능을 가지며, 심장질환의 위험을 감소시킨다. 콩 단백은 고콜레스테롤혈증을 유의하게 개선시키며, 동맥의 탄력성을 증대시키고 LDL 산화를 방어하는 효과가 있다.

(3) 티올 (thiols)

티올은 브로콜리, 콜리플라워, 케일, 양배추 등 십자화과 채소류에 들어 있는 유황을 함유하는 물질로 indoles, isothiocyanates 등이 있다. 유기황화합물들은 마늘, 실파, 부추 등의 파·마늘류나 양파과 채소류에서도 발견된다.

마늘의 황화 알릴류(allyl sulfides)와 다른 유기화합물들은 발암물질의 활성화를 억제하는 것으로 보이며, 간의 2단계 해독계 효소인 글루타티온-S-전이효소(glutathione-S-transferase) 생산을 증가시키고 변이과정을 저해하며, 대식세포와 T 림프구의 활성을 증가시킨다.

(4) 리그난 (lignans)

리그난은 아마에 다량 함유되어 있다. 그 외에 밀, 배아, 귀리, 메밀, 오트밀, 보리 등에 있다. 식물성 리그난은 장내 박테리아에 의해 포유동물 리그난으로 분해되면서 항산화제 활성을 갖게 된다.

4. 소화관의 건강상태

소화관의 건강상태가 저하되면 장관의 투과성에 변화가 초래되어 항원이나 병원체에 대항하는 방어기능이 손상된다.

소화관의 건강상태에 영향을 끼치는 두 가지 주요 인자는 장내 박테리아균총과 장관 점막의 건강상태이다.

(1) 장내 박테리아

장관에는 많은 양의 미생물이 존재하는데, 이 중에는 유익한 종도 있고 병원성으로 유해한 종도 있다.

장관이 최적의 기능을 수행하려면 이들 두 종 사이에 균형이 유지되어야 한다. 장내 미생물의 불균형 상태에서는 식품에 들어있는 잠재적 발암물질이나 식품 외에 담배 또는 약물에 함유된 암 유발물질들의 활성화가 촉진될 수 있다.

(2) 장내 박테리아의 종류와 기능

① 비피도박테리아(bifidobaceria), 유산균(lactobacillus), 유박테리움(eubacterium) : 비타민, 단쇄 지방산, 단백질 등을 생산해 숙주에 영양원을 제공하며 음식물의 소화 흡수를 돕는다. 또한 병원성 미생물의 생육과 침투를 막고 장점막에 부착해 국소적 면역반응을 자극한다.

② 베요넬라(veillonella), 클로스트리디움 페르프린겐스(clostridiumperfringens), 스타필로코쿠스(staphylococcus), 프로테우스(proteus) : 암모니아 유화수소 같은 부패성 물질을 생성한다. 항암물질 등 독성물질을 생산한다.

(3) 미생물 보충제와 생균제

생균제는 소화되지 않는 식품성분으로 식이섬유소와 프락토올리고당(fructo-oligoasccharides, FOS) 등이 있다. FOS는 단쇄 단당류로서 3~10개의 단당류로 구성되어 있으며 신당류라고 한다(neosugar). 과당을 비롯하여 FOS를 구성하는 단당류는 비소화성 결합으로 연결되어 있기 때문에, 소장에서 가수분해되지 않은 채 대장으로 넘어간다.

FOS는 대장에서 비피도박테리아나 젖산균 같은 유익한 박테리아의 성장을 자극함으로써 살모넬라나 클로스트리디움 같은 병원성 박테리아를 감소시킨다. 또한 발암 전구물질을 발암물질로 만드는 효소인 glucuronidase의 활성을 감소시킨다. 식이섬유소인 펙틴과 헤미셀룰로오스 및 이눌린 등은 단쇄 지방산 생성을 자극하며 젖산균과 비피도박테리아가 장 점막의 부착장소와 영양원에 경쟁하므로 유해성 박테리아의 과다증식을 억제한다. 또 이들은 유기산을 생성하기 때문에 장내 pH를 낮추고 병원성인 산-민감성 박테리아의 증식을 억제한다.

(4) 장 점막의 영양상태

소화관 점막은 상피세포로 구성되어 있는 얇은 반투성 막이며 세포와 세포 간은 밀착연접(tight junction)으로 밀착해 있다. 점막이 파열되면 장의 투과성이 달라져서 장관 내의 박테리아와 소화되지 않은 음식 성분 또는 독소 등이 방어벽을 넘게 된다. 이는 식이섬유소 섭취부족에 의한 것으로, 장 점막 세포의 에너지원이 butyrate, acetic acid, propionic acid 등인 점을 감안하면 식이섬유, 특히 수용성 섬유소 섭취가 중요하다.

결장에 서식하는 박테리아 중 비피도박테리아는 식이섬유소를 이용해 단쇄 지방산을 만들므로 장 점막세포에 간접적으로 영양을 지원한다. 글루타민과 글루탐산, 아세트산은 소장 점막세포의 에너지원으로 포도당보다 선호된다.

항생제는 박테리아의 감염을 막아 주지만, 병원성균뿐만 아니라 유익한 균도 사멸시키게 되므로 주의해야 한다.

5. 무독화계

이물질이 생체 내에 들어오면 생체 내의 무독화계가 이를 처리한다. 이 무독화 체계에는 장에 존재하는 면역조직과 간에 있는 효소계가 있다.

(1) 소화관 점막

소화관의 점막은 내인성 및 외인성 독소물질이 체내에 들어오지 못하도록 일차적인 방어역할을 수행한다. 그러나 독소가 장의 점막을 뚫고 들어오면 이들 물질은 소화관 점막(gut associated lymphoid tissue, GALT)의 활동에 의해 포획된다.

체내 임파조직의 50~60 %가 소화관에 의해 둘러싸여 있으며, GALT는 체내 항체 생산의 70 %를 담당하고 임파구도 가장 많이 지니고 있다. 주요 장 임파계는 진신직 면역세와는 별노로 분비성 번넉 글로불린 A(secretory immunoglobulin A, sIg A)를 분비한다.

GALT의 sIg A는 박테리아, 바이러스 및 이물질 등에 부착해 이들 물질이 체내에 침입하는 것을 억제하며 박테리아의 효소를 불활성화하거나 독소를 직접 무독화하는 역할을 한다. sIg A의 분비는 비피도박테리아 등 특정 유익균에 의해 촉진된다.

(2) 간의 해독작용

항원이나 독소가 순환혈액에 침입하게 되면 이들은 간으로 운반된다. 간은 연속적인 두 단계의 무독화계를 통해 이들 독소를 수용성화하여 체외로 배설시킨다. 1 단계는 효소에 의해 수행되는 과정으로, 이물질들이 글루타티온(glutathione) 등과 포함(conjugation)되어 수용성이 커진다.

1 단계에서 생성된 대사물이 글루쿠론산(glucuroinic acid), 글루타티온, 또는 글리신 등과 2차적으로 처리되면 독성이 약해지고 소변 또는 대변을 통해 쉽게 체외로 배설된다.

두 단계 간의 균형유지는 매주 중요하다. 1단계에서 생전환된 산물이 2단계에서 처리되지 않으면 본래 물질보다 오히려 더 강한 독성을 나타낼 수 있기 때문이다. 한편 특정의 식물체 화학물질이 이들 무독화계를 지원하는 효과를 나타낸다고 알려져 있다. 인돌류는 브로콜리와 콜리플라워 및 기타 십자화과 채소류에 함유된 식물체 화학물질로, 1단계 경로를 현저하게 촉진시킨다.

또한 파나 마늘 등의 채소류에 들어 있는 유기황화합물들은 2 단계에 관여하는 효소들의 활성을 현저하게 항진시키는 것으로 알려졌으며, 동물실험에서 암발생률을 유의하게 낮추었다.

그러므로 보호영양(성인기에 최고의 신체기능을 유지하고 대사질환을 예방하기 위한 영양)을 위해서는 비만이 되지 않도록 적정 량의 에너지 섭취를 하고, 비타민과 무기질 영양상태가 양호하도록 미량영양소의 밀도가 높은 식사를 하며, 소화관의 통합력과 체내 무독화계의 활성을 유지하기 위해 식물체 화학물질을 풍부하게 함유한 식사를 해야 한다.

6. 성인기 건강을 위한 식사지침

(1) 과잉 에너지 섭취를 금한다.

(2) 세포에 포도당을 일정한 속도로 공급하도록 한다.

① 인슐린 요구도를 높이지 않아야 한다.

② GI 수치가 낮은 식품을 선택하여 식사한다.

- GI(glycemic index)란 : 어떤 식품이 어떤 속도로 혈액에 포도당을 제공하며 인슐린 분비를 얼마나 요구하는지를 측정하는 도구이다.
- 식품에 함유된 섬유소의 종류 : 수용성 섬유소를 함유하는 식품은 GI가 낮다.
- 음식의 형태 : 떡은 밥보다 GI가 높다.
- 단순당의 종류 : 설탕이나 포도당보다 과당은 GI가 낮다.
- 섭취한 단백질과 지방함량 : 단백질이나 지방을 함께 섭취하면 GI가 낮다.
- 전분의 구조 : 아밀로오스 함량이 높으면 GI가 낮다.

고섬유소 식품, 현미나 보리 같은 전곡류, 두류, 채소류 등은 GI값이 낮은 식품이다. 또한 탄수화물 위주의 식사에 비해 혈당치 조절이 용이하고 인슐린 분비를 과다하게 유도하지 않는 단백질과 지방을 탄수화물과 잘 조합해야 한다.

(3) 미량영양소의 밀도가 높으며, 아래와 같은 식물체 화학물질을 풍부하게 함유한 식사를 한다.

- 과일류, 채소류(녹황색 채소류, 구근류 및 두꺼운 껍질의 호박류)
- 잡곡, 빵·시리얼(도정하지 않은 전곡류)

- 무지방·저지방 우유 또는 요구르트, 무지방·저지방 치즈 또는 칼슘이 풍부한 식품, 진한 녹색 채소류, 칼슘강화두유
- 두류, 견과류, 어류, 난류, 조류, 저지방 육류

(4) n-6와 n-3 지방산 균형

인체는 n-6와 n-3 지방산을 서로 상호전환시키지 못하며, 이들은 대사과정에서 서로 경쟁한다. 그러므로 이들 지방산 비의 균형이 중요하다. 우리나라는 4 : 1에서 10 : 1의 비율을 권장하고 있다. 이를 위해서는 n-3 지방산 섭취를 증가할 필요가 있다.

리놀렌산은 심순환기계 질환에 예방효과가 있다. 연어, 고등어, 정어리 같은 어류는 n-3 지방산인 EPA와 DHA를 많이 함유한다. 이들 지방산은 염증성 프로스타글란딘의 생성을 저해한다. 관절염, 루프스 및 기타 염증상태를 보이는 자가면역질환에 대해서도 유익하다.

8-4 성인기의 건강문제

1. 대사증후군(metabolic syndrome)

당뇨병, 고혈압, 동맥경화증, 심혈관질환, 비만 등을 공통변인으로 갖는 하나의 질환군이다. 이들 질환들은 한 사람에게서 중복 발생하는 경우가 많다.

예를 들어, 당뇨환자의 과반수는 고혈압이나 고지혈증, 복부비만을 동반하며 고혈압 환자의 ⅓ 정도는 당뇨를 가지고 있다. 이와 같은 질환군을 몰랐을 때에는 X 증후군이라 하였으나, 최근에는 인슐린 저항성 증후군 또는 대사증후군이라 한다.

(1) 대사증후군의 진단기준(미국 국립 콜레스테롤 교육프로그램, NCEP)

① 포도당 조절 손상 또는 당뇨가 있는 경우(공복혈당 110mg/dL 이상)
② 고혈압이 있는 경우(≧130/85mmHg)
③ 고중성지방혈증이 있는 경우(≧150mg/dL)
④ 저 HDL 콜레스테롤 혈증이 있는 경우(남자 40mg/dL, 여자 50mg/dL 이하)
⑤ 복부비만인 경우(허리둘레 남자>90cm, 여자>85cm)

위의 5가지 지표 가운데 3가지 이상이 기준치를 넘으면 대사증후군으로 본다.

(2) 원 인

말초조직 세포의 인슐린 저항성이 증가하여 혈당을 처리하는 능력이 떨어지면 췌장은 이를 보상하기 위해 인슐린 분비량을 늘리므로 고인슐린혈증이 나타난다.

운동부족이나 비만, 과식, 고열량의 간식, 청량음료 과다 섭취, 장쇄불포화지방산의 섭취부족, 복합 비타민, 마그네슘, 셀레늄 등의 결핍으로 오는 경우가 많다.

그림 8-2 대사증후군

특히 복부비만은 내장의 지방조직세포에서 생리활성물질을 많이 분비시킨다. 플라스미노겐 활성물질저해제(plasminogen activator inhibiter-1, PAI-1)는 혈관 평활근의 섬유화과정과 혈전형성에 중요역할을 해 혈관질환을 유발시킨다. 한편, 혈관 평활근세포의 증식을 억제하는 아디포넥틴은 비만의 경우에 오히려 분비량이 줄어서 혈관질환이 진행된다.

장쇄 불포화지방산은 염증상태를 개선하며 콜레스테롤 합성효소의 활성을 저해하고 렙틴 유전자의 발현을 촉진해 식욕을 억제하며, 혈관이완작용을 하는 프로스타글란딘 생성을 촉진한다. 그러므로 장쇄 불포화지방산의 섭취부족도 대사증후군을 발생시키는 원인이 될 수 있다.

(3) 영양관리

탄수화물 식품은 전곡류나 복합다당류로 섭취하고 섬유소가 많이 있는 채소류, 해조류, 과일류를 섭취한다. 불포화지방산은 혈중 콜레스테롤을 낮춰주므로 함유식품을 매일 섭취하여 대사질환을 예방하도록 한다.

2. 비 만

비만은 체내에 과다하게 많은 양의 체지방이 쌓여 있는 상태이다. 2013년 기준 한국인 성인(만 19세 이상)의 비만유병률을 살펴보면(그림 8-2) 전체가 32.5%였으며, 남녀 각각 37.6%와 27.5%를 나타내었다. 특히 남자에서 30대, 40대 및 50대의 비만유병률은 각각 47.1%, 41.5% 및 40.8%로 매우 높음을 알 수 있었다. 2009년부터 2013년까지 5년간의 비만유병률의 변화(그림 8-3)를 살펴보면 전체적으로 큰 변화없이 서서히 증가하는 경향을 보였으나 특히 30대 남자의 비만유병률은 뚜렷하게 증가하였다.

(1) 비만의 원인

비만의 원인은 한 가지가 아니고 복합적인 원인으로 생긴다. 약물에 의해서도 비만이 유발되고 내분비계통의 질환이 있어서 생기기도 하며, 유전적인 원인도 있다. 섭취하는 에너지에 비해 소비하는 에너지가 적을 때, 활동부족 시에 여분의 에너지가 축적되는 것도 비만유발의 큰 원인이다.

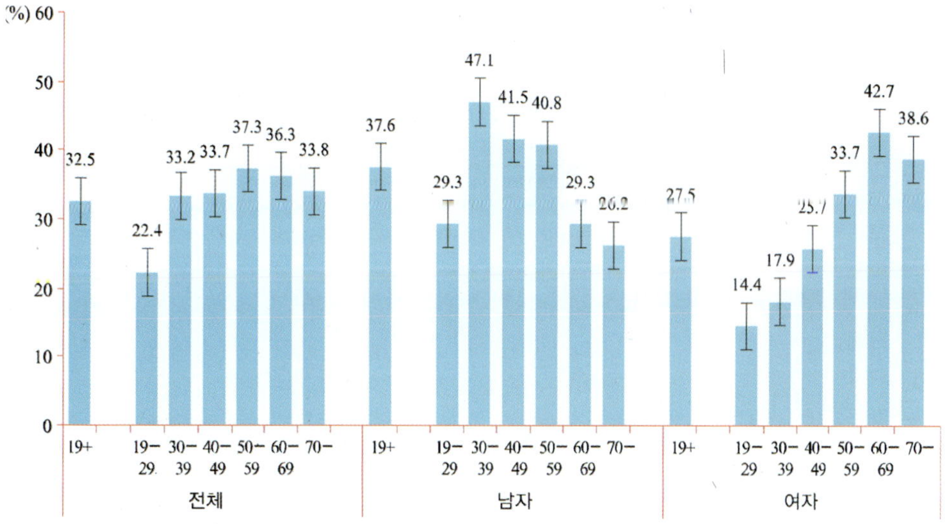

질병관리본부, 2014, 단위 : %

그림 8-3 2013 우리나라 성인의 연령별 비만 유병률(체질량지수, 19세 이상)

(2) 비만의 유형

① **상체비만** : 남성형, 사과형 비만

복부에 지방이 많은 사과형 체형으로 남성 비만에서 많다. 고혈압, 심혈관계 질환, 당뇨병의 발생률이 높다.

② **하체비만** : 여성형, 서양배형 비만

둔부와 대퇴부에 지방이 많은 체형으로, 여성 비만에서 많다. 여성도 상체 비만이면 당뇨병, 동맥경화, 고혈압 등의 합병증이 많이 생긴다.

(3) 비만의 진단

비만을 정확하게 평가하기 위해서는 체지방량을 직접 측정해야 하지만, 이것은 여러 가지 사정상 어렵기 때문에 간접적으로 간단하게 측정하는 방법이 있다. 표준체중을 이용한 방법과 체질량지수를 이용한 방법, 그리고 최근에 많이 활용되고 있는 전기저항체지방측정법 등이 있다.

그림 8–4
피하지방과 내장지방

① 표준체중

② 비만도

$$표준체중(kg) = (키 - 100) \times 0.9$$

③ 체질량지수법(BMI)

$$비만도(\%) = \frac{현재\ 체중 - 표준체중}{표준체중} \times 100$$

10~19 % : 과체중
20~29 % : 경도 비만
30~49 % : 중등도 비만
50 % 이상 : 고도 비만

신장과 체중을 이용하여 지방의 양을 추정한다.

$$BMI = \frac{몸무게\ (kg)}{키\ (m)^2}$$

체질량지수 18.5~22.9는 정상, 23~24.9는 과체중, 25 이상이면 비만으로 판정한다.

④ 생체전기저항측정법(BIA)

체지방률이 여자인 경우는 30 % 이상, 남자인 경우는 25 % 이상을 비만으로 한다.

⑤ 복부비만을 평가하는 데는 허리둘레를 측정하는 방법과 비교적 정확한 복부 체지방 컴퓨터 단층촬영을 하는 방법이 있다. 허리둘레는 남자의 경우는 90 cm 이상, 여자의 경우는 85 cm 이상을 복부 비만으로 정의한다.

(4) 피하지방과 내장지방

피하지방형 비만은 복벽에 피하지방으로 저장된 것이고 내장지방형 비만은 내장 주변에 지방이 저장된 것이다. 일반적으로 내장지방형 비만에서 여러 합병증이 많이 나타나고 내장지방과 피하지방의 비가 0.4 이상일 때에 내장형 비만으로 판정한다.

(5) 비만으로 인한 질환

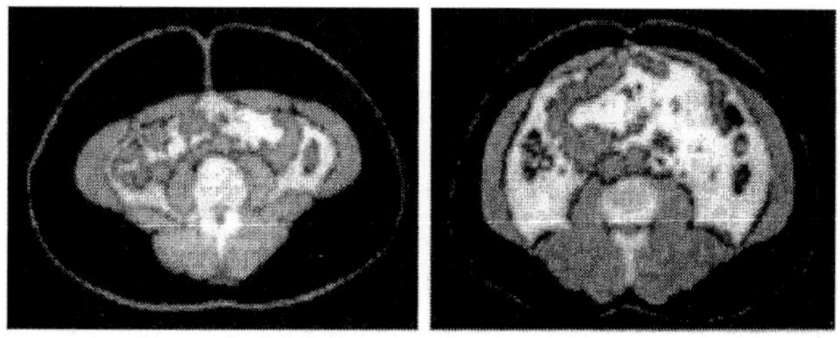

[비만과 심혈관계 위험요인]

① 고혈압

비만한 사람은 고혈압의 위험이 크게 증가한다. 체중이 줄면 혈압이 감소한다.

② 이상지질혈증

비만한 사람들 중에는 이상지질혈증이 흔하다. 이들은 혈중 중성지방과 저밀도 지단백이 높으며, HDL-콜레스테롤이 낮다.

③ 제2형 당뇨병

제2형 당뇨병과 연관된 위험요인으로는 성·연령·민족 등의 교정 불가능한 것들과 비만·식사·신체활동량 저하 등의 교정 가능한 것들이 있다. 이러한 여러 가지 위험요인들이 제2형 당뇨병의 발생에 영향을 미치므로, 위험요인이 많은 사람은 비만하지 않아도 당뇨병이 생기는 반면, 어떤 경우에는 비만만으로 제2형 당뇨병이 유발된다.

제2형 당뇨병은 일반적으로 인슐린 저항성 및 고인슐린 혈증과 연관되어 있다. 우리나라 당뇨병 유병률도 전체 성인의 약 20%로 성인 10명 중 2명이 당뇨병으로 매우 높은 편이다.

④ 뇌졸중

제2형 당뇨병, 고혈압, 그리고 고지혈증과 같은 동반 질환이 있는 경우에는 체질량지수가 25~29.9 범위에 있더라도 뇌졸중 유병률이 증가하는 것으로 보고되고 있다.

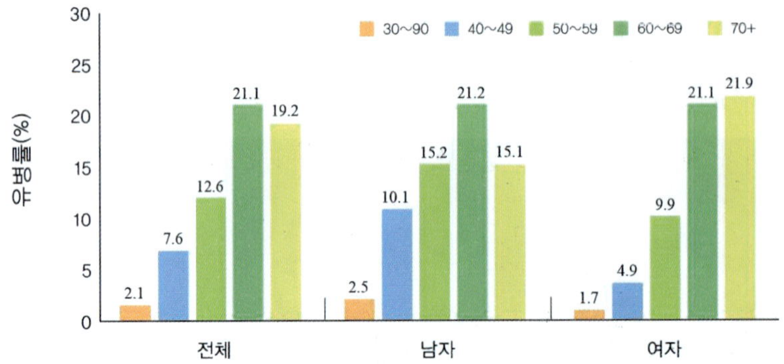

그림 8-5 우리나라 성인의 연령별 당뇨병(공복혈당, ≥ 126mg/dL) 유병률(만 30세 이상)

자료 : 2008년 국민건강영양조사(보건복지가족부/질병관리본부, 2011)

(6) 여성 생식기계 이상

비만은 다낭성 난소 증후군, 불임, 월경이상 등과 같은 부인과 질환과 연관되어 있다. 또한, 비만은 출산할 때의 건강에 대한 문제와 태아 이상과도 연관되어 있다. 이러한 위험 증가는, 성인기에 비만해진 경우뿐만 아니라, 아동기나 청소년기에 비만해진 경우에도 연관되어 있다.

복부 비만은 안드로겐의 영향을 증가시키므로 월경이상과 불임의 중요한 원인이 된다. 다낭성 난소 증후군 환자의 경우, 체중을 줄이면 월경이상과 호르몬 이상이 호전된다.

(7) 호흡기능

비만은 호흡기능에 부정적인 영향을 미치고 호흡기계 질환의 위험을 높이는 것으로 알려져 있다. 비만한 남녀에게서 수면무호흡증은 흔하며, 특히 복부 비만과 목 크기가 폐색성 수면무호흡증과 연관되어 있다. 이것은 누운 자세에서 상기도가 좁아지기 때문이며, 심한 경우에는 급사를 초래할 수도 있다.

(8) 근골격계 이상

요통 위험의 증가가 비만한 여성에서 관찰된다. 요통은 신체활동량 저하를 초래하여 비만도를 증가시킬 수 있다. 역으로 비만이 척추에 기계적인 부담을 늘림으로써 요통의 위험을 증가시킬 수도 있다. 이에 따라 걸음걸이가 변하여 척추의 충격흡수효율을 떨어뜨리면서 척추에 부담을 증가시킬 수 있다.

(9) 암

비만과 관련된 암 사망률은 남성의 경우에 대장결장암이 주로 나타났으며, 여성은 담낭, 담도, 유방, 자궁경부, 자궁내막, 자궁체부, 난소암 등이 많다.

(10) 위장관 질환

비만한 사람에게 담낭 질환이 많다. 체중이 증가되면 담즙에 분비되는 콜레스테롤의 증가는 담석증을 유발하며, 지방간도 나타난다.

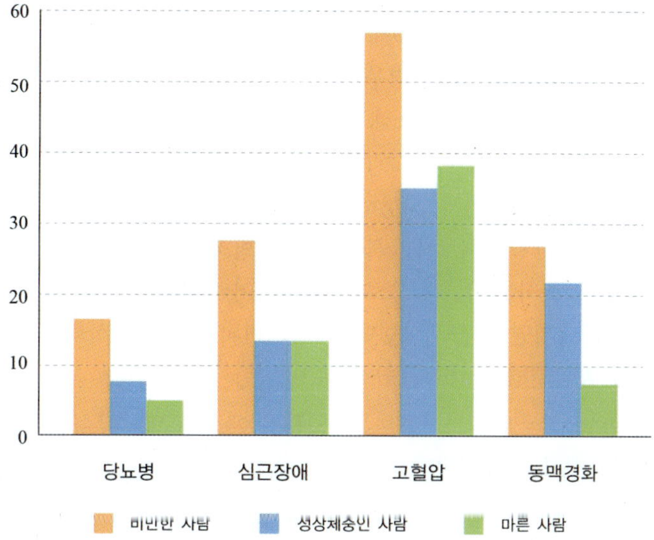

그림 8-6 비만인 사람의 대사증후군 발현율(%)

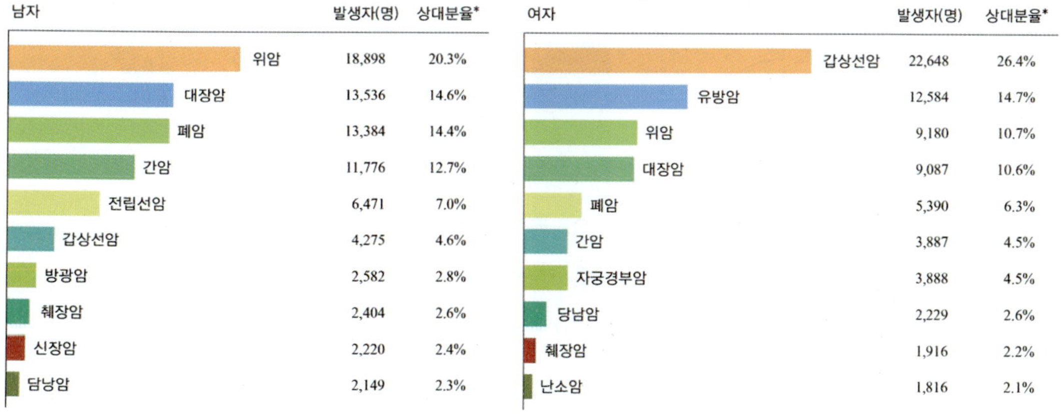

* 상대분율 : 모든 암에서의 해당 암의 분율

그림 8-7 한국인의 암 발생빈도

자료 : 통계청(2008)

8-5 중년 여성의 건강문제

대부분의 여성은 50세 전후에 폐경이 되어 난자 배출기능이 종료된다. 에스트로겐 생산이 감소되어 혈중 에스트로겐 농도가 60% 정도로 떨어지며, 에스트로겐의 생산이 감퇴되면 골질량이 감소하고 혈액에서는 LDL 콜레스테롤 농도가 상승하며 HDL 콜레스테롤 수준이 저하되고 유방암 발생률이 높아진다.

(1) 폐 경

배란과 월경이 정지되는 시기로 50세 전후로 나타나지만, 60세까지도 규칙적인 난소 주기와 월경 주기가 지속되는 경우도 있다.

폐경기에는 에스트로겐과 프로게스테론의 혈중농도가 감소하면서 자궁이나 유방의 크기가 축소되고 자궁 내벽이 얇아진다.

에스트로겐 수준이 감소하면서 시상하부는 난소로 하여금 더 많은 에스트로겐을 분비하도록 한다. 하지만 난소는 불규칙적인 반응을 보여 에스트로겐 수준이 증가하거나 감소하는 변화를 일으킴으로써 여성들이 심리적으로 불안정해지며, 시상하부의 활동이 지나치면 아드레날린이 과잉분비되고 신진대사를 촉진시킴으로써 폐경기 고열과 가슴떨림 및 땀 흘림 현상이 나타나기도 한다.

뇌하수체에서 분비되는 난포자극호르몬(FSH)은 에스트로겐 감소에 따라 증가하며 프로게스테론의 생산은 정지된다.

그밖에도 중추신경계, 뼈, 위장관계, 피부 등에도 영향을 미침으로써 골다공증, 안면 홍조, 불안, 우울증 등이 나타나기도 한다.

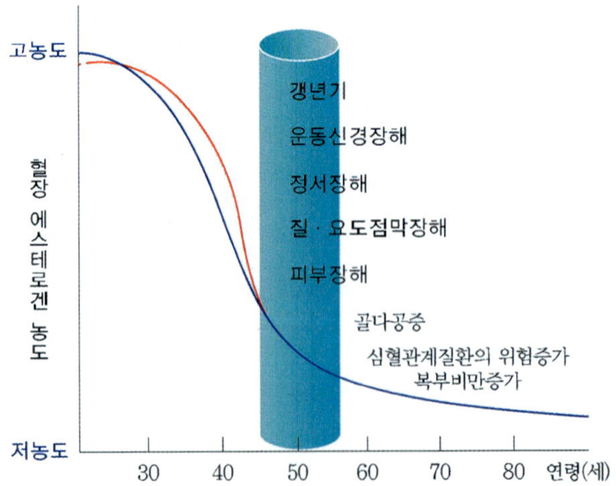

그림 8-8 폐경 후의 생리적 변화

(2) 골다공증

골격 내에 골조직량이 감소한 상태로 골격의 외형은 유지되나, 골밀도가 낮아서 등뼈와 엉덩이뼈 등에 골절이 발생할 위험이 높아진다(35세까지 최대 골질량이 축적되고 매 10년마다 3%씩 골손실). 특히 여성들은 폐경 이후 노화성 골손실과는 달리 빠른 속도로 골손실이 생긴다. 에스트로겐 분비가 감소되면서 파골세포가 부갑상선 호르몬에 민감해짐으로써 골 흡수작용이 촉진되기 때문이다.

골다공증은 회복이 힘들므로 예방을 하는 것이 중요하다. 35세 이전까지 최대 골질량을 확보하고, 35세 이후 골손실을 최소화한다. 즉, 골질량이 증대되는 특정 시기에 칼슘과 골격형성에 요구되는 영양소를 공급하고 성인기에도 계속 골격형성 영양소를 충분히 섭취하며, 체중부하운동 등 신체활동으로 뼈를 자극해야 한다.

에스트로겐 단일제 또는 에스트로겐과 프로게스틴 복합제를 투여하면 갱년기 증세가 완화되고 골다공을 예방할 수 있으며, 이소플라본 등 식물체 에스트로겐을 함유하는 대두와 대두제품을 많이 섭취하는 것을 권장한다.

비타민 D 부족, 음주, 커피 등도 골다공증 위험요인이다. 비타민 D 결핍으로 인해 소화관으로부터 칼슘흡수나 신장으로부터 칼슘 재흡수가 감소하면 혈중 칼슘농도가 저하되며, PTH 분비량이 많아져서 뼈로부터 용출되는 칼슘이 증가한다.

알코올은 조골세포의 기능을 손상시키며 장내 칼슘흡수를 방해하므로 골형성을 감소시킨다. 과다한 카페인 섭취는 골손실을 가속화한다. 특히 우리나라의 경우에는 칼슘 섭취부족, 인산염 과다섭취, 흡수장애 등으로 골다공증이 많다. 그러나 불소는 골조직 손실을 감소시키고, 프로락틴은 신장에서 비타민 D의 활성을 자극하여 장관에서의 칼슘 흡수를 촉진시킨다.

갱년기 여성에게 에스트로겐 투여는 혈장 및 요의 칼슘농도를 저하시키고 뼈의 칼슘 분해를 방지할 수 있으므로 골다공증을 감소시킨다. 바람직한 체중은 뼈를 단단하게 해주며 적당량의 지방층은 에스트로겐을 생산한다.

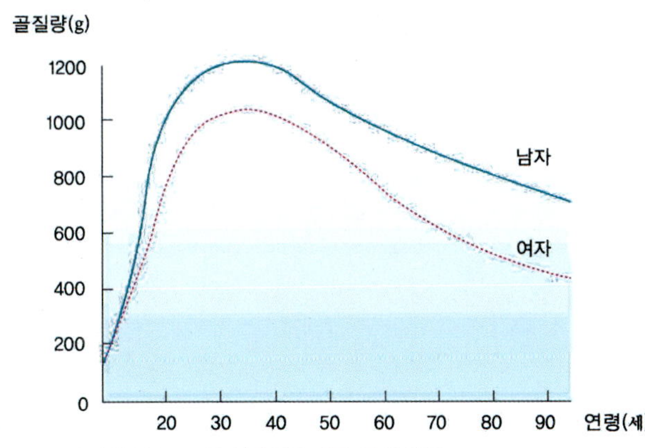

*상대분율 : 모든 암에서의 해당 암의 분율

그림 8-9 연령에 따른 남녀의 골질량 변화

자료 : Kretchmer N, Zimmermannm(1997), Developmental Nutrition.

(3) 심혈관계 질환

폐경 이전에는 여성들이 남성보다 혈청 지질이 낮으며 에스트로겐이 분비되어 혈중 HDL을 높이고, LDL 농도는 낮추며, LDL의 산화를 막아서 항동맥경화 효과를 나타낸다.

그러나 폐경 이후에는 복부주변에 내장지방의 축적이 촉진되어 혈중 콜레스테롤이 증가하고 HDL 콜레스테롤은 감소하며, 중성지방의 증가로 인해 심혈관계 질환의 위험이 증가된다. 에스트로겐을 투여하면 간 리파아제 활성이 억제되어 HDL 콜레스테롤 농도는 증가하게 되지만 에스트로겐을 장기간 복용하면 암 발생 위험이 높아질 수 있다.

(4) 동맥경화

심장근육에 혈액을 공급하는 관상동맥을 비롯하여 뇌에 혈액을 공급하는 대뇌동맥에 지방이 축적되면서 섬유성 플라크를 형성하여 이 플라크 안으로 궤양이 생기거나 출혈이 있으면 부어오르고 동맥내경이 좁아짐으로써 혈액공급이 차단되어 조직이 파괴된다.

심장근육에 허혈이 초래되어 관상심장병을 일으키게 되며 심근경색이나 심장마비의 위험률이 높아진다. 대뇌동맥이 막히거나 출혈이 생기면 중풍을 동반한 뇌졸중, 언어장애, 시력·청력·기억력의 상실을 초래한다.

(5) 유방암

고지방 식이가 유방암과 밀접한 관계가 있다는 것은 많은 연구결과가 입증해 주고 있다. 고령, 백인, 30세 이후 첫 출산, 비만, 이른 초경, 늦은 폐경, 음주 등은 유방암의 주요 원인들이다. 특히 비만은 폐경 후 여성의 유방암 발생의 중요 위험인자이고, 고지방 섭취, 비타민 A 섭취부족은 유방암을 발생시키는 주요요인이 된다. 식이섬유는 위험을 줄여 준다.

(6) 고혈압

비만을 예방하고, 식염의 과잉섭취를 줄여야 하며, 알코올도 고혈압 발생을 증가시키므로 금주하는 것이 좋다.

(7) 각종 암

다중불포화지방산을 다량 함유한 식물성 기름은 종양의 성장을 촉진시킬 수 있으나, n-3 지방산, 올리브유에서 추출한 단일불포화지방산은 그렇지 않다는 보고가 있다. β-카로틴은 항산화제로 유리기를 제거하는 기능이 있으며, 비타민 A는 T 세포 활성을 증가시켜 암세포 성장을 억제한다.

(8) 당뇨병

중년기 이후에는 인슐린 저항성이 증가하여 당뇨가 되는 경우가 많다. 특히 비만하거나 고혈압 및 고지혈증인 경우에는 당뇨가 될 가능성이 더 높다.

(9) 음 주

알코올은 구강, 식도, 위 등에 해를 끼칠 수 있고, 혈중 알코올 농도가 과다하게 상승하면 중뇌와 후뇌조직에 작용해 반사, 언어, 근육 등의 조절력이 저하되어 감각기능이 떨어지고 의식불명 상태에 빠질 수 있다.

알코올은 분자량이 적고 용해도가 높으므로 위, 소장, 결장 등의 소화관 점막에 빠르게 확산되어 체내 조직에 분포된다. 알코올 산화는 간세포의 알코올 탈수소효소, MEOS(Microsomal Ethanol Oxidizing System)와 카탈라아제에 의해 대사되어 아세트알데히드를 거친 다음, 아세테이트가 되어 아세틸 CoA로 되며, 간과 지방조직에서 일부 지방산과 중성지방 합성에 쓰이기도 한다.

그러나 대부분 TCA를 거쳐서 ATP를 생성한다. 알코올의 산화는 지방과 당질의 산화를 억제하며, 지방축적을 유도한다.

알코올은 비타민 B_6, B_{12}, 엽산, 아연 등 영양소의 흡수를 감소시킨다. 그리고 혈중 지질 상승, 고혈압, 고혈당, 간질환을 유발(aldehyde가 주원인)한다.

(10) 흡 연

흡연을 하면 혈장 지단백 중 저밀도지단백이 산화되기 쉬우며, 총 콜레스테롤, 중성지방 농도는 높아진다. 이는 니코틴이 아드레날린 방출을 자극하여 유리지방산 농도를 올리며 유리지방산은 간에서 초저밀도지단백 방출을 촉진하여 중성지방과 콜레스테롤 분비를 늘리기 때문이다.

(11) 스트레스

스트레스를 받으면 메스꺼움, 구토, 설사 등의 위장관 이상, 취침 불규칙, 두통, 혈관수축이나 맥박수 증가 등을 유발하여 심혈관에 악영향을 준다. 또한 위산이 과다분비되어 소화성 궤양, 위장질환을 유발시킨다.

8-6 중년 여성과 운동

규칙적인 신체활동은 열량 균형, 체구성, 심장기능 및 혈청 지질에 좋은 영향을 준다.

운동은 근섬유를 강화시키고 나이에 따른 근육량 감소와 체지방의 증가를 막아 주며 골격형성을 자극하여 뼈를 튼튼하게 하고 골손실을 막아 준다. 또한 운동은 심장의 펌프 기능을 향상시키며 동맥 내의 지방축적을 감소시킴으로써 혈압을 낮추고 적절한 혈압유지를 하게 한다. 운동은 HDL 콜레스테롤을 증가시킨다.

표 8-8 50대 여성의 영양소 섭취기준

영양소	평균필요량	권장섭취량	충분섭취량	상한섭취량
식이섬유(g)			20	
비타민 A(μg RE)	430	600		3,000
비타민 B(μg)			10	100
비타민 E(μgα-RE)			12	540
비타민 K(μg)			65	
비타민 C(mg)	75	100		2,000
티아민(mg)	0.9	1.1		
리보플라민(mg)	1.0	1.2		
니아신(mg)	11	14	35	35(니코틴산) 1,000(니코틴아미드)
비타민 B6(mg)	1.2	1.4		100
엽산(μg)	320	400		1,000
비타민 B12(mg)	2.0	2.4		
판토텐산(mg)			5	
비오틴(μg)			30	
칼슘(mg)	580	800		2,000
인(mg)	580	700		3.500
나트륨(mg)			1,500	2,000 (목표섭취량)
염소(mg)			2,300	
칼륨(mg)			3,500	
마그네슘(mg)	235	280		350
철(mg)	6	8		45
아연(mg)	6	7		35
구리(μg)	600	800		10,000
불소(mg)			2.5	10
망간(mg)			3.5	11
요오드(μg)	95	150		2,400
셀레늄(μg)	50	60		400

※ 비타민 A의 RAE에 대한 데이터베이스의 부재로 기존의 RE로 제시하였으며, 2015년 한국인 영양소 섭취 기준에는 RAE로 제시되어 있음.

표 8-9 성인 하루 1,800kcal 섭취를 위한 식품군 및 끼니별 식단구성표

	섭취횟수	아침	점심	저녁	간식
곡류	3회	1 밥 1공기	1 밥 1공기 (백미:현미=1:1)	1 밥 2/3공기 도토리묵 200g	
고기·생선·달걀·콩류	3.5회	1 고등어 60g	1 쇠고기 60g	0.5 두부 40g	1 두유 1컵(200mL)
채소류	7회	2 배추김치 1/2접시 콩나물(1/2)국 시금치나물 1접시	2.5 양파 2.5회 생표고 1/2회 미역(15g)국 열무김치 1접시	2.5 배추김치 1접시 우엉 1/2회 쑥갓 1/2회 오이 1/2회	
과일류	2회				2 바나나 1개 사과(중) 반개
우유·유제품류	1회				1 우유 1컵(200mL)

※유지 · 당류(4회 : 조리 시 소량씩 사용하되 커피믹스나 단음료 섭취 시 그 양을 포함시켜야 함)

8-7 성인을 위한 식생활 관리

[성인을 위한 식생활 실천지침]

① 채소, 과일, 우유 제품을 매일 섭취한다.

- 여러 가지 채소를 매일 섭취한다.
- 다양한 제철 과일을 섭취한다.
- 우유, 요구르트, 치즈 등 우유 제품을 간식으로 섭취한다.

② 지방이 많은 고기와 튀긴 음식을 적게 섭취한다.

- 고기는 기름을 떼어 내고 섭취한다.
- 튀기거나 볶은 음식을 적게 섭취한다.
- 등푸른 생선을 자주 섭취한다.

③ 짠 음식을 피하고, 싱겁게 섭취한다.

- 장아찌, 젓갈과 같은 짠 음식을 적게 섭취한다.
- 음식을 만들거나 먹을 때 소금이나 간장을 적게 사용한다.
- 국과 찌개의 국물을 적게 섭취한다.

④ 활동량을 늘리고, 알맞게 섭취한다.

- 운동은 1회 30분 이상, 1주 3~4회 이상 실천한다.
- 생활 속에서의 신체 활동을 늘린다.
- 단 음식과 단 음료를 제한한다.
- 건강 체중을 유지한다.

⑤ 술을 마실 때는 그 양을 제한한다.

- 되도록 음주를 피한다.
- 남자는 하루 2잔, 여자는 1잔 이내로 제한한다.
  (2잔은 소주로는 3잔, 맥주로는 2캔, 양주로는 2잔에 해당된다.)
- 임신부나 청소년은 절대 술을 마시지 않는다.

⑥ 세끼 식사를 규칙적으로 즐겁게 한다.

- 아침을 거르지 않는다.
- 저녁 식사는 가족과 함께 즐겁게 한다.

⑦ 음식은 먹을 만큼 준비하고, 위생적으로 관리한다.

- 음식은 먹을 만큼 만들거나 주문한다.
- 남은 음식은 바로 냉장보관하고, 오래 두지 않는다.

⑧ 밥을 주식으로 하는 우리 식생활을 한다.

- 밥과 다양한 반찬을 갖춘 식사로 영양의 균형을 유지한다.

(자료 : 보건복지부)

성인기 영양 핵심문제

1. 성인기의 생리적 특징에 대한 설명으로 옳지 않은 것은?

① 성인의 신체구성성분은 일정하게 유지된다.
② 가령에 따른 신체기능의 감소 및 퇴화는 개인차가 있다.
③ 20대 중반에 생리기능이 최대가 된다.
④ 체지방이 차지하는 비율이 증가한다.

2. 50대 이후에 영양섭취기준이 증가되는 영양소는?

① 단백질　　② 에너지
③ 철분　　④ 비타민 D

tip 성인기에는 비타민 D의 섭취가 중요한데 이는 비타민 D가 칼슘과 인의 대사에 관여하기 때문이다.

3. 50세 이후 여성의 1일 영양섭취기준이 20~49세보다 적은 영양소는?

① 단백질　　② 칼슘
③ 철분　　④ 엽산

4. 성인기의 심혈관계 질환의 발생을 낮추기 위한 요인이 아닌 것은?

① 금연
② 혈중 HDL 농도 감소
③ 체중 감소
④ 금주

5. 폐경기 이후 여성에게 골다공증이 발생하는 이유는?

① 뼈의 칼슘손실을 막아주는 에스트로겐의 감소 때문이다.
② 혈중 콜레스테롤이 증가하기 때문이다.
③ 무기질과 비타민의 섭취가 부족하기 때문이다.
④ 부갑상선 호르몬의 분비가 감소하여 뼈에서 칼슘이 빠져 나오기 때문이다.

6. 최근 우리나라의 성인들에서 비만과 함께 당뇨병 환자가 크게 증가하고 있다. 이를 예방하기 위한 식사관리로 옳은 것은?

① 탄수화물은 적게 지방이 많이 든 식품을 선택한다.
② 섬유소가 많은 해조류와 채소류를 적게 섭취한다.
③ 음식은 맵고, 짜게 하여 적게 먹는다.
④ 식사를 규칙적으로 하고 저열량 균형식을 한다.

정답 1. ① 2. ④ 3. ③ 4. ② 5. ① 6. ④

Chapter 9

노년기 영양

인간이 궁극적으로 추구하는 소망은 건강하고 행복한 삶을 영위하는 것이다. 건강하게 풍요로운 노년기를 보내기 위해 가령에 따른 신체기능의 변화에 대한 영양의 영향을 밝히고 연구하는 것은 영양학자들에게는 앞으로의 중요한 연구과제이다. 인간을 대상으로 하는 노화연구는 긴 세월이 필요하고, 사람을 둘러싸고 있는 다양한 환경요인을 균일화해서 평가하기에 여러 가지로 어려운 점이 많다.

최근 전세계적으로 경제 발전과 과학기술의 발달에 따라 영양, 의료, 위생 및 주거환경의 개선으로 노인인구 비율이 증가하고 있다. 우리나라도 노령 인구가 1998년에 3,026,000명으로 전체 인구의 6.4 %를 차지했다.

2000년에는 고령화 사회(aging society)의 기준인 7 %를 넘어 7.2 %이었으며, 2018년경에는 고령 사회(aged society)의 기준인 14 %, 2026년에는 20.8%로 초고령 사회에 이를 것으로 추산된다(표 9–1, 9–2, 그림 9–1).

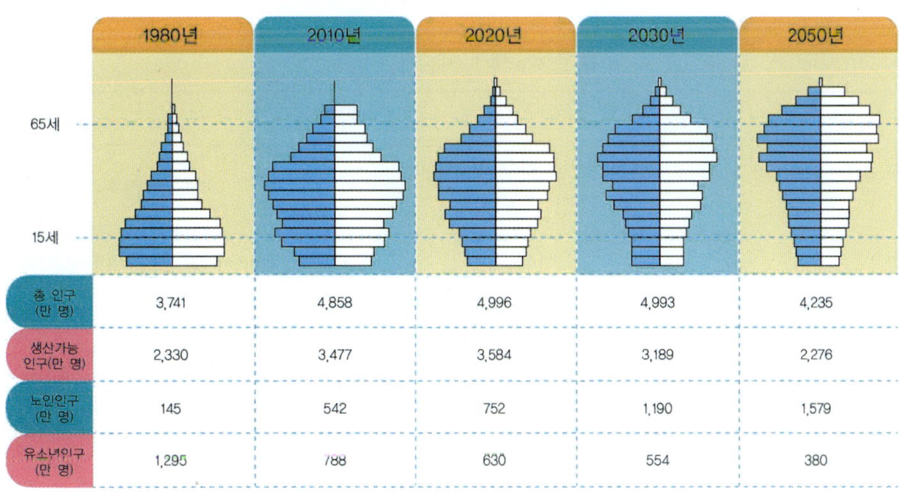

	1980년	2010년	2020년	2030년	2050년
총 인구 (만 명)	3,741	4,858	4,996	4,993	4,235
생산가능 인구(만 명)	2,330	3,477	3,584	3,189	2,276
노인인구 (만 명)	145	542	752	1,190	1,579
유소년인구 (만 명)	1,295	788	630	554	380

그림 9–1 우리나라 인구구조 변동추이 및 전망

자료 : 보건복지부, 2010.

2009년 한국인의 기대수명은 남자 76.8세, 여자 83.8세 이였으며, 2030년에 남자 79.79세, 여자 86.27세, 2050년에는 남자 82.87세, 여자 88.92세에 이를 것으로 예측하고 있다. 앞으로도 노년인구는 계속 늘어날 것이 확실하므로 노령인구의 보건문제 및 실버산업에 많은 관심을 가져 생명연장보다는 건강한 노후생활을 보낼 수 있게 노화로 인한 기능저하를 최소화하기 위한 개개인의 노력과 더불어 국가적인 차원에서 노인복지를 위한 다각적인 노력을 기울여야 한다.

9-1 노 화

노화는 시간의 흐름에 따라 세포나 조직기관 등의 유기체 전반에 걸쳐서 일어나는 점진적인 변화이다. 노화가 진행되면 체내의 전반적인 기능이 감퇴하고 신체 여러 기관들이 정상적인 기능을 수행할 수 있는 능력이 점차 저하된다. 모든 신체기관의 여력이 적어지면서 식욕이나 소화흡수 정도가 감소하고 영양필요량이나 영양상태에도 영향을 미친다.

표 9-1 노인 인구 증가비율 (단위 : 만 명, 65세 이상)

구 분	1980	1990	2000	2006	2010	2018
총 인구	3,812	4,287	4,701	4,830	4,887	4,934
노인인구	146	220	339	459	536	707
비율(%)	3.8	5.1	7.2	9.5	11.0	14.3

자료 : 통계청, "장래 인구추계", 2009.

표 9-2 세계 각국의 고령화 속도

국 가	총 인구 중				
	65세 이상 인구의 비율에 대한 도달년도			소요 연수	
	7%	14%	20%	7%→14%	14%→20%
미국	1942	2015	2036	73	21
스웨덴	1887	1972	2016	85	44
영국	1929	1976	2029	47	53
프랑스	1864	1979	2018	115	39
일본	1970	1994	2006	24	12
중국	2002	2028	2037	26	9
한국	2000	2018	2026	18	8

자료 : 보건복지부 통계청 자료, "저출산 고령사회 기본계획 대비 심층분석", 2009.

표 9-3 장래 우리나라 인구의 기대수명 (단위 : 세, 천 명)

	1970	1980	1990	2000	2005	2010	2020	2030	2050
기대수명 계	61.93	65.69	71.28	76.02	78.63	79.60	81.45	83.13	86.02
남자	58.67	61.78	67.29	72.25	75.14	76.15	78.04	79.79	82.87
여자	65.57	70.04	75.51	79.60	81.89	82.88	84.68	86.27	88.92

자료 : 통계청 자료, "장래 인구추계", 2009.

9-2 노화 이론

1. 세포사멸의 프로그램 이론

세포기능을 방해하는 유전자들이 활성화될 때 세포가 사멸한다는 것으로, 개별적인 세포 또는 세포군에 대하여 선택적이고 순차적인 세포사멸을 야기하기 때문에 세포사멸의 프로그램화라 한다.

즉, 성장한 세포들이 사멸하기 전에 몇 차례 분열할 때에 늙은 개체의 세포들은 어린 개체의 세포들보다 사멸하기 전의 분열 횟수가 적다. 한 유기체 내의 세포들이 분열을 멈추고 사멸을 계속한다면, 총 세포 수는 점차 감소할 것이고 기관의 기능도 쇠퇴하며 노화된다는 이론이다.

2. 세포분열의 제한설

헤이플릭(Hayflick)은 모든 세포들은 세포 수명 동안에 세포분열 횟수를 결정하는 유전자 암호를 갖고 있다고 제안한 바 있다. 프로그램에 따라 세포가 분열한 후에 세포들은 죽어 가기 시작한다. 예를 들면, 파리의 체세포들이 3일 간의 수명과 15회의 분열 횟수를 갖고 있다면 그 파리는 45일을 살 수 있다.

이 이론에서 헤이플릭은 인체의 세포가 40~60회 분열한다는 것을 근거로 인간의 잠재수명이 110~120세라고 추정하였다. 대부분의 인체세포들은 재생이 되나(혈액, 간, 신장, 피부세포) 척수와 신경 및 뇌세포들은 재생되지 못한다. 그러나 사람은 늙어서 죽기보다는 만성질환으로 사망하는 경우가 더 많으므로, 이 이론을 사람에게서 증명하기는 쉽지 않다.

3. 텔로미어설

유전시계이론으로, 염색체 말단을 덮고 있는 텔로머레이즈(telomerase)가 세포분열과 함께 조금씩 짧아져서 결국 텔로미어가 손실되면 염색체는 더 이상 분열할 수 없으며 쇠퇴하여 노화된다는 주장이다.

염색체 복제기능의 상실은 노화를 초래하여 새로운 세포들이 생성될 수도 없고, 이미 존재하고 있는 세포들도 기능을 발휘할 수 없게 된다. 따라서 최근에 텔로미어의 상실을 방지하고 세포분열을 연장할 수 있는 방법들을 모색하고 있다.

4. 대사속도설

빠르게 진행되는 삶의 과정은 노화를 촉진한다는 것으로, 대사속도가 높고 에너지 소모가 크면 모든 체조직의 교체가 크게 증가한다. 그러므로 빠른 대사속도는 수명을 단축하고, 느린 대사과정은 생명을 연장한다는 것이다.

5. 자유라디칼설(free radical theory)

생체 내 산화반응의 중간산물로서 발생하는 반응성이 매우 높은 자유라디칼은 세포막 구성성분인 인지실의 불포화시방산 등과 반응하거나 보다 높은 반응성을 가지는 지질 과산화물을 만들어 세포막의 구조를 변화시켜 세포의 정상적인 기능을 잃게 해서 노화가 된다는 것이다.

생체 내에서는 영양소가 체내에 들어오면 수많은 효소의 작용을 받아 대사작용이 일어난다. 또, 외부로부터는 방사선이나 자외선, 수질오염에서 오는 중금속의 흡입, 대기오염물질 및 유기용매의 흡입, 항생제 및 합성의약품의 남용 등으로 과도한 정신적·물리적·화학적 스트레스 등을 받게 된다. 즉, 정상적인 체내 대사 또는 여러 가지 외부 환경요인에 의해서 활성산소인 자유라디칼(free radical)이 생성된다.

산소에는 체내의 영양소를 산화시켜 에너지로 만들어 주는 95% 정도의 좋은 산소가 있는가 하면, 쇠에 녹이 생기게 하는 활성산소라고 하는 5% 정도의 나쁜 산소가 있다. 보통산소(triplet oxygen : $^3O_2$)가 어떤 원인(대사 또는 외부의 도전)에 의해 일중항산소(singllet oxygen : $^1O_2$)가 되고, 이것이 전자(e−)를 받아 superoxide radical($O_2^- \cdot$)이 되며, 다시 전자를 받아 과산화수소가 되고, 또 다시 전자를 받아 hydroxy radical(·OH) 등의 자유라디칼이 생긴다.

즉, 활성산소란 짝을 이루지 못한 유리전자를 가진 불안정한 산소 화합물(free radical ; O_2^-, ·OH, LOO, LO 등) 혹은 반응성이 큰 산소화합물(H_2O_2, $^1O_2$ 등)로 생체조직을 공격하여 세포를 산화, 손상시키는 주된 성분들이다.

활성산소는 인체를 구성하고 있는 각종 세포의 여러 대사과정에서 끊임없이 생성되고 있으며, 병원체나 이물질들을 제거하기 위한 생체방어과정에서 다량으로 발생하여 강한 살균작용을 통해 병원체로부터 인체를 보호하는 작용도 한다.

이들 과산화 지질의 생성에 관계하고 있는 산화적 스트레스에 대한 방어 시스템은 나이가 들수록 약화되기 때문에 노화가 촉진된다고 한다. 음식물 중의 항산화제와 생체 내의 활성산소 제거효소 및 해독기능에 따라 노화를 지연할 수도 있고 촉진할 수도 있다.

활성산소의 산화적 스트레스(oxidative stress)에 대항하는 방어 시스템에는 음식을 통해 섭취하는 비타민 E나 비타민 C, 그리고 폴리페놀 성분 등의 antioxidant가 있고, 생체 내에는 superoxide dismutase(SOD), glutathione peroxidase(GSHPx), catalase(CAT)와 같은 활성산소 제거효소(scavenger enzyme)가 있으며, 그 밖에 해독작용(detoxification)을 하는 메티오닌(methionine), 시스테인(cysteine), 타우린(taurine) 등의 함황 아미노산이 있다.

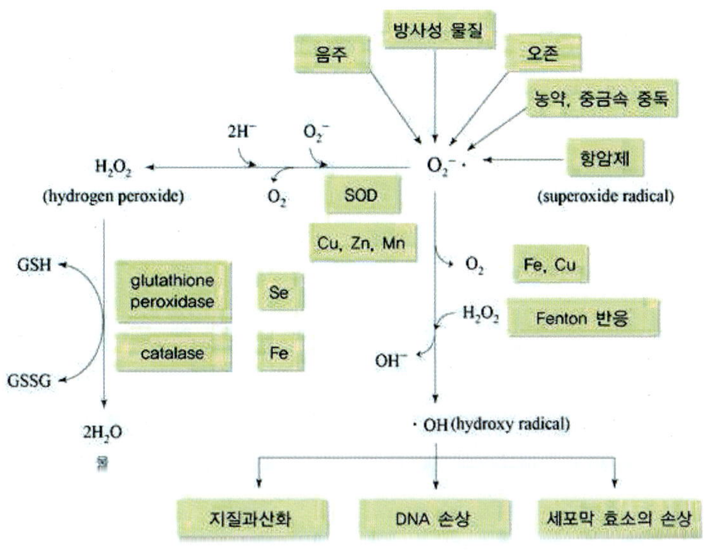

그림 9-2 활성산소 발생과 체내의 항산화시스템

6. 가교설(Cross linkage theory)

결체조직은 혈액과 조직 간 대사물질의 교환, 감염에 대한 방어, 상처회복 등의 중요 기능이 있다. 그러나 가령과 함께 결합조직의 경도, 용해성, 탄력성 등의 성질이 변화하여 생체 기능이 저하된다.

이러한 변화는 혈관 내 장기, 피부, 생체 등의 여러 부위에서 일어나며, 조직의 탄력성이 저하됨과 동시에 모세혈관막의 반투과성이나 신장 사구체 여과능력 및 세포 내외의 물질 수송능력 등을 저하시킨다.

콜라겐 형성에 관여하는 영양소는 비타민 C와 아연 및 메티오닌이 있다. 비타민 C 결핍은 프롤린(proline)의 수산화를 저해하고, 아연 결핍은 콜라겐의 메티오닌 흡수 및 가교를 방해한다.

7. 착오설(Error catastrophe theory)

생체의 단백질은 DNA의 유전정보에 따라 DNA dependent RNA polymerase의 작용으로 mRNA가 만들어지고 리보솜에서 mRNA의 유전정보에 따라 이에 대응하는 특정 아미노산과 결합된 아미노아실 tRNA로부터 아미노산을 받아서 합성된다. 이와 같은 단백질 합성과정 중 본래 만들어지면 안 되는 다른 종류의 단백질이 합성되는 경우, 이것이 정상적인 세포 기능을 저하시키거나 세포 내에서 돌연 나타난 다른 종류의 단백질을 파괴한다. 체내에는 이를 다시 회복하는 기능도 있으나, 가령과 함께 이러한 기능은 저하된다.

8. 소모성 이론

조직세포에 영양을 공급하고 있는 순환기의 기능이 쇠퇴한다든지 신진대사의 속도에 관계하고 있는 호르몬의 분비량이 감소하게 되면, 체조직은 서서히 소모되면서 노화된다.

9. 축적 이론

생체 내에서 생명유지를 위한 끊임없는 대사에 의해 생성된 유해생성물이 체외로의 배설에 장애를 받아서 체내에 축적되면, 여러 장기의 기능에 영향을 끼침으로써 노화를 촉진한다는 이론이다. 주로 가공식품이나 식품첨가물 등에 함유된 여러 화학물질에 의해 체내에서 유해 생성물이 생성되어, 체내 대사에 장애를 일으켜 질병을 유발한다.

예) • **단백질 과식** : 장내 세균에 의해 아미노산에서 아민류가 생성되어 유해하다.
• **지방 과식** : 콜레스테롤이 침착되어 동맥경화의 원인이 된다.

① Lipofuscin : 흑갈색 색소로 연령, 영양장애, 만성소모성 질환 등에 있어 뇌, 간장, 신장, 심근, 부신 등의 위축성 장기의 세포 내에 침착하는 황갈색 부정형의 색소성 과립으로 과산화지질을 함유하고 있다. 즉, 지방질의 과산화반응의 결과로 생성된 물질들(MDA 등)이 생체의 단백질 등과 가교결합에 의해 생성된 형광물질이다.

② **과산화지질** : 불포화지방산을 포함한 지질이 활성산소와 반응하여 peroxide 구조를 가진 물질로 hydroperoxide(사람의 동맥경화 조직 내에 존재), endoperoxide(prostaglandin 유도체 생합성과정에 존재)가 있다.

과산화지질이 생성되면 미크로좀에서 DHA, 아라키돈산(arachidonic acid), 리놀레산(linoleic acid)이 감소한다.

10. 자기면역설

생체 내에는 외부로부터 세균과 같은 이물질이 침입했을 때 이에 특이적으로 반응하는 항체 단백질이 생산되어 생체를 방어하는 면역기능이 갖추어져 있다. 이처럼 생체는 자기와 비자기를 식별하는 기능이 있어서 여러 병원성 미생물로부터 자신을 지키고 있다. 그러나 체내에서는 자기조직 및 기관이 항원이 되어 이에 대응하는 항체를 생산하는 자기면역 현상도 있어 시간이 지남에 따라 자기면역반응에 의한 생체기능의 손상이 노화를 유발하게 된다.

한편, 유전·환경·생활방식도 노화과정에 영향을 미친다. 유전인자는 세포의 유지와 보수의 효율성을 결정한다. 세포의 보수 능력이 부족한 개체는 세포를 쉽게 잃게 되어 노화가 빠르게 진행되며, 질환의 발생에 영향을 끼친다.

선천적으로 세포손상의 치유능력이 제한된 사람이라도, 평소 세포를 손상시키는 요인이 적은 환경에서 살거나 양호한 식생활과 규칙적인 운동을 하면 건강한 삶을 누릴 수 있다.

9-3 노년기의 생리

노화(aging)란 나이가 경과함에 따라 신체적·정신적 기능이 쇠퇴하는 현상으로, 반드시 65세 이후에만 한정된 것이 아닙니다.

예를 들면, 눈의 조절력은 10대 청소년기에 그 기능이 가장 좋으며, 그 이후에는 쇠퇴하기 시작한다. 운동기능은 20세 전후가 최고이고, 생식기능은 사춘기에 급격히 성장하여 30대부터는 저하한다.

종합적인 정신 기능이나 기억력은 50세 또는 70세가 되어도 비교적 유지가 가능하다. 영양과 대사는 출생 후에 가장 활발하고 성장과 동시에 감소하며 성인기 이후에는 대체로 일정하다. 그러나 60세 이후에는 감소한다(표 9-3).

표 9-4 노화로 인한 인체기관의 생리적 기능 변화

기 관	노화현상
피 부	건조증, 피부주름, 색소침착, 탄력성 감소, 모세혈관 확장
신 장	• 신혈류 감소, • 사구체 여과율 감소 • 소변 농축력 감소와 염분 보존력 감소 • 소변 크레아티닌 배설능력 감소
소화기	• 치아문제, 저작기능 감소 • 타액분비 감소 • 위축성 위염에 의한 위산과 펩신분비 감소 • 소장 흡수력 감소, 소화효소 활성능력 감소 • 근육소실로 인한 장 운동성 감소 • 췌장의 소화액분비 감소
심혈관	• 심장벽 두께 증가 • 콜라겐(collagen) 침착과 탄력성 감소 • 수축기혈압 증가
호흡기	• 조직의 탄력성 감소 • 폐활량 감소 • 최대 호흡량 감소
내분비	• 인슐린 저항성 • 갑상선 자극 호르몬의 증가 • 갑상선 호르몬(T_4)의 감소
신 경	• 감각 인지기능 저하 • 근육반응 저하 • 인지와 기억력 저하 • 뇌세포 소실
대사성 골질환	• 골밀도 감소 : 비타민 D와 칼슘섭취 • 대사 및 흡수 저하

자료 : 대한노인당뇨병학회(노인 · 당뇨병소연구회), 2003

1. 세포분열

가령과 동시에 차츰 세포분열이 감소하며, 세포의 성장력과 재생능력이 감퇴된다. 그러므로 노년기에는 상처를 입으면 잘 치유되지도 않고, 수술 후의 회복기간도 길어진다.

2. 대사와 체중

연령이 증가함에 따라 체중이 증가하고, 근육이 감소하며, 지방이 축적되는 등 신체의 구성성분이 변화한다. 지방이 축적되는 위치는 남녀가 다른데 남성은 복부에 먼저 지방이 축적되며, 여성은 둔부와 대퇴부에 지방이 먼저 축적된다.

3. 뇌와 신경

뇌의 활동은 적당한 자극을 계속 주면 고연령까지 향상이 지속된다. 그러나 뇌

내의 신경세포에 축적되어 있는 지식 등의 양은 39세 때를 최고로 하여 점차로 감소된다. 뇌의 수분량의 평균치는 출생 때 약 90 %, 10세에 78 %, 30세에 77 %, 그 후 50세까지 같은 수준을 유지하다가, 50세 이후부터는 증가하여 70세에 78 % 정도가 된다. 그러나 지질, 단백질 등 뇌의 주성분이 되는 물질은 20세 이후에는 가령과 함께 감소한다.

4. 감 각

사람이 60세가 되면 시력과 청력이 약해지고, 미각이 둔해진다.

(1) 시 각

수정체의 탄력성 감퇴는 42~50세 사이에 생기며 50세를 넘기면 원시로 이행하는 사람이 많아진다. 이는 각막의 저항증가와 주변조직의 압력감소에 의해 안구의 형상이 변화되고 수정체가 조절 능력을 잃기 때문이다.

시력은 30세 이후부터 조금씩 저하되기 시작하여 40세 이후에는 심하게 저하된다. 예를 들어, 40세에는 평균 시력이 1. 179이던 것이 47세까지는 1년에 0.1씩 저하되고 55세까지는 0.05씩 저하된다는 보고가 있다. 노화로 인한 산화적 손상은 시각세포의 수를 감소시키며 백내장도 시력감퇴의 원인 중 하나이다. 조절력도 감퇴한다.

암적응은 40세 이후부터 저하되기 시작하여 50세 이후에는 현저하고, 60세 이후에는 야간의 시능력이 저하된다.

일정한 자극에 따른 누선의 분비력도 나이가 많아짐에 따라 저하되어 60~70세에는 10세에 비하여 몇 분의 1이 된다.

(2) 청 각

나이가 많아지면서 난청자가 많아지고 고음부와 저음부도 저하된다. 고음부의 탄력성이 줄어들어 높은 음을 들을 수 있는 능력이 상실된다.

(3) 미 각

설유부의 미뢰 수의 감소 및 수축으로 염미나 감미 등이 현저하게 저하된다. 후각의 예민도가 떨어지면 음식의 냄새를 즐길 수 없으므로 식사의 맛이 저하되어 섭취량이 감소한다. 이는 흡연, 음주, 의치 등의 영향도 크다고 본다.

나이가 많아지면서 맛에 대한 감각이 둔해지는데, 그 중에서도 식염의 과잉섭취는 유의해야 한다. 60세 이후에는 그 변화가 심해지며, 비타민 B 복합체가 부족하면 더욱 촉진된다.

5. 소화기계

(1) 치 아

음식을 섭취할 때마다 강한 자극을 받으므로 노화가 빨리 온다. 치주질환이나 치아 자체의 요인에 의해 치아탈락이 나타난다. 치주질환은 주로 풍치로서 화농을 일으키는 등 30대부터 시작된다. 여자는 30대 후반기에, 남자는 전반기에 심해지는 수가 많다.

(2) 구강점막

치아가 나빠지면 자연히 잘 씹지 않고 넘기는 습관이 생기고, 단단하고 질긴 것은 피하게 되므로 영양이 부족해질 수 있으며, 소화흡수 능력도 약화된다. 또, 혀 점막의 발달도 둔해지고 위축되어 미각이 둔해진다.

(3) 타액선

타액선의 분비기능이 저하된다. 이하선에서 분비되는 소화효소인 프티알린이 나이가 많아짐에 따라 감소되고, 저작력도 현저하게 저하됨으로써 소화기능에 크게 영향을 미친다.

타액은 구강 내 위생을 도와주고 충치예방에도 큰 역할을 한다. 그러나 노인은 타액분비 저하로 구강 내 잇몸 질환이 많고 치아손실로 인해 식품선택이 제한되어 영양불량을 쉽게 초래한다.

(4) 위

위의 중량은 20세까지 증가하고, 그 이후에는 유지되다가 80세를 넘으면 감소하기 시작한다. 위의 수축력 등 운동기능도 가령과 함께 감퇴되어 근층에 위축이나 경화현상이 나타난다. 노화는 위 안의 음식물 이동시간을 지연시키고 위액분비를 감소시킨다.

위액의 분비가 감소하면 유리염산과 총 산도가 저하되어 음식물에 대한 살균작용이 낮아지고, 칼슘과 철분의 산 해리가 약화되며, 소장에서의 소화흡수가 방해되고, 대장균 등의 장내세균에도 변화가 생긴다. 경우에 따라서는 무산증이 생기기도 하며, 위산이 감소하면 단백질 식품에 대한 식욕이 감퇴되고, 대량의 단백질을 섭취하면 위가 부담을 느껴서 피로해지고 설사를 일으키기도 한다.

위산이 적으면 식품 내 비타민 B_{12}를 분리해 주는 효소가 적절히 작용하지 못해 비타민 B_{12} 흡수가 저해된다. 정상일 때에는 위벽에서 비타민 B_{12}의 흡수를 촉진시키는 내인자가 분비되는데, 위액 분비가 감소하면 비타민 B_{12}의 흡수를 약화시키기 때문에 악성빈혈의 원인이 되기도 한다.

(5) 췌장 및 장기능

중량은 30대에 최고이고 그 후에는 차츰 감소한다. 췌장에서는 당질, 단백질, 지질을 소화시키는 효소가 분비된다. 그 중 아밀라아제와 리파아제의 분비가 감소되고, 단백질 분해효소인 트립신은 특히 현저하게 감소된다. 그밖에도 스테압신, 아밀롭신의 분비량도 감소된다. 그러므로 3대 영양소의 소화흡수가 지연된다.

노인은 전반적으로 소화기관의 운동기능이 감퇴되고, 통과시간이 연장되며, 장관에서의 장벽근육의 약화로 신장도가 떨어져서 습관성 변비의 원인이 되기도 한다. 그러므로 배변의 습관을 규칙적으로 바르게 하여야 한다.

식사 중에 지나치게 잔사가 적은 것은 변비의 원인이 되므로 섬유질과 적량의 지방이 함유되어 있는 식품을 섭취한다. 섬유소는 장벽을 자극하여 통변을 용이하게 해준다. 아침식사 전에 냉수나 채소 및 과일 주스를 마시는 것도 효과가 있으며, 복부에 더운 마사지를 하는 것도 좋다.

6. 간

중량은 40대부터 감소·위축되며, 기능저하의 경향을 보인다. 간은 혈당 조절작용을 하는 기관이다. 다량의 포도당을 투여한 후에 혈당곡선을 보면 노년기에는 혈당치의 증가가 높으며, 동시에 정상치로 회복되는 데 필요한 시간도 길어진다. 영양소 대사와 약물이나 알코올의 분해능력이 감소되고 췌장의 혈당조절 능력이 떨어지며 체세포들은 인슐린 저항성을 나타내어 당뇨 유발이 빈번해진다.

7. 신 장

신장조직도 크기가 작아지면서 여과능력이 감소하고 단백질 분해산물의 배설기능도 감퇴된다. 일부 노인의 경우에 단백질을 섭취할 때에 혈액 내의 요소농도가 상승하기도 한다. 신장의 기능에 있어서는 사구체 여과량이 40대 이후에 감소하며, 세뇨관의 재흡수능력도 저하된다. 요를 희석하고 농축하는 능력이 감소되어 수분의 필요량이 감소한다.

8. 심혈관계

심장은 60세가 지나면 현저하게 심장의 박동이나 혈액 박출량이 감소한다. 1회 박동에 의한 박출량, 1분간의 박출량이 뚜렷이 감소한다. 심장·혈관계의 기능저하는 다른 요인에 비해 수명단축의 큰 요인이 된다.

보통 장기는 일반적으로 노년이 되면 위축되나, 심장은 크기와 무게가 증가한다. 이는 나이가 증가함에 따라 혈압이 상승하여 심장에 부담을 주기 때문이다. 그러나 심장에 영양을 공급하는 관상혈관은 발달되지 못하고 쇠퇴하여 심근에 영양장해를 일으키고 협심증이나 근경색을 일으킨다. 노인성 고혈압은 최대혈압과 최소혈압이 모두 상승한다.

9. 혈 액

골수의 조혈작용이 가령과 함께 감퇴하나 적혈구수와 혈장단백질 등에 있어서는 노인성 변화가 보이지 않는다. 그리고 혈액 중 카로틴, 비타민 A, B_1, B_2, E와 적혈구 중의 NAD에 있어서는 연령에 따른 변화가 없으며, 약간의 비타민 B_{12}와 비타민 C의 감소가 있다.

이는 가령과 더불어 신진대사의 속도는 저조해지지만, 내부환경의 항상성을 유지하려는 힘에 의해서 생명유지에 필요한 수준을 지속하려는 작용이 일어나기 때문이다. 혈중 콜레스테롤의 양은 30세 이후부터 증가한다. 남자는 30세부터 증가하고 그 후에는 크게 증가하지 않으나, 여자는 가령에 따라 조금씩 증가하여 50세 이후에는 남자보다 많아지는 경향을 보인다.

이와 같이 콜레스테롤의 동맥벽 침착에 따른 관상동맥장해가 남자는 비교적 젊은 연대에, 여자는 고령에 많다는 사실이 밝혀져 있다.

10. 호흡계

호흡기능은 약화되고 호흡 횟수는 증가한다. 폐포의 탄력섬유가 소실되고 결합섬유가 생기면서 폐의 신축이 약화되고 폐활량이 저하된다. 특히 노년기에는 폐기종, 기관지협착, 노인성 천식이 일어나기 쉽다.

11. 내분비계

각종 내분비선으로부터 분비되는 호르몬은 직·간접적으로 대사에 관계하므로 분비량의 감소는 체내기능의 저하를 가져온다. 성선이 쇠퇴하고 성선에 자극을 전달하는 뇌하수체 기능에도 변화가 진행된다.

멜라토닌은 송과선에서 분비되는 호르몬으로 수면주기를 조절하는데 노화됨에 따라 감소한다. 성호르몬과 알도스테론 농도가 감소한다.

또한, 면역기능의 저하가 나타나 항체생산이 줄고 면역세포 등이 외부 물질에 대해 효율적으로 대처하지 못해 감염성 질환, 암, 자가면역성 질환 등이 증가한다.

(1) 뇌하수체(pituitary gland)

뇌하수체(hypophysis)는 여러 가지 내분비선 중에서도 다른 내분비선에 대한 영향력이 큰 중요한 기관이다. 노화현상에 따른 변화에 관해서는 아직 확실히 규명되어 있지는 않다.

그러나 노년기가 되면 정소나 난소 등의 성선이 위축되므로 성선자극 호르몬 분비에 대한 억제현상이 나타난다. 부신피질자극 호르몬이나 갑상선자극 호르몬에 관해서는 확실하지 않다.

(2) 갑상선

갑상선(thyroid) 호르몬은 노년기에 들어가면 조금씩 쇠퇴하여 무기력해지고 동작이 활발하지 않으며, 기초대사의 저하와 저체온(냉증) 및 체온조절 기능의 약화(발한 기능의 감퇴와 피부 혈관의 수축능력 결여) 등 여러 가지 증세가 나타난다.

(3) 부신피질

부신피질은 외측에서부터 구상층·속상층·망상층의 3층으로 되어 있다. 구상층에서는 알도스테론(aldosterone)에 의해서 무기질의 부신피질 호르몬(corticoid)이, 속상층으로부터는 하이드로코티존(hydrocortisone)에 의해서 당질 부신피질 호르몬이, 그리고 망상층으로부터는 성호르몬이 각각 분비된다.

각 층의 연령에 따른 변화를 보면, 속상층은 영아기 때부터 발달해서 노령에 따른 변화가 비교적 적으며, 50세 이후에는 오히려 증식하는 경향이 있다. 구상층과 망상층은 사춘기에 급격히 발육하고 50세 이후에는 위축된다.

부신피질에서 분비되는 성호르몬은, 노년기에는 장년기의 약 ¼로 감소되나, 무기질 부신피질 호르몬은 심하게 감소되지는 않는다. 당질 및 무기질 부신피질 호르몬의 분비는 노년기가 되어도 크게 변하지 않는다. 따라서 당질과 무기질 대사의 노인성 변화는 부신피질 호르몬과 거의 관계가 없다.

(4) 부신수질

부신수질에서는 에피네프린(epinephrine)과 노르에피네프린(norepinephrine)이 분비되는데, 이들 호르몬의 분비량은 60세까지는 증가하나 그 이후에는 별로 증감이 없다.

(5) 성 선

난소는 특히 폐경 후에 변화가 크다. 난소의 기능은 30세경에 최대가 되며, 고령자가 되면 몇 분의 1로 감소된다. 그리고 고환의 중량은 노년기가 되어도 크게 감소되지 않으나, 성호르몬의 분비는 남녀 모두 노화와 동시에 감소된다. 노년기가 되면 남성은 성호르몬의 분비가 여성 쪽으로 가까워진다. 그리고 여성의 경우에는, 폐경기까지 여성 호르몬의 우위성이 크지만, 폐경기 이후에는 급속히 남성 호르몬 쪽으로 기울어진다.

12. 피 부

나이가 많아지면서 일반적으로 조직의 탄력성이 조금씩 감퇴된다. 가장 뚜렷한 변화는 피부의 주름이다. 자외선의 영향을 받으면 피부의 노화가 쉽게 일어나므로, 강한 태양 광선의 자극은 피하는 것이 좋다.

피부의 탄성섬유는 30대부터 감소된다. 피부의 부속기관인 한선(汗腺)은 나이가 들면서 기능이 감퇴되고 발한량이 적어진다. 피지선은 남자의 경우에는 연령에 따른 변화가 없으나, 여자의 경우에는 40세 이후부터 급격히 감소된다.

13. 골격계

연령의 증가에 따라 골의 칼슘이 감소되어 골다공증이 증가한다. 특히 여자는 심해서 60대에 50 %, 80대에 80 %가 나타난다. 남자는 이보다 적어서 60~90세에 20 %가 나타난다고 보고되어 있다. 그러나 이와 같은 골다공증은 혈액 중의 단백질량이나 칼슘량과는 무관한 것으로 원인불명이다.

연골 중의 특수성분인 갈락토사민(galactosamine)과 유로닉산(uronic acid)은 연령의 증가에 따라 감소되며, 관절의 가동도도 감퇴된다. 관절운동에 관계하는 근육의 힘, 탄성, 저항하는 근육 간의 협조가 잘 이루어지지 않게 되는 변화와 관계가 있다.

근육량과 강도의 저하는 골격근이나 심장 호흡기 근육의 기능에 영향을 준다. 근육강도의 저하는 신체의 균형감각 상실 등을 초래하여 골절이나 낙상 등의 위험이 높아지며, 근육량과 근력의 저하는 호르몬 분비와 근육단백질 합성의 변화에서 비롯되나 운동부족 역시 근육기능 장애요인이 된다(그림 9-3, 9-4).

규칙적 운동은 근육량과 강도를 유지시켜 주고 심장호흡기능을 좋게 하며 에너지 요구량을 상승시킨다.

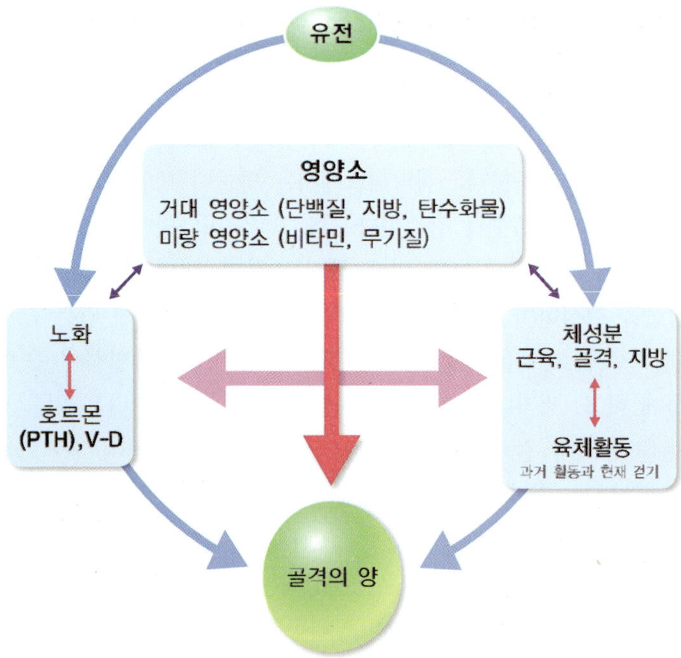

그림 9-3 뼈의 양에 영향을 미칠 수 있는 요인들의 상호관계

자료 : Ilich JZ, Brownbill RA, Tambori n:L. Bone and nutrition in elderly women : protein, energy, and calcium as main determinants of bone mineral density. Eur J clin Nutr 2003; 57 : 554-565

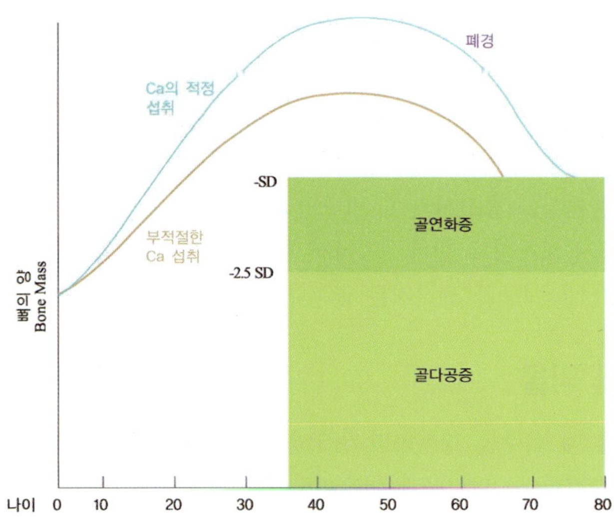

그림 9-4 칼슘섭취와 뼈의 양

Ilich JZ, Kerstetter JE. Nuttition in bone health revisited : a story beyond calcium. J Am Coll Nutr 2000; 19:715-737

9-4 약물이 노인의 영양상태에 미치는 영향

약물은 소화효소의 분비를 방해하거나 pH를 변화시키고 음식물의 통과시간을 변화시켜 소화를 방해한다. 점막세포에서는 약물이 영양소와 결합부위를 놓고 경쟁하므로 영양소의 흡수가 감소한다. 또, 약은 비타민이 활성형 형태로 전환되는 것을 방해하여 생리적 기능을 잃게 하기도 하며, 몇몇 약물들은 영양소와 불용성의 화합물을 형성하여 영양소가 대사되지 못하고 배설하게 만든다.

고혈압치료제, 항우울증제, 진통제 등은 구강건조를 유발하여 음식의 맛을 느끼지 못하게 하고, 씹거나 삼키는 데 지장을 준다. 아스피린은 위를 자극하여 소량의 출혈을 유도해 철 손실을 일으킴으로써 빈혈의 원인이 되기도 한다. 그리고 혈중 콜레스테롤 저하에 쓰이는 콜레스틸아민은 지용성 비타민, 비타민 B_{12}, 철, 엽산의 흡수를 방해한다.

알루미늄이나 마그네슘이 함유된 제산제는 위에서 인과 결합하여 불용성 염을 형성하므로 제산제의 장기 복용은 골다공증 발생을 촉진시킨다. 변비 치료제는 칼슘이나 칼륨의 배설을 증가시키거나 지용성 비타민의 흡수를 억제한다.

1. 약물과 영양소

진통제의 일종인 다르본은 음식과 함께 복용할 때에 흡수가 더 잘 된다. 아스피린은 음식과 함께 먹어야만 위장장애가 덜하다.

어떤 약은 물로 먹을 때에 가장 효과가 좋다. 항생제인 테트라사이클린은 우유와 함께 먹어서는 안 되는데, 이는 우유 속의 칼슘과 결합하면 흡수가 잘 안 되기 때문이다.

천식치료제인 테오필린은 영양불량인 경우에는 매우 느리게 대사되어 혈액 내 약물의 농도가 상승하여 식욕저하, 메스꺼움, 구토 등의 부작용을 나타낸다. 고단백 식사는 약물대사를 증진시키며, 비타민 K는 항응고제의 효과를 보다 강화시켜 오히려 출혈을 유도하기도 한다. 따라서 항응고제를 복용할 때에 생선의 섭취는 안전하지만 생선유 보충을 권하지는 않는다.

2. 음주와 약물

약을 복용할 때 음주를 병행하면 알코올에 대한 내성이 감소하고 알코올에 의한 부작용은 증가한다. 알코올과 아스피린은 장점막세포를 자극하여 출혈을 일으키며, 아스피린은 항응고 작용이 있어서 출혈이 일어날 수 있다.

알코올의 과잉섭취는 강심제를 복용하는 심장병 환자의 혈청 칼륨 수준을 낮추어 위험이 초래되며, 인슐린 의존형 당뇨환자의 당신생작용을 방해하므로 저혈당 증세를 일으킬 수도 있다.

알코올은 비타민 B_1이 점막세포를 거쳐서 혈액으로 가는 데 필요한 운반기전을 방해하여 비타민 B_1의 흡수를 저해하고 장점막세포를 자극 손상시켜 비타민 B_{12}와 엽산의 흡수도 방해한다. 알코올의 다량 섭취는 아연을 과잉 배설시키고 식사량을 감소시킨다. 알코올을 적당량 섭취하는 사람도 알코올에서 에너지를 얻기 때문에 탄수화물·지방·단백질 등의 영양소로부터의 에너지는 자연히 제한되어 영양실조에 걸릴 위험이 높아진다.

표 9-5 65세 이상 노인의 음주현황

연간 음주자(현 음주자)의 연간 폭음빈도 (단위 : %)

구 분	전혀 없다	한달에 1번 미만	한달에 1번 정도	일주일에 1번 정도	거의 매일
노인 전체	54.2	16.9	10.1	10.2	8.5
남자	37.4	18.1	13.0	17.1	14.5
여자	75.9	15.4	6.4	1.4	0.8

연간 폭음빈도 : 최근 1년간 술자리에서 남자 7잔(맥주 5캔), 여자 5잔(맥주 3캔)

연간 음주자(현 음주자)의 1회 음주량

구 분	1~2잔	3~4잔	5~6잔	7~8잔	10잔 이상
노인 전체	53.6	26.7	7.7	7.5	4.4
남자	34.7	32.3	13.0	12.4	7.6
여자	78.0	19.6	0.9	1.2	0.3

2010, 국민건강통계.

3. 식이보충제

노인들은 건강에 대한 우려로 식이보충제를 많이 섭취하는 경향이 있으나 무분별한 남용은 건강에 오히려 해로우므로 식이보충제를 올바르고 신중하게 선택하도록 해야 한다.

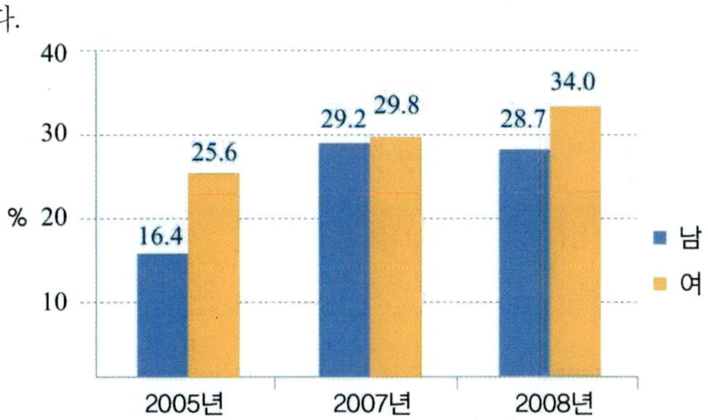

국민건강영양조사 자료 2007

그림 9-5 노인의 식이보충제 복용률

9-5 노년기의 영양대사와 영양섭취기준

1. 에너지

노년기에는 동일한 활동이라도 소비열량이 감소되며 체내에서 신진대사가 저하되어 기초대사가 감소한다. 일어서서 활동하지 못하고 늘 누워있는 노인의 경우는 총 에너지 요구량이 기초대사량과 비슷하다. 또한 운동량도 적어지므로 전체 소비열량이 감소한다. 따라서 이전과 같은 식사량의 습관을 계속 유지한다면 섭취열량이 소비열량보다 높아져 체중이 증가한다.

체중의 60~70 %가 수분이므로 간혹 체중의 증가가 수분의 증가에 의하는 수가 있는데, 만약 수분 섭취에 의한 증가라면 하지나 안면에 부종이 나타나므로 식별할 수 있다.

비만한 노인의 수명은 표준체중 또는 그 이하의 사람에 비해서 짧은 경향을 보이고 있다. 표준체중보다 20 % 과체중일 때 55세까지의 사망률은 표준체중자보다 20 % 높고, 40 % 과체중일 때 사망률은 65 %나 높다. 따라서 노년기 영양에서 제일 주의해야 할 것은 열량의 과잉 섭취이다. 노년기에 열량 소비 정도는 신체활동도, 연령, 성별, 체위에 따라 개인차가 크다.

노화를 방지하기 위해서는 절식을 통해 총 에너지 섭취를 줄이는 것이 바람직하다. 이를 뒷받침하는 근거로는 쥐에게 음식량을 40 % 줄였을 때 쥐의 수명이 두 배 가량 증가했고, 절식한 쥐는 그렇지 않은 쥐보다 길을 잘 찾는 등 뛰어난 기억력을 보였다는 실험 등이 있다.

식이 칼로리 제한은 세포의 항산화 능력을 증대시켜서 활성유리기의 생성을 억제토록 하며, 세포 내 항산화계 효소들의 생성을 증가시킬 수 있다.

또 세포 내 DNA 손상을 방지하고 해독기능을 증대시켜 궁극적으로 세포 원래의 기능을 발휘하게끔 한다는 것이다. 우리나라 65세 이상 남자 노인의 하루 에너지 권장섭취량은 2,000 kcal, 65세 이상 여자 노인은 1,600 kcal이다.

우리나라 노인들은 특히 탄수화물의 의존도가 매우 높으므로 유의해야 한다.

표 9-6 영양소별 섭취자 비율

(단위 : %)

구 분	적정섭취비율 미만 섭취자 비율			적정섭취비율 초과 섭취자 비율		
	2001년	2005년	2007~8년	2001년	2005년	2007~8년
탄수화물	5.3	4.3	2.6	69.6	65.5	78.3
단백질	0.5	0.1	0.7	10.3	9.3	4.4
지방	71.0	67.7	78.1	6.0	5.2	3.5

2010, 국민건강영양조사 자료분석 결과

2. 단백질

노년기에는 위액의 산도가 저하되고 펩신 및 췌액 중의 트립신, 그 밖의 단백질 소화효소 등이 감소되어 단백질의 소화율은 감퇴하나 흡수율은 젊은층과 큰 차가 없고, 단백질 대사산물을 처리하는 기능에도 변화가 없다.

단백질은 노년기에도 체세포를 구성하는 성분으로 효소를 비롯하여 여러 가지 물질의 주성분이 되며, 체조직 유지와 조직의 재합성에 있어서도 중요한 영양소이다. 그러므로 체성분의 재생·유지에 필요한 만큼 양질의 단백질을 충분히 섭취해야 한다. 단백질이 부족하면 체내의 저장 단백질이 소모되고, 체세포 자체의 이화가 항진되어 생리적 기능에 여러 가지 장해가 일어난다.

노년기에는 식욕부진과 동시에 소화기의 용량도 전보다 저하되기 때문에, 단백질 섭취 효율을 높여야 하므로 양질의 단백질을 취하여 매일의 필요량을 충당해야 한다. 노인의 경우 단백질 이용효율은 감소하나 체중당 근육의 비율이 감소하여 체중당 단백질 필요량은 젊은 성인과 동일하다고 볼 수 있다. 1일 권장섭취량은 남자노인은 55 g, 여자노인은 45 g이다.

달걀은 양질의 단백질이지만 다량 섭취하면 콜레스테롤이 많아서 바람직하지 않으므로 1일 1개 정도로 하고, 그 밖의 여러 가지 종류의 식품을 혼합해서 매일 섭취하는 것이 바람직하다. 아무리 양질의 단백질이라 해도 한 번에 몰아서 먹는 것은 소화흡수도 불완전하게 되고 필수 아미노산 이용상으로도 불리하다.

3. 지 질

노년기에는 지질의 흡수가 단백질, 당질에 비해서 저하된다. 지질 소화에는 위, 소장액의 리파아제, 췌액의 스테압신 등의 지질분해효소와 담즙이 필요하다.

담즙 중에 들어 있는 담즙산의 작용에 의해 음식 중의 지질은 유화되고 소화액의 작용을 받아 미립자가 된다. 노년기에는 지질분해효소와 담즙의 분비가 저하되어 지질의 소화흡수가 저하된다.

적절한 지방섭취는 단위열량 함량이 높아서 소화기 부담이 줄고, 지용성 비타민, 필수지방산의 공급, 비타민 B_1 절약, 세포막 뇌신경 기능유지, 스테로이드 등을 공급하나, 과잉섭취는 순환기 질환을 비롯한 여러 질환의 원인이 된다. 그러나 동물성 지방 섭취의 과도한 억제는 양질의 단백질을 위시해서 영양 부족을 가져올 우려도 있으므로 유의해야 한다.

지방 섭취량은 노인을 포함한 20세 이상의 전체 성인 모두 총 지방의 에너지 적정비율은 15~25 %로 권장하고 있다. n−6 다가불포화지방산의 섭취는 총 에너지의 4~8 %, n−3 다가불포화지방산은 1.0 % 내외 섭취를 권장하고 있다.

지방은 되도록이면 불포화지방산이 다량 함유된 식물성 기름(참기름, 대두유, 들기름, 낙화생유, 옥수수기름, 면실유 등)을 섭취하는 것이 좋다. 노년기에는 특히 저지방식, 저열량식이 바람직하다. 혈중 콜레스테롤의 증가는 동물성 지방의 과량섭취 시에 일어나고 PUFA(poly unsaturated fatty acid)가 들어 있는 식물성 지방은 콜레스테롤을 낮추어 준다.

혈중 콜레스테롤은 간으로 들어가서 담즙산으로써 장관으로 배설되거나, 또는 스테로이드 호르몬(부신피질 호르몬이나 성 호르몬)으로 신체에 이용된 후 요로 배설된다. 그런데 노년에는 담즙산의 생성이 저하되기 때문에 콜레스테롤이 간으로 들어가지 못해 증가한다. 그러나 불포화지방산이 있으면, 유화나 혈장단백질과의 결합이 용이해져서 간으로 들어가기 쉽게 되고, 장이나 신장으로부터의 배설도 촉진된다. 콜레스테롤의 증가는 지방의 과잉 섭취 때문만이 아니다. 섭취된 당질의 일부가 포화지방산으로 전환되어 연소되는 경우에도 일어난다.

흡연의 영향은 아직 확실치 않으나 음주에 의해 혈중 중성지방이 증가하고, 커피나 홍차를 마시는 경우는 설탕량에 따라 중성지방이 증가하며 카페인은 유리지방산을 증가시킨다.

적당한 운동은 콜레스테롤 저하에 효과가 있으며, 최근 연구에 의하면 각종 버섯류와 식이섬유(dietary fiber), 옥수수기름이 혈중 콜레스테롤을 저하시킨다고 한다.

4. 당 질

타액 중의 프티알린과 십이지장의 아밀라아제는 가령과 함께 감소하나, 췌액 중의 아밀롭신으로 보충되므로 당질에 대한 소화력은 저하되지 않는다.

우리나라는 식사내용상 주식의 의존도가 높고 나이가 들수록 지방과 단백질식품보다는 당질식품의 섭취가 증가해서 혈중 중성지방이 증가하며, 비타민과 무기질은 부족해지기 쉽다. 탄수화물의 섭취는 총 에너지의 55~70 %를 권장하고 있다.

5. 식이섬유

노년기에는 대사질환의 유병률이 높고, 만성 변비증이 흔하므로 식이섬유소를 충분히 섭취해야 한다. 65세 이상 남자의 식이섬유소 충분섭취량은 25 g/일, 여자 노인은 20 g/일로 권장하고 있다.

6. 수 분

노인들은 갈증감각 둔화, 수분섭취 감소, 항이뇨 호르몬(ADH) 조절 이상으로 인한 요 농축 능력 저하 등과 같은 복합적인 요인들로 인해 만성적인 탈수상태를 초래하는 것으로 보고되었다.

특히 타인의 도움 없이는 수분을 섭취할 수 없는 노인들, 거동에 불편을 느끼거나 실금하기 쉬운 노인들은 의식적으로 수분섭취를 제한함으로써 탈수가 일어나기 쉽다.

그러므로 65세 이상 남자노인의 수분섭취량은 2,100 mL/일을 권장하고, 65세 이상의 여자 노인은 1,800 mL/일이다.

7. 비타민

2001, 2005, 2007~8년도 국민영양조사 결과를 분석한 바에 따르면 우리나라 50% 이상의 노인들이 비타민 A, 리보플라빈, 비타민 C, 칼슘, 니아신을 평균필요량 이하로 섭취한다고 보고하여 이들 영양소의 섭취에 유의해야 함을 강조하고 있다.

표 9-7 영양소별 평균필요량(Estimated Average Requirement, EAR) 기준 섭취비율

구 분	EAR 대비 평균 섭취비율		EAR 미만 섭취자 비율	
	평균	표준오차	평균	표준오차
칼슘	53.6	(2.4)	82.3	(1.3)
철	133.5	(6.0)	36.8	(1.8)
비타민 A	95.6	(5.3)	58.8	(1.7)
티아민	79.6	(1.6)	63.4	(1.5)
리보플라빈	79.9	(1.4)	79.5	(1.3)
니아신	59.9	(1.7)	62.1	(1.8)
비타민 C	77.4	(2.4)	61.0	(1.6)

2009, 국민건강영양조사 보고서

① 비타민 A

노인의 경우 비타민 A의 흡수력 및 대사능력에는 별다른 차이가 없으므로 일반적으로 비타민 A 또는 카로틴의 식사 중 함유량이 충분하면 비타민 A의 결핍증은 없다고 본다.

비타민 A가 부족하면 암 적응이 저하되고 야맹증이 된다. 그 밖에 피부, 점막(혀, 인두, 식도, 결막, 각막)의 각화 증세를 보인다. 한국인 식생활상 비타민 A보다는 대부분 카로틴의 형태로 취하게 되므로, 카로틴이 많은 녹황색 채소의 섭취가 낮으면 비타민 A가 부족해진다. 카로틴의 소화흡수는 지질과 함께 섭취할 때 효율적이다.

지질의 섭취량도 적고 지질의 소화 흡수도 좋지 못한 노인은 카로틴의 섭취 및 이용률이 저하되어 비타민 A의 부족이 오기 쉽다. 채소(시금치, 무 잎, 당근, 쑥갓 등)와 김 등을 섭취하면 좋다. 비타민 A는 자외선에 의해 분해되므로 식품은 냉암소에 두도록 하고 되도록 신선한 것을 섭취한다.

비타민 A 권장섭취량은 남자노인은 700μgRE/일, 여자노인은 550μgRE/일이다.

② 비타민 D

비타민 D는 혈중 칼슘과 인의 평형을 유지한다. 혈중 칼슘과 인의 농도는 신경 근육 기능이나 뼈의 무기질화를 적절히 할 수 있는 범위 내에서 조절된다. 이는 활성화된 1,25-$(OH)_2$-D_3가 소장에서 칼슘과 인의 흡수를 증가시켜서 나타난다. 비타민 D의 섭취가 부족하거나 지방흡수의 방해 요인이 있거나 겨울철과 같은 때 생성이 부족하면 25-(OH)-D_3와 혈액 내 칼슘과 1,25-$(OH)_2$-D_3의 수준이 낮아지게 된다.

그러면 부갑상선 호르몬의 농도가 증가하게 되고 부갑상선 호르몬의 증가는 뼈 내 무기질의 용출을 증가시켜 뼈 무기질의 상실을 초래하게 되는 현상이 나타난다. 노년기에는 골다공증, 골연화증이나 골절이 쉽게 일어나므로, 칼슘의 체내 이용률을 높이기 위해서는 비타민 D의 충분한 섭취가 필요하다.

비타민 D의 섭취가 과잉일 때는 체내 인산과 칼슘의 과잉으로 골질, 신장, 동맥, 평활근 등에 칼슘의 침착이 일어나서 석회화가 일어나기도 하므로 주의한다. 노년기에는 피부에서 비타민 D 합성량이 감소한다. 65세 이후에는 20대에 비해 비타민 D의 합성이 ¼로 감소한다.

노인은 햇볕에 노출이 제한되고 피부에서 비타민 D_3의 합성능력이 감소되며 25-(OH)-D_3와 1,25-$(OH)_2$-D_3의 수준이 저하되어 골다공증과 골절이 증가하므로 성인기에 비해 충분섭취량이 증가되어야 한다. 65세 이상의 노인들의 충분섭취량은 15μg이다.

③ 비타민 E

비타민 E는 항산화제로 노년기에는 젊은층에 비해 과산화 물질이 증가되므로, 비타민 E가 노년기의 생리에 밀접한 관련이 있음을 추정할 수 있다. 비타민 E 결핍 시에는 신체각부와 뇌 등에 색소과립형의 물질이 축적되는데, 이는 뇌연화증의 주원인이 된다.

노년기에는 비타민 E의 흡수가 지연되고 배설이 저하되지만, 혈중 비타민 E 농도에는 큰 차가 보이지 않는다. 남녀 노인의 충분섭취량은 12 mg α-TE이다.

④ 비타민 K

비타민 K는 혈액응고 및 골대사와 연관된 많은 단백질을 활성화하는 조효소로 작용하는 영양소이다.

비타민 K는 식물성 식품에 함유된 비타민 K_1(필로퀴논, phylloquinone)과 동물성 식품에 함유되어 있고 사람의 장내 박테리아에 의해 합성이 가능한 비타민 K_2(메나퀴논, menaquinone)가 있으며 비타민 K_3(메나디온, menadione)는 합성물질로 비타민 K의 전구체이다.

비타민 K는 혈액응고에 관여하는 프로트롬빈 등과 뼈에 주로 존재하는 오스테오칼신 단백질의 특정 잔기가 γ–글루탐산 잔기가 되는 카르복실화에 필수적인 역할을 한다.

식품으로 섭취한 필로퀴논은 공장과 회장에서 담즙산과 췌장액이 도움을 받아 흡수된다. 흡수된 필로퀴논은 유미미립의 구성성분으로 림프계로 분비되며 순환하고 있는 필로퀴논은 중성지방이 풍부한 초저밀도지단백과 유미미립에 존재한다.

혈청 필로퀴논 농도는 지단백질 분포에 영향을 받으며 유미미립 잔유물의 세포내 반입을 통해 간으로 이동된다. 간에서는 섭취한 필로퀴논을 빠르게 축적하여 필로퀴논의 농도가 가장 높다.

골격근은 필로퀴논을 거의 함유하고 있지 않으나 심장과 다른 조직에는 약간 함유되어 있다.

비타민 K는 간에서 빠르게 필로퀴논의 피틸 곁사슬의 산화적 분해를 통해 대사되어 담즙으로 배설되며 적은 양이 소변으로 배설된다. 간에서 교체율이 빠르며 식이 비타민 K의 섭취가 제한될 때 간의 저장량은 빠르게 고갈된다. 사람의 장은 메나퀴논을 생산하는 박테리아를 다량 함유하고 있다. 비타민 K가 부족하면 저프로트롬빈 빈혈증이 생기고 프로트롬빈 시간이 증가한다.

한국 65세 이상 남자 노인의 비타민 K의 충분섭취량은 75μg/일이고 여자 노인은 65μg/일이다.

⑤ 비타민 C

비타민 C의 대표적인 결핍증은 괴혈병으로 세포와 세포 사이에 결합조직이 형성을 나쁘게 하여 출혈(혈관벽의 약화), 치아의 탈락, 상처 회복의 연장, 뇌출혈, 동맥경화, 당대사 장해, 철분결핍성 빈혈 등을 일으킨다.

비타민 C는 그밖에도 멜라닌 색소와 관계되는 티로신대사에 필수이고, 부신에서 분비되는 호르몬의 생성과 이용에 관여하며, 조직의 산화, 환원에도 관여하는 비타민이므로 활력이 쇠퇴해 가는 노년기에 있어서는 더욱 중요하다.

비타민 C는 환경, 온도, 육체활동, 흡연 및 여러 가지 스트레스 증가로 요구량이 증가하며, 콜라겐 형성이나 철분 흡수에도 영향을 미친다.

충분한 양의 비타민 C를 매일 섭취하면 치아의 탈락, 상처의 회복 지연, 피부의 착색, 출혈, 신체의 저항력 약화 등을 개선할 수 있고 노화도 방지할 수 있다. 남녀 노인의 하루 비타민 C 권장섭취량은 100 mg이다.

부족 시에는 약제를 이용할 수도 있으나, 자연식품 중의 비타민 C를 취하는 것이 효과적이므로, 되도록이면 신선한 과일이나 채소를 매끼 섭취하는 습관을 들이는 것이 좋다.

⑥ 티아민

항신경염작용을 한다. 부족하면 다발성 신경염이나 각기를 일으키며 의욕상실, 불안, 식욕부진, 소화장해, 피로 등 전신적으로 활력이 없어진다.

노년기에는 비타민 B_1이 부족하기 쉬운데, 이는 노년기에 오는 위산의 감소, 장내세균의 변화로 섭취된 비타민 B_1이 흡수되기도 전에 소화관 내에서 파괴되어 버리기 때문이다. 우리나라 노인의 65세 이상 남자의 1일 티아민 권장섭취량은 남자는 1.2 mg, 여자는 1.1 mg/일이다.

⑦ 리보플라빈

비타민 B_2가 부족하면 점막과 피부의 경계부분이 헐고 짓무르며, 구순염, 설염, 구각염 등이 나타난다. 노년기에는 비타민 B_2가 부족하기 쉬우므로 충분한 섭취가 요구된다. 우리나라 65세 이상 남자의 1일 리보플라빈 권장섭취량은 1.5 mg, 여자는 1.2 mg/일이다.

⑧ 니아신

우리나라 65세 이상 남자의 1일 니아신 권장섭취량은 16 mg NE/일, 여자는 14 mg NE/일이다.

⑨ 비타민 B_6

인체에서는 장내 세균에 의해 합성되므로, 뚜렷한 결핍 증세를 볼 수 없다. 우리나라 65세 이상 남자의 1일 비타민 B_6 권장섭취량은 1.5 mg, 여자는 1.4 mg/일이다.

⑩ 엽 산

혈청 엽산이나 적혈구의 엽산농도는 나이가 듦에 따라 감소됨을 볼 수 없었으며 호모시스테인 농도는 나이가 듦에 따라 증가한다.

이것은 연령이 증가함에 따라 호모시스테인 대사에 관여하는 다른 효소들이 감소하기 때문인 듯하다. 노인은 식사에서 엽산섭취 결핍, 무산증으로 인한 위장위축증, 엽산의 흡수나 이용을 방해하는 약제 및 제산제의 사용 등으로 엽산결핍이 올 수 있다. 1일 권장섭취량은 65세 이상 남녀 모두 400μg DFE이다.

⑪ 비타민 B_{12}

비타민 B_{12}는 체내에서 메틸코발라민으로 전환되어 조효소 역할을 한다.

노인들은 위절제, 무산증, 위액 분비의 감소 등으로 인해 내인성 인자의 분비가 줄어들므로 비타민 B_{12}의 흡수가 감소하며 혈청 내 비타민 B_{12}의 수준이 급격히 감소함에 따라 비타민 B_{12}의 결핍 및 악성 빈혈을 초래될 수 있으며, 뇌와 척수에까지 퇴행성 변화를 초래하여 정신장애를 일으킬 수도 있다. 한국 노인의 비타민 B_{12}의 권장섭취량은 2.4μg/일이다. 비타민 B_{12}는 신경섬유의 절연체 역할을 하는 수초를 감싸고 있는 마이엘린을 형성하고 유지시키는 데 필요하다.

8. 무기질

① 칼 슘

노년기에는 골중량이 낮아져서 평균 10년의 가령당 남자는 약 4%, 여자는 8% 감소하며 남자보다 여자가 더 심하다. 이것은 골형성을 촉진시키는 에스트로겐 분비 감소와 칼슘 대사에 관여하는 각종 호르몬 균형이 변하기 때문이다.

칼슘은 연령의 증가에 따라 동맥벽 등에서는 증가하지만, 골격 내에서는 감소하여 골격은 약해지고 쉽게 골절이 되며, 회복이 늦어진다.

나이가 증가함에 따라

- 요와 변 중의 칼슘 배설이 증가하고 흡수능력은 감소된다.
- 골형성 자극 요인인 근육활동이 저하됨에 따라 골형성이 잘 되지 않는다.
- 칼슘의 섭취부족, 특히 한국인의 식사에는 칼슘이 부족해 노년기에는 더욱 섭취량이 줄어든다.
- 단백질, 비타민 C, 아연 등의 섭취 부족으로 골 콜라겐 형성이 용이하지 않다.

뼈가 정상을 유지하기 위해서는 체내에서 칼슘이나 인산염이 공급되어야 할 뿐만 아니라 골질의 기본재료가 되는 일정한 양의 교원성 단백질과 미량의 나트륨, 마그네슘, 탄산염 등도 필요하다.

칼슘의 흡수는 위액의 부족으로 소장에서 흡수율이 떨어진다. 또한 부갑상선의 기능이 저하되므로 단백질 신생이 나빠지고, 골에서의 미소순환도 약화되어 칼슘대사에 여러 가지 악조건이 중복된다. 이를 예방하기 위해서는 칼슘과 인산염을 섭취하며, 운동 등으로 골의 순환을 자극해야 한다.

폐경기 여성의 경우 골다공증 예방을 위해 추가로 손실되는 양을 감안하여 800 mg을 권장섭취량으로 하였다. 남성 노인은 700 mg이다.

우유는 노년기에도 여러 가지 의미에서 영양적 가치가 있는 식품이며, 특히 칼슘 섭취를 위해서는 좋은 식품이다. 1컵의 우유에는 400 mg에 가까운 칼슘이 들어 있고, 분유 50 g에는 450 mg 정도 들어 있다.

② 인

노년기에 장을 통한 흡수율이나 신장에서의 사구체여과율이 달라진다는 연구가 없다. 그러므로 노인의 권장섭취량은 700 mg이다.

③ 나트륨

2009년에 발표된 국민건강영양조사 자료분석 결과에 의하면 65세 이상 노인들의 70% 이상이 나트륨 목표섭취량인 2g 이상을 섭취하므로 나트륨 섭취를 제한할 필요가 있다고 제언하였다.

노인들은 식생활에서 기름기가 없고 입맛이 개운하며 밥맛을 좋게 해주는 것을 찾게 되는 경우가 많다. 따라서 식염을 조미료로써 많이 이용하게 되는데, 나이가 들수록 미각이 둔해지므로 농도가 높아지는 경향이 있다.

식염을 과잉섭취하면 세포외액이 증가되어 전신부종이 일어나고 심장에 부담을 주어 고혈압이나 동맥경화증을 조장시킨다.

식염섭취량과 고혈압 발병률은 비례하므로 고혈압의 치료와 예방에는 감염식이 효과적이다. 밥을 주식으로 하는 한국인의 식생활은 식염을 과잉섭취하기가 쉽다.

실제로 1일 평균 20~30g으로 개인에 따라서는 훨씬 많은 양을 취하고 있다.

우리나라 노인들의 1일 나트륨 충분섭취량은 65~74세 남녀 모두 1.3g이며, 75세 이상의 충분섭취량도 남녀 모두 1일 1.1g이다.

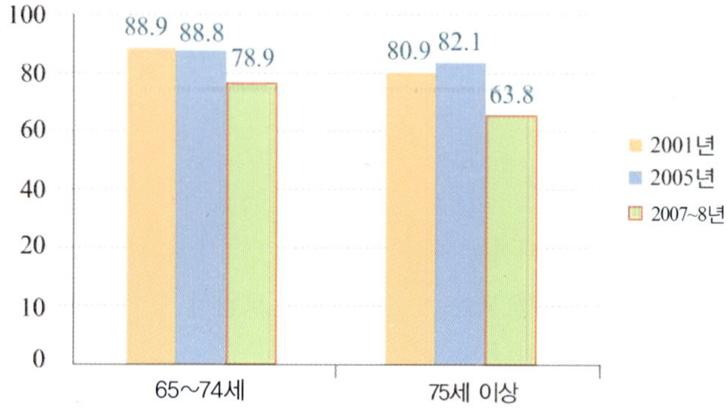

국민건강영양조사 자료 분석 결과 (2009)

그림 9-6 나트륨 목표섭취량 이상 섭취자 비율

[산성 식품과 염기성 식품]

노년기에는 체액의 산, 염기성 평형의 조절작용이 저하된다. 그러므로 일상식 중에 산성 식품이 많으면 산독증(혈액 pH 저하)이 오기 쉽다. 생선, 고기류, 난류 등은 곡류와 같이 산성 식품이다. 그리고 우유, 난백, 대두와 그 제품, 채소류, 과일 등은 염기성 식품이다.

사과나 감귤, 레몬은 먹을 때는 산미를 내지만 체내에서는 유기산이 분해되어 탄산가스와 물로 되고, 호흡 등에 의해 처리되어 알칼리 금속염(칼륨 등)이 체내에 남아서 염기성을 띠게 된다.

이러한 이유로 노년기에는 채소와 과일을 충분히 섭취하면서, 동물성 단백질은 필요한 만큼만 양질의 단백질로 섭취하도록 하여 신장의 부담을 경감시켜야 한다. 채소와 과일 중의 섬유질이나 펙틴 성분은 소화효소에 의해 소화 분해되지 않고 장벽을 자극하여 정장작용을 하기 때문에 변비 방지에 좋다.

④ 칼 륨

노인은 성인에 비해 에너지 섭취량이 적으나 연령이 증가하면 고혈압 위험도도 증가하기 때문에 칼륨의 요구량이 증가할 가능성이 있으므로 충분섭취량은 성인과 동일하게 3.5 g/일이다.

⑤ 철

노년기에는 철분의 흡수가 나빠져서 빈혈증세가 많이 나타난다. 가령에 따라 미각, 후각의 감퇴에 의해서 음식 섭취량이 적어지고 소화관의 기능이 저하되어 철의 흡수가 저해된다.

철분 흡수에 유리한 육류 섭취가 적어지고 흡수율을 저하시키는 식물성 식품을 주로 선택하는 것도 문제이다.

철분은 위산의 작용으로 3가의 Fe^{+++}(제 1철, Ferrous)가 2가의 Fe^{++}(제 2철, Ferricion)로 바뀜으로써 흡수가 촉진된다. 노년기에는 위산의 감소 내지는 무산증이 많기 때문에 실제 이용률이 낮아진다. 흡수된 철분은 간에 저장되는데 간에 이상이 있을 때에는 혈청철분이 증가된다. 철분이 부족하면 조혈기능이 저하되어 빈혈을 일으킨다.

표 9-8 노인의 영양소 권장섭취량

연령 (세)		에너지[1] (kcal)	단백질 (g)	비타민 A (μgRE)	비타민 D[2] (μg)	비타민 E[2] (mg α-TE)	비타민 C (mg)	티아민 (mg)	리보플라빈 (mg)
남	65~74	2,000	55	700	15	12	100	1.2	1.5
	75 이상	2,000	55	700	15	12	100	1.2	1.5
여	65~74	1,600	45	550	15	12	100	1.1	1.2
	75 이상	1,600	45	550	15	12	100	1.1	1.2
연령 (세)		**니아신 (mg NE)**	**비타민 B_6 (mg)**	**엽산 (μg DFE)**	**칼슘 (mg)**	**인 (mg)**	**철 (mg)**	**아연 (mg)**	**구리 (μg)**
남	65~74	16	1.5	400	700	700	9	9	800
	75 이상	16	1.5	400	700	700	9	9	800
여	65~74	14	1.4	400	800	700	8	7	800
	75 이상	14	1.4	400	800	700	7	7	800

[1] 필요추정량 [2] 충분섭취량

* 2015 한국인 영양섭취기준, 보건복지부

노년기의 평균 철분 흡수율은 10 %이다. 1일 65세 이상 남자노인의 철분 권장섭취량은 9 mg이며, 65~74세 여자노인은 8 mg이고, 75세 이상의 여자 노인은 7 mg이다.

9-6 노년기의 질환

1. 노년기 질병의 특징

노년기 질환에는 만성적인 대사질환 – 고혈압, 당뇨병, 관절염, 만성폐질환, 암, 만성위염, 만성간질환 등과 노인성 난청, 노안, 노인성 백내장, 노인성 치매, 노인성 우울증, 노인성 골다공증 등이 있다. 노년기의 이러한 질병들은 대부분 만성 질환으로 노화를 더욱 진행시키고 수명을 단축시킨다.

노화방지와 노화의 지연 및 수명연장을 위해서는 영양소를 충분히 섭취하며 노화를 촉진시킬 수 있는 영양 성분의 양을 제한해야 한다. 그리고 자기 신장에 맞는 표준체중을 유지하고, 신체를 늘 움직이는 적절한 운동을 하여 근육의 위축을 막고 혈류를 촉진시켜서 심혈관의 변화를 예방해야 한다.

① 노년기에는 한 가지 질병뿐만 아니라 몇 종류의 질병이 합병 또는 연쇄적으로 일어나며 증세도 복잡해서 치료도 상반되는 경우가 있다. 예를 들어, 당뇨병 환자가 고혈당의 치료를 위해 당질은 제한하고 단백질과 지방 위주의 식사를 장기적으로 했을 때, 단백질 식품의 동물성 지방이 고지혈증을 일으켜서 고혈압이나 동맥경화증이 되는 경우가 많아서 여러 가지 합병증이 유발된다.

② 노년기의 질병은 대개가 만성화 내지 고질화되어 단기간에 쉽게 치료하기 어렵다. 대사질환 외에 호흡기나 골 및 관절 등의 질병도 일단 발병하면 만성화되는 경향이 있다.

③ 질병의 발병·경과·증세가 의외로 확실치 않고 통상적으로 보이는 증상의 진전도 보이지 않아 진단에 어려움이 많다.

④ 노화현상이 각 기관에 생기므로 한 가지 질병이 발병했을 때에 각 기관에 주는 부담이 크고, 합병증을 일으키기 쉬우며 회복이 지연되고 재발될 우려도 크다.

⑤ 질병과 심리적인 불안정 : 어떤 특정한 병에 걸리지 않아도 노화에 대한 정신적인 불안으로 젊었을 때와 같이 행동이 민첩하지 못하다. 또한, 생활 중의 계획과 예정되었던 일들이 지연되거나 중단되기 쉽고, 거기에서 오는 좌절감 및 사회와 가족으로부터의 소외감 등으로 인하여 의욕이 상실되며 만성적인 질병으로 정서불안정 등 여러 가지 심리적 반응을 나타낸다.

즉, 노인성 질환은 고령에 따른 생리적 노화현상과 질병의 구분이 쉽지 않고, 한 사람이 여러 종류의 질환을 동시에 갖고 있는 경우가 많으며 만성적이어서 단기간에 쉽게 치료되지 않으며 약물에 의한 부작용도 청장년층에 비해 훨씬 많다.

2. 노년기 질병의 종류

(1) 단순 또는 만성기아

노년기에는 긴장감이 없는 단조로운 생활로 인해 인간관계의 폭을 넓힐 기회가 없고, 식욕부진 등으로 식사량이 감소하며, 단순한 식사를 하여 영양불량상태가 될 가능성이 높다. 이에 따라 차츰 체중이 감소하는데, 이상 체중의 10% 이상 감소하면 쉽게 피로를 느낀다. 또한 행동이 민첩하지 못하고 의욕도 상실되며 근육위축이 일어나고, 피부건조로 피부에 윤기가 없어진다.

이를 예방하기 위해서 식사 시에 소화되기 쉽고 영양이 풍부한 우유나 달걀 등 여러 가지 식품을 골고루 섭취해야 한다.

(2) 소화장애

소화기는 노화현상이 오기 쉽다. 특히 다른 부분에 이상이 있을 때 더욱 심하게 나타난다. 소화액의 분비량이 감소하고 위장관의 긴장이 없어져 소화불량과 만성변비를 일으키기 쉽다.

변비는 배변 시에 뇌졸중을 유발할 수 있으며, 그 외에 두통, 식욕 부진, 불쾌감 등을 일으킨다. 매일 정해진 시간에 규칙적인 배변 습관을 들이고, 식사 시 수분을 충분히 섭취하고 채소와 과일을 통해 섬유질과 적당량의 지방을 섭취하는 것은 변비치료에 도움이 된다.

노년기에는 씹는 횟수를 전보다 늘리고 안정된 분위기에서 식사를 하는 것이 좋다. 노인에게서 흔히 나타나는 소화기 질환으로는 변비, 담낭염, 암 및 장폐색증 등이 있다.

① 변 비

노인에게 생기는 변비는 이완성 변비로 운동부족이나 섬유소 섭취부족 등에 의해 일어나는 경우가 많으므로 규칙적인 식사와 충분한 섬유질, 수분의 공급이 필요하다. 섬유소, 해초 등 불용성 다당류가 많이 들어 있는 식품은 보수성이 강하여 장의 연동운동을 촉진한다.

② 치 질

치질은 만성적 변비가 있는 노인이나 비만한 노인에게 발생하는 경우가 많으며 통증과 항문 주위에 출혈이 있다. 섬유소 등을 섭취하는 식생활로 치료하는 것이 바람직하다.

표 9-9 노인에게 좋은 섬유소 많은 식품

곡 류	백미보다는 보리나 콩, 현미 등의 잡곡을 섭취한다. 빵으로 식사할 때도 잡곡빵 등을 섭취한다.
감자류	고구마, 감자, 토란, 곤약
과일류	감, 사과, 참외, 딸기, 배, 파인애플, 포도, 귤, 대추, 키위 주스
채소류	시금치, 배추, 무, 당근, 죽순, 연근, 우엉, 호박, 강낭콩, 무말랭이 등
유제품	우유, 요구르트
콩 류	대두나 팥, 콩조림, 두부, 콩나물 등
해조류	미역, 다시마, 김, 한천 등
조미료와 향신료	설탕, 식초, 카레, 고추냉이, 후추 등의 향신료

(3) 당뇨병

당뇨병은 인슐린의 작용과 분비 이상에서 비롯되는 만성적인 대사질환으로 인슐린은 혈액 내의 포도당을 조직의 세포 내로 들어가게 촉진할 뿐만 아니라 세포에서 포도당의 대사를 활성화하는 역할을 한다. 노인의 인슐린 함량은 청장년층에 비해 오히려 높으나 인슐린 저항성이 커서 당뇨병이 되는 경우가 많다. 이는 노령화됨에 따라 체지방이 증가해서 지방 조직의 세포들이 인슐린 작용에 민감하지 못해 혈당의 이동이 느리고 체세포 내에서의 대사 속도가 감소되기 때문이다.

노인의 인슐린 수용체 수는 더 적은 것으로 알려져 있어 노인의 당뇨 증세는 청장년층과는 다른 행태를 보인다. 노인의 당뇨는 신장질환, 심장질환 등 여러 합병증을 유발하므로 꾸준한 치료를 통해 혈당을 적정수준으로 유지하는 것이 가장 중요하다.

당뇨병은 완치되기는 힘들지만 식이요법과 운동 혹은 경우에 따라 인슐린 요법 등으로 관리하면 건강하게 생활할 수 있다. 노인 당뇨병 환자의 식사원칙은 혈당 상승을 최대한 억제하며 적정체중을 유지할 수 있도록 음식의 양과 종류 및 식사 시간을 환자 각 개인의 요구에 맞도록 적절히 조절하는 것이다.

당뇨병이 있는 노인들은 잡곡 위주의 식사로 섬유소를 충분히 섭취해 혈당 상승을 억제하고 채소나 야채 등 식물성 위주의 식사를 하는 것이 바람직하다. 우유 및 유제품은 저지방으로 섭취하면 총 지방, 포화지방, 콜레스테롤의 섭취량을 줄일 수 있으며 단백질, 칼슘과 리보플라빈 등이 풍부해 바람직한 식품이다.

식사는 정한 시간에 거르지 말고 3끼 식사와 간식을 섭취한다. 운동은 동일한 시간에 규칙적으로 걷기, 수영, 자전거 타기 등 유산소 운동과 집안 청소 등의 활동을 1주일에 적어도 3번 이상, 매회 30~40분 정도 규칙적으로 한다.

(4) 위암

위암은 50~65세에 주로 발생하며, 노인의 가장 흔한 악성 종양 중의 하나이다. 환경적, 유전적 요인과 더불어 위산도가 낮을 때 발생률이 더 높다. 위암의 증상은 잘 모르고 있다가 퍼진 후에 발견되는 경우가 많다. 식사 후 막연하고 불편한 충만감, 소화불량, 체중감소, 식욕부진, 허약감, 빈혈, 배변습관 변화와 같은 비특이성 증상이 있으며, 설사, 토혈의 증상이 나타나기도 한다.

위암의 원인으로는 매운 음식, 뜨거운 음식, 염장건조 어패류, 탄 음식, 젓갈 등의 반복적인 섭취를 들 수 있으며 육어류에 함유된 아민(amine)류, 염장발효 채소식품에 들어 있는 니트로소아민(nitrosoamine), 훈제식품에 많이 들어 있는 3,4벤조피렌(benzo pyrene)이나 다환 방향족 탄화수소 등의 발암물질의 영향이 크다.

당질의 섭취량이 많고 짜게 먹으며 단백질이나 녹황색 채소, 비타민 등의 섭취가 적은 나라에서 위암 발생률이 높다. 위암 예방을 위해서는 식품선택, 조리법과 함께 먹는 음식 종류에도 유의할 필요가 있다.

(5) 장암

장암은 소장, 대장의 상피성 악성 신생물이며, 발생 부위에 따라 소장암과 대장암으로 분류되나, 소장암의 발생 빈도는 낮다. 대장암의 발생 부위는 직장이 가장 많고 다음은 S상 결장, 맹장, 좌우의 결장 등이다.

최근 우리나라에도 서구적 식문화로 인해 대장암의 이환율이 증가하고 있다. 50대에 장암 발생률이 높고 70세 이상의 남녀 노인에서 가장 흔한 악성 종양이다.

흔히 직장, S상 결장 부위에 많이 생기며, 종양이 생긴 부위에 따라 약간씩 다른 증상이 나타나나 왼쪽 병변은 혈변, 설사, 변비를 초래하고, 오른쪽 병변은 허약감, 체중감소를 초래한다. 그 외에도 점액 분비, 직장출혈, 장폐색의 증상이 나타난다. 질병을 조기발견하면 수술로써 성공적인 치료를 할 수 있으나, 증상이 잘 나타나지 않고 진행되기 때문에 종종 아주 늦게 진단된다.

대장암은 육식을 위주로 한 고지방식, 채식부족으로 인한 저섬유식, 맥주(직장암)의 과잉섭취, 생선과 육류를 태울 때 생성되는 헤테로고리 아민류(heterocyclic amines) 등이 주요 원인으로 알려져 있다. 섬유소는 발암물질을 희석시킬 뿐만 아니라 대장점막과 발암물질의 접촉시간을 단축시키는 효과가 있어서 하루 20g 이상의 섭취를 권장하고 있다.

수술로 치료하며 화학요법과 방사선요법을 사용하기도 한다. 장 수술 후에는 위에서의 위액 분비가 증가하며 장의 운동성이 증가하고 흡수불량으로 인해 삼투농도가 높아지면서 장내 물을 끌어들여서 설사가 자주 일어난다.

동맥경화의 진행으로 심장의 관상동맥에 죽상경화가 생기면 혈관이 막혀 심근으로 가는 혈액의 공급이 감소되거나 중지되어 허혈성 심장질환을 일으키고, 또한 심근이 괴사되어 일어나는 심근경색이 나타나기도 한다. 만약 뇌혈관에 죽상경화가 일어나면 뇌졸중이 일어나는데, 65세 이상 노인의 가장 흔한 사망원인이다.

동맥경화는 고혈압, 고지혈증, 흡연이 주요 유발 인자이며 지방과 염분의 과다섭취, 과식, 운동부족, 스트레스, 당뇨병 등도 위험인자이다. LDL-콜레스테롤을 낮추고, HDL-콜레스테롤을 높이기 위해서 식사와 생활습관을 조절해야 한다.

(10) 골다공증

골다공증은 뼈의 성분은 변화하지 않고, 단위용적 내 골질량과 골밀도가 저하되어 쉽게 골절이 발생하는 질환이다.

골다공증은 폐경 후 15~20년 후인 60~65세 사이에 발병하며 폐경으로 인한 에스트로겐의 분비 부족에 기인하고 소주골(trabecular bone)의 감소와 척추골의 압박골절을 특징으로 한다. 노인성 골다공증은 70세 이후의 노인에게 빈번하게 발병되고 노화에 따른 골 손실의 증가로 인하여 골밀도가 골절한계치 이하로 감소하여 발생하며 척추 및 고관절 골절을 일으킨다.

골다공증을 앓으면 뼈 조직의 손실로 척추가 굽거나 얇아져서 자세가 구부러지고 키가 줄어들며, 척추, 허리 끝뼈, 엉덩이뼈, 손목뼈의 골절이 쉽게 일어난다. 여성의 갱년기 골다공증은 척추골에 잘 생겨 목이 뻣뻣하고 상반신의 통증과 요통이 심해져서 활동이 어려워지며, 흉강과 복강이 줄어들어 호흡이 불편해지고 배가 나오게 된다. 연령이 증가할수록 골다공증의 위험은 증가한다.

골격이 작은 사람이 골격이 큰 사람보다 노화에 따른 뼈 손실이 크며, 마른 여성은 골 질량이 적고 또 뼈의 장력 강도를 주는 소주골이 적기 때문에 골절이 발생하기 쉽다. 지방 조직은 뼈의 용출 작용을 억제하는 에스트로겐 호르몬의 주요 공급원이기도 하다.

질병, 활동의 부자유, 의욕상실 등으로 노인의 활동량이 감소하면 뼈조직이 급격히 손실된다. 신체활동은 뼈조직에 자극을 주어 뼈조직의 보존과 신생이 촉진된다. 특히 옥외 활동은 자외선으로 인한 체내 비타민 D_3 생성도 자극하여 골다공증의 예방과 치료에 좋다.

칼슘의 섭취가 부족하면 뼈로부터 무기질의 용출이 쉬워져서 골절의 위험이 증가한다. 과다한 알코올 섭취, 흡연, 카페인도 골다공증을 유발할 수 있다. 스테로이드 제제(부신피질 호르몬 등)는 비타민 D 대사에 영향을 미쳐서 골 손실을 유도할 수 있으며, 갑상선 호르몬제를 장기적으로 투여하면 골량의 상실을 초래할 수 있다.

일단 뼈가 약해지면 회복이 불가능하므로 증세의 진행을 늦추어 현 상태를 그대로 유지해야 한다. 그러므로 노인이나 폐경 이후 여성은 칼슘을 1,200~1,500mg 섭취하고 운동을 꾸준히 할 것을 권한다.

(11) 퇴행성 관절질환

골관절염은 남성과 여성에게 같은 비율로 발생한다. 정확한 원인은 알려져 있지 않으며 고령화됨에 따라 관절이 닳고 손상되기 때문으로 추정된다. 정상적인 기능을 다한 연골은 얇아지고 닳는다. 연골조직은 관절에서 형성되고 점액낭 속의 활액막은 염증을 일으키는데 체중이 부하되는 척추, 골반, 무릎과 같은 관절에서 잘 일어난다. 비정상적인 연골과 뼈의 증대로 일어나는 헤베르덴 결절(Heberden's nodes)은 손가락 같은 말단관절에서 볼 수 있다.

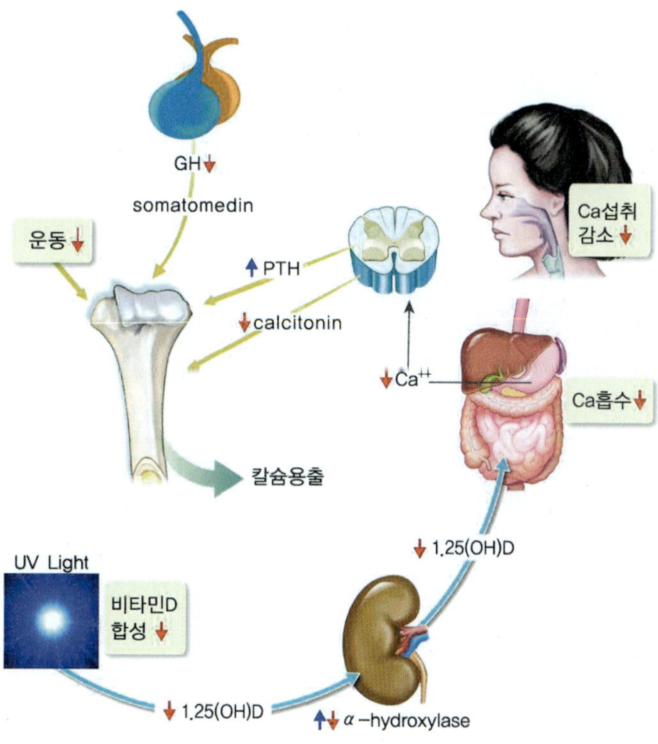

그림 9-7 Overview of the effects of aging of calcium matabolism.
GH : Growth hormone, PTH ; parathyroid hormone

자료 : Reprinted with permission from Journal of American Geriatrics Society(1988; 36:845-859)

통증이 있으므로 비스테로이드계 항염증제제를 복용하거나 관절에 직접 코르티코스테로이드를 주사하거나 안정을 취하고 따뜻하게 한다.

류마티스성 관절염은 자가면역과정과 관련된 교원질의 질병으로 이른 나이에 시작되고 여성에게 발병률이 높다. 류마티스성 관절염은 증상이 심하고 손상을 일으키는 급속기와 질병과정이 잠시 멈추는 완화기로 나누어지며 근육쇠퇴와 연조직의 변화, 뼈, 연골의 변화를 초래한다. 여생 동안 심각한 기형과 여러 가지 문제가 유발된다. 치료는 온열법, 전신적 코르티코스테로이드와 물리치료를 병행한다.

(12) 빈혈

노인들에게 많이 나타나는 형태는 철 결핍성 빈혈이다. 노인은 치아불량, 위산분비 부족 등으로 육류와 신선한 채소를 기피하는 경향이 큼에 따라 철 섭취량이 낮고 흡수율과 이용률의 감소, 골수에서의 비효율적인 적혈구 생성, 빈번한 소화기관의 출혈, 만성적 설사 및 지방변에 의해 빈혈이 발생한다.

또한 노인은 비타민 B_{12}의 흡수가 잘 되지 않아 거대적아구성 빈혈이 나타날 수 있다. 거대적아구성 빈혈의 발병 연령이 평균 60세이므로 비타민 B_{12}가 풍부한 육류, 간 등을 충분히 섭취한다.

(13) 노인성 치매

치매(dementia)란 뇌기능이 노화됨에 따라 뉴런의 수가 감소되어 뇌기능이 손상되고 손상 부위에 따라 언어, 인지력, 기억력, 성격 등에 장애가 온 것을 말한다.

우리나라 치매 이환율은 최근 한국보건사회연구원 발표에 의하면 2005년 65세 이상 노인 중 36만 4,000명으로 추정되고 있으나 대부분의 치매 노인이 병원을 잘 찾지 않아 유병률 조사가 힘든 상황이라 한다.

여성이 남성보다 치매발현이 높으며, 이와 같은 현상은 여성의 평균수명이 남성보다 길기 때문으로 여겨진다. 한편 인구 고령화에 따라 2020년 65세 이상 치매 환자는 61만 9,132명으로 증가할 것이라 전망하고 있다.

치매에는 알츠하이머병(Alzheimer disease), 다발성 뇌경색성 치매, 알코올성 치매 등이 있다. 우리나라 노인들은 미국과는 달리, 알츠하이머병보다는 다발성 뇌경색성 치매가 많은 것으로 보고 있다. 다발성 뇌경색성 치매는 경미한 뇌졸중에서 비롯되므로 뇌졸중의 원인이 되는 고혈압, 당뇨병, 동맥경화 등의 철저한 관리와 치료가 치매 예방을 위해 중요하다. 아울러 비만을 방지하고 나트륨을 제한하며 칼륨과 칼슘섭취를 증가시키고 지질섭취를 조절하면 뇌졸중을 방지해서 치매 증상의 악화를 지연시킬 수 있다.

또한 심한 굶주림, 알코올 중독, 위절제 수술 후 나타날 수 있는 영양결핍, 특히 비타민 B_{12}와 엽산, 니아신 부족에 의해서도 치매가 생길 수 있다. 이 밖에 티아민, 비타민 B_{12}, 비타민 C, 철분 또는 아연의 결핍 시에도 뇌기능이 손상될 가능성이 있다고 한다.

그러므로 치매의 예방이나 치료 방법은 긍정적이고 건강한 정신과 함께 적당한 휴식과 충분한 영양공급으로 신체적 건강을 유지하는 것이다.

(14) 유방암

연령이 높을수록 유방암에 걸릴 확률이 증가하며 특히 비만한 노인 여성의 경우는 더욱 증가하므로 유방암 검진을 정기적으로 받는 것이 필요하다. 유방이 움푹 패이거나 고름이 나오고 유두가 함몰되고 유두에서 분비물이 나오며, 피가 나는 등의 증상이 있을 경우 유방암을 의심해 봐야 한다.

(15) 요실금

불수의적 배뇨현상으로 나이가 들면서 발생한다.

요로가 감염되었거나 신경계의 문제, 기능의 변화 등으로 발생할 수 있다.

(16) 요로감염

요로감염은 나이가 들면서 증가하는데 40대 여성은 3% 정도가 요로감염이 나타나는 데 비해 60대 여성들은 15%까지 나타난다. 요로감염은 남성들에게서도 나타나지만 여성들에 비해 적다.

요로감염의 위험을 증가시키는 요소로는 배변 후 용변관리 곤란과 부적절한 위생, 활동량 감소로 인한 불완전 배뇨와 소변의 정체 및 당뇨병, 고혈압, 뇌졸중, 치매와 같은 병, 항생제의 반복적이고 과도한 사용이나, 병원과 시설에서의 병원균에 대한 노출 등에 의해 발생한다.

(17) 직장 탈출

60대 이상의 여성에게서 항문을 통한 직장의 탈출이 잘 발생한다. 특히 출산을 많이 한 여성에게 주로 나타나는데 심각해지면 근육을 강화시키는 수술을 하거나 항문괄약근에 루프를 삽입하기도 한다.

(18) 만성신부전

70세 이상의 노인 중에는 만성신부전으로 투석치료를 받고 있는 환자가 많다. 만성신부전은 고혈압, 당뇨, 만성 요로감염, 혹은 요로폐색에 의해 발생한다. 이밖에도 저혈압, 항생제 독성에 의한 급성신부전에 의해서도 발병한다. 만성신부전의 증상으로는 소변량의 변화, 가렵고 건조한 피부, 근력약화, 부종, 오심과 구토 그리고 신경학적인 문제가 나타날 수 있다.

(19) 폐암

폐암은 사망률이 높은 암 중의 하나로 암 진단을 가장 많이 받는 연령은 55~65세 사이이다. 일반적으로 남성에게서 폐암의 발병률이 높지만 여성에게도 증가하여 최근에는 사망원인으로 유방암을 추월하고 있다고 한다. 폐암으로 진단받은 뒤의 생존율은 매우 낮아 5년 이상 생존하는 경우가 드물다.

폐암은 흡연, 대기오염, 석면 또는 해로운 공업물질과 같은 발암물질에 노출되어 생긴다. 기침, 흉통, 피가 섞인 가래는 전형적인 증상으로 폐렴이나 호흡기계 질환과 증세가 비슷해 무시되는 경우가 많으므로 주의해야 한다. 폐암 치료법 중 폐를 절제하는 방법이 있는데 이는 사망률이 매우 높으며 방사선요법과 화학요법이 환자들에게 사용되기도 한다.

(20) 이명

귀가 울리는 현상으로 귀의 외상, 고막으로의 귀지의 압력, 노인성 난청, 메니에르병 등에 의해서 나타나며 다른 약물이나 기타 요인에 의해서도 발생한다.

(21) 메니에르병

40~50대 성인들에게서 흔하게 나타나는 만성질환이다. 심한 현기증과 어지럼증이 동반되며 증상이 심하면 전혀 서 있거나 걷지 못하는 상태가 될 수도 있다. 오심, 이명, 청력상실, 또는 귀의 압박감 등을 경험하기도 한다. 또한 식은땀, 구토, 빠르고 불수의적인 안구운동 등의 증상이 나타난다. 갑자기 증상이 발생하여 몇 분에서 몇 시간 동안 지속될 수 있으며 빈도는 예측이 불가능하다.

메니에르병은 대개 한쪽 귀에만 발생하여 신경성 청력상실을 가져올 수 있는데 치료에 의해 다른 증상은 사라져도 청력상실은 영구적으로 지속될 수도 있다.

(22) 백내장

눈이 뿌옇게 보이는 백내장은 나이가 들어감에 따라 발생률이 증가하는 질환으로 시간이 지남에 따라 악화되어 점진적으로 통증 없이 시각을 잃어 간다. 시각손실의 정도는 백내장이 침범한 위치와 수정체의 불투명도에 따라 다르다.

백내장 환자는 의사의 진료를 자주 받아 그에 맞게 안경을 바꾸고, 심하게 시각이 손상되면 각막제거수술을 할 수도 있다. 각막을 제거하면 렌즈 이식이나 콘택트렌즈, 백내장 안경으로 시력을 교정할 수 있다.

(23) 녹내장

안구의 안압이 상승하여 망막손상을 일으킬 수 있다. 주변 시야 손실을 시작으로 주위가 터널처럼 보이거나 영구적으로 시력을 잃을 수 있다. 녹내장은 특별한 증상이 없기 때문에 녹내장이 발견되었을 때는 이미 많이 진행된 경우가 많다. 따라서 안압을 규칙적으로 측정하는 것이 필요하다. 안압측정 검사는 매우 간단하여 1분 내에 통증 없이 할 수 있으므로 40세 이상의 사람은 녹내장을 조기진단하기 위해 정기적으로 검사를 받는 것이 좋다.

(24) 각막반 퇴행과 망막박리

망막의 한가운데에 있는 좁은 영역인 각막반은 시각작용이 가장 활발한 곳으로 손상이나 파괴가 쉽다. 각막반 퇴행은 노인에게서 많이 발생하여 55세 이상의 노인에게 가장 많은 실명의 원인이 된다.
각막반 퇴행의 정확한 원인은 알려져 있지 않지만 세포가 위축되거나 죽으면 각막반이 영구적으로 손상되어 중심시야가 손실된다. 시각은 제한되나 주변시야가 남아있어 완전히 실명하지는 않는다.

신생혈관성으로 인해 망막 밑의 모세혈관이 비정상적으로 증식하여 각막반이 퇴행하면 혈관으로 혈액과 용액이 새어 망막이 부풀어 오르고 찌그러져 시력 손상이 오는 각막반 퇴행이 있다. 레이저 수술이나 미세수술이 혈관의 새는 곳을 막고 성장을 늦춰서 시력손상을 예방한다.

당뇨병성 망막증은 당뇨병 환자에게 나타나는 일반적인 증상으로 유리체의 작은 혈관의 출혈과 모세혈관의 변화로 실명할 수 있다. 안구의 수축과 유리체의 점도 변화는 노화에 따른 정상적인 과정이지만 유리체로부터 망막이 분리되는 망막박리를 일으켜 중심시야를 손상시킨다.

(25) 만성 폐쇄성 폐질환

호흡기계 질환인 천식, 폐기종, 만성기관지염을 말하는 것으로 이들 질환은 각각 따로 발생하기도 하지만 함께 발생하기도 한다. 만성 폐쇄성 폐질환은 흡연을 하거나 공해물질에 과다하게 노출된 사람에게 자주 발생한다. 천식은 기관과 기관지가 예민하여 작은 자극이나 정신적 스트레스에도 기관이 수축하고 기도 내의 점액분비가 증가해 기도가 좁아져 공기흐름이 방해받아 발생한다.

폐기종은 폐포 구조의 변화로 폐포가 탄력을 잃고 과도하게 확장되어 가스교환이 비효율적으로 되는 질환이다. 만성기관지염은 기관과 기관지의 염증으로 가래분비가 과다해지며 기침을 유발한다.

만성폐쇄성 폐질환을 가진 사람은 가래가 나오는 기침, 쌕쌕거리는 소리, 청색증, 힘들게 숨쉬는 모습으로 쉽게 판별이 되며 이런 증상은 호흡기계 감염의 위험을 높이며 호흡기능부전을 가져올 수도 있다.

(26) 인플루엔자

인플루엔자는 겨울에 많이 발생한다. 인플루엔자 바이러스는 공기 중 침, 콧물 등 호흡기계 분비물을 통해 전파되어 같이 있는 가족에게 급속히 퍼진다. 잠복기가 짧아 감염되고 1~3일 후면 보통 증세를 보이는데, 오한, 고열, 기침, 목의 통증, 전신 무력감 등이 갑자기 나타난다. 노인들은 젊은 사람에 비해 인플루엔자에 의해 사망하는 비율도 매우 높다. 특히 호흡기계 질병을 앓은 경험이 있거나 허약한 노인에게는 매우 위험하다.

65세 이상의 노인은 인플루엔자 예방주사를 맞는 것이 바람직하다. 그러나 달걀 알레르기가 있는 사람은 인플루엔자 예방주사를 접종받지 말아야 한다.

인플루엔자 백신은 달걀 단백질에서 배양되었기 때문에 달걀 알레르기가 있는 사람이 접종받으면 심각한 알레르기 반응을 일으킬 수 있다. 예방접종을 한 사람의 70~80%가 질병을 예방하는 효과가 있다고 한다.

(27) 욕창

피하조직의 감소로 인한 피부 쿠션의 감소는 뼈 돌출부위의 피부와 조직이 파손된 상태인 욕창의 발생을 증가시킨다. 침대에 누워 있거나 휠체어를 사용하는 등 기동성의 문제가 있는 노인들에게는 심각한 문제이다.

(28) 지루성 피부염

건조하거나 그렇지 않은 상황에서도 발병하는, 밀랍처럼 노랗고 말랑말랑한 부스럼이 생기는 피부질환이다.

과다한 피지 생성으로 인한 지루성 피부염은 두피, 눈썹, 눈꺼풀, 귀, 겨드랑이, 가슴, 서혜부, 엉덩이의 접힌 부분에서 발생할 수 있다. 치료가 잘 되지 않으나 특별한 샴푸와 로션으로 증상을 완화시킬 수 있다.

(29) 저체온증

노인은 피하조직이 줄어들어 체온조절 능력이 감소한다.

매우 마른 노인은 피하조직과 지방조직이 적어 체온보호를 효율적으로 할 수 없어 매우 추운 환경에 노출되면 저체온증이 되기 쉽다.

(30) 정맥류

정맥류는 혈관이 확장되거나 손상되어 혈액이 혈관에 정체될 때를 말한다. 연령이 높아짐에 따라 혈관의 탄력성이 감소하여 정맥류의 발생이 많아질 수 있다. 정맥류가 발생하면 하지 표면에서 뒤틀리고 변형된 정맥혈관을 볼 수 있다. 비만하고 활동을 하지 않으며 장시간 서 있는 사람은 정맥류 발생 가능성이 높아진다.

정맥류는 다리의 경련이나 가려움 또는 통증을 유발할 수 있다. 벨트를 사용하거나, 다리를 꼬고 앉는 습관 등도 혈액순환을 방해하므로 좋지 않다.

9-7 노년기의 영양관리

노인의 생활기능에 알맞은 올바른 영양섭취를 하며 개인의 식습관을 존중하고 기호를 고려하여 식사의 즐거움을 만족시키도록 식품의 선택과 조리법에 대한 노력이 필요하다.

① 식사시간은 규칙적으로 하되, 식사량과 식사횟수를 조절한다.

② 영양적으로 균형잡힌 식생활이 되도록 한다.
총 에너지섭취를 줄이고, 당질과 지방의 과잉섭취에 주의하며, 단백질·비타민·미네랄 등은 충분히 섭취한다. 채소류와 해조류는 충분히 섭취하고, 염분의 섭취량을 줄이며, 육류·어류·대두류 등을 골고루 적당량 섭취해야 한다. 포화지방이 많이 함유된 식품을 과잉섭취하지 않는다.

③ 일반적으로 저작력 저하를 비롯해서 위액 분비 및 연동운동의 약화로 소화·흡수기능이 저하되므로, 식사섭취능력에 적합한 형태의 식사를 한다. 우유나 유제품, 두유를 매일 섭취하고, 제철과일을 매일 섭취하도록 한다.

④ 적당한 운동과 휴식을 한다.

1. 우리나라의 노인 식생활 실천지침

① 채소, 고기나 생선, 콩 제품 반찬을 골고루 섭취한다.

- 다양한 채소 반찬을 매끼 섭취한다.
- 고기나 생선, 달걀, 콩 제품 반찬을 매일 섭취한다.

② 우유 제품과 과일을 매일 섭취한다.

- 우유, 요구르트나 두유를 매일 섭취한다.
- 다양한 제철 과일을 섭취한다.

표 9-11 65세 이상 남성 권장 식단(2,000kcal)의 예

메뉴	분량	아침	점심	저녁	간식
		누룽지 해물달걀찜 느타리버섯볶음 배추겉절이 양파초절임	콩밥 오이냉국 돼지고기볶음 애호박전 오이고추무침	잡곡밥 곰국 고등어감자조림 가지나물 배추김치	사과 바나나 찐 고구마 우유
곡류	3.5회	쌀 67g (0.75)	쌀밥 210g (1)	잡곡밥 210g (1) 감자 70g (0.15)	고구마 140g (0.6)
고기 · 생선 · 달걀 · 콩류	4회	달걀 54g (0.9) 새우 8g (0.1)	검정콩 10g (0.5) 돼지고기 60g (1)	소고기 30g (0.5) 고등어 60g (1)	
채소류	8회	느타리버섯 30g (1) 배추 70g (1) 양파 63g (0.9)	오이 35g (0.5) 양파 35g (0.5) 애호박 70g (1) 오이고추 70g (1)	대파 7g (0.1) 가지 70g (1) 배추김치 40g (1)	
과일류	2회				사과 100g (1) 바나나 100g (1)
우유 · 유제품류	1회				우유 200mL (1)

구분	식단	식단사진	
		식사	간식
아침	누룽지 해물달걀찜 느타리버섯볶음 배추겉절이 양파초절임		사과 
점심	콩밥 오이냉국 돼지고기볶음 애호박전 오이고추무침		바나나 
저녁	잡곡밥 곰국 고등어감자조림 가지나물 배추김치		찐 고구마, 우유 

*유지·당류 4회는 조리 시 소량씩 사용

2015년 한국인 영양섭취기준, 보건복지부

③ 짠 음식을 피하고, 싱겁게 섭취한다.

- 장아찌, 젓갈같은 짠 음식을 적게 섭취한다.
- 음식을 만들거나 먹을 때 소금이나 간장을 적게 사용한다.
- 국과 찌개의 국물을 적게 섭취한다.

④ 많이 움직여서 식욕과 적당한 체중을 유지한다.

- 자신에게 알맞은 운동을 규칙적으로 한다.
- 많이 걷고 움직이는 생활을 한다.

⑤ 술은 절제하고, 물을 충분히 마신다.

- 되도록 술을 마시지 않는다.
- 술을 마실 때는 하루 1잔 이내로 제한한다.
  (1잔은 소주로는 1.5잔, 맥주로는 1캔, 양주로는 1잔에 해당된다.)
- 물을 자주 마신다.

⑥ 세 끼 식사와 간식을 꼭 섭취한다.

- 세 끼 식사를 규칙적으로 한다.
- 조금씩 자주 섭취한다.

⑦ 음식은 먹을 만큼 준비하고, 오래된 것은 먹지 않는다.

- 음식은 한꺼번에 많이 만들지 않는다.
- 남은 음식은 바로 냉장보관하고, 오래된 것은 버린다.

(자료 : 보건복지부)

2. 일본의 노인 식생활 지침

① 저영양에 주의하도록 하자.

— 체중 저하는 황색신호

② 조리를 고안하여 다양한 식생활을 하도록 하자.

— 무엇이라도 먹도록, 그렇지만 과식은 주의

③ 부식부터 먹도록 하자.

— 나이가 들면 반찬이 중요

④ 식생활에 리듬을 싣자.

— 식사는 천천히, 부족하지 않도록

⑤ 신체를 자주 움직이자.

— 공복감은 최고의 음식 맛을 냄

⑥ 식생활의 지혜를 습관화하자.

— 식생활의 지혜는 젊음과 건강유지의 나침반

⑦ 맛있게, 즐겁게 식사를 하자.

— 풍요로운 마음이 육성되는 건전한 고령기

노년기 영양 핵심문제

1. 식이·수명·질병 발생의 연구에서 적절한 식이제한은 생명을 연장시키고 성인병을 예방하는 것으로 밝혀지고 있다. 식이제한을 하면 효과적인 영양소는?

① 에너지, 지방 ② 단백질, 비타민
③ 수분, 단백질 ④ 단백질, 무기질

2. 노년기의 신체기능 감소가 가장 두드러지게 식생활에 미치는 현상은?

① 단것을 싫어지게 함
② 짠맛에 대한 둔화로 소금 섭취량 증가
③ 수면 부족으로 저작 기능 감소
④ 폐활량 감소로 힘이 적어짐

3. 노인기의 영양소 대사에 대한 설명으로 옳지 않은 것은?

① 인슐린에 대한 말초조직의 민감성이 저하된다.
② 혈중 총 콜레스테롤과 LDL 콜레스테롤이 증가한다.
③ 뼈의 분해 증가로 골밀도가 감소한다.
④ 골수에서의 조혈작용이 증가한다.

4. 노인기의 소화흡수에 대한 설명으로 옳은 것은?

① 담즙분비의 저하로 지질 흡수가 감소한다.
② 위액분비량이 증가한다.
③ 타액 분비량의 저하로 단백질 소화흡수가 저하된다.
④ 장액분비량의 저하로 철분흡수가 저하된다.

5. 노인기에 열량 필요량이 감소하는 이유가 아닌 것은?

① 기초대사량 감소
② 일의 효율 감소
③ 신체활동량 감소
④ 특이동적작용 대사량 감소

tip 열량 소비량은 기초대사량, 신체활동량, 일의 효율에 따라 달라지는데 노인의 경우 일의 효율이 저하되어 일정한 활동에 소모되는 에너지는 증가하나 기초대사량과 신체활동량이 상당히 감소되어 에너지 필요량은 감소한다.

6. 노인영양에 관한 설명으로 옳은 것은?

① 혈중 지방량이 감소한다.
② 불포화지방산이 다량 함유된 식물성 식품이 좋다.
③ 콜레스테롤이 많은 식품을 알맞게 공급한다.
④ 당질이 많은 식품이 좋다.

7. 노인기의 체성분 변화에 대한 설명으로 옳은 것은?

① 골격 무기질량 증가 ② 근육량 증가
③ 수분량 증가 ④ 체지방량 증가

8. 노인기의 생리기능 변화에 대한 설명으로 틀린 것은?

① 신장 혈류량 감소 ② 폐활량 감소
③ 포도당 내응력의 감소 ④ 혈압 감소

9. 노인의 혈중 변화로 옳은 것은?

① 헤모글로빈 양의 감소
② 콜레스테롤의 감소
③ LDL의 감소
④ 요산의 감소

tip 노인기의 혈액성분은 조혈작용 감소로 적혈구의 양이 감소하고, 혈구활성, 헤모글로빈 양 등이 감소한다. 또한 단백질, 지질 및 당질대사를 반영하는 요산 및 크레아틴이 증가하고 콜레스테롤을 비롯한 지질농도의 증가로 관상동맥 장애가 온다.

10. 노인기의 뇌와 신경조절 기능 변화와 관련된 설명으로 옳지 않은 것은?

① 뉴런의 감소
② 신경전달물질 합성 감소
③ 짠맛에 대한 역치 감소
④ 시력 및 청력 약화

tip 노화에 의해 뉴런이 20~40% 정도 감소한다. 노인에서는 뇌의 혈류량이 감소하고 도파민, 세로토닌, 아세틸콜린 등의 뇌신경전달물질의 합성도 감소한다. 여러 감각기관의 기능이 저하되어 시력, 청력이 약해지고 각 맛에 대한 역치가 증가하며 특히 짠맛에 대한 감각이 3~4배 무뎌진다. 고통 및 갈증에 대한 감각도 약화된다.

정답 1. ① 2. ② 3. ④ 4. ① 5. ④ 6. ② 7. ④ 8. ④ 9. ① 10. ③

Chapter 10

일(노동, 작업)과 영양

건전한 사회생활은 소비활동과 생산활동의 균형을 유지하고 적당한 영양섭취를 해야 이루어질 수 있다. 영양은 인간의 생활현상의 하나로서 체성분이 될 수 있는 물질을 외부로부터 체내로 섭취하고 대사를 통하여 외부로 배설하게 된다. 그러므로 인간은 생명이 다할 때까지 영양생활을 계속한다.

일은 인간생활 과정에서 가장 중요한 활동으로 일의 방법, 작업의 조건, 영양섭취에 따라 영향을 받게 된다. 일을 한다는 것은 신체가 활동을 하게 되는 것을 의미하는데, 좁은 의미에서는 근육운동을 가리키지만, 넓은 의미에서 보면 생활활동을 영위하기 위해 행하는 신체적·정서적 활동의 총화라고 볼 수 있다. 이 활동은 하루 8시간의 근무라는 형태로 이루어지고 여러 환경조건도 대사에 영향을 미치며, 노동에도 영향을 준다.

일을 한다는 것은 에너지를 소비하는 것이고, 영양은 휴식과 함께 노동력을 재생산하는 과정이다. 하루를 단위로 생활이 이루어지므로 소비와 재생산의 균형이 이루어져야 하며, 이를 기초로 영양소요량이 설정된다.

인간은 '식사'라는 형태의 영양섭취를 통해 하루 3번의 영양활동을 한다. 이러한 식사는 직장인들에게 외식 혹은 직장급식의 형태로 제공되고 있다. 최근 산업체 급식은 직장인의 작업능률에 직접적으로 영향을 미치므로, 직장인들의 영양관리는 곧 생산성과도 밀접한 관계가 있다.

직장급식은 육체노동과 정신노동에 따라 구별되며, 사회구조의 변화와 경제 발달에 따라 산업구조가 기계화되면서 심한 근육노동보다는 정신노동의 비중이 늘어나고 있다. 그러므로 영양도 이러한 추세에 맞게 변화·발전되어야 한다.

인간의 작업능력을 구분하면 다음과 같다.

① **근 력** : 크기, 정적 및 동적 근력
② **지구력** : 작업의 강도나 시간을 고려한 정적 및 동적 능력 등
③ **조정력** : 반응시간, 민첩성, 유연성, 협조성, 평형능력 등
④ **정신력** : 의지력, 기억력, 판단력, 창조력 등

근력은 근육운동에 직접 관련이 있는 중요한 능력이지만, 미숙한 경우에는 정신적 긴장이 커지고 효율이 떨어져서 정신적 피로를 초래하는 경우가 적지 않다.

정신적인 일은 보통 육체적인 일과 비교하면 소비 에너지는 적은데도 불구하고 많은 스트레스가 가해지고 있다. 이러한 정신적인 일도 근육운동을 하게 되며, 스트레스가 축적되어 신체가 경고반응을 나타내게 되는데 이를 '저항기'라 한다.

각종 스트레스에 대한 저항력을 증가시켜 체력을 강화시키지만, 가끔 병적 상태에 이르는 경우가 있는데 이를 '곤비기'라 한다. 정신적 작업에 있어서 곤비기의 특징으로 식욕감퇴가 나타나고, 심하면 구토, 설사, 변비 등이 생기게 된다. 더 심해지면 위에 문제가 생겨서 소화기 궤양을 유발하게 된다.

스트레스에 대한 연구는 Selye가 주장한 스트레스 학설이 처음으로, 스트레스라는 말은 '변형'과 '압박'이란 말에서 유래되었다. 즉, 외부에서의 자극 → 신체 내 부균형의 파괴 → 방어 반응의 과정을 말한다.

10-1 근육운동

일상생활의 대부분은 육체활동으로 신체활동이 부족하게 되면 생명을 단축하게 된다. 그러나 과도한 육체활동 역시 생명을 단축하는 것으로, 운동선수가 꼭 장수하지 않는 것으로도 설명할 수 있다. 따라서 신체 활동을 할 때에는 영양과 운동의 최소 필요량과 최적 운동량 및 한계량에 대해서도 고려할 필요가 있다.

인체를 구성하고 있는 근육은 횡문근과 평활근 및 심장근육이 있다. 신체활동에 가장 관계 깊은 것은 골격근으로, 액틴과 미오신 필라멘트로 구성되어 있고, 이들은 근원섬유에 의해 결속되어 근섬유를 형성하며, 이것이 합쳐져서 근육을 형성한다.

골격근은 신체의 뼈에 연결되어 있다. 하나의 뼈는 한 개의 골격근만으로 연결되어 있는 것이 아니고, 여러 개의 골격근의 지배를 받고 있다.

근육의 수축은 근섬유막 위에 있는 신경종판에 자극이 전달되면 나트륨 펌프의 작용에 의한 전위차 때문에 일어난다. 근육 수축의 원리는 Huxley의 slide theory가 지배적이다.

액틴 필라멘트가 미오신 필라멘트 사이에 미끄러져 들어감으로써 근육 수축을 일으키게 되는데, 이때에 에너지가 필요하다. 에너지원은 ATP로서 미오신과 결합하여 myosinphosphate(M–P)로 되고, 이것이 다시 액틴과 반응하여 액토미오신(actomyosin) A–M complex가 되어서 근육수축이 일어난다.

$$M + ATP \rightarrow M - p + ADP$$

$$A + M\text{-}p \rightarrow A - M + pi + energy$$

※ M : Myosin

근육이 이완할 때에도 ATP가 필요하며 칼슘이온이 관여한다.

$$S + ATP \rightarrow S - p + ADP$$

$$S - p + A - M \rightarrow S + A + M + pi + energy$$

※ S : 근육이완 시 에너지를 받아들이는 물질, A : Actin

이렇게 근육이 수축하기 위해서는 에너지가 필요하며, 직접 에너지원은 ATP이기 때문에 산소의 공급이 없어도 수축은 가능하다. 이를 '혐기적 과정'이라 한다.

무리한 근육운동을 하면 단시간에 근육 중에 다량의 젖산을 생성하게 되며 젖산 농도가 0.25~0.3 %에 도달하게 되면 근섬유는 수축능력을 상실하게 된다.

젖산 같은 피로물질에 가장 민감하게 반응하는 것은 신경종판이며, 젖산농도가 0.25~0.3 % 정도 되면 근육수축이 불가능한데, 이유는 그 부분에 대한 자극전달 기능이 제한되기 때문이다.

그러나 근육 중에 혈액을 통한 산소공급이 충분하면 NAD의 작용에 의해 젖산이 산화되어 피루브산으로 되고, 이것은 다시 비타민 B_1에 의해 acetyl CoA가 되어 TCA cycle을 거쳐서 최종대사산물인 탄산가스와 물이 되어 체외로 배설된다.

이와 같이 글리코겐에서 생성된 젖산이 탄산가스와 물로 분해되는 과정은 산소를 소비하기 때문에 '호기적 과정'이라 한다. 작업 개시기에는 산소공급량이 소비량보다 적어 혐기적 대사과정과 같은 상태가 된다.

이 상태를 초기 산소부족상태라고 하는데, 이때의 산소부족분은 노동 후의 회복기에 보충된다. 이를 '산소부채'라고 한다. 회복기에는 ADP를 ATP로, 크레아틴을 크레아틴 포스페이트(creatine phosphate)로, 젖산은 탄산가스와 물로, 분해하여 다음 노동에 대한 준비를 한다.

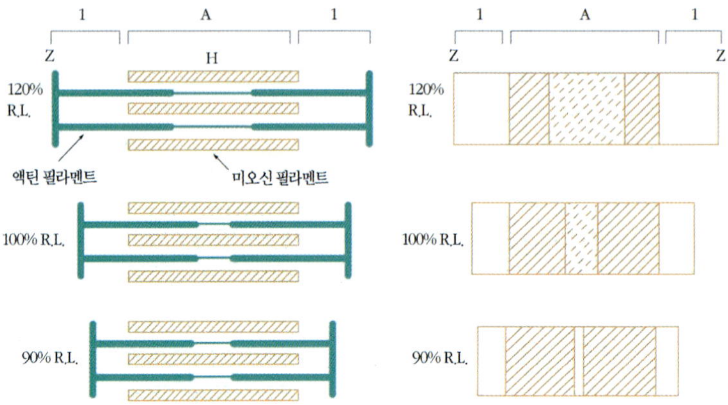

그림 10-1 슬라이드 학설에 의한 근육의 수축·이완작용 [헉슬리(Huxley)의 연구보고]

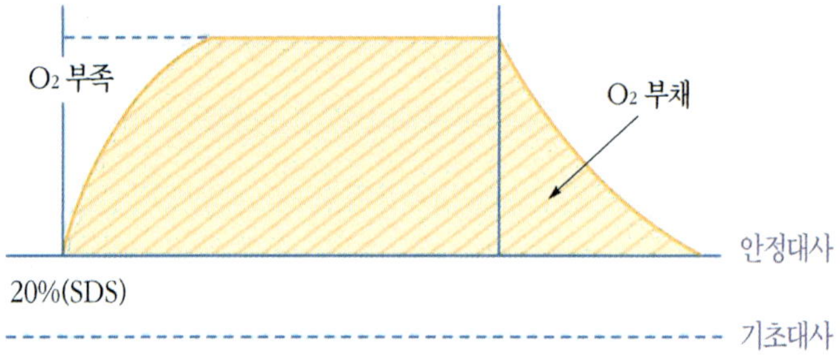

그림 10-2 노동(또는 운동) 시의 산소 소비량 비교

10-2 일과 영양소

1. 일과 당질

격심한 근육활동에서는 RQ(호흡계수, respiratory quotient)가 1.0에 가까워지는데, 이는 체내에서 당질의 연소가 증가하는 것으로, 당질은 지질보다 분해가 간단하고 산화되기 쉽다. 근육활동을 할 때에는 연소되기 쉬운 당질인 근육 중의 글리코겐이 우선적으로 산화되어 노동의 에너지원으로 사용된다.

근육 중의 글리코겐이나 혈당은 적으므로 장시간에 걸친 노동은 혈당치를 저하시킨다. 간의 글리코겐이 다량 소비되어서 결핍되면, 체내 지질연소율이 증가하여 RQ가 저하되고 피로도 심해진다.

2. 일과 지질

지질의 연소는 체내에 당질이 충분할 때에는 완전히 산화되지만, 당질이 부족하면 지질의 산화가 불완전하여 중간 대사산물로서 산성물질인 케톤체가 축적되면서 혈액이나 요 중에 양이 증가한다. 이를 '산중독증'이라 한다.

3. 일과 단백질

노동할 때는 근육단백질이 증가하고 질소 배설량이 감소하며 헤모글로빈이 혈청단백질을 생성하기 위한 아미노산까지도 근육단백질 합성방향으로 동원된다.

노동 초기에는 요 중에 배설되는 17-OH-CS(hydroxycorticosteroid)가 증가하고, 노동시간이 경과함에 따라 17-KS(ketosteroid) 배설이 증가하는데, 이것은 노동에 따라 부신피질 호르몬의 분비가 증가하기 때문이다. 부신피질 호르몬은 단백질의 이화반응을 촉진하고 체내의 예비 단백질을 동원하여 그 일부가 근육의 구성 단백질로 된다.

4. 일과 무기질

(1) 식 염

근육운동을 할 때에 짠맛을 선호하는 이유는

① 발한에 의한 염분의 보충이 필요하고

② 타액과 췌액의 전분분해 효소에 의한 당질의 소화가 염화나트륨의 공존에 의해 촉진되기 때문이다. 염화나트륨이 일정한 농도의 범위에서 당질과 공존할 때에 당질의 분해속도가 촉진되는데, 이는 염소 때문으로 생각된다.

(2) 칼 슘

근육노동을 할 때는 체내에 산성대사산물이 생기지만, 요를 통해 배출되며, 이때에 체액이 산성쪽으로 기울어지므로 골격 중의 칼슘이 혈중에 용출되어 혈액을 중성으로 유지한다.

(3) 칼륨과 인 및 황

칼륨은 세포내액의 염기성 원소로 산염기 평형에 관여한다. 피로하면 신경이나 근육 등의 세포에서 혈중으로 이동한 칼륨이나 인산염은 다시 요 중에 배출되므로, 식사 중의 이들 성분의 보급에 의해 회복이 촉진된다. 칼륨은 스트레스에 의한 부신피질의 기능이 항진될 때에 배출이 증가한다.

나트륨은 체내에 저류되기 때문에 요 중의 Na/K 비는 저하하고 혈장 칼륨량도 감소되는데, 이를 '저칼륨혈증'이라고 한다. 황은 세포 내 단백질이 분해하여 함황 아미노산의 황이 산화되어 무기황산염으로 요 중에 배출된다.

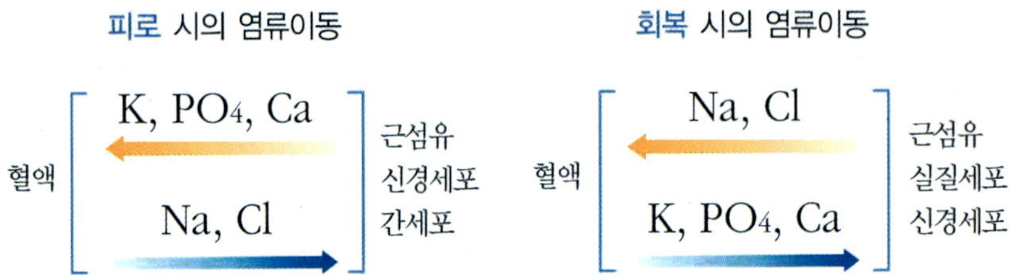

그림 10-3 피로 시와 회복 시의 염류이동

(4) 철

철은 헤모글로빈, 미오글로빈, 효소의 구성성분으로 에너지 생성에 중요하므로 일을 할 때 부족해서는 안 되는 영양소이다. 심한 노동을 할수록 충분한 철의 섭취가 필요하다.

5. 일과 비타민

(1) 비타민 B_1

당질 대사에 관여하므로 근육노동에 의해 비타민 B_1이 소모된다.

(2) 비타민 B_2 및 니아신

FMN, FAD, 니아신은 NAD와 NADP 등의 보효소의 구성성분으로 영양성분의 산화 분해에 의한 에너지 생산에 직접 관계한다.

(3) 비타민 C

생체 내의 산화환원 반응에 관여하므로 근육노동에서 소비가 높다. 근육운동을 할 때에 부신피질 호르몬이 작용하여 비타민 C의 감소가 일어난다.

그러므로 노동효율을 높이기 위해서는 당질과 단백질, 비타민, 무기질 등의 섭취가 충분해야 한다.

일과 노동 핵심문제

1. 노동 시 비타민과 무기질의 필요에 대한 설명으로 옳지 않은 것은?

① 발한량이 많을 경우에는 칼슘의 섭취량을 늘린다.
② 식사와 함께 식염을 충분히 섭취하고 물 대신에 식염수를 섭취한다.
③ 한랭하에서 노동 시 피부와 점막의 저항력을 위해 비타민 A와 C가 필요하다.
④ 노동 시는 골격근의 비대와 적혈구 증가가 나타나지만 철분을 따로 공급할 필요는 없다.

2. 근육 노동 시 요구량이 증가하는 비타민 중 가장 옳은 것은?

① 비타민 B_1　② 비타민 A
③ 비타민 D　④ 비타민 C

3. 노동할 때의 영양 섭취에 대한 설명 중 옳지 않은 것은?

① 열량부족이 되지 않도록 유의한다.
② 피로예방을 위해 채소나 과일을 충분히 섭취한다.
③ 어두운 곳에서 노동하는 사람은 태양광선이 부족하므로 비타민 A를 충분히 준다.
④ 산과다증이 되기 쉽기 때문에 비타민 B 복합체나 칼슘이 많은 채소, 해조류, 우유 등 섭취한다.

정답 **1.** ④　**2.** ①　**3.** ③

Chapter 11

피부와 영양

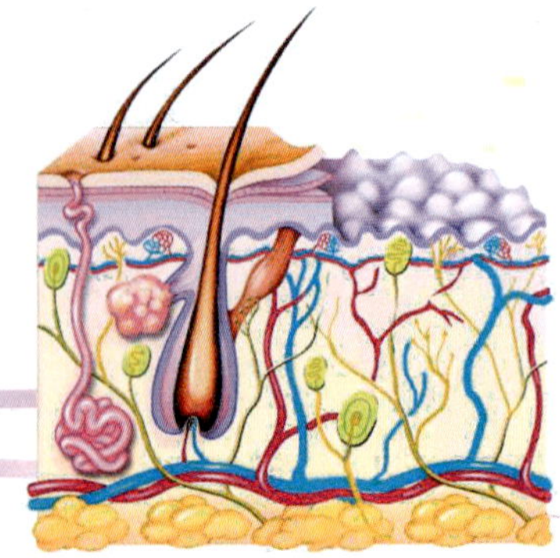

아름다움은 인간의 본능으로, 다른 어떤 것보다도 가장 큰 관심사이며 인류의 역사가 지속되는 한 아름다워지고자 하는 인간의 노력은 끊임없이 계속될 것이다.

아름다움은 날씬한 것이 아니라 내면적인 아름다움과 깨끗한 피부를 유지하고 잘 가꾸는 데에 그 목적이 있다. 피부 상태는 영양적·정신적·육체적 상태에 의해 크게 영향을 받는다.

피부는 외부로부터 표피와 진피 및 지방조직인 피하조직으로 이루어져 있다. 공기나 햇빛과 직접 접촉하는 표피는 가장 얇은 층으로, 그 두께는 0.04 mm (눈꺼풀)에서 1.6 mm (손바닥)까지 부위에 따라 차이가 있는데, 평균 표피의 두께는 0.1 mm이다. 표피는 대사상 활동성인 각화성 상피로서 주로 각질형성세포로 되어 있으며, 멜라닌 세포와 랑게르한스 세포 및 촉각세포가 있다.

진피는 교원질 섬유인 콜라겐과 탄력섬유인 엘라스틴으로 구성되어 있는 결체조직과 기질로 되어 있다. 그 속에는 신경, 혈관, 림프관, 모낭·피지·아포크린 및 에크린 단위를 가지고 있다. 진피의 두께는 표피의 15~40배이며 fibroblast, mast cell, langerhans' cell, lymphocyte 순으로 되어 있다. 그 밑에는 피하지방층인 adipocyte가 있다.

11-1 피부노화

피부 노화도 일반적인 노화의 개념과 같다. 가령 현상 중에서 성장을 제외한 생리현상으로 연령의 변화에 따라 피부의 형태적·기능적 변화를 수반한다. 피부 노화는 보편성, 시간의존성(당연성), 내적요인성(유전적 요인), 생체유해성 등으로 설명할 수 있다.

생체유해성은 우리의 노력에 의해 어느 정도 방지할 수 있다. '노화'란 하나의 개체가 시간의 진행에 따라 비례하여 일어나는 점진적이고 내적인 퇴행성 변화이다. 즉, 형태적 및 기능적 변화가 초래되면서 외부환경에 반응하는 능력이 떨어지게 된다. 피부 노화는 내외적 요인, 즉 환경적 영향을 받는다.

하만 박사의 자유라디칼설에 의하면 활성산소에 의해 피부 노화가 촉진된다. 피부가 일중항 산소, surperoxide radical, hydroxy radical, hydrogen peroxide 등의 활성산소종(Reactive Oxygen Species)에 의해 공격을 받음으로써 지질이 과산화지질로 변하거나, DNA 등의 핵산 및 단백질 산화적 손상을 받음으로써 피부노화가 촉진된다. 그래서 이들 활성산소의 공격으로부터 피부를 보호하기 위해 항산화제를 화장품에 첨가하거나 영양제를 섭취하고 있다.

항산화제에는 비타민 C, E, A 등의 항산화 비타민이나 glutathione(GSH), lecithin, 녹황색 채소 등이 있으며, 체내에서 생성되는 활성산소 제거 효소로는 superoxide dismutase(SOD), glutathione peroxidase(GSHPx), catalase 등이 있다.

내적 노화는 음식을 통해서 비타민이나 무기질의 충분한 섭취, 지질 섭취의 억제, 그리고 항산화제를 섭취하여 항산화력을 높여서 활성산소로부터 공격을 감소시키는 방법이 있다. 그러나 외적인 피부노화는 문제가 된다. 자외선 조사, 바람, 열, 담배 등이 피부노화를 촉진한다. 특히 지속적인 자외선 조사는 표피와 진피에도 심각한 영향을 미친다.

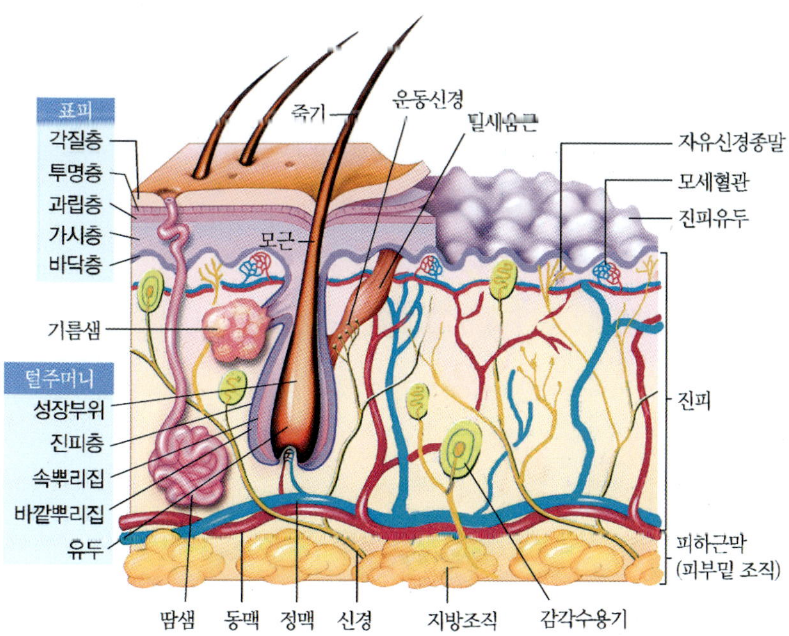

그림 11-1 피부의 구조

1. 표 피

표피에는 혈관이나 신경이 없으며 가장 아래쪽의 기저층에서 생성되는 새로운 세포로 인해 계속해서 위층으로 재생되며 2~4주가 소요된다.

(1) 각질형성 세포

외배엽(ectoderm)에서 유래된 세포로, 표피의 각질층뿐만 아니라, 모발과 조갑의 구조 단백질을 형성하는 각질이라는 복잡하고 가는 섬유 단백질을 생산하는 특수 기능을 갖고 있다. 이 세포가 분화하여 기저층, 유극층, 과립층, 각질층이 된다. 각질층은 각질형성 세포의 최종산물로 생체방어에 중요한 역할을 한다.

(2) 멜라닌 세포

신경릉에서 유래되며 멜라닌 색소를 포함하고 있는 melanosome을 합성하여 분비하는 수지상 세포로, 표피에서는 기저층에 산재하고 있다. 이 세포는 표피 이외에도 점막상피, 모낭, 진피, 망막 등에서도 발견된다.

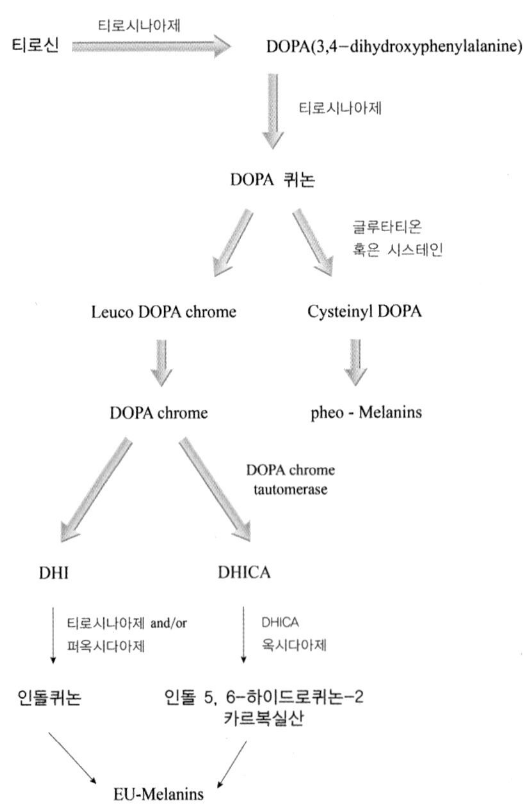

그림 11-2 멜라닌 생합성과정

자료 : Leslie Baumann, Cosmetic Dermatology

인간 피부의 멜라닌 세포에는 피부와 모발의 갈색 및 검은색의 근원이 되는 유멜라닌(eumelanin)과 피부나 모발에 황색・적갈색의 엷은 색조를 주는 페오멜라닌(pheomelanin)이 있으며, 멜라닌 세포의 수는 민족이나 피부색에 관계없이 일정하다.

다양한 피부색은 멜라닌의 양으로 결정되며 그 분포양상에 따라 달라진다. 자외선에 노출되면 모든 피부는 피부를 보호하기 위해 좀 더 많은 멜라닌을 생성해 검게 타게 된다.

주근깨는 멜라닌이 패치 형태로 피부에 나타나는 것이며 피부가 노랗게 되는 것은 카로틴 때문이다. 분홍색 피부는 혈액의 헤모글로빈 때문이다.

한편, 황달은 빌리루빈이 피부에 축적된 것으로 피부상태로 질병을 파악할 수도 있다. 멍 또는 혈액순환 등에 문제가 있어도 피부색이 변할 수 있다.

(3) 랑게르한스 세포

표피의 중간층에 산재하는 수지상 세포로서 간엽조직에서 유래되었다. 표피 외에도 흉선, 편도선, 림프절, 구강, 생식기, 점막상피 등에도 존재한다. 표피 내에서 증식하는 능력이 있으며 세포의 주기는 16일로 추정된다. 대식세포(macrophage)와 같은 계통으로 T 세포와의 상호작용에 중추적 역할을 한다. 자외선 조사는 랑게르한스 세포(Langerhans cell)를 감소시킨다.

(4) 촉각세포

표피와 구강 점막에서 드물게 발견되는 세포로, 신경세포의 축색과 접촉하고 있으며 촉각 수용체로 생각된다.

2. 진 피

진피(dermis)는 신경과 혈관 및 표피에서 유래되는 표피의 부속물을 내포하고 있다. 진피의 결체조직은 교원섬유, 탄력섬유, 기질로 구성되어 있으며, 섬유아세포에 의해 만들어진다.

진피의 교원질 섬유와 탄력섬유들은 몸을 움직일 때 피부의 굴곡을 도와 피부가 찢어지는 것을 막아준다. 노인이나 태양광선에 노출이 많았던 사람들은 피부가 단단해지고 탄성이 줄어든다. 젊은 사람이 손등의 피부를 엄지와 검지를 이용해 당겼다 놓으면 바로 정상으로 돌아가지만 노인은 시간이 더 걸린다.

진피를 구성하는 세포로는 조직구(histocyte), 섬유아세포(fibroblast), 비만세포(mast cell)가 있다. 림프고형질 세포 및 백혈구는 다양한 자극에 의해 진피 속으로 들어오게 된다. 표피의 바로 밑을 '유두진피'라 하고, 피부의 표재성 혈관층 이하에서 피하지방층까지의 진피 대부분을 차지하는 부분을 '망상진피'라 한다.

(1) 교원섬유(Collagen fiber)

교원질(collagen)은 진피의 주성분으로 피부 건조 중량의 75%를 차지하며, 피부에 장력을 제공하는 진피의 구성성분이다.

교원질 분자는 섬유아세포에서 생산되며, 삼중 나선구조의 폴리펩티드를 합성한다. 이들 폴리펩티드는 각각 1,000개의 아미노산으로 구성되어 있으며 glycine, hydroxy proline, hydroxy lysine을 포함한다.

(2) 탄력섬유(Elastic fiber)

섬유아세포에서 합성된다. 이 섬유는 변형된 피부가 원래의 모습으로 되돌아오도록 피부에 탄력성을 제공하는 기능을 지닌다.

성숙된 탄력섬유는 무정형의 불용성 단백질인 탄력소가 90%를 차지하고 있으며 나머지는 미세섬유 단백질로 구성되어 있다. 탄력섬유의 합성은 섬유아세포에서 미세섬유 단백질이 합성된 다음, 폴리펩티드인 프로포엘라스틴과 결합하여 합성이 완료된다.

(3) 기 질(Ground substance)

진피의 섬유성분과 세포들 사이를 채워주는 무정형의 세포 외 물질이다. 점질다당류를 주성분으로 하는 기질은 폴리펩티드 부분과 결합되어 있다.

(4) 혈 관

진피의 혈관 구성은 유두진피와 망상진피의 경계부분에 위치한 표재성 혈관총 및 망상진피의 하부에 존재하는 심부혈관총과 이들을 연결하는 연락혈관으로 되어 있다. 혈관총은 세동맥과 세정맥으로 구성되어 있고, 피부표면과 평행하게 뻗어 나가고 있으며, 연락혈관은 피하지방의 중격에 위치한 동맥에서부터 정맥으로 돌아가며 피부표면과 수직으로 배열하고 있다.

(5) 신 경

진피를 포함한 피부에는 지각신경과 자율운동신경이 분포되어 있다. 지각신경은 온도, 촉각, 압각, 진동, 동통을 매개한다. 그리고 자율운동신경은 피부의 혈관운동, 모발운동, 한선운동을 조절한다.

피부에 있는 지각신경의 대부분은 특별한 구조를 가지고 있지 않는데, 이들은 모낭과 관련된 그룹과 모낭과 관련이 없는 그룹으로 분류된다. 모낭에는 여러 개로 분리된 유수지각신경이 분포하며, 피지선 바로 밑에 수많은 지각신경의 말단이 존재한다.

표 11-1 정상적인 피부노화와 자외선에 의한 피부노화의 비교

	정상적인 피부노화	자외선에 의한 피부노화
표 피	• 표피층이 얇아진다. • 표피 진피 경계부가 편평해진다.	• 표피층이 두꺼워진다. • 각질층의 증식이 나타난다. • 세포의 이형성이 나타나고 극성이 소실된다.
진 피	• 비특징적 • 미세순환이 감소한다. • 수평모세혈관망이 보전된다.	• 특징적 • 미세순환이 소멸한다. • 남아 있는 모세혈관망이 확장된다.

11-2 피부와 영양소

피부는 혈액으로부터 영양소를 공급받는데 음식물 섭취를 통한 영양소의 공급이 좋으면 피부조직이 정상적인 기능을 유지하나 영양소가 결핍되면 피부에 이상이 오며, 영양과잉이나 잘못된 음식의 섭취에 의해서도 피부가 영향을 받게 된다. 즉 피부를 건강하게 유지하고 노화를 방지하기 위해서는 올바른 영양소를 균형 있게 섭취해야 한다.

1. 당 질

당질은 피부에 활력을 주며 보습효과를 줌으로써 건강한 피부를 만드는 데 도움이 된다. 당질은 체온조절, 피로회복에 중요하나 과다하게 섭취하면 체액을 산성화하며 비만의 원인이 되기도 하고, 피부를 지성피부로 변하게 하여 피지 분비를 증가시키기도 한다. 피부 건강을 위해서는 과다한 당질섭취는 피해야 한다.

2. 지 방

지방은 유효한 에너지원이며 이용되고 남은 지방은 피하에 저장되었다가 필요할 때 사용하게 된다. 체온을 조절하고 피부나 모발을 윤기있게 하며 건조를 방지한다. 과도하게 동물성 지방을 많이 섭취하면 콜레스테롤이나 지방이 체내에 침착되어 모세혈관의 노화가 일어나고 피부 탄력이 저하된다.

식물성 기름에 많은 필수지방산은 피부 내에서 인지질 생성을 촉진하고 피부 유연효과와 세포를 활성화하는 효과가 뛰어나기 때문에 화장품의 원료로 많이 사용된다. 체지방은 외부환경에 대한 절연체 역할을 하며 신체 장기를 외부 충격으로부터 보호한다.

지방이 결핍되면 체중은 감소하나 피부 윤기는 저하되고 쉽게 거칠어진다.

무리한 다이어트를 하여 지방섭취를 억제하는 것은 피부노화를 초래하는 원인이 되므로 적당한 지방의 섭취와 필수지방산의 균형 있는 섭취가 필요하다.

필수지방산

체내에서 합성되지 않으며 불포화지방산으로 피부에 생기와 영양을 주고 저항력을 증강시켜 탈모와 피부병 증상을 완화시킨다. 콜레스테롤의 축적을 방지하며 혈액순환을 원활히 하고 피부 건조를 방지하여 탄력을 유지시켜 피부노화를 방지한다. 또 피지선의 작용을 정상화하여 건성, 지루성 피부염, 피부건조증, 습진, 탈모를 예방한다.

3. 단백질

단백질은 세포의 구성단위로 약 20여 종의 아미노산으로 이루어져 있다. 뇌, 피부, 모발, 손톱, 발톱, 내장, 골격 등을 구성한다. 피부의 구성성분은 거의 단백질이며 표피를 이루는 각질세포는 케라틴으로 되어 있고 진피의 주요성분은 콜라겐과 엘라스틴이다.

단백질은 특히 피부조직의 재생작용에 중요하며, 부족하면 진피세포의 노화가 촉진되어 잔주름이 형성되고 피부와 모발의 탄력을 상실하여 꺼칠해지며 빈혈을 일으키고 얼굴색도 나빠진다. 박테리아의 번식이 잘 되어 여드름도 발생한다.

반대로 과잉섭취하면 색소침착의 원인이 되기도 하므로 동물성 단백질과 식물성 단백질을 균형있게 섭취해야 한다.

아미노산이 부족하면 영양실조, 의욕상실, 무기력, 피로, 체중감소, 체온 저하, 부종, 변비, 설사, 면역 저하, 빈혈과 성장발달 지연, 저혈압, 자율신경의 실조 등의 증상이 나타날 수 있다. 극도로 단백질이 부족한 경우 어린이에게는 콰시오커라는, 부종이 심한 증상이 나타난다. 어른은 근육이 분해되어 포도당과 에너지를 공급하기 때문에 근육손실이 크고 지방간이나 부종이 심하며, 심혈관계, 신장, 소화기계, 내분비계, 면역계의 기능이 감퇴되는 마라스무스와 같은 증상이 나타난다.

4. 비타민

미량으로 생리작용을 조절하는 중요한 영양소로 체내에서 합성되지 않으므로 반드시 음식물로 섭취해야 한다. 비타민은 피부에 활력을 주고 산화를 방지하며, 콜라겐 합성을 촉진하는 등 노화방지 효과가 뛰어나다.

(1) 비타민 A

피부나 모발의 신진대사를 원활히 한다. 비타민 A는 표피에 각질이 생기거나 주름이 형성될 때 각화를 정상화시켜 피부의 재생을 돕고 노화를 방지한다.

또한 세포의 저항력을 증가시켜 여드름을 방지한다. 그러나 과잉섭취는 탈모를 유발한다.

비타민 A가 결핍되면 한선과 피지선의 활동이 저하되고 피부가 착색되며 모발이 조기 퇴색하고 손톱이 갈라지며 피부가 두껍고 건조해지며 야맹증, 피부 건조증, 각화증, 안구건조증이 유발된다.

(2) 비타민 D

피부의 프로비타민 D는 자외선을 받으면 비타민 D로 활성화되며 습진과 각화증, 건선 등을 예방한다. 부족하면 표피가 두껍고 거칠어진다. 간, 난황, 표고버섯, 참치, 꽁치 등에 많이 있다.

(3) 비타민 E

토코페롤은 모세혈관의 혈행을 촉진시키고 불포화지방산의 산화를 방지하며 여성 호르몬의 분비를 증진하여 피부를 부드럽게 한다. 피부노화를 방지하며 세포의 재생을 도와준다. 항염증 작용이 있으며 세포막의 손상을 막아준다. 비타민 E가 결핍되면 피부가 건조해지고 노화될 수 있다. 콩기름, 옥수수유, 콩, 두유, 두부, 아몬드, 밀배아유 등에 많다.

(4) 비타민 B_1

신진대사를 원활히 하고 신경계를 안정시키며 피부의 저항력 증강 및 항염효과가 있다. 스트레스 해소에 도움을 주며 피부트러블을 예방하여 건강한 피부를 만들어 준다. 부족하면 피부에 부스럼이 생기거나 피부 발진 등이 나타날 수 있다. 밀이나 쌀의 배아 등에 많이 있고 돼지고기 등에도 풍부하다.

(5) 비타민 B_2

항피부염 비타민으로 모세혈관의 순환을 촉진하고 피부의 보습을 증가시켜 탄력감을 준다. 비타민 B_2는 알레르기성 피부, 지루성 피부, 사춘기 여드름 피부에 효과적이며 피부노화를 방지한다. 결핍되면 피부가 각질화되고 구순, 구각염을 유발하며, 일광과민증이 생긴다. 우유, 치즈, 쇠고기 등에 많이 함유되어 있다.

(6) 비타민 B_6

과다한 피지 분비를 억제하며 지루성 피부에 효과가 있다. 부족하면 지루성 피부염을 유발하며 피부점막에 염증이 발생한다. 또한 탈모, 부종 등을 일으킨다. 간, 우유, 달걀, 밀가루, 돼지고기, 양배추 등에 많이 있다.

(7) 비타민 B_{12}

피부의 세포 형성에 관여하며 여드름 피부, 건성 및 지루성 피부 모세혈관 확장 피부에 진정효과가 있다. 피부재생을 촉진하므로 결핍되면 피부에 질환이 발생한다. 간, 효모, 두류, 곡류, 우유, 생선, 해초류 등에 많다.

(8) 판토텐산

흡습성이 뛰어나 피부의 수분을 효과적으로 유지하고 피부에 탄력을 준다. 또 자외선 차단효과가 있으며 피부, 모발, 손톱의 각질화에 영향을 준다. 결핍되면 성장장애, 모발의 조기 퇴색, 광예민증 등을 유발한다.

(9) 비오틴

신진대사를 활성화시키고 피부에 탄력을 주며 염증을 가라앉히는 효과가 있다. 결핍되면 피부가 건조해지고 피지선 분비가 잘 되지 않는다. 효모, 난황, 간, 우유 등에 많다.

(10) 비타민 C

피부, 골격, 치아, 모세혈관을 튼튼하게 해주고, 자외선에 대한 피부저항력을 높여주며 미백효과가 있다. 멜라닌 색소의 증식을 억제하며 알레르기 피부에 효과적이고, 진피조직을 강화시켜 피부 재생에도 효과가 있고 피부의 탄력을 증가시키며, 피로회복에 효과가 있다.

결핍되면 피부 및 점막의 출혈이 있으며 괴혈병 등을 유발할 수 있다. 딸기, 키위, 감, 오이, 피망, 풋고추, 오렌지, 귤 등에 많이 함유되어 있다.

(11) 비타민 P

모세혈관벽을 튼튼하게 해주며, 피부 저항력을 강화시켜 주고 노화를 방지한다. 부족하면 출혈이 자주 생기고 모세혈관의 저항력이 약해진다. 녹황색 채소, 귤 등에 많이 함유되어 있다.

비타민 C

비타민 C는 6개의 탄소로 이루어져 있으며, 인간을 제외한 대부분의 포유류에서는 포도당으로부터 체내 합성이 가능하다. 비타민 C 활성을 지닌 물질로는 아스코르브산 혹은 디하이드로아스코르브산(dehydroascorbic acid)이 있으며, 이 두 물질은 상호 전환이 가능하다. 비타민 C는 생체 내에서 여러 가지 효소반응의 조효소로 쓰이며, 콜라겐 형성과 카르니틴, 신경전달물질의 합성, 철의 흡수, 면역기능, 상처회복 등의 기능에 관여한다. 또한 비타민 C의 강한 환원력 때문에 수용성 환경 내에서 생성되는 대부분의 자유기를 제거한다.

① **전자제공자** : 비타민 C는 세포 간 결합조직, 특히 콜라겐 합성에 관여하는 효소와 카르니틴 생합성에 관여하는 효소, 그리고 호르몬과 아미노산 생성에 필요한 효소반응에 직접적으로 전자를 제공한다.

② **콜라겐 합성** : 비타민 C는 피부, 골격, 혈관 및 연골 등의 결합조직을 구성하는 주요 단백질인 콜라겐의 합성에 관여한다. 아미노산인 프롤린(proline)과 리신(lysine)이 수산화되어 하이드록시프롤린(hydroxyproline)과 하이드록시리신(hydroxylysine)을 형성할 때 비타민 C가 수산화효소(hydroxylase)의 철분을 환원형으로 유지하며 콜라겐 조직을 유지한다.

③ **강력한 항산화제** : 비타민 C는 활성산소종(ROS)과 활성질소종(RNS) 등의 자유기를 제거하는 항산화 활성이 있다. 특히 안구나 정액 등과 같이 자유기로부터 손상을 받기 쉬운 조직은 비타민 C의 함량이 높으며 LDL이 산화되는 개시반응을 방지하여 비타민 E를 절약한다.

비타민 C 라디칼은 다른 항산화제에 비해 반감기가 5~10초로 비교적 긴 편이어서 안정적인 항산화제이다.

④ 카르니틴 생합성, 철분 흡수, 이동, 저장에 관여하며 콜레스테롤을 담즙산으로 전환시키는 데도 관여한다. 비타민 C의 장내 흡수나 신장의 재흡수는 에너지 의존형인 나트륨 의존성(sodium dependent) 능동수송으로 흡수되지만 섭취정도에 따라 영향을 받는다. 비타민 C의 섭취농도가 높을 때에는 단순확산을 통해 흡수되는데 그 흡수정도는 1g/일을 넘어서면 50% 정도로 감소하며 잉여분은 소변으로 배설된다.

또한 비타민 C는 체내보유율에 따라 그 흡수정도가 달라질 수 있다. 흡수된 비타민 C는 뇌하수체나 부신, 백혈구, 눈과 귀에 분포되어 있으며 비타민 C의 양이 포화상태에 달했을 때 체내 보유량이 성인 남자에서 약 20mg/kg 혹은 1,500mg으로 추정된다.

비타민 C가 부족하면 콜라겐 합성이 저해되어 잇몸부종, 출혈, 모세혈관의 약화로 인한 피부 점상출혈 등의 증세가 나타나는 괴혈병이 된다. 조금 부족한 경우에는 만성피로, 소화장애, 가쁜 숨, 우울증이 나타나기도 한다.

1g 이상을 과잉섭취하더라도 독성을 나타내지는 않으나 설사, 복통, 위산과다, 잦은 소변, 수면장애, 불안감, 골다공증, 두통, 저혈당증, 빈혈, 감염에 민감해지며, 에스트로겐의 감소와 프로락틴이 감소한다고 알려져 있다. 비타민 C는 철 흡수를 촉진하므로 비타민 C의 과잉섭취 시에 철 과다증이 유발될 수도 있다.

5. 수 분

수분은 신체의 약 70 %를 차지하여 영양소를 소화 흡수시키는 데 도움을 주고 노폐물을 배설시키며 체온을 일정하게 유지시키고 피부를 윤기있게 한다. 사람의 피부 각질층은 수분이 약 12~20 % 정도 함유되어 있다. 수분이 1% 미만이 되면 피부가 건성화되고 탄력이 떨어지게 되므로 수분은 피부에 매우 중요한 요소이다.

수분을 많이 섭취하지 않거나 염분이 많은 음식을 먹게 되면 주름이 빨리 생기게 된다. 건조한 실내에서 장시간 근무하거나 환절기에는 수분을 충분히 섭취하고 과일과 채소를 잘 섭취하여 피부에 수분을 보충해 주어야 한다.

6. 피부에 맞는 영양

(1) 건성 피부

건성피부는 동물성 단백질, 식물성 지방, 수분이 많은 과일, 채소와 물을 충분히 섭취하며 비타민 A와 E를 섭취한다. 염분이 많은 식품은 주의하고 건조가 심해 각질이 하얗게 일어날 때에는 비타민 B군이 많이 함유된 식품을 섭취한다.

(2) 지성피부와 여드름성 피부

여드름은 비타민 B_1 결핍에 의해서 생기기도 하므로 비타민 B_1이 함유된 식품을 충분히 섭취한다. 피지분비를 촉진시키는 과다한 지방과 당질의 섭취를 줄인다. 야채와 과실을 충분히 섭취하고 비타민 B군을 많이 섭취한다.

(3) 민감성 피부

피부상태는 여러 요인에 의해 영향을 받는데 특히 스트레스와 환경오염, 오존층의 파괴로 인한 자외선 등에 의해 많은 영향을 받는다. 피부가 예민하게 반응하여 오랜 기간 지속되는 경우를 민감성 피부라고 한다.

민감성 피부는 피부가 건조한 경우가 많으며, 피부조직이 얇고, 얼굴이 쉽게 붉어지며 열이 나고, 작은 자극에도 민감하게 반응하며, 피부에 각질이 많이 발생하여 주름이 형성된다.

민감성 피부를 위한 영양관리는 피부가 건성이 되지 않도록 하며 혈관을 강화시키고 항산화 작용을 하는 영양소인 비타민 A, P, K, C 등이 풍부하게 들어 있는 식품과 수분을 충분히 섭취한다.

(4) 노화피부

피부노화는 연령의 증가에 따라 일어나는 퇴행성 변화에 의한 노화와 환경, 특히 일광에 의한 손상으로 생기는 노화가 있다. 광선에 의해 생성된 유리기는 피부세포를 손상시키며, 콜라겐과 엘라스틴의 새로운 합성을 저하시켜서 수분 보유를 줄이고, 피부 탄력을 감소시키며, 주름과 색소침착을 나타나게 한다.

피부노화예방을 위해서는 세포의 생성을 돕는 비타민 A와 노화와 흰머리 생성을 억제하는 비타민 E 등이 풍부하게 들어 있는 식품을 섭취한다. 피부의 각질화 현상을 예방하기 위해서는 필수지방산이 풍부한 식품과 콜라겐, 엘라스틴의 구성 성분인 단백질 식품 및 수분을 충분히 섭취한다. 과일과 야채에는 피토케미컬이 들어 있어 노화를 예방하며 암 발생을 억제한다.

(5) 아토피 피부

아토피는 현대사회에서 가장 많이 발생하는 질환으로 원인은 정확히 밝혀지지 않았지만 유전적인 요인과 환경적인 요인, 면역 등과 관련이 있는 것으로 연구되고 있다.

아토피 피부염은 생후 1~2개월부터 성인까지 광범위하게 나타난다. 지금까지 알려진 바에 의하면, 면역 글로불린(IgE)이 인체 내의 혈관 주위 피부에 있는 비만세포의 표면에 붙어 있다가 외부에서 다시 항원이 침입하면 면역 글로불린과 결합하여 비만세포를 활성화하여 히스타민과 같은 화학물질을 분비시킨다.

화학물질은 혈관과 피부를 자극하여 피부에 붉은 반점과 부종 및 가려움을 유발하고 아토피 피부염을 악화시킨다. 가려움으로 인해 긁게 되면 대부분 2차 감염을 일으킨다.

아토피 환자는 피부가 건조해 여름에는 피부의 땀을 잘 배출시키지 못하므로 땀띠가 잘 생기며 겨울에는 거칠어진다. 아토피는 주변의 온도와 습도, 패스트푸드, 자극물질, 식품(우유, 달걀, 땅콩, 콩, 밀가루, 고등어 같은 생선류 등), 스트레스 등에 의해 악화된다. 아토피 피부의 생활습관관리는 피부가 건조해지지 않도록 목욕 후 피부가 완전히 마르기 전에 보습제 등을 발라준다. 영양관리는 항산화제가 풍부한 식품인 과일, 야채, 해산물 등을 풍부하게 섭취하고 n-3계 지방산인 리놀렌산이 풍부한 식품은 염증을 완화시킨다.

Chapter 12

모발건강과 영양

사람의 신체에 분포되어 있는 털은 남녀에 따라 차이는 있으나 대개 100만 개 전후로 구성되어 있으며, 모발은 사람에 따라 차이는 있지만 약 10만~12만 개 정도이다. 모발은 대부분이 케라틴 단백질이며, 그 밖에 지질, 미량원소, 색소, 그리고 수분으로 이루어져 있다.

케라틴을 구성하고 있는 아미노산은 산성 아미노산인 아스파라긴산, 글루타민산, 중성 아미노산인 알라닌, 시스틴, 글리신, 이소류신, 류신, 메티오닌, 페닐알라닌, 프로린, 세린, 트레오닌, 트립토판, 티로신, 발린, 염기성 아미노산인 알기닌, 히스티딘, 리신이다.

12-1 모발의 구조

모발은 두피 안쪽의 모근부와 두피 바깥쪽의 모간부로 나누어지며 모근부는 모낭, 모유두, 모구, 피지선, 기모근 등으로 이루어져 있다. 눈썹, 코털, 솜털에는 기모근이 없다.

① **모낭** : 모근을 싸고 있는 내・외층의 막이며 모낭 내에서 피지선과 입모근을 부착하고 있다.
② **모유두** : 모구에 영양을 공급하여 두발의 성장을 담당한다.
③ **모구** : 모근의 뿌리 부분으로 모발의 생장부분이다. 모세혈관, 모유두, 모모세포 등이 있다.
④ **피지선** : 피지를 분비하여 모발을 윤기있게 한다.
⑤ **기모근** : 평활근의 섬유다발로 수축 시 털을 세우는 작용을 한다.

모발의 모간부를 횡단으로 자르면 모표피, 모피질, 모수질로 되어 있다.

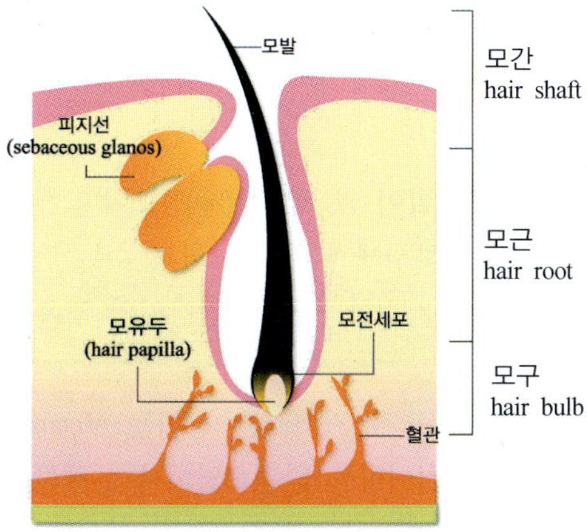

(1) 모표피

케라틴 단백질로 이루어져 있으며 모표피의 겹침 정도에 따라 모발의 굵기와 질감의 차이를 나타낸다. 모표피는 모발의 습윤성과 광택 등 모발의 일반적인 성질을 결정하며 외부의 자극으로부터 모발 내부를 보호한다.

(2) 모피질

모표피 바로 안쪽에 있으며 모발의 가장 중요한 부분으로 모발의 80~90 %를 차지하고 있으며 피질세포와 간충물질(세포 간 결합물질)로 구성되어 있다. 모발의 탄력성이나 유연성 등을 결정하며 피질세포 속에 다량의 멜라닌 색소를 함유하고 있어서 모발의 색상을 결정한다.

(3) 모수질

모발의 중심에 위치하며 모든 털에 있는 것이 아니라 경모에만 있다. 수질 속에는 공기를 저장할 수 있는 공포가 있어 보온의 기능이 있다.

12-2 모발의 주기

우리 인체의 모공 수는 태어날 때부터 이미 결정되어져 있다. 갓 태어난 아기는 어린 털로 전신이 덮여 있지만 2살 정도까지 자연적으로 전부 빠지게 된다. 신생아의 어린 털은 앞으로 자라날 털을 잘 자라게 하는 기초로 최초에 자란 털의 수명은 3년 정도이며 2번째부터는 평균수명이 4~6년 정도이다.

머리카락은 성장기에 굵고 길게 자라며 퇴행기로 들어서면 모근의 각화가 시작되어 휴지기가 되면서 자연적으로 빠지는 일정의 수명이 있다. 3개월 정도 지나면 다시 그 자리에 새로운 모발이 자라난다. 이것을 모주기라고 한다.

사람의 모주기는 평균 5년이며, 성장기에는 피부 아래의 털을 둘러싸고 있는 모포도 길고 진피를 뚫고 피하지방조직까지 도달한다.

모주기는 머리카락이 나서부터 5~6년 정도 자라고, 빠진 후에는 3개월 쉬는 규칙성을 정확히 지킨다. 모주기는 사람에 따라 약간의 차이는 있지만 평균 12회 정도이다.

사람의 전체 모발을 살펴보면 성장기에 있는 모발이 약 80~90 % 정도이며 휴지기에 있는 모발이 하루 50~70가닥 정도 빠지므로 하루에 빠지는 모발의 수는 전체 모발의 약 0.05 % 정도이다. 모유두에서 영양을 잘 취한 모발은 건강인의 경우 1개월에 약 1 cm 정도 자란다.

그러므로 1가닥의 모발이 5년의 모주기를 거치면서 자라나는 길이는 60 cm가 된다. 모발은 모주기를 거치면서 자라나는 동안 일어나는 환경오염이나 유해물질을 포함하는 화학약품 등으로 인해 손상을 받게 된다.

12-3 모발에 영향을 주는 요인

(1) 식생활과 영양섭취

현재 우리 식생활은 고육류, 고지방, 고열량 식품의 섭취가 많다. 지방이 혈관에 부착되어 혈류의 흐름이 나빠지면 모발을 생성하는 모모세포에 영향을 끼쳐 세포증식기능의 저하를 가져오게 되며 모발의 노화가 촉진된다.

또한 인스턴트, 패스트푸드 식품의 섭취 증가로 인해 이들 식품에 함유된 첨가물 등의 유해한 성분이 체내에 흡수·축적되어 모발에도 영향을 미치게 된다.

(2) 스트레스

복잡한 현대사회에서 스트레스는 피할 수 없으며, 많은 질환의 원인이 된다. 특히 최근에는 여성들도 탈모로 인해 고통받고 있는 경우가 많은데 스트레스가 그 원인 중의 하나이며 또 하나의 원인은 수면부족이라고 할 수 있다.

수면이 부족하면 아드레날린이 과잉분비되어 혈관 내의 중성지방이 증가하며 혈액의 흐름이 나빠져 산소와 영양이 체내 장기에 충분히 공급되지 않아 체온 저하가 일어나게 되고 면역기능이 떨어지게 되며 세포활성이 저하되어 신진대사 기능이 떨어지고 다시 체온이 저하되는 상태가 된다.

체온이 0.5 ℃ 떨어지게 되면 면역력은 65 %로 낮아지고 체온이 1℃ 떨어지면 대사능력은 75 %로 떨어진다. 그로 인해 혈색이 나빠지거나, 어깨결림, 만성피로 등의 증상이 나타난다.

체온의 저하와 함께 두피의 온도(두피의 온도는 체온보다 약간 낮다. 평상시는 31~32℃)도 저하된다. 빈모, 탈모가 진행 중인 두피의 온도는 평균온도보다 낮은 27~28℃이다. 모발과 혈액의 흐름은 매우 밀접하며 중요한데 혈액의 흐름이 원활하면 모발이 건강하고 윤기가 있다.

(3) 화학약품의 사용

염색이나 탈색, 파마 등으로 인한 화학약품에 의해 모발이 손상을 입고 있다. 계속되는 파마는 모발을 가늘게 하며 탈모를 유발하게 된다. 파마는 2종류의 약품을 사용하여 모발에 웨이브를 넣게 된다.

제1액은 알칼리 환원제로서 모발의 단백질의 아미노산 결합을 분해시키며 제2액은 산화제로 끊어진 아미노산 결합을 재생시킨다.

파마약제를 자주 사용하면 모발의 윤기가 사라지고 건조모가 되기 쉬우며 모발이 부서지기 쉽다. 또한 컬러링, 염색제, 탈색제 사용도 모발에 큰 손상을 주어 모발의 광택을 사라지게 하고 뻣뻣해지고 쉽게 끊어지게 한다.

(4) 지나친 다이어트로 인한 체중감소

다이어트를 심하게 하면 영양결핍으로 인해 탈모를 초래할 수도 있다.

12-4 모발과 영양소

1. 비타민

(1) 비타민 A

모발의 건조를 막아주므로 부족하면 모공각화증을 유발하여 탈모가 촉진된다. 비타민 A는 장어, 간, 당근, 난황, 우유, 간, 시금치, 호박 등의 식품에 많이 함유되어 있다.

(2) 비타민 B_1

비듬을 방지한다. 부족하면 두피건조증으로 인한 비듬이 발생한다.

(3) 비타민 C

스트레스를 예방하는 비타민으로 스트레스로 인한 백모현상을 억제한다.

표 12-1 주요 케라틴의 아미노산 조성(%)

아미노산	모발	표피	양모
Valine	5.5	4.2	5.0~5.9
Leucine	6.4	8.3	7.6~8.1
Isoleucine	4.8	6.8	3.1~4.5
Phenylalanine	2.4~3.6	2.8	3.4~4.0
Proline	4.3	3.2	5.3~8.1
Serine	7.4~10.6	16.5	7.2~9.5
Threonine	7.0~8.5	3.4	6.6~6.7
Tyrosine	2.2~3.0	3.4~5.7	4.0~6.4
Aspartate	3.9~7.7	6.4~8.1	6.4~7.3
Glutamate	13.6~14.2	9.1~15.4	13.1~16
Argine	1.9~3.1	3.1~6.9	2.8~3.3
Lysine	1.9~3.1	3.1~6.9	2.8~3.3
Histidine	0.6~1.2	0.6~1.8	0.7~1.1
Tryptophane	0.4~1.3	0.5~1.8	1.8~2.1
Cystine	16.6~18.0	2.3~3.8	11.0~13.7
Methionine	0.7~1.0	1.0~2.5	1.0~2.5

(4) 비타민 D

탈모 후 모발의 재생에 효과가 있으며 두피의 혈액순환을 도와서 모발을 윤택하게 만든다.

(5) 비타민 E

모발 성장에 관여한다.

2. 무기질

(1) 요오드, 철, 칼슘

두피의 신진대사 작용을 촉진하여 모발의 성장에 도움을 준다. 해조류, 어패류, 쇠고기, 새우, 달걀 노른자, 감, 당밀, 우유, 굴, 조개 등에 많다.

(2) 아 연

흰머리 예방 및 모발의 생장을 촉진한다. 참깨, 콩, 간, 시금치 등에 많다. 참깨에는 철분, 칼슘, 비타민 B_1 등이 풍부하고 식이섬유도 많이 들어 있다.

또한 비타민 E가 풍부하여 콜레스테롤을 제거하며 노화를 방지하고, 두피와 모발의 건강에 좋으며, 멜라닌 색소 형성을 촉진하는 작용이 있어 흰머리 방지에도 좋은 식품이다.

3. 단백질

단백질은 조직을 구성하는 물질로 모발의 구성성분은 케라틴 단백질이 90%로 18종의 아미노산으로 구성되어 있으며 특히 황이 함유된 시스틴이 많이 들어 있다. 시스틴은 모발 내에서 시스틴 결합을 이루면서 모발의 강도와 탄성을 유지한다. 알기닌, 메티오닌, 리신, 트립토판, 발린 등의 아미노산이 풍부한 식품을 섭취하면 모발 건강에 좋다. 단백질이 부족하면 모발이 노화된다.

표 12-2 모발을 구성하는 무기질

영양소	기 능	함유식품	하루권장섭취량
Ca	모발의 조직을 구성한다.	우유 및 유제품	700 mg (19~49세 성인 남녀)
Cu	모발의 정상적인 재생을 돕는다. 모발의 색상과 구조의 결점을 보완해준다. 부족하면 저색소 모발을 유발한다.	갑각류, 간, 체리, 통밀, 달걀, 콩류	800 μg (19~49세 성인 남녀)
I	thyroid 호르몬의 생산을 돕는다. 피지선과 모낭에 영양을 공급한다.	정제염, 우유, 해초류	150 μg (19~49세 성인 남녀)
Fe	모발의 재생을 돕고, 유지·보수의 역할을 한다. 멜라닌 형성에 관여한다.	기름기 적은 고기류, 닭고기와 칠면조의 검붉은 부위, 간, 녹색채소류, 말린 과일류, 철 보강 식품류	10mg (19~49세 성인 남자) 14mg (19~49세 성인 여자)
Mg	신체의 신진대사에 따른 미네랄들과 관여한다.	녹색 사탕무, 콩류, 순무(녹색)	280~350 mg (19~49세 성인 남녀)
Se	피부의 탄력을 유지시킨다.	밀기울, 참치, 브로콜리, 양파	55 μg (19~49세 성인 남녀)
S	모발의 구성성분이 된다.	고기, 생선, 콩류, 땅콩, 달걀, 양배추	확립되어 있지 않음
Zn	흰머리 예방에 좋다.	붉은 고기, 굴, 땅콩, 씨앗류, 통밀, 발효된 이스트	9~10mg (19~49세 성인 남자) 8mg (19~49세 성인 여자)

12-5 모발과 호르몬

모발관련 호르몬으로는 뇌하수체 호르몬, 갑상선 호르몬, 부신피질 호르몬, 성호르몬 등이 있다. 그 중 뇌하수체는 전엽, 후엽, 중엽으로 나누어지며 모발에 관여하고 있는 것은 뇌하수체 전엽 호르몬이다.

(1) 뇌하수체 호르몬

뇌하수체 전엽에서 분비되는 호르몬은 대뇌 혹은 간뇌의 영향을 받아 분비되며 성장호르몬을 비롯하여 갑상선, 부신피질, 성선 등의 내분비계를 자극하는 호르몬을 분비하여 다른 내분비계 호르몬들이 정상적으로 분비되도록 도와주어 모발의 생장에 간접적으로 관여한다.

(2) 갑상선자극 호르몬

세포의 신진대사를 촉진시키는 호르몬으로 탄수화물, 지방, 단백질 대사에 관여하며 모발의 생장에 매우 중요하다. 갑상선 호르몬이 과잉 분비되면 바세도우씨병을 유발하고 분비가 저하되면 모발이 연모화되거나 탈모가 진행되기도 한다.

(3) 부신피질 호르몬

부신피질 호르몬은 염분이나 당, 단백질 등의 대사에 작용하는 호르몬이다. 여성의 경우 이 호르몬이 과잉 분비되면 탈모가 되거나 수염이 나기도 한다.

(4) 성호르몬

여성호르몬의 작용은 눈썹을 기준으로 위쪽의 모발의 생장을 촉진시키며 눈썹 아래의 털에 대해서는 발육을 억제하는 효과가 있다. 모발과 관련이 있는 호르몬은 에스트로겐으로 여성 호르몬이 결핍되면 모발이 거칠어지며 빠지기 쉽고 피부 노화가 촉진된다.

표 12-3 건강한 모발을 위한 비타민

영양소	기 능	함유식품	하루 권장섭취량
비타민 A	피부와 두피의 피지선을 건강하게 유지시킨다.	간, 달걀노른자, 우유, 오렌지, 황색 채소류 등	750μg RE (19~49세 성인 남자) 600μg RE (19~49세 성인 여자)
비타민 C	피부의 콜라겐 성분을 유지하고 과도한 손상으로부터 모발을 보호한다.	토마토, 딸기, 피망, 감자와 진녹색 채소류	100 mg (성인 남녀)
비타민 E	두피의 순환을 향상시켜 모발의 질에 영향을 미친다.	식물성 기름, 통밀, 말린 콩류, 녹색 채소류	12 mg α-TE (19~49세 성인 남자) 10 mg α-TE (19~49세 성인 여자)
Biotin	모발의 변색을 막아준다.	우유, 간, 달걀노른자, 통밀, 발효된 이스트	30 μg 충분섭취량 (성인 남녀)
Inositol	모낭의 건강을 유지한다.	닭, 칠면조, 생선류	
Niacin	두피의 순환기능을 향상시킨다.	고기의 내장류, 발효된 이스트, 달걀노른자, 통밀류	14~16 mg (성인 남녀)

여성들은 출산 후 1~2개월 뒤에 갑자기 모발이 빠지는 산후 탈모증이 있으나 이는 병이 아니고 임신 중 여성호르몬이 과다 분비되었다가 출산 후 여성호르몬이 정상적으로 분비되면서 일어나는 일시적 탈모현상이다.

남성호르몬은 여성호르몬과 반대 작용을 한다. 사람의 눈썹을 기준으로 위쪽 모발의 생장을 억제하며 눈썹 아래의 털의 생장을 촉진하여 남성의 제2차 성징인 수염이 자라며 사람에 따라 다소 차이는 있지만 팔, 다리, 가슴 등에 털이 많이 자라게 된다.

수염과 가슴 털의 성장은 고환에서 생성된 호르몬의 작용이며 팔, 다리 등의 털의 성장은 부신피질에서 생성된 호르몬의 작용에 의한 것으로 알려져 있다. 지나친 남성호르몬의 촉진은 피지 분비를 왕성하게 하여 지루성 탈모의 원인을 제공한다. 탈모가 진행되고 있는 남자의 경우 남성호르몬의 분비를 차단하면 탈모가 중단된다고 한다.

12-6 모발과 두피질환

1. 모발질환

모발질환으로 가장 많은 것은 탈모이며, 탈모는 유전이나 생리적으로 발생하는 자연탈모와 병이나 환경에 의한 이상탈모로 나눌 수 있다. 탈모의 원인으로는 동물성 단백질의 과잉 섭취, 위장 장애, 호르몬의 이상, 스트레스에 의한 교감신경 장애 등이 있다.

(1) 원형탈모증

탈모의 부위가 원형 또는 타원형으로 탈모가 한 장소에서만 일어나면 단발성 원형탈모증이라고 하며 여러 곳에 동시다발적으로 탈모가 일어나면 다발성 원형탈모증이라고 한다.

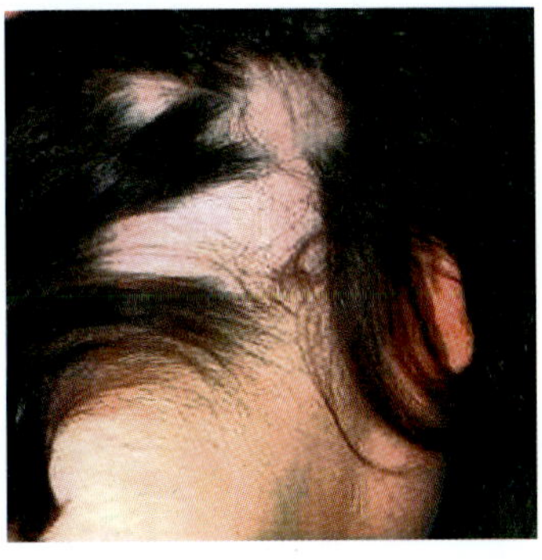

그림 12-2 탈모

원인으로는 스트레스가 가장 크다고 하며, 스트레스로 인해 자율신경이 저하되어 두피에 영양을 공급하는 혈관이 위축되어 모발이 영양부족을 일으키는 것으로 보고 있다. 원형탈모증은 남녀 모두에게 나타나지만 여성에게 더 자주 나타난다.

(2) 비만성 탈모증

탈모 부위가 원형을 이루지 않고 경계가 불분명하며 두피 전체에서 탈모가 일어나거나 두피의 여러 부위에서 탈모가 진행되면서 전체적으로 탈모가 번지게 된다. 여성에게 많이 나타나며 식생활이 불규칙하거나 갑상선 이상에 의해서도 발생한다.

(3) 비강성 탈모증

건강한 모발을 가진 사람이라도 신진대사의 이상에 의해 비듬이 발생한다. 비강성 탈모는 마른 비듬이 대량으로 발생하는 것이 특징으로 이 비듬이 모근으로 침투하여 모발의 성장에 이상을 초래하여 점점 모발이 가늘어지고 힘이 없어지며 모발이 쉽게 빠지게 된다. 방치하면 새롭게 자라는 모발도 가늘어져 탈모로 이어지게 되므로 비타민 A와 D를 충분히 공급한다.

(4) 지루성 탈모증

기름기가 많은 지성비듬이 원인으로 이것이 모공을 막아 외부로 분비되어야 할 피지를 차단하여 모근을 싸고 있는 모낭에 쌓여 모발의 고착력을 약하게 하여 탈모로 이어지게 된다. 여성에게 자주 나타나며 식물성 식품 위주의 식사를 하는 것이 좋다.

(5) 반흔성 탈모증

화상이나 상처에 의해 두피의 표면에 상처가 남아 일어나는 탈모로 상처가 모유두나 피하조직에 이상이 없으면 모발 재생이 가능하다.

Chapter 13

운동과 영양

13-1 운 동

운동은 목적에 따라 건강유지와 신체기능 증진을 위주로 하는 운동과 스포츠에 종사하는 선수들로 경기력 향상이 주가 되는 운동으로 나눈다. 운동경기의 종류에 따라 소요되는 에너지도 다르고 식사 중의 영양소 비율도 다르다. 적절한 영양이 운동능력을 향상시킨다는 사실은 많은 연구결과가 입증하고 있다.

최근 건강이 중요한 화두가 되면서 운동에 대한 일반인들의 관심 또한 매우 지대하여 운동선수들에게는 스포츠 과학화가 이루어지고 있으며, 일반인들에게는 레크리에이션이 다변화, 다양화되고 있다.

운동할 때 근육의 수축과 이완은 화학 에너지가 기계 에너지로 전환함으로써 일어난다. 화학 에너지는 탄수화물, 지질, 단백질이 소화흡수 과정을 거쳐서 세포 내의 미토콘드리아에서 TCA 회로를 거쳐 산화되어 생성된다.

에너지 생산은 이들 영양소를 산화시키는 데 필요한 산소의 공급이 충분해야 한다. 특히 급격한 운동이 계속되면 산소부족이 나타나고, 이에 따라 근육에 젖산이 증가되면서 산성화되며, 에너지 생산에 관여하는 효소군의 활성을 저해하여 근육운동을 위한 에너지 생산이 저하된다.

운동선수들이 최고의 운동능력을 발휘하기 위해서는 탄수화물, 지질, 단백질, 무기질, 비타민 등의 영양소가 충분히 공급되어야 한다. 그러나 운동선수들의 식사는 정상인의 범위를 크게 벗어나지는 않는다. 하루에 3,000 kcal 이상의 에너지를 필요로 하는 운동선수들의 식사는 완전 연소하는 탄수화물에 비중을 많이 두게 된다.

일반적으로 운동선수들의 3대 영양소의 배분은 탄수화물이 55 %로 가장 많고, 지질이 30 %이며, 단백질은 15 % 정도로 하고 있다. 그렇지만 이러한 영양소 섭취는 체력, 훈련 강도 및 경기하는 시간, 경기 종목에 따라 조절하게 된다.

당질과 지질은 주로 에너지원으로 이용되는데, 이는 이들 영양소의 체내 호흡비로 알 수 있다. 당질만 연소한 경우의 호흡비는 1.0, 지질만의 경우에는 0.7, 혼합식의 경우는 0.8~0.85이다. 하지만 신체활동을 개시하면 호흡계수(RQ, respiratory quotient)는 상승되어 1.0에 가까워진다. 즉, 당질의 연소비율이 증가하나, 활동시간이 길어지면 RQ는 줄어든다.

근육운동을 할 때에 근육에 있는 글리코겐이 먼저 연소하여 에너지로 이용되고 부족하면 혈중 포도당이 이용된다. 혈중 포도당도 양이 적어서 급격한 운동을 할 때에는 RQ가 현저히 감소하게 된다. 지속적인 운동인 경우에도 간에 저장되어 있는 글리코겐이 동원되지만, 그 저장량도 한도가 있기 때문에 장시간 운동을 계속하면 혈당치는 차차 감소하고 지질의 연소가 많아져서 RQ가 저하하게 된다.

보통 혈당치는 혈액 100 mL 중에 100 mg 정도이다. 그러나 마라톤 선수의 주행 때에는 약 $\frac{1}{2}$로 감소하게 된다. 당질은 체내에서 완전히 연소하여 탄산가스와 물로 분해된다. 지질이나 단백질은 분해과정이 복잡하고 당질에 비해 산화되기 어렵다. 지질은 분해과정에서 아세톤이나 아세트초산 등 케톤체(ketone body)를 생성하므로 피로를 유발하여 운동을 지속하기 어렵다.

단백질은 당질이나 지질의 소모가 현저한 경우에 비로소 에너지로 이용되는데, 먼저 탈아미노 반응에 의해 아미노기가 이탈하여 요소회로에 들어가 요소를 생성하며, 생성된 탄소사슬은 TCA회로에 들어가 에너지원으로 이용된다. 그 때문에 당질이나 지질의 산화에 비해 대사경로가 복잡하다.

호흡계수 (RQ) = 발생한 CO_2 양/소모된 O_2 양

13-2 운동 시 에너지의 공급

1. 근육의 종류와 에너지 대사

적색근	백색근
완만해서 지속적 수축 미토콘드리아 과립이 많다. 호기적 인산화에 의해 ATP 생성	순발력 필요 미토콘드리아 과립이 적다. 혐기적 해당과정에 의해 ATP 생성

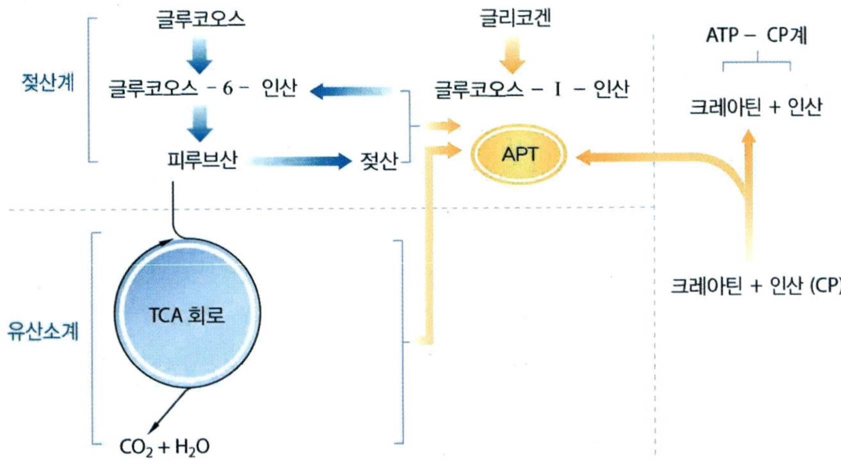

그림 13-1 에너지 공급기구

2. 에너지 공급기구

① ATP-CP (무산소계)

CP(creatine phosphate)는 근육세포 중에 저장되어 있다가 크레아틴과 인산으로 분해할 때에 에너지를 발생한다. 그리고 그 에너지는 근수축할 때 ATP의 합성에 다시 이용된다. 그러나 ATP와 CP의 근육 내 저장량은 극히 소량으로 몇 초만에 고갈된다. 그 때문에 에너지 생성은 한계가 있다. 따라서 강한 운동을 지속적으로 하는 경우는, 다른 방법으로 ATP를 공급하여야 한다. 주로 단거리 달리기, 점프, 골프와 테니스의 스윙 등 몇 초 안에 끝나는 운동의 에너지원으로 이용된다.

무산소과정으로 에너지대사 과정이 빨라서 단시간에 폭발적으로 많은 에너지가 방출되기 때문에 높은 힘을 발휘할 수 있다.

② 젖산계

혐기적 해당계로 산소 없이 근육 중에 글리코겐이 젖산까지 분해될 때에 ATP가 생성되어 젖산이 근육과 혈액 중에 축적되면 ATP재합성 반응이 억제된다. 그 때문에 근육은 더 이상 수축할 수 없게 되고 일시적인 근육피로가 생긴다.

에너지는 주로 1~3분간에 걸친 운동, 즉 400~800 m 중거리 달리기와 1,500 m 달리기의 마지막 골인 지점에서 사용한다. 무산소 과정이며 ATP-CP보다는 못하지만 강한 힘을 발휘한다.

180 g의 글리코겐이 분해되어 3 M의 ATP가 생성될 뿐으로, 그다지 효율적이지는 않다. 젖산의 발생으로 산증을 일으켜 호흡촉진과 근경화 등이 나타난다. 이 방법의 에너지 공급도 보통 1~2분 정도밖에 계속할 수 없다. 젖산계에서 유일한 에너지원은 포도당이다.

③ 유산소계

근육세포 내의 미토콘드리아에서 일어난다. 산소의 존재 상태에서 당질과 지방은 산화되어 최종적으로 이산화탄소와 물로 분해되고 다량의 에너지가 발생하는 과정이다. 마라톤과 같은 장시간의 지구성 운동을 할 때에 적당하다.

유산소 과정 효율이 높아 180 g의 글리코겐이 분해하면 30몰의 ATP를 생성한다. 반응의 시작이 느리므로 필요한 수준까지 반응이 올라가기에는 2~4분 정도 걸리지만, 지속성이 길어 산소가 충분하면 연료가 있는 한 에너지 생성이 계속된다.

운동을 할 때에 이용되는 주된 에너지원은 당질과 지방으로, 운동의 초기에는 당질의 이용비율이 높지만, 지속시간이 길어져서 산소공급이 충분하면 점차 지방의 이용비율이 높아진다. 지방은 유산소 운동에서만 볼 수 있는 에너지원으로, 체지방의 소비를 높이기 위해서는, 운동의 강도를 낮게 하여 장시간 실시하는 것이 효과적이다.

13-3 운동과 피로

피로(fatigue)는 요구되는 수준의 운동강도를 계속해서 유지할 수 없는 상태로 ATP 생성률이 ATP 이용률을 뒷받침해 주지 못하기 때문이다. 이러한 유지능력의 상실은 근육에 대한 충분한 자극을 일으키는 중추신경계의 능력부족, 적절한 에너지원이 공급부족, 근육 내에서 에너지원의 대사능력의 감소, 근육으로의 혈류공급 등과 관련된 신체계통의 부적절한 기능 때문이다.

운동 중 피로 발생의 원인

- 신경전달물질의 억제작용 증가
- 세로토닌의 농도 증가
- 대사기질의 감소
- 포스포크레아틴의 농도 감소
- 근글리코겐 고갈
- 혈당량의 감소
- 혈장 BCAA의 농도 감소
- 산염기 평형의 불균형
- 산소운반기능의 감소
- 탈수에 기인한 혈액량 감소
- 심부온도 증가에 의한 체온 증가
- 탈수에 의한 냉각기능 저하
- 전해질 농도의 불균형
- 발한손실 및 수분 대체에 의한 불균형
- 과도한 젖산 축적에 기인한 수소이온의 증가

13-4 운동 시 영양관리

1. 에너지원으로서 당질과 지방

당질은 운동을 할 때에 빠르게 에너지원으로 이용되므로 지방에 비해 효과적이다. 마라톤 선수의 경우, 1주일 전부터 glycogen loading을 한다. 처음 1~2일에 달리기와 수영 등으로 체내에 글리코겐을 완전히 고갈시킨 다음, 3일 동안 고지방 고단백식으로 glycogen의 체내 합성을 억제하고, 마지막 3일은 고당질식으로 한 번에 다량의 글리코겐을 축적시키는 방법이다.

운동 중 당질의 보급은 혈당치의 저하를 막고 피로의 발생을 지연시키지만, 경기 직전에 다량의 당질섭취는 인슐린의 분비항진과 유리지방산 동원을 억제하므로 가능한 한 가벼운 식사가 좋다.

근운동을 할 때에는 에너지원으로 간과 근육 중에 저장된 glycogen이 우선 동원되지만, 저장량에는 한도가 있기 때문에 장시간 운동을 계속하면 지방이 사용되고 혈당은 감소하며 RQ는 저하한다.

지방은 유산소운동을 할 때에 효과적인 에너지원으로 사용된다. 지구성 운동에서는 에너지원이 서서히 당질로부터 지방으로 전환되기 때문에 체지방의 분해가 활발하다. 그러나 극도의 저당질식은 아세톤체 생성으로 피로를 느끼게 되고 운동기능은 저하한다.

2. 단백질과 아미노산

① **트립토판** : 신경전달물질인 세로토닌과 5-hydroxytryptophan 이 트립토판에서 만들어지는데 이 신경전달물질들은 통증감지를 줄인다고 한다.

② **분지 아미노산** (BCAA, Branched chain amino acid) : 근글리코겐을 보존하고 단백질의 분해율을 감소시킨다.

③ **글루타민** : 혈장에 많이 있는 아미노산으로 알라닌과 같이 근조직에서 합성되며 고농도로 보존되고 있다. 근육으로부터 과다한 아미노기를 제거하는 주요 수단이며, 간과 신장으로 아미노기를 운반하여 방출하거나 과다한 질소를 다시 사용하기도 한다. 글루타민을 보충해 주면 HGH(Human Growth Hormone) 수준을 높여주며 단백질의 합성을 자극하고 근세포 크기를 증가시킨다. 체내 탄수화물 저장 효과에 도움을 주어 탄수화물과 글루타민을 함께 섭취하면 근글리코겐을 늘릴 수 있다고 한다.

(3) 경기능력 높이기 위한 식사

운동으로 글리코겐이 고갈된 후, 고당질 식사는 글리코겐의 재충전을 빠르게 하여 근육에 상당량의 글리코겐을 저장시킨다.

4. 운동선수의 영양소 요구량

(1) 에너지원

당질로 공급한다. 단백질은 운동선수의 근육생성을 위해 하루 6~7 g을 추가로 섭취한다. 다량의 단백질 섭취는 체내에서 질소 노폐물의 생성을 증가시키며, 이를 배설하기 위해 체내 수분이 다량 소모되어 탈수현상이 일어난다.

표 13-1 운동선수들의 무기질 권장량(15세 이상)

구 분	남 자	여 자
다량무기질		
나트륨 (mg)	1,100~3,300	1,100~3,300
칼륨 (mg)	1,875~5,625	1,875~5,625
염소 (mg)	1,700~5,100	1,700~5,100
칼슘 (mg)	1,200	1,200
마그네슘 (mg)	350~400	280~300
인 (mg)	1,200	1,200
미량무기질		
철 (mg)	10~12	15
요오드 (μg)	150	150
불소 (mg)	1.5~4.0	1.5~4.0
아연 (mg)	15	12
구리 (mg)	2.0~3.0	2.0~3.0
셀레늄 (μg)	50~70	50~55
망간 (mg)	2.0~5.0	2.5~5.0
몰리브덴 (mg)	0.15~5.0	0.15~5.0
크롬 (μg)	50~200	50~200

청소년기 여자선수가 체중조절을 해야 할 경우, 무리하게 체지방을 줄이면 월경정지 등이 일어난다. 그 결과 청소년기의 운동선수들에게는 성장이 지연되거나 각종 부작용이 생길 수 있다.

표 13-2 운동선수의 비타민 권장량(15세 이상)

구 분	남 자	여 자
수용성 비타민		
비타민 B_1(티아민)(mg)	1.5	1.1
비타민 B_2(리보플라빈)(mg)	1.7~1.8	1.3
비타민 B_3(니아신)(mg)	19~20	1.5
비타민 B_6(판토텐신)(mg)	2.0	1.5~1.6
비오틴(mg)	100~200	100~200
엽산(mg)	200	180
비타민 B_{12}(코발아민)(mg)	2.0	2.0
비타민 C(아스코르빈산)(mg)	60	60
지용성 비타민		
비타민 A (μg)	1,000(레티놀) 6,000 (β-카로틴)	800(레티놀) 6,000 (β-카로틴)
비타민 D (mg)	10(400 IU)	10(400 IU)
비타민 E (mg)	10	8
비타민 K (μg)	70~140	70~140

표 13-3 하루 90분 이상 훈련 시 영양공급

구 분	영 양 공 급
에너지	남자 : 50 kcal 이상/체중(kg)/일 여자 : 45~50 kcal 이상/체중(kg)/일
수분	운동시작 2시간 전 500 mL 운동하는 동안 매 15분마다 수분 섭취 다음 훈련 전에 체중 손실만큼
당질	총 열량의 55~60 %(복합당질 45 %, 단순당질 9~14 %) 500~600g/일 9~10 g/kg/일
지방	1 g 이하/kg/일 총 열량의 25~30%
단백질	1.6 g 이하/kg/일 총 열량의 12~15 %, 육류, 유제품 공급
무기질	여자 운동선수 칼슘과 철분 보충

표 13-4 훈련 시 권장식품(3,500 kcal/일, 당질 500~600g, 당질 : 단백질 : 지방 = 60 : 15 : 25)

식품군	식품명	중량(g)	종 류
곡류	밥 감자류 식빵이나 크래커 밀가루 식품	1,200 100 50 20	1공기(210g × 5~6회) 중 1개 대 2쪽 국수 삶은 것 ⅓컵
육류 및 생선류	고기류 생선류 달걀 콩제품	200 80 50 20	⅓근 대 1토막 중 1개 ⅓모
야채	녹황색 채소 담색채소 해조류	150 450 5	생것 1.5컵(삶은 것 ¾컵) 생것 3컵(삶은 것 2 ¾컵) 김 3장 또는 건미역 5g
유지류	기름	50	작은술 8개(혹은 땅콩 20알)
우유 및 유제품	우유	600mL	3팩
과실 및 주스	과일	500	사과 중 2.5개(또는 귤 5개, 주스 2.5팩)

표 13-5 경기 전 식사의 영양공급

구 분	영 양 공 급
에너지	남자 : 50 kcal 이상/체중(kg)/일 여자 : 45~50 kcal 이상/체중(kg)/일
수분	운동시작 30분 전 500 mL
당질	총 열량의 65~75 %, 500~600 g/일, 8~10g/kg/일
지방	총 열량의 25 % 이하
단백질	1.0 g 이하/kg/일, 총 열량의 10~12 %, 육류, 유제품 공급

(2) 단시간 경기

경기 바로 전날 당질의 섭취를 증가시켜서 간과 근육 글리코겐 생성을 촉진시킨다. 시합 당일에는 다량의 식사, 지방, 가스 생성 식품의 섭취는 제한한다.

(3) 장시간 경기

충분한 열량과 수분섭취 및 글리코겐 부하법으로 간과 근육에 글리코겐을 저장시킨다.

표 13-6 경기 전 식사의 권장 식품
(3,500kcal/일, 당질 500~600g, 당질 : 단백질 : 지방 = 70 : 15 : 15)

식품군	식품명	중량(g)	종 류
곡류	밥	1,350	1공기(210g × 6~7회)
	감자류	100	중 1개
	식빵이나 크래커	50	롤 빵 2쪽
	밀가루 식품	100	국수 삶은 것 ½ 컵
육류 및 생선류	고기류	175	⅓근보다 조금 작게
	생선류	80	대 1토막
	달걀	50	중 1개
	콩제품	20	⅓모
야채	녹황색 채소	150	생것 1.5컵(삶은 것 ¾컵)
	담색채소	450	생것 3컵(삶은 것 2¾컵)
	해조류	5	김 3장 또는 건미역 5g
유지류	기름	30	작은술 6개(혹은 땅콩 20알)
우유 및 유제품	저지방우유	600 mL	3팩
과실 및 주스	과일	500	사과 중 2.5개(또는 귤 5개, 주스 2.5팩)

13-5 운동과 건강

1. 운동과 활성산소, 그리고 영양

적당한 영양과 규칙적인 운동은 관상심장질환이나 고혈압, 골다공증 및 암 등의 질병의 위험을 감소시키고 방지할 수 있다. 그러나 지나치게 운동하면 활성산소를 제거할 시간적 여유가 없으므로 활성산소에 의해 조직의 손상을 입게 된다.

격심한 운동을 장시간 계속하면

① 미토콘드리아에서 에너지를 생산하는 전자전달계에 이상을 초래한다.

② 갑작스런 운동으로 인한 산소 결핍증을 초래한다.

③ 격렬한 운동으로 인해 활성산소를 포함한 환경오염물질의 흡수가 촉진된다.

④ 무리한 운동에 의해 조직근육이 기계적 손상을 받는다.

⑤ 아드레날린, 도파민, 세로토닌 등의 신경전달물질로 작용하고 있는 카테콜아민(catecholamine)의 산화를 촉진함으로써 체내의 활성산소의 생성을 초래한다.

장시간 운동 후에는 항산화제(비타민 C, E), 카로티노이드 등을 충분히 섭취하여 피로를 회복한다.

2. 운동과 산화적 손상

지나친 운동은 갑자기 생성되는 활성산소를 제거할 수 없게 되고 체내의 근육 조직이 손상받게 된다. 특히 핵산 DNA에 대한 산화는 8-hydroxy-2-deoxyguaniosine(8-OH-dG) 또는 8-hydroxyguanosine(8-OHG)을 측정하여 평가하며, 단백질의 산화는 carbonyl group의 함량으로 평가한다.

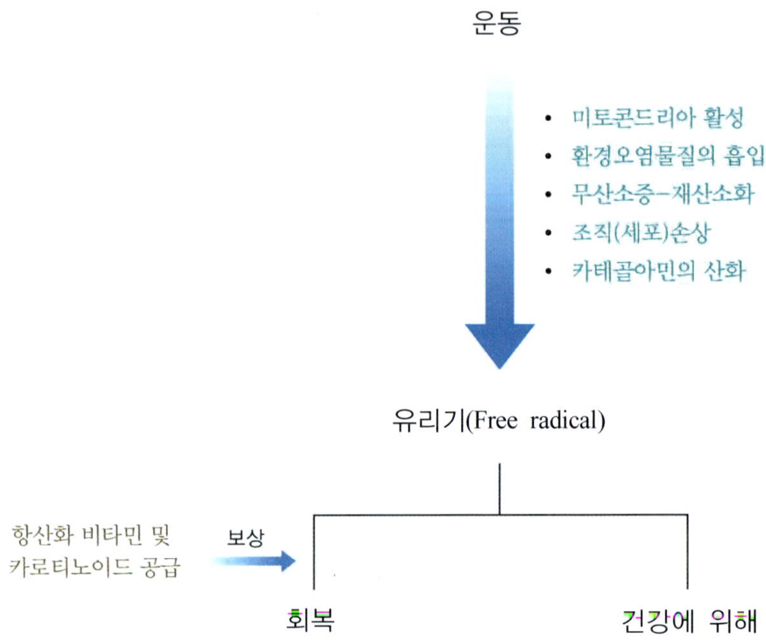

그림 13-3 격렬한 운동 중에 생성되는 활성산소와 영양에 의한 보상

운동과 영양 핵심문제

1. 운동의 종류에 따른 에너지원의 연결이 옳은 것은?

① 높이뛰기(8초 이하) – 글리코겐
② 단거리 수영(10~90초) – 단백질
③ 육상(2~4분) – ATP – CP
④ 조깅(4분 이상) – 지방산

tip 8초 이하의 강한 운동에서는 근육세포 내에 있던 ATP–CP가 이용되며 10~90초 사이에는 CTP–CP와 젖산계, 2~4분에는 젖산계와 호기적 경로(포도당, 글리코겐), 4분 이상의 운동에서는 호기적 경로(글리코겐, 지방산)로 에너지가 이용된다.

2. 운동 시 나타나는 생리적 효과에 대한 설명으로 옳지 않은 것은?

① 근력증가　② 글리코겐 저장량 증가
③ 심박출량 증가　④ 최대 산소소비량 감소

3. 근육 내 저장량이 많으면 운동능력이 향상되는 것은?

① 지방　② 글리코겐
③ 단백질　④ 철

tip 글리코겐은 강한 운동 시 에너지원으로 사용되나 체내에 저장되는 글리코겐은 제한되어 있다. 높은 에너지를 소비하는 장거리 선수에게는 고탄수화물 식사가 근육에 글리코겐을 더 많이 저장할 수 있게 하여 지구력을 향상시킬 수 있다.

4. 운동 시 발생하는 근육경련의 요인에 대한 설명으로 옳지 않은 것은?

① 탈수　② 전해질 불균형
③ 국소빈혈　④ 젖산 축적

tip 근육경련은 탈수와 관련이 있으며 심하게 땀을 흘렸을 때 발생하는 근육수축이 가장 많다. 이 외에 전해질 불균형, 국소빈혈, 근육에 불충분한 혈액공급 등도 원인이 된다. 더운 날씨에 며칠간 계속 운동을 하면 만성적인 탈수가 우려되므로 규칙적으로 체중을 측정하여 손실된 수분을 보충해 주어야 한다.

5. 장시간 땀을 흘리면서 운동을 하는 중에 공급해야 하는 영양소는?

① 수분과 아미노산　② 수분과 지방
③ 수분과 비타민　④ 수분과 염분

정답 **1.** ④　**2.** ④　**3.** ②　**4.** ④　**5.** ④

Chapter 14

스트레스, 피로와 영양

14-1 스트레스

복잡하고 급변하는 현대사회의 생활 속에서 스트레스는 피할 수 없다. 스트레스는 외부에서 가해진 자극에 대해 생체 항상성의 불균형과 그 후에 일어나는 방어반응으로서의 생체가 나타내는 반응의 총칭이다. 인간은 모체에서 태어나는 순간부터 스트레스를 경험하며 일생을 통해 계속되는 스트레스는 인위적으로 통제하기 어려운 것들도 많이 있다.

사람들은 스트레스를 극복하기도 하지만 스트레스가 지속되면 정도에 따라 신체적·정신적 건강문제를 유발시킨다. 그러므로 스트레스에 대한 적절한 대처는 건강유지에 매우 중요하다.

1. 스트레스란?

Hans Selye는 스트레스를 '인체에 주어지는 자극에 대한 비특이적(nonspecific) 반응'이라고 정의하였다. 자극들은 좋을 수도 있고 나쁠 수도 있는데 어떤 종류든 간에 인체는 이 자극에 적응해야 하며, 이때 나타나는 것이 스트레스 반응이라고 하였다.

2. 스트레스의 특성

스트레스는 자극에 대한 신체 구성물질들의 반응으로 적응 목적을 위해 신체 구성물질들이 활성화된다. 자극은 유쾌하거나 바람직할 수도 있으나 불쾌하거나 바람직하지 않을 수도 있다.

3. 스트레스원

스트레스원이란 스트레스 반응을 유발시키는 요인 혹은 자극이다.

① 사회적 스트레스원
② 심리적 스트레스원
③ 심리사회적 스트레스원
④ 물리적 스트레스원
⑤ 정신적 스트레스원

등이 있으며 가족이나 친구의 죽음 등은 매우 정도가 심한 스트레스이다.

4. 스트레스로 인한 증상

스트레스를 받으면 혈압이 증가하고, 땀이 나며, 위장계의 기능이 떨어지고, 신진대사가 증진되며, 아드레날린 분비가 증가되는 등의 증상이 나타난다.

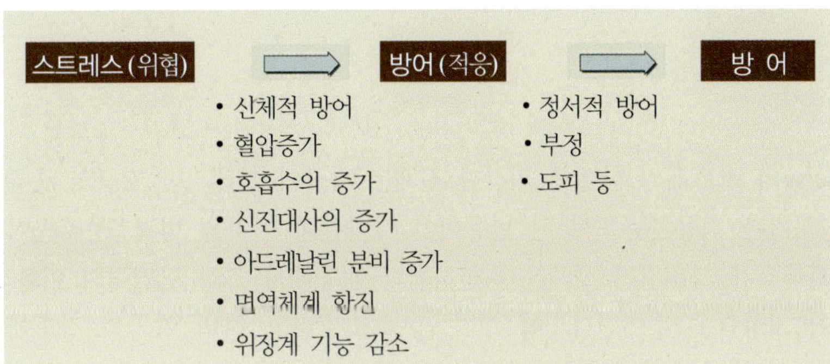

그림 14-1 스트레스로 인한 증상

5. 스트레스로 인한 인체의 생리적 반응과 올 수 있는 질환

스트레스는 위궤양, 과민성 대장염, 비만, 심근경색증, 뇌혈관 질환, 고혈압, 고지혈증, 당뇨병 등 여러 질환의 원인이 된다.

① **심장박동의 증가** : 혈액의 공급을 증가시켜 심장박동이 불규칙하게 되고 가슴이 뛴다. 장기적으로 스트레스를 받게 되면 심장부정맥증과 심장마비 등이 올 수 있다.

② 대 근육들로 가는 혈액이 증가하여 다리, 발 등에 경련이 오며 만성적으로 되면 다리, 팔 등의 통증이 오게 된다.

③ 뇌로 가는 혈액이 증가하여 뇌의 활동을 촉진하게 되며, 오래 지속되면 두통이 오고 더 만성적으로 되면 뇌졸중 등이 올 수 있다.

④ 증가된 혈액을 여과시키기 위해 신장기능이 항진되며 오랜 기간 지속되면 신장기능에 장애가 온다.

⑤ 큰 근육이나 뇌에 가는 혈액량을 늘리기 위해 피부에 있는 혈관을 수축시키므로 신체 말단으로 가는 혈액량이 감소하게 되어 손발이 차고 축축해지거나 두려움으로 인한 떨림 등의 증상이 오게 된다.

⑥ 혈액 내에 응고요인이 증가하기 쉬우며, 이로 인해 심장혈관이 막히거나 뇌혈관이 막힐 가능성이 증가한다.

⑦ 감염 등을 극복하기 위해 면역작용이 증가하게 된다.

⑧ 스트레스를 극복하기 위한 에너지를 공급하기 위해 간의 당생성은 증가하고 글리코겐 합성은 감소하게 되어 스트레스성 당뇨 등이 나타나게 된다. 소화가 잘 안되고 변비나 위궤양 등의 증상이 올 수 있다.

6. 스트레스로 인한 반응기전

(1) 경고기

H. Selye의 스트레스 학설에 의하면 신체는 자극이 가해지면 자극의 종류에 따라 저항하거나 적응하는 공통된 반응이 나타나는데 이것을 범적응증후군이라 한다. 스트레스가 가해지면 생체는 저항하거나 적응해서 조직 단백질의 이화작용이 촉진되어 저항력은 떨어진다. 이 시기를 '쇼크기'라고 하며 자극의 강도에 따라 몇 분~24시간 정도 걸린다.

(2) 저항기

계속되는 스트레스에 견디고 있는 시기로 회복기에 들어가기 전단계이다. 부신호르몬의 작용으로 에너지 공급이 활발하게 일어나고 생체는 방어기구를 정해 스트레스에 순응한다. 이 시기에는 부신의 비대, 근육단백질이나 혈중알부민 등 체단백질의 소모, 저장지방의 감소, 부신피질 호르몬의 전구체인 콜레스테롤 양, 비타민 C의 감소가 뚜렷하다.

(3) 회복기

스트레스가 제거되면 회복기에 들어간다. 모든 장기의 기능이 회복되고 체력은 스트레스가 가해지기 전보다 더욱 증강되어 다음 스트레스에 대체할 수 있는 체제를 형성한다.

① 근 강화기

몸의 모든 기능이 회복되고 단백질의 동화와 함께 질소 출납은 양의 평형이 된다. 근육단백질이 회복되고 지방의 이화작용은 감소한다.

② 체지방 회복기

근육이 회복되고 체지방이 축적되며 체중은 원래의 상태에 가까워진다.

(4) 피비기

스트레스가 강하게 오랜 시간 계속되면 생체는 적응 능력을 초월해서 피로가 생기고 부신의 비대와 흉선, 림프절, 비장 등 전신의 림프조직은 고도로 위축된다. 심리적 스트레스는 위액분비를 증가시키기 때문에 위·십이지장에 출혈 또는 궤양이 생길 수 있다.

7. 스트레스와 호르몬

스트레스를 받으면 체내 호르몬에 많은 변화가 온다. 각 호르몬의 기능은 다음과 같다.

내분비선	호르몬	호르몬의 성질	작용부위	기 능
뇌하수체 전엽	성장호르몬(GH)	protein	전신	뼈와 근육의 성장
	갑상선자극호르몬(TSH)	glycoprotein	갑상선	갑상선호르몬의 합성과 분비촉진
	부신피질자극호르몬(ACTH)	polypeptide	부신피질	부신피질호르몬이 합성과 분비촉진
	난포자극호르몬(FSH)	glycoprotein	난소 고환	난포의 성장, estrogen의 분비, 배란 수정관의 발달, 정자의 형성
	황체자극호르몬(LH)	glycoprotein	난소 고환	황체형성, progesterone의 분비 간질조직의 자극, androgen의 분비
	유즙생성호르몬(prolacin)	prolactin	유선	유선의 발달과 유즙 분비
뇌하수체 중엽	멜라닌세포자극호르몬	polypeptide	피부	피부의 색소세포를 자극하여 색소침착
뇌하수체 후엽	항이뇨호르몬(ADH)	nonapeptide	말초혈관 신장관,	혈압상승, 수분 재흡수
	oxytocin	nonapeptide	평활근 (자궁, 유선)	분만 시 자궁수축, 유즙분비
갑상선	thyroxine	iodoamino acid	전신	조직의 산소소비, 대사속도 촉진 기초대사율 조절
	calcitonin	polypeptide	뼈	뼈에서 칼슘용출 저해 : 혈장의 칼슘농도 낮춤
부갑상선	부갑상선호르몬(PTH)	polypeptide	뼈, 신장, 위장관	칼슘, 인 대사 조절

내분비선	호르몬	호르몬의 성질	작용부위	기 능
부신피질	aldosterone coritisol	steroids steroids	신장 몸 전체조직	염과 물의 균형유지 탄수화물, 단백질, 지방대사, 염증, 감염에 대한 저항성
부신수질	norepinephrine epinephrine	amine amine	교감신경계 교감신경계	교감신경계 glycogen분해, 지방분해
난소	estrogen progesterone	steroids steroids	여성생식기 여성생식기	제 2 차 성징발달 난자착상을 위한 준비, 태아보호
정소	testosterone	steroids	남성생식기	제 2 차 성징발달
췌장	insulin glucagon	polypeptide polypeptide	대부분 세포 간	탄수화물대사 조절 : 혈당저하, 글리코겐 합성, 지방합성 글리코겐분해
위	gastrin	protein	위	위산분비
소장	secretin cholecystokinin-pancreozymin (CCk−PZ) enterogastrone	protein protein protein	췌장 담낭 위	알칼리 용액(HCO_3^{-2})과 소화효소분비 담낭수축 위 운동성 및 위산 분비억제

8. 스트레스와 영양문제

(1) 음식의 과다섭취 혹은 음식 거부

심리적인 압박감으로 인해 음식을 많이 먹게 되는데 특히 고당질성 간식을 선택하는 경향이 많아서 비만이 될 수 있다. 한편 스트레스를 받으면 식욕을 잃게 되는 경우도 있는데 이 경우에는 음식을 먹지 않는 거식현상이 나타난다.

(2) 알코올의 섭취

적당량의 알코올 섭취는 스트레스를 해소하고 생활의 활력소를 제공할 수 있으나 과음은 자제력을 상실하게 한다. 알코올은 열량이 높고 다른 영양소는 없어 영양불균형을 유발하게 되고 비만을 초래하게 된다.

(3) 흡연의 증가

스트레스를 받으면 이를 극복하기 위해 흡연이 증가되는 경우가 많다.

9. 스트레스에 대한 영양치료

(1) 당질과 지방

스트레스가 가해지면 체내대사가 항진되므로 에너지를 증가시켜 공급한다. 뇌세포에 공급되는 포도당이 너무 적으면 뇌가 충분히 활동을 할 수 없고, 너무 많으면 뇌의 작용이 과잉이 되어 신경과민이나 초조감 등 장애가 발생할 수 있으므로 적정량을 섭취하도록 한다. 그러나 백설탕같이 정제된 당의 섭취는 비타민 B군과 체액을 알칼리화 할 수 있는 칼슘의 요구량을 증가시키므로 주의한다.

(2) 단백질

스트레스를 받으면 뇌하수체에서 부신피질 호르몬에 의해 근육단백질이 분해되어 혈중 아미노산이 증가되고 질소 배설이 증가한다. 단백질은 스트레스 완화작용이 있으므로 단백질 섭취를 충분히 한다.

(3) 비타민

① 비타민 B군

스트레스를 받으면 체내 신진대사가 항진되어 비타민의 소비가 높아지므로 요구량이 증가한다. 특히 비타민 B_1의 결핍은 뇌의 신경세포 내 당대사의 이상으로 뇌신경 장애를 유발할 수 있다. 비타민 B군은 신경안정 유지에 필요한 영양소이다. 특히 스트레스를 받아서 설탕이 함유된 단 음식 등 당질 섭취가 많을 때는 비타민 B_1 소비가 증가하므로 충분히 섭취한다.

② 비타민 C

비타민 C는 특히 부신과 뇌하수체에 고농도로 함유되어 있으며 스트레스를 받으면 부신의 비타민 C 농도가 감소하므로 비타민 C를 충분히 섭취한다.

③ 무기질

칼슘은 뇌세포의 흥분억제 작용이 있으므로, 뇌세포 내 충분한 칼슘유지는 정신적 스트레스에 대해 저항할 수 있게 한다.

14-2 피 로

1. 피로란?

피로는 요구되는 수준의 일이나 운동 강도를 계속해서 유지할 수 없는 상태로 에너지원의 고갈, 피로물질의 축적(젖산, 단백질 분해물 등의 축적), 내부 환경의 변화로 항상성의 실조(체액의 산염기 평형, 이온분포, 삼투압, 산화환원 평형의 변화)로 스트레스에 대한 신체반응의 적응이 불완전해지는 현상이다.

[피로발생의 원인]

① 신경전달물질의 억제작용 증가 : 세로토닌 농도 증가

② 대사기질의 감소 : 포스포크레아틴의 농도 감소
근 글리코겐의 고갈, 혈당의 감소, 혈장 BCAA 농도 감소

③ 산염기평형의 불균형 : 과도한 젖산축적에 기인한 수소이온의 증가

④ 산소운반기능의 감소 : 탈수에 기인한 혈액량 감소

2. 피로발생을 지연시키기 위한 체내 반응과 영양

(1) 에너지 기질의 공급

① 탄수화물 : 유산소성 해당작용을 위한 에너지 기질이다.

② 크레아틴 : 포스포크레아틴 생성을 위한 기질이다.

(2) 에너지 대사의 증진

① 비타민 B군 : 유산소성 및 무산소성 해당작용의 조효소이다.

② 카르니틴 : 지방대사 활성화를 위한 효소기질이다.

(3) 호흡순환기능의 증진

① 철 분 : 헤모글로빈 합성 및 산소운반능력을 위한 기질이다.

② 글리세롤 : 혈액량 증가를 위한 기질로 작용한다.

(4) 피로 관련 대사부산물의 감소

① 아스파르트산염 : 암모니아 생성을 낮추는 아미노산이다.
② 탄산수소나트륨 : 젖산영향을 감소시키는 완충제로 작용한다.

(5) 에너지 생산세포의 이화작용 억제

① 항산화제 : 세포막의 과도한 산화방지를 위해 비타민 C, E 등을 충분히 섭취한다.
② HMB (beta−hydroxy beta−methylbutyric acid) : 루이신의 대사물로 단백질 합성에 역할을 한다.

(6) 정신 기능의 증진

① BCAA : 신경자극전달물질 합성에 필요한 아미노산이다.
② 콜 린 : 신경자극전달물질인 아세틸콜린 합성을 위한 기질이다.

그러므로 피로를 회복하기 위해서는 탄수화물을 충분히 섭취하고 비타민 B군과 철분, 비타민 C 등을 충분히 섭취해야 한다.

Chapter 15

건강증진과 영양

세계보건기구(WHO)는 1946년에 발표한 헌장에서 "건강이란 병이 없거나 허약함이 없는 것만이 아니라 신체적·정신적·사회적으로 완전히 양호한 상태를 말한다."라고 정의하였다.

15-1 건강이란?

1. 건강의 의의

① 사람은 건강할 때 충실한 생활을 유지할 수 있다.

② 건강은 삶의 질을 높이는 큰 요소이다. 생존의 '양'을 연장시키는 장수의 개념보다 생존의 '질'에 대한 관심이 증대하고 있다.

2. 건강에 영향을 미치는 요인

(1) 내적 요인

① 개인적인 요인 : 연령, 성, 인종

② 생리적 요인 : 성장과 발달, 신체상태, 유전

(2) 외적 요인

① 물리적 요인 : 공간, 집, 생활환경

② 생물학적 요인 : 약물, 오염물질 등

③ 사회적인 요인

- 사회경제적인 상태
- 교육수준

- 정치적인 요인
- 여가활동

④ 문화적인 요인

- 언어/의사소통
- 법률/풍속/사회적인 관습/습관
- 종교
- 가족구성조직

3. 행 위

- 감정/느낌
- 기본욕구의 충족
- 외부에 대한 반응

15-2 건강증진과 식생활

1. 건강증진

① 건강증진 : 사람들의 잘못된 생활습관을 개선시켜 최상의 건강을 유지할 수 있도록 도와주는 것을 말한다.

② 건강에 영향을 주는 요소를 연구한 보고에 의하면 유전 등 생물학적 요인이 20 %, 의료관리 10 %, 환경 요인 20 %, 생활양식 50 %로 식생활과 흡연 · 음주 등의 생활습관을 바람직하게 개선하고 건강생활을 실천하는 것이 대단히 중요함을 제시하고 있다.

③ 노령에 따른 암 · 심장질환 · 뇌혈관질환 · 당뇨병 · 고혈압 등의 생활습관병은 건강을 저해하는 원인이며 잘못된 생활습관에서 비롯된 질환이므로 바른 식생활 습관은 질병예방에 도움을 준다.

2. 식생활의 의의

식생활의 의의는 생리적 요구, 심리적 요구, 사회적 요구, 습관적 요구 등 네 가지로 나눌 수 있다.

(1) 생리적 요구

체내 기능을 수행할 때 영양소가 필요하면 나타나는 생리적인 현상이다.

① 갈증현상 : 짠 음식을 먹었거나 땀을 많이 흘렸을 때, 설사나 고열이 있을 때에는 갈증을 느낀다.

② **배고픔** : 혈당량이 감소되면 뇌 시상하부에 신호가 보내져 배고픔을 느낀다.
③ **결핍증 발생** : 야맹증 → 비타민 A 결핍
괴혈병 → 비타민 C 결핍
빈혈 → 철분 부족

(2) 심리적 요구

음식을 심리적 보상 수단, 스트레스 등의 해소 수단으로 이용하는 경우

1) 주로 비만한 사람에게 나타나는 현상

① 심리적 불안감, 초조감 등을 잊기 위해 음식을 먹는다.
② 화가 났을 때, 스트레스를 심하게 받았을 때 음식을 먹는다.

2) 주로 마른 사람에게 나타나는 현상

스트레스를 받아 식욕이 감퇴하여 음식을 먹을 수가 없게 되어 영양부족이 된다.

(3) 사회적 요구

사회생활, 공동생활에서 먹는 것이 관례로서 즐거운 날, 명절 등에 기쁨을 같이 할 때 음식을 먹는다.

① 제사 음식, 다례
② 절기 음식, 설, 추석, 돌상 : 특정음식 장만 등

(4) 습관적 요구

식사간의 규칙성에서 오는 습관적 요구로서 생체리듬의 한 현상이다. 식사시간 간격에 의해 느끼는 배고픔 등이 있다.

15-3 건강유지와 증진을 위한 영양

1. 영양과 질병

(1) 영양(nutrition)

① WHO에 의하면 생명이 있는 유기체가 생명의 유지, 성장, 발육, 조직의 정상적 기능의 영위, 에너지의 생성을 위해 음식물(diet)을 이용하는 과정이다.

② 생물체가 필요한 물질을 외부로부터 섭취해서 건강을 유지하는 모든 현상으로, 즉 음식을 먹고 소화하고 흡수하여 영양소가 몸 안에서 이용되는 데 관련되는 과정의 모든 것이다.

(2) 영양소(nutrient)

① 영양을 유지하기 위해 외부로부터 섭취하는 식품 성분 중 우리 몸에서 이용되는 성분으로 생명체의 성장, 발달 및 유지에 필수적인 물질이다. 영양소에는 탄수화물, 단백질, 지질, 무기질, 비타민 및 물의 6종류가 있다.

2. 영양소와 결핍증

영양소의 종류에 따라 심하게 부족하면 다양한 결핍증이 나타난다.

(1) 영양결핍증의 발생원인

영양결핍증은 특정 영양소가 부족해서 발생되는 임상증상이나 신체 및 혈액학적인 병리 현상으로 원인은 다음과 같다.

① **식품섭취의 부족** : 천재지변, 전쟁, 이상기후 등으로 식량이 절대적으로 부족해서 생기는 결핍증으로 아프리카 일부 지역, 전쟁 등으로 인해 발생한다.
② **식품구매 능력의 감소** : 수입이 없거나 적어서 충분한 영양소를 섭취하지 모하는 경우로 실직자 가정과 저소득 노인, 도시 영세민 등에서 볼 수 있다.
③ **식품금기나 식품과 영양에 대한 지식의 부족** : 식품에 대한 금기나 식품에 대한 잘못된 생각, 식품과 영양에 대한 지식의 부족 때문에 식품선택이 제한되어 영양결핍증이 나타난다. 예를 들어 힌두교에서 쇠고기 등의 육류를 금기하여 발생하는 영양결핍증이 있다.
④ **대사장애와 질병의 영향** : 소화·흡수의 장애, 내분비대사 및 정신적 요인, 다른 질병으로 인하여 영양소의 소화·흡수가 잘 되지 않거나 영양소의 이용이 적절하지 못하여 영양결핍증이 발생한다.

(2) 영양결핍의 진단

임상적 증상, 생화학적 검사, 즉 혈액과 분비물 조사, 효소와 내분비 조사, 신체계측 등으로 판단한다.

영양결핍의 증상이 나타나기까지는 장시간이 걸리는데, 결핍증상은 경증, 보통, 중증 등으로 나누며, 진행속도에 따라 급성, 만성 등으로 나눈다. 원인을 빨리 파악하여 부족한 영양소를 속히 보충하고 정상적이고 균형잡힌 식사로 건강을 회복해야 한다.

(3) 영양부족으로 인한 질환

[단백질-에너지 영양결핍 (PEM)]

단백질과 열량이 부족한 식사로 인한 영양결핍으로 성장이 저해되고 질병이 걸리기 쉽다

① 콰시오커(Kwashiorkor) : 에너지는 섭취하지만 단백질이 상당히 부족한 상태에서 나타나는 질병이다. 혈중 알부민 농도 감소로 부종이 나타난다.

② 마라스무스(Marasmus) : 에너지와 단백질이 모두 부족한 기아상태에서 나타나는 질병이다.

표 15-1 영양부족으로 인한 질환

특징	콰시오커	마라스무스
발현시기	12~48개월(이유 후 어린이나 5세 이하의 급성장기 어린이)	6~18개월 (이유기와 유아기)
체 중	저체중	극소체중
외 모	둥근 얼굴(moon face)	둥글고 늙은 얼굴
신경계	근육약화, 체지방 정상, 지방간, 간비대, 피부염, 머리털 변색(붉은 머리털), 부종, 무감각, 냉담, 의욕상실	근육쇠퇴, 체지방 감소 피부, 모발, 간 기능 정상 신경질적, 잘 놀람

(4) 영양과잉으로 인한 질환

현대는 풍요로운 식생활과 과잉의 육류, 고지방 식품과 인스턴트식품을 섭취하여 에너지 과잉이 유발되고 있으며, 생활의 편리함으로 인해 운동량이 부족하여 비만과 각종 대사질환이 증가하고 있다.

표 15-2 질병과 관련있는 식습관 인자들

퇴행성 질환 / 식생활 인자	암	고혈압	당뇨병	골다공증	동맥경화	비 만	심근경색
지질 섭취과다	√	√	√		√	√	√
당질과 섬유소 섭취부족	√		√		√	√	√
칼슘 섭취량 부족	√	√		√			
비타민, 무기질 섭취량 감소	√	√		√	√		
짠 음식과 염장식품 섭취증가	√	√		√			
과량의 알코올 섭취	√	√			√	√	√

3. 좋은 영양상태

신체적·정신적으로 모두 건강하여 최적의 활동을 할 수 있는 상태를 말한다. 다양한 식품을 적당한 양으로 섭취하여 영양의 균형을 맞추어야 하는 것을 말한다.

4. 건강의 유지와 증진을 위해서 해야 할 일

① 생활습관병 예방을 위해서는 균형있는 영양으로 정상체중을 유지하고 불포화지방산이 많은 식물성 지방을 섭취하고, 단것을 적게 먹고 짜게 먹지 않도록 하며 섬유질을 충분히 섭취한다.

② 환자의 영양을 개선하기 위해서는 소화능력이 약하고 식욕이 떨어져 있으므로 소화하기 쉬운 음식을 주고, 식단을 다양하게 작성하여 가능한 한 환자의 식습관과 기호를 존중한다.

[건강 식생활을 위한 A, B, C, D, E]

- A : Adequacy of diet → 적절한 식사
- B : Balance in diet → 식사의 균형
- C : Calorie control → 에너지 조절
- D : Diversity in food choice → 다양한 식품 선택
- E : Exercise → 운동

15-4 식사구성안과 식품구성 자전거

1. 식사구성안

식사구성안은 일반인들에게 영양적으로 만족할 만한 식사를 제공할 수 있는 식품의 양과 종류를 선택하기 위한 기본 구성안이다. 각 개인에게 필요한 에너지와 영양소의 양은 연령, 성별 등에 따라 차이가 있다. 따라서 식사도 이에 따라 다르게 구성되어야 하므로 1인 1회 분량(serving size)의 섭취량과 횟수를 다르게 하여 간편하게 사용할 수 있도록 만든 것이다.

2. 식품구성 자전거와 식품군별 1일 1회 분량

식품구성 자전거는 6개의 식품군에 권장식사패턴의 섭취횟수와 분량에 맞추어 바퀴 면적을 배분한 형태로, 기존의 식품구성탑보다 다양한 식품섭취를 통한 균형 잡힌 식사와 수분섭취의 중요성, 그리고 적절한 운동을 통한 비만예방이라는 기본 개념을 나타낸다. 식품군별 대표식품의 1인 1회 분량을 기준으로 섭취 횟수를 활용하여 개인별 권장섭취패턴을 계획하거나 평가할 수 있다.

식품구성자전거의 뒷바퀴를 보면 곡류는 매일 2~4회, 고기 · 생선 · 달걀 · 콩류는 매일 3~4회, 채소류는 매 끼니 2가지 이상, 과일류는 매일 1~2개, 우유·유제품은 매일 1~2잔 섭취하는 것으로 나타나고 있다. 유지 · 당류는 조리 시 조금씩 사용하는 것을 권장하여 2015년 개정시에는 포함하지 않았다. 물론 각 개인에 하루 필요량에 따라 식품의 양과 종류를 조정할 수 있으며, 식사구성안(권장식사패턴)을 이용하면 편리하게 하루에 필요한 식품군의 섭취횟수를 정할 수 있다.

그림 15-1 식품구성 자전거

출처 : 2015년 한국인 영양섭취기준, 보건복지부

① 곡류

주식의 평균 에너지는 300 kcal이다.

② 고기, 생선, 달걀, 콩류

각 식품의 1인 1회 분량당 에너지 평균값을 100 kcal로 하고 단백질은 평균 10 g이다. 육류는 60 g, 어류의 1회 분량은 60 g이고 낙지, 오징어, 새우는 80 g, 건어류는 15 g, 달걀은 60g이다.

③ 채소류

1인 1회 분량의 에너지 함량을 15 kcal로 하여 생채소류 약 70 g이며 김치류의 경우 염분섭취 감소를 위해 40 g, 우엉, 도라지, 파, 파김치 25 g, 기타 김치(나박김치, 오이소박이) 60 g이다.

④ 과일류

1인 1회 분량의 에너지 함량은 50 kcal이다.

⑤ 우유와 유제품류

1인 1회 분량의 에너지 함량은 125 kcal이다.

⑥ 유지류와 당류

1인 1회 분량의 에너지 함량을 45 kcal로 하여 유지류는 5 g, 당류는 10 g이다.

표 15-3 식품군별 대표식품의 1인 1회 분량

식품군	1인 1회 분량
곡류	밥 1공기(210g), 국수 1대접(건면 100g), 식빵(대) 2쪽(100g), 감자(중) 1개 (130g)*, 시리얼 1접시(40g)*
고기, 생선, 달걀, 콩류	육류 1접시(생 60g), 닭고기 1조각(생 60g), 생선 1토막(생 60g), 달걀 1개(60g), 두부 2조각(80g), 콩(20g)
채소류	콩나물 1접시(생 70g), 시금치나물 1접시(생 70g), 배추김치 1접시(40g), 오이소박이 1접시(60g), 버섯 1접시(생 30g), 물미역 1접시(생 30g)
과일류	사과(중) 1/2개(100g), 귤(중) 1개(100g), 참외(중) 1/2개(200g), 오렌지주스 1/2컵(100g), 포도(중) 15알(100g),
우유 및 유제품류	우유 1컵(200g), 호상 요구르트 1/2컵(100g), 액상요구르트 3/4컵(150g), 아이스크림 1/2컵(100g), 치즈 1장(20g)*
유지 및 당류	식용유 1작은술(5g), 버터 1작은술(5g), 마요네즈 1작은술(5g), 설탕 1큰술(10g), 커피믹스 1봉(12g)

* 다른 식품들 1회 분량의 1/2 에너지를 함유하고 있으므로 식단작성 시 0.5회로 간주함.

표 15-4 곡류의 주요 식품과 1인 1회 분량에 해당하는 횟수

	품목	식 품 명	1회 분량(g)[1]	횟수[2]
곡류 (300kcal)	곡류	백미, 보리, 찹쌀, 현미, 조, 수수, 기장, 팥	90	1회
		옥수수	70	0.3회
		쌀밥	210	1회
	면류	국수(말린 것)	90	1회
		국수(생면)	210	1회
		당면	30	0.3회
		라면사리	120	1회
	떡류	가래떡/백설기	150	1회
		떡(팥소, 시루떡 등)	150	1회
	빵류	식빵	35	0.3회
		빵(잼빵, 팥빵 등)	80	1회
		빵(기타)	80	1회
	시리얼류	시리얼	30	0.3회
	감자류	감자	140	0.3회
		고구마	70	0.3회
	기타	묵	200	0.3회
		밤	60	0.3회
		밀가루, 전분, 빵가루, 부침가루, 튀김가루, 믹스	60	0.3회
	간식류	과자(비스킷, 쿠키)	30	0.3회
		과자(스낵)	30	0.3회

삭제한 식품 : 혼합잡곡, 삶은 면, 냉면국수, 메밀국수

1) 1회 섭취하는 가식부 분량임

2) 곡류 300kcal에 해당하는 분량을 1회라고 간주했을 때, 해당 1회 분량에 해당하는 횟수

표 15-5 고기, 생선, 달걀, 콩류 등 주요 식품, 1인 1회 분량에 해당하는 횟수

	품 목	식 품 명	1회 분량(g)[1]	횟수[2]
고기, 생선, 달걀, 콩류 (100kcal)	육 류	쇠고기(한우, 수입우)	60	1회
		돼지고기, 돼지고기(삼겹살)	60	1회
		닭고기	60	1회
		오리고기	60	1회
		햄, 소시지, 베이컨, 통조림햄	30	1회
	어 류	고등어, 명태/동태, 조기, 꽁치, 갈치, 다랑어(참치)	60	1회
		바지락, 게, 굴	80	1회
		오징어, 새우, 낙지	80	1회
		멸치자건품, 오징어(말린 것), 새우자건품	15	1회
		뱅어포(말린 것), 명태(말린 것)		
		다랑어(참치통조림)	60	1회
		어묵, 게맛살	30	1회
		어류젓	40	1회
	난 류	달걀, 메추리알	60	1회
	콩 류	대두, 완두콩, 강낭콩	20	1회
		두부	80	1회
		순두부	200	1회
		두유	200	1회
	견과류	땅콩, 아몬드, 호두, 잣, 해바라기씨, 호박씨	10	0.3회

삭제한 식품 : 미꾸라지, 민물장어, 넙치, 삼치, 깨(유지류로)

1) 1회 섭취하는 가식부 분량임

2) 고기 · 생선 · 달걀 · 콩류 100kcal에 해당하는 분량을 1회라고 간주했을 때, 해당 1회 분량에 해당하는 횟수

표 15-6 채소류의 주요 식품, 1인 1회 분량에 해당하는 횟수

	품 목	식 품 명	1회 분량(g)[1)]	횟수[2)]
채소류 (15kcal)	채소류	파, 양파, 당근, 풋고추, 무, 애호박, 오이, 콩나물, 시금치, 상추, 배추, 양배추, 깻잎, 피망, 부추, 토마토, 쑥갓, 무청, 붉은고추, 숙주나물, 고사리, 미나리	70	1회
		배추김치, 깍두기, 단무지, 열무김치, 총각김치	40	1회
		우엉	40	1회
		마늘, 생강	10	1회
	해조류	미역, 다시마	30	1회
		김	2	1회
	버섯류	느타리버섯, 표고버섯, 양송이버섯, 팽이버섯	30	1회

삭제한 식품 : 고구마줄기, 근대, 쑥, 아욱, 취나물, 두릅, 머위, 가지, 늙은 호박, 나박김치, 오이소박이, 동치미, 갓김치, 파김치, 도라지, 토마토주스, 파래

1) 1회 섭취하는 가식부 분량임

2) 채소류 15kcal에 해당하는 분량을 1회라고 간주했을 때, 해당 1회 분량에 해당하는 횟수

표 15-7 과일류의 주요 식품, 1인 1회 분량에 해당하는 횟수

	품목	식 품 명	1회 분량(g)[1)]	횟수[2)]
과일류 (50kcal)	과일류	수박, 참외, 딸기,	150	1회
		사과, 귤, 배, 바나나, 감, 포도, 복숭아, 오렌지, 키위, 파인애플	100	1회
		건포도, 대추(말린 것)	15	1회
	주스류	과일음료	100	1회

삭제한 식품 : 망고

1) 1회 섭취하는 가식부 분량임

2) 과일류 50kcal에 해당하는 분량을 1회라고 간주했을 때, 해당 1회 분량에 해당하는 횟수

표 15-8 우유 및 유제품의 주요 식품, 1인 1회 분량에 해당하는 횟수

	품목	식 품 명	1회 분량(g)[1)]	횟수[2)]
우유 및 유제품류 (125kcal)	우유	우유	200	1회
	유제품	치즈	20	0.3회
		요구르트(호상)	100	1회
		요구르트(액상)	150	1회
		아이스크림	100	1회

1) 1회 섭취하는 가식부 분량임

2) 우유·유제품류 125kcal에 해당하는 분량을 1회라고 간주했을 때, 해당 1회 분량에 해당하는 횟수

표 15-9 유지, 당류의 주요 식품, 1인 1회 분량에 해당하는 횟수

	품목	식 품 명	1회 분량(g)[1)]	횟수[2)]
유지, 당류(45kcal)	유지류	참기름, 콩기름, 커피프림, 들기름, 유채씨 기름/채종유, 흰깨, 들깨, 버터 포도씨유, 마요네즈	5	1회
		커피믹스	12	1회
	당류	설탕, 물엿/조청, 꿀	10	1회

삭제한 식품 : 망고

1) 1회 섭취하는 가식부 분량임

2) 과일류 50kcal에 해당하는 분량을 1회라고 간주했을 때, 해당 1회 분량에 해당하는 횟수

표 15-10 식품군별 대표식품의 1인 1회 분량 모형

식품군	1인 1회 분량
곡류	 밥 1공기(210g), 백미(90g), 국수 1대접(건면 100g), 냉면국수 1대접(건면 100g), 떡국용 떡 1인분(130g), 식빵 2쪽(100g),
고기, 생선, 달걀, 콩류	 육류 1접시(생 60g), 닭고기 1조각(생 60g), 생선 1토막(생 60g), 콩(20g), 두부 2조각(80g), 달걀 1개(60g)
채소류	 콩나물 1접시(생 70g), 시금치나물 1접시(생 70g), 배추김치 1접시(생 40g), 오이소박이 1접시(생 60g), 버섯 1접시(생 30g), 물미역 1접시(생 30g),
과일류	 사과(중) ½개(100g), 귤(중) 1개(100g), 참외(중) ½개(200g), 포도 ⅓송이(100g), 수박 1쪽(200g), 오렌지주스 1컵(100mL)
우유 및 유제품류	 우유 1컵(200mL), 치즈 1장(20g), 호상 요구르트 ½컵(100g), 액상요구르트 ¾컵(150g) 아이스크림 ½컵(100g)
유지 및 당류	 식용유 1작은술(5g), 버터 1작은술(5g), 마요네즈 1작은술(5g), 커피믹스 1회(12g), 설탕 1큰술(10g), 꿀 1큰술(10g)

표 15-11 대표영양가표

식품군	에너지 (kcal)	단백질(g)	지방(g)	탄수화물 (g)	식이섬유 (g)	칼슘(mg)	인(mg)
곡류	331.40	6.58	1.02	71.62	0.41	10.43	129.08
고기, 생선, 달걀, 콩류	94.37	9.62	5.27	1.53	0.04	41.73	109.78
채소류	13.88	1.11	0.18	3.14	0.52	22.77	24.01
과일류	51.48	1.23	0.27	14.06	1.52	12.31	36.50
우유 및 유제품류	121.41	5.63	5.67	12.22	0.00	183.07	154.16
유지 및 당류	38.29	0.06	1.12	7.22	0.00	0.72	2.49

식품군	철(mg)	나트륨 (mg)	칼륨 (mg)	비타민 A (μg RE)	티아민 (mg)	리보플라빈 (mg)	니아신 (mg)	비타민 C (mg)
곡류	0.89	142.16	160.40	1.36	0.14	0.05	1.59	3.60
고기, 생선, 달걀, 콩류	1.35	79.12	96.38	59.48	0.11	0.10	1.70	0.15
채소류	0.66	191.77	167.74	90.79	0.04	0.05	0.45	8.84
과일류	1.06	7.21	306.12	29.00	0.07	0.07	0.54	38.85
우유 및 유제품류	0.18	106.32	269.14	48.98	0.07	0.25	0.17	1.52
유지 및 당류	0.04	2.56	6.44	0.07	0.00	0.00	0.05	0.01

15-5 권장식사형태

표 15-12 권장식사 패턴

적용대상 / 식품군	A 타입				B 타입				
	1,400A	1,600A	1,800A	2,000A	2,600A	1,600B	1,900B	2,000B	2,400B
	3~5세 유아	6~11세 여	6~11세 남	12~18세 여	12~18세 남	65세 이상 여	19~64세 여	65세 이상 남	19~64세 남
곡류	2	2.5	3	3	4	3	3	3.5	4
고기, 생선, 달걀, 콩류	3	3	3	4	6	2.5	4	4	5
채소류	5	5	5	7	7	5	7	7	7
과일류	1	1	1	2	2	1	2	1	3
우유 및 유제품류	2	2	2	2	2	1	1	1	1
유지 및 당류	2	3	3	4	6	3	4	4	5

1) 곡류 : 식이섬유 섭취를 늘이기 위해서는 잡곡류의 사용을 권장함.
2) 육류, 생선, 달걀, 콩류 : 육류의 경우 살코기 기준이며, 지방함량이 높은 식품을 이용할 경우에는 유지류를 추가 사용한 것으로 간주해야 함.
3) 채소류 : 소금 5g 이하의 영양목표를 맞추기 위해 가능한 한 싱겁게 조리하도록 함.
4) 과일류 : 식이섬유의 섭취를 늘이기 위해 주스보다는 생과일의 섭취를 권장함.
5) 우유 및 유제품 : 단순당질이 적게 함유된 제품을 권장함.
6) 유지, 당류 : 조리 시 사용되는 양도 섭취 범위 내에서 사용하도록 함.
7) 양념류 : 각 권장섭취패턴에 이미 양념 사용량이 포함되어 있음. 여기서 양념이란 간장, 고추장, 된장, 소금 등의 조미료류를 말하며 50~85kcal 사용된 것으로 계산함.
8) 나트륨 : 국, 찌개류의 경우 건더기 위주로 섭취하도록 함.

1일 식사구성의 예로 영양섭취기준을 만족시킬 수 있는 식사에 있어서 아동과 성인의 음식섭취 양상이 다르고 우유 및 유제품에 대한 기호도 차이가 커서 어린이와 청소년의 경우는 우유, 유제품을 2회 사용하는 것을 기준으로 하였으며(A 타입), 성인은 1회 사용하는 것을 기준으로 하였다(B 타입).

표 15-13 생애주기별 권장식사 패턴

생애주기	성별	권장식사 패턴
유아기 3~5(세)	전체	1,400kcal, A 타입
아동기 6~11	남자 여자	1,800kcal, A 타입 1,600kcal, A 타입
청소년기 12~18	남자 여자	2,600kcal, A 타입 2,000kcal, A 타입
성인기 19~64	남자 여자	2,400kcal, B 타입 1,900kcal, B 타입
노인기 65 이상	남자 여자	2,000kcal, B 타입 1,600kcal, B 타입

1. 유아기 [3~5세(1,400kcal, A 타입)]

표 15-14 3~5세 권장식단(1,400kcal, A타입)

메뉴	분량	아침	점심	저녁	간식
		달걀샌드위치 양상추샐러드 고구마튀김 우유	쌀밥 야채카레 콩나물국 돈가스 시금치나물	현미밥 배추된장국 어묵느타리볶음 오이나물 배추김치	과일꼬치 찐 옥수수 호상요구르트
곡류	2회	식빵 35g (0.3) 고구마 70g (0.3)	쌀밥 105g (0.5) 감자 47g (0.1)	현미밥 105g (0.5)	옥수수 70g (0.3)
고기 · 생선 · 달걀 · 콩류	2회	달걀 60g (1)	돼지고기 30g (0.5)	어묵 15g (0.5)	
채소류	6회	양상추, 토마토, 오이, 당근 105g (1.5)	당근, 양파 35g (0.5) 콩나물 35g (0.5) 시금치 70g (1)	배추 35g (0.5) 느타리버섯 30g (1) 오이 35g (0.5) 배추김치 20g (0.5)	
과일류	1회				파인애플 40g (0.4) 거봉 30g (0.3) 딸기 50g (0.5)
우유·유제품류	2회				우유 200mL (1) 요구르트(호상) 100g (1)

구 분	식단	식단사진	
		식사	간식
아침	달걀샌드위치 양상추샐러드 고구마튀김 우유		과일꼬치 
점심	쌀밥 야채카레 콩나물국 돈가스 시금치나물		찐 옥수수 
저녁	현미밥 배추된장국 어묵느타리볶음 오이나물 배추김치		호상요구르트 

* 유지 및 당류(4회) : 조리 시 소량씩 사용

2. 아동기 남자 [6~11세(1,800kcal, A 타입)]

표 15-15 6~11세 남아 권장식단(1,900kcal, A타입)

메뉴	분량	아침	점심	저녁	간식
		쌀밥 호박된장국 달걀찜 감자피망볶음 김구이	잡곡밥 어묵국 두부구이 깻잎간장조림 오이생채	현미밥 미역국 데리야끼치킨 숙주나물 시금치나물 배추김치	우유 과자 바나나요구르트
곡류	3회	쌀밥 170g (0.8) 감자 140g (0.3)	잡곡밥 170g (0.8)	현미밥 170g (0.8)	과자 20g (0.3)
고기 · 생선 · 달걀 · 콩류	3.5회	달걀 60g (1)	어묵 30g (1) 두부 40g (0.5)	닭고기 60g (1)	
채소류	7회	애호박 35g (0.5) 당근, 양파 14g (0.2) 피망 35g (0.5) 김 2g (1)	무 35g (0.5) 깻잎 21g (0.3) 오이 70g (1)	미역 15g (0.5) 숙주 35g (0.5) 시금치 70g (1) 배추김치 40g (1)	
과일류	1회				바나나 100g (1)
우유·유제품류	2회				우유 200mL (1) 요구르트(액상) 150g (1)

구분	식단	식단 사진	
		식사	간식
아침	쌀밥 호박된장국 달걀찜 감자피망볶음 김구이		우유, 과자 
점심	잡곡밥 어묵국 두부구이 깻잎간장조림 오이생채		바나나요구르트 
저녁	현미밥 미역국 데리야끼치킨 숙주나물 시금치나물 배추김치		

* 유지 및 당류(5회) : 조리 시 소량씩 사용

3. 아동기 여자[6~11세(1,600kcal, A 타입)]

표 15-16 6~11세 여아 권장식단(1,700kcal, A타입)

메뉴	분량	아침	점심	저녁	간식
		참치샌드위치 감자브로컬리샐러드 오이피클 우유	김치볶음밥 달걀후라이 콩나물국 시금치나물	흑미밥 사골국 두부양념조림 미역줄기볶음 총각김치	포도 호상요구르트
곡류	2.5회	식빵 70g (0.6) 감자 70g (0.15)	쌀밥 170g (0.8)	흑미밥 170g (0.8) 국수(말린 것) 15g (0.15)	
고기 · 생선 · 달걀 · 콩류	3회	참치통조림 60g (1)	달걀 60g (1)	소고기 18g (0.3) 두부 56g (0.7)	
채소류	6회	브로컬리 35g (0.5) 오이 35g (0.5)	배추김치 40g (1) 콩나물 35g (0.5) 시금치 63g (0.9)	대파 7g (0.1) 양파 35g (0.5) 미역줄기 30g (1) 총각김치 40g (1)	
과일류	1회				포도 100g (1)
우유·유제품류	2회	우유 200mL (1)			요구르트(호상) 100g (1)

구분	식단	식단 사진	
		식사	간식
아침	참치샌드위치 감자브로컬리샐러드 오이피클 우유		포도 
점심	김치볶음밥 달걀후라이 콩나물국 시금치나물		호상요구르트 
저녁	흑미밥 사골국 두부양념조림 미역줄기볶음 총각김치		

* 유지 및 당류(5회) : 조리 시 소량씩 사용

4. 청소년기 남자[12~18세(2,600kcal, A 타입)]

표 15-17 12~18세 남성 권장식단(2,600kcal, A타입)

메뉴	분량	아침 쌀밥 참치김치찌개 떡갈비 잔멸치볶음 시금치나물	점심 우동 오징어부추전 배추겉절이 단무지 무침	저녁 잡곡밥 소고기미역국 제육볶음/상추쌈 잡채 열무김치	간식 호상요구르트 우유 사과 포도 오렌지/배
곡류	3.5회	쌀밥 210g (1)	국수(생면) 210g (1) 부침가루 20g (0.2)	잡곡밥 210g (1) 당면 30g (0.3)	
고기 · 생선 · 달걀 · 콩류	5.5회	참치통조림 30g (0.5) 소고기 60g (1) 건멸치(소) 15g (1)	어묵 15g (0.5) 오징어 40g (0.5)	쇠고기 18g (0.3) 돼지고기 90g (1.5) 돼지고기 12g (0.2)	
채소류	8회	배추김치 40g (1) 시금치 70g (1)	쑥갓 7g (0.1) 부추 35g (0.5) 배추 70g (1) 단무지 40g (1)	미역 15g (0.5) 상추 63g (0.9) 시금치, 당근, 양파 70g (1) 열무김치 40g (1)	
과일류	4회				사과 100g (1) 포도 100g (1) 오렌지 100g (1) 배 100g (1)
우유·유제품류	2회				요구르트(호상) 100g(1) 우유 200mL (1)

구분	식단	식단사진	
		식사	간식
아침	쌀밥 참치김치찌개 떡갈비 잔멸치볶음 시금치나물		호상 요구르트, 사과 
점심	우동 오징어부추전 배추겉절이 단무지 무침		포도, 우유 
저녁	잡곡밥 소고기미역국 제육볶음 상추쌈 잡채 열무김치		오렌지, 배 

* 유지 및 당류(8회) : 조리 시 소량씩 사용

5. 청소년기 여자 [12~18세(2,000kcal, A 타입)]

표 15-18 12~18세 여성 권장식단(2,000kcal, A타입)

메뉴	분량	아침	점심	저녁	간식
		현미밥 무채국 장조림 양상추샐러드 배추김치	참치덮밥 호박된장국 오징어채무침 오이피클	보리밥 순두부찌개 브로콜리볶음 고사리나물	바나나 아이스크림 방울토마토 우유 사과
곡류	3회	현미밥 210g (1)	쌀밥 210g (1)	보리밥 210g (1)	
고기 · 생선 · 달걀 · 콩류	3.5회	소고기 60g (1)	참치통조림 30g (0.5) 건오징어채 15g (1)	순두부 100g (0.5) 바지락 20g (0.25) 돼지고기 15g (0.25)	
채소류	7회	무 35g (0.5) 양상추, 오이, 당근 70g (1) 배추김치 40g (1)	양파 35g (0.5) 호박 35g (0.5) 오이 35g (0.5)	호박, 양파 35g (0.5) 브로컬리 70g 1회 고사리 35g (0.5)	방울토마토 70g (1)
과일류	2회				바나나 100g (1) 사과 100g (1)
우유·유제품류	2회				아이스크림 100g(1) 우유 200mL (1)

구분	식단	식단 사진	
		식사	간식
아침	현미밥 무채국 장조림 양상추샐러드 배추김치		바나나 
점심	참치덮밥 호박된장국 오징어채무침 오이피클		아이스크림, 방울토마토 
저녁	보리밥 순두부찌개 브로콜리볶음 고사리나물		우유, 사과 

* 유지 및 당류(6회) : 조리 시 소량씩 사용

6. 성인기 남자[19~64세(2,400kcal, B 타입)]

표 15-19 19~64세 남성 권장식단(2,400kcal, B타입)

메뉴	분량	아침	점심	저녁	간식
		쌀밥 육개장 조기구이 콩자반 실파무침	잔치국수 동태전 느타리버섯볶음 시금치나물 가지나물	잡곡밥 미역국 수육 모듬쌈&쌈장 도토리묵무침 배추김치	시리얼 우유 배 단감/사과 군고구마 녹차
곡류	4회	쌀밥 210g (1)	국수(생면) 210g (1)	잡곡밥 210g (1) 도토리묵 70g (0.1)	시리얼 30g (0.3) 고구마 140g (0.6)
고기·생선·달걀·콩류	5회	소고기 30g (0.5) 조기 60g (1) 검정콩 20g (1)	동태, 달걀 60g (1)	돼지고기 90g (1.5)	
채소류	8회	숙주, 고사리, 무 70g (1) 실파 70g (1)	애호박 17g (0.25) 김 0.5g (0.24) 느타리버섯 30g (1) 시금치 70g (1) 가지 70g (1)	미역 15g (0.5) 상추, 고추, 깻잎 70g (1) 배추김치 40g (1)	
과일류	3회				배 100g (1) 단감 100g (1) 사과 100g (1)
우유·유제품류	1회				우유 200mL (1)

구분	식단	식단 사진	
		식사	간식
아침	쌀밥 육개장 조기구이 콩자반 실파무침		시리얼, 우유, 배 
점심	잔치국수 동태전 느타리버섯볶음 시금치나물 가지나물		단감, 사과 
저녁	잡곡밥 미역국 수육 모듬쌈&쌈장 도토리묵무침 배추김치		군고구마, 녹차 

* 유지 및 당류(6회) : 조리 시 소량씩 사용

7. 성인기 여자[19~64세(1,900kcal, B 타입)]

표 15-20 19~64세 여성 권장식단(1,900kcal, B타입)

메뉴	분량	아침	점심	저녁	간식
		쌀밥 달걀국 땅콩멸치볶음 애호박나물 깍두기	보리밥 팽이버섯된장국 소불고기 콩나물무침 오이소박이	떡국 갈치카레구이 꽈리고추볶음 배추겉절이 양배추샐러드	우유 토마토 귤 포도
곡류	3회	쌀밥 210g (1)	보리밥 210g (1)	가래떡 150g (1)	
고기 · 생선 · 달걀 · 콩류	4회	달걀 30g (0.5) 건멸치(소) 15g (1) 땅콩 6g (0.2)	소고기 60g (1)	소고기 18g (0.3) 갈치 60g (1)	
채소류	8회	애호박 70g (1) 깍두기 40g (1)	팽이버섯 15g (0.5) 양파 35g (0.5) 콩나물 70g (1) 오이 70g (1)	꽈리고추 35g (0.5) 배추 35g (0.5) 양배추 70g (1)	토마토 70g (1)
과일류	2회				귤 100g (1) 포도 100g (1)
우유·유제품류	1회				우유 200mL (1)

구분	식단	식단 사진	
		식사	간식
아침	쌀밥 달걀국 땅콩멸치볶음 애호박나물 깍두기		우유, 토마토 
점심	보리밥 팽이버섯된장국 소불고기 콩나물무침 오이소박이		귤 
저녁	떡국 갈치카레구이 꽈리고추볶음 배추겉절이 양배추샐러드		포도 

* 유지 및 당류(4회) : 조리 시 소량씩 사용

8. 노인기 남자 [65세 이상(2,000kcal, B 타입)]

표 15-21 65세 남성 권장식단(2,000kcal, B타입)

메뉴	분량	아침	점심	저녁	간식
		누룽지 해물달걀찜 느타리버섯볶음 배추겉절이 양파초절임	콩밥 오이냉국 돼지고기볶음 애호박전 오이고추무침	잡곡밥 곰국 고등어감자조림 가지나물 배추김치	사과 바나나 찐 고구마 우유
곡류	3.5회	쌀 67g (0.75)	쌀밥 210g (1)	잡곡밥 210g (1) 감자 70g (0.15)	고구마 140g (0.6)
고기 · 생선 · 달걀 · 콩류	4회	달걀 54g (0.9) 새우 8g (0.1)	검정콩 10g (0.5) 돼지고기 60g (1)	소고기 30g (0.5) 고등어 60g (1)	
채소류	8회	느타리버섯 30g (1) 배추 70g (1) 양파 63g (0.9)	오이 35g (0.5) 양파 35g (0.5) 애호박 70g (1) 오이고추 70g (1)	대파 7g (0.1) 가지 70g (1) 배추김치 40g (1)	
과일류	2회				사과 100g (1) 바나나 100g (1)
우유·유제품류	1회				우유 200mL (1)

구분	식단	식단사진	
		식사	간식
아침	누룽지 해물달걀찜 느타리버섯볶음 배추겉절이 양파초절임		사과 
점심	콩밥 오이냉국 돼지고기볶음 애호박전 오이고추무침		바나나 
저녁	잡곡밥 곰국 고등어감자조림 가지나물 배추김치		찐고구마, 우유 

* 유지 및 당류(4회) : 조리 시 소량씩 사용

9. 노인기 여자 [65세 이상(1,600kcal, B 타입)]

표 15-22 65세 여성 권장식단(1,600kcal, B타입)

메뉴	분량	아침	점심	저녁	간식
		쌀밥 시래기된장국 갈치무조림 도라지나물 열무물김치	현미밥 콩나물국 간장게장 취나물볶음 오이무침	보리밥 미역국 두부양념조림 브로콜리초회 깻잎김치	백설기 우유 단감
곡류	3회	쌀밥 170g (0.8)	현미밥 170g (0.8)	보리밥 190g (0.9)	백설기 75g (0.5)
고기 · 생선 · 달걀 · 콩류	2.5회	갈치 60g (1)	꽃게 80g (1)	두부 40g (0.5)	
채소류	6회	시래기 35g (0.5) 무 35g (0.5) 도라지 40g (1) 열무김치 20g (0.5)	콩나물 35g (0.5) 취나물 35g (0.5) 오이 35g (0.5)	미역 15g (0.5) 양파 14g (0.2) 브로콜리 70g (1) 깻잎 21g (0.3)	
과일류	1회				단감 100g (1)
우유·유제품류	1회				우유 200mL (1)

구분	식단	식단사진	
		식사	간식
아침	쌀밥 시래기된장국 갈치무조림 도라지나물 열무물김치		
점심	현미밥 콩나물국 간장게장 취나물볶음 오이무침		백설기, 우유 
저녁	보리밥 미역국 두부양념조림 브로콜리초회 깻잎김치		단감 

* 유지 및 당류(4회) : 조리 시 소량씩 사용

15-6 한국인을 위한 식사지침

- 건강은 식사, 활동, 휴식의 조화를 통해서 얻어진다.
- 건강은 매일의 생활에서 꾸준한 노력으로 얻어진다.

1. 한국인을 위한 식생활 목표

① 에너지와 단백질은 권장량에 알맞게 섭취한다.
② 칼슘, 철, 비타민 A, 리보플라빈[1]의 섭취를 늘린다.
③ 지방의 섭취는 총에너지의 20%를 넘지 않도록 한다.
④ 소금[2]은 1일 10g 이하로 섭취한다.
⑤ 알코올의 섭취를 줄인다.
⑥ 건강 체중(18.5≤BMI[3]<25)을 유지한다.
⑦ 바른 식사 습관을 유지한다.
⑧ 전통 식생활을 발전시킨다.
⑨ 식품을 위생적으로 관리한다.
⑩ 음식의 낭비를 줄인다.

(자료 : 보건복지부)

※ 1) 리보플라빈(비타민 B_2) : 칼슘, 철, 비타민 A와 더불어 권장량 대비 우리 국민들의 평균 섭취비율이 가장 낮은 영양소의 하나로서, 에너지를 내는 3대 영양소인 탄수화물, 지질, 단백질의 대사과정에 필요한 효소의 일부로 작용하며, 피부·손톱·머리카락의 정상적 유지에도 필요함. 주로 우유, 유제품이나 육류, 시금치, 브로콜리 등에 많이 함유됨.
2) 소금 섭취량 기준은 전국민 평균 나트륨 섭취량(소금상당량 11.6g)을 단계적으로 낮추기 위한 1단계 목표임.
3) BMI(Body Mass Index : 신체질량지수) = 체중(kg) ÷ 신장$(m)^2$

2. 한국인을 위한 식생활 지침

① 곡류, 채소·과일류, 어육류, 유제품 등 다양한 식품을 섭취하자.
② 짠 음식을 피하고, 싱겁게 먹자.
③ 건강 체중을 위해 활동량을 늘리고, 알맞게 섭취하자.
④ 식사는 즐겁게 하고, 아침을 꼭 먹자.
⑤ 술을 마실 때는 그 양을 제한하자.
⑥ 음식은 위생적으로, 필요한 만큼 준비하자.
⑦ 밥을 주식으로 하는 우리 식생활을 즐기자.

(자료 : 보건복지부)

3. 국민건강생활지침

① 청결을 유지하자.
② 음식은 싱겁고 가볍게 골고루 먹자.
③ 예방접종과 건강진단을 때맞추어 받자.
④ 과음하지 말고 담배를 피우지 말자.
⑤ 규칙적인 운동으로 신체의 활력을 유지하자.
⑥ 일하며 보람 찾고, 즐거운 마음으로 살아가자.
⑦ 공공질서를 지키고 안전사고를 예방하자.
⑧ 아껴 쓰고 적게 버려 건강한 환경을 만들자.

이러한 건강 생활 지침과 식사지침을 준수한다면 건강하게 생활할 수 있다. 또한, 항상 긍정적이고 즐겁게 살도록 노력하는 삶의 태도는 건강에 큰 도움이 될 것이다.

부 록

국민건강영양조사

부록 1. 한국인의 1인 1일 평균섭취량

부록 1　2015 한국인 영양소 섭취기준 연령 · 체위기준

연 령	2015 체위기준					
	신장(cm)		체중(kg)		BMI(kg/m²)	
0-5(개월)	60..3		6.2		17.1	
6-11	72.2		8.9		17.1	
1-2(세)	86.4		12.5		16.7	
3-5	105.4		17.4		15.7	
	남자	여자	남자	여자	남자	여자
6-8(세)	126.4	125.0	26.5	25.0	16.6	16.0
9-11	142.9	142.9	38.2	35.7	18.7	17.5
12-14	163.5	158.1	52.9	48.5	19.8	19.4
15-18	173.3	160.9	63.1	53.1	21.0	20.5
19-29	174.8	161.5	68.7	56.1	22.5	21.5
30-49	172.0	159.0	66.6	54.4	22.5	21.5
50-64	168.4	155.4	63.8	51.9	22.5	21.5
65-74	164.9	152.1	61.2	49.7	22.5	21.5
75이상	163.3	147.1	60.0	46.5	22.5	21.5

자료 : 2008~2015년 국민건강영양조사 자료 분석

표 2　영양소별 1인 1일 평균섭취량

영양소	전체	남자	여자
에너지 (kcal)	2,016.3	2,255.3	1,773.5
단백질 (g)	75.8	85.0	66.4
동물성단백질 (g)	(35.9)	(41.5)	(30.1)
지방 (g)	46.0	51.9	40.0
동물성지방 (g)	(20.5)	(23.7)	(17.3)
탄수화물 (g)	306.5	332.6	279.9
조섬유 (g)	7.1	7.8	6.5
회분 (g)	21.1	23.4	18.8
칼슘 (mg)	553.1	592.7	512.9
인 (mg)	1,242.2	1,369.2	1,113.2
철 (mg)	13.6	14.9	12.3
나트륨 (mg)	5,279.9	5,878.3	4,672.4
칼륨 (mg)	2,794.4	3,049.1	2,536.0
비타민 A (μgRE)	782.1	842.9	720.5
티아민 (mg)	1.30	1.47	1.13
리보플라빈 (mg)	1.20	1.33	1.06
니아신 (mg)	17.1	19.1	15.1
비타민 C (mg)	98.2	102.5	93.8
동물성 단백질비 (%)	42.4	44.0	40.8
지방급원 에너지비 (%)	20.2	21.0	19.4

자료원 : 국민건강영양조사(2009), 보건복지부.

표 3 한국인의 1일 에너지 섭취량 추이 : 만 1세 이상(1980~2008)[1)]

연도(년) / 식품군	1989	1990	1991	1992	1993	1997	1995	1998*	2001*	2008
식물성 식품										
곡류 및 그 제품	354.9	344.0	348.9	337.2	326.6	310.4	308.9	347.0	310.5	287.9
감자 및 전분류	55.3	43.1	23.4	22.4	19.2	19.0	21.2	36.6	26.5	35.9
두류 및 그 제품	55.5	58.1	36.1	36.5	30.5	33.9	34.7	31.0	31.6	36.7
채소류	224.0	281.0	284.3	301.5	272.4	275.7	286.2	283.5	290.8	301.5
과실류	77.6	68.8	102.7	123.9	119.7	122.2	146.0	197.5	207.4	158.9
해조류	7.2	6.0	7.1	6.7	7.0	7.4	6.6	7.7	9.0	5.4
음료 및 주류/조미료류	35.5	34.7	38.6	37.8	44.8	53.5	47.6	116.0**	143.9	161.7/ 34.8
유지류(식물성)	4.8	5.6	5.7	5.8	7.0	7.5	7.5	5.7	9.8	7.6
기타	10.1	9.4	9.7	11.2	12.0	12.9	11.9	17.5	23.4	0.3
식물성 식품계	824.9	850.0	857.0	883.0	839.0	843.0	871.0	1,042.5	1,052.9	1,044.8
동물성 식품										
육류 및 그 제품	45.3	47.3	52.5	58.1	58.3	55.7	68.0	69.0	91.7	84.6
난류	18.5	19.5	19.8	19.0	23.6	20.0	21.8	22.5	21.1	22.3
어패류	74.0	78.6	80.5	85.4	74.8	82.6	75.1	66.3	64.1	51.2
우유 및 유제품	52.9	52.2	58.1	51.6	58.0	65.7	65.6	87.5	84.6	94.6
유지류(동물성)	0.4	0.4	0.0	0.4	0.4	0.2	0.1	2.1	0.1	0.2
기타	0.0	0.0	0.0	-	-	-	-	0.1	0.2	0.0
동물성 식품계	191.1	198.0	211.0	215.0	215.0	224.0	230.0	247.5	261.8	253.0
총계	1,016.0	1,048.0	10,68.0	1,098.0	1,054.0	1,067.0	1,101.0	1,290.0	1,314.7	1,297.8
식물성 식품 섭취비율(%)	81.2	81.1	80.2	80.4	79.6	79.0	79.1	80.8	80.1	80.5
동물성 식품 섭취비율(%)	18.8	18.9	19.8	19.6	20.4	21.0	20.9	19.2	19.9	19.5

주 : * 1969~1995년까지는 가구별 칭량법, 1998년 이후는 개인별 24시간 회상법에 의해 조사된 결과임.

** 1998년도 음료 및 주류/조미료류 섭취량의 급격한 증가는 조사방법 변경에 의해 가정 밖에서의 음료 및 주류/조미료류 섭취량 파악이 이루어진 것에 기인함.

표 4 한국인의 1일 에너지 섭취량 추이 : 만 1세 이상(1980~2008)[1)]

연도	1980	1981	1982	1983	1984	1985
에너지(kcal)	2,052	2,052	1,991	2,012	1,901	1,936
% RDA[2)]	93.5	92.4	89.5	90.4	90.0	91.1
연도	**1986**	**1987**	**1988**	**1989**	**1990**	**1991**
에너지(kcal)	1,930	1,819	1,935	1,871	1,868	1,930
% RDA	90.8	87.7	93.3	87.5	90.0	93.1
연도	**1992**	**1993**	**1994**	**1995**	**1998**	**2001**
에너지(kcal)	1,875	1,848	1,770	1,839	1,934	1,897
% RDA	90.0	90.0	85.0	88.6	91.4	90.1
연도	**2005**	**2007**	**2008**			
에너지(kcal)	1,979	1,809	1,838			
% DRI[3)]	96.5	87.4	92.0			

1) 보건복지부, 2010.

2) 1980~2001년도 : 한국인 영양권장량(한국영양학회, ~2005)

3) 2005~2008년도 : 한국인 영양섭취기준(한국영양학회, 2010)

표 5 연령대별 에너지 섭취량과 에너지 필요추정량 대비 섭취비율[1)]

구분	전체		남자		여자	
	(kcal)	(% EER)	(kcal)	(%EER)	(kcal)	(%EER)
1~2(세)	959.1	95.9	987.4	98.7	936.9	93.7
3~5	1,216.6	86.9	1,244.2	88.9	1,178.1	84.1
6~11	1,632.3	97.1	1,777.4	101.6	1,474.0	92.3
12~18	1,955.2	84.9	2,167.6	84.3	1,713.3	85.7
19~29	1,955.7	83.5	2,340.7	89.9	1,629.6	76.8
30~49	1,980.0	90.9	2,320.9	96.7	1,624.6	84.8
50~64	1,848.2	92.1	2,113.1	96.0	1,587.1	88.2
65 이상	1,478.9	83.6	1,744.4	87.2	1,297.3	81.1
평 균	1,838.4	89.0	2,123.9	93.5	1,550.8	84.4

1) 보건복지부, 2010.

① 2010년도 영양소 섭취비율

- 영양소 섭취부족 비율 : 에너지 필요추정량 75% 미만 / 칼슘, 철, 비타민A, 리보플라빈 모두 평균필요량 미만을 섭취한 대상자 비율
- 에너지 / 지방 섭취과잉 비율: 에너지 섭취량이 필요추정량의 125% 이상이면서, 지방 섭취량이 적정에너지 섭취비율을 초과한 대상자 비율

② 2001년도 영양소 섭취비율

- 영양소 섭취부족 비율 : 에너지 / 칼슘 / 철 / 비타민 A / 리보플라빈의 섭취량이 모두 영양권장량의 75% 미만인 대장자 비율
- 에너지 / 지방 섭취과잉 비율 : 에너지 섭취량이 영양권장량의 125% 이상이면서 지방으로부터의 에너지 섭취비율이 30% 이상인 대상자 비율

2. 한국인 영양섭취기준에 대한 영양소별 평균섭취비율[1)]

표 6 영양섭취기준에 대한 영양소별 평균 섭취비율 (단위 : %)

전 체	성 별			지역별		
	전체	남자	여자	대도시	중소도시	읍·면 지역
에너지	98.4	99.8	97.0	99.0	97.5	98.5
단백질	169.0	177.0	161.0	171.1	170.5	160.6
칼슘	76.3	82.6	69.8	78.6	74.7	73.3
인	174.0	189.7	158.0	176.9	172.0	170.3
철	126.3	146.4	106.0	127.9	121.9	131.1
비타민 A	121.9	123.2	120.7	123.9	122.6	115.4
티아민	122.3	131.0	113.5	123.7	125.6	112.0
리보플라빈	95.8	96.1	95.4	98.2	96.5	87.7
니아신	121.5	127.6	115.4	123.6	122.2	114.8
비타민 C	106.6	110.8	102.3	109.4	106.9	98.3

자료 : 국민건강영양조사(2009), 보건복지부

1) 영양소별 영양섭취기준에 대한 평균 섭취비율 : 에너지는 필요추정량과 비교함. 단백질, 칼슘, 인, 철, 비타민 A, 티아민, 리보플라빈, 니아신, 비타민 C는 권장섭취량과 비교함.

3. 영양소 섭취부족 및 에너지/지방 섭취과잉 비율

표 7 영양소 섭취부족 및 에너지/지방 섭취과잉 대상자 비율

구 분		영양소 섭취부족		에너지/지방 섭취과잉	
		2001년	2005년	2001년	2005년
성 별	전체	16.7	11.4	4.1	7.2
	남자	12.9	9.4	4.9	8.2
	여자	20.1	13.5	3.5	6.2
연령(세)	3세 미만	14.5	9.0	8.7	6.1
	3~6	14.1	7.5	4.6	7.6
	7~12	15.5	6.1	6.1	8.5
	13~19	22.0	17.8	5.3	6.7
	20~29	17.0	15.0	4.4	9.7
	30~39	13.7	9.8	4.4	8.5
	50~64	16.1	10.1	1.7	4.4
	≧65	26.7	14.7	1.7	2.3
거주지역	대도시	15.7	11.4	5.0	8.3
	중소도시	16.6	11.3	3.8	7.0
	읍면 지역	19.6	11.8	2.3	5.0

자료 : 국민건강영양조사 제3기(2009), 보건복지부.

4. 외식빈도 변화

표 8 하루 1회 이상 외식비율 : 3세 이상

(단위 : %)

연령(세)	2001년		2005년	
	남 자	여 자	남 자	여 자
전체	40.0	24.1	62.9	39.8
3~6	30.6	36.8	60.6	59.5
7~12	43.9	41.1	84.8	86.3
13~19	37.5	41.0	88.0	87.4
20~29	49.2	38.7	70.4	61.4
30~49	47.1	18.8	70.2	26.8
50~64	34.2	11.8	39.4	15.8
≥65	10.5	4.7	13.1	6.4

자료 : 국민건강영양조사(2009), 보건복지부.

부록 2. 한국인의 운동 및 신체활동

표 1 규칙적 운동 실천율(19세 이상)

(단위 : %)

구 분		전체			남자			여자		
		미실천	주 1~2회	주3회 이상	미실천	주 1~2회	주3회 이상	미실천	주 1~2회	주3회 이상
	전체	53.2	14.6	32.2	49.5	18.2	32.3	56.8	11.1	32.1
연령(세)	19~29	52.0	19.6	28.4	45.4	23.9	30.7	59.1	15.0	26.0
	30~39	54.6	17.0	28.4	53.6	20.8	25.6	55.5	13.0	31.5
	40~49	48.9	17.0	34.1	49.3	19.1	31.6	48.4	14.9	36.7
	50~59	52.4	9.4	38.2	50.3	12.9	36.8	54.5	5.8	39.7
	60~69	52.7	8.2	39.1	44.8	11.5	43.7	59.7	5.3	35.0
	≥70	67.7	2.9	29.4	54.7	3.6	41.7	75.2	2.5	22.3

자료 : 국민건강영양조사(2009), 보건복지부.

부록 3. 청소년 보건

표 1 학교에서 점심식사 후 칫솔질 실천율2)(중 1~고 2)

(단위 : %)

		전 체	남 자	여 자
전 체		24.6	17.4	32.1
학교급	중학교	15.8	11.7	20.1
	일반계고	47.4	33.1	62.9
	실업계고	20.6	12.5	29.2
학 년	중 1	12.3	10.8	14.0
	중 2	15.8	11.6	19.9
	중 3	19.8	12.7	27.6
	고 1	36.9	25.5	49.3
	고 2	43.3	29.5	58.2

자료 : 제1차 청소년 건강행태조사(2005), 질병관리본부.

표 2 연간 구강진료 경험률3)(중 1~고 2)

(단위 : %)

		전 체	남 자	여 자
전 체		24.6	17.4	32.1
학교급	중학교	15.8	11.7	20.1
	일반계고	47.4	33.1	62.9
	실업계고	20.6	12.5	29.2
학 년	중 1	12.3	10.8	14.0
	중 2	15.8	11.6	19.9
	중 3	19.8	12.7	27.6
	고 1	36.9	25.5	49.3
	고 2	43.3	29.5	58.2

자료 : 제1차 청소년 건강행태조사(2005), 질병관리본부.

2) 학교에서 점심식사 후 칫솔질 실천율 : 지난 일주일 동안 학교에서 점심식사 후 칫솔질을 한 사람의 비율.
3) 연간 구강진료 경험률 : 지난 일 년 동안 치과를 1회 이상 방문한 사람의 비율.

부록 4. 한국인의 영양섭취기준(2015)

표 1 30세 성인남녀의 신체활동수준별 에너지 필요추정량

성별	신장 (cm)	신체활동 수준	체중(kg)		에너지 필요추정량	
			기준BMI 18.5	기준BMI 24.9	기준BMI 18.5	기준BMI 24.9
남자	160	비활동적	47.4	64.0	1,993	2,257
		저활동적			2,171	2,464
		활동적			2,397	2,727
		매우 활동적			2,769	3,160
	170	비활동적	53.5	72.2	2,114	2,442
		저활동적			2,338	2,670
		활동적			2,586	2,959
		매우 활동적			2,992	3,434
	180	비활동적	59.9	81.0	2,301	2,635
		저활동적			2,513	2,884
		활동적			2,782	3,200
		매우 활동적			3,225	3,720
여자	150	비활동적	41.6	56.2	1,625	1,762
		저활동적			1,803	1,956
		활동적			2,025	2,198
		매우 활동적			2,291	2,489
	160	비활동적	47.4	64.0	1,752	1,907
		저활동적			1,944	2,118
		활동적			2,185	2,385
		매우 활동적			2,474	2,699
	170	비활동적	53.5	72.2	1,881	2,057
		저활동적			2,090	2,288
		활동적			2,350	2,573
		매우 활동적			2,662	2,917

* 한국영양학회, 한국인영양섭취기준위원회, 2015.

표 2 한국인 영양섭취기준(Dietary Reference Intakes for Koreans : KDRIs) : 에너지 적정비율

영양소/연령		1~2세	3~18세	19세 이상	비고
탄수화물		55~70 %	55~70 %	55~70 %	
단백질		7~20 %	7~20 %	7~20 %	
지질	총 지방	20~35 %	15~30 %	15~25 %	
	n-6계 지방산	4~8 %	4~8 %	4~8 %	
	n-3계 지방산	1 % 내외	1 % 내외	1 % 내외	
	포화지방산[1)]	–	–	4.5~7 %	
	트랜스지방산[1)]	–	–	1 % 미만	
	콜레스테롤[1)]	–	–	300mg/일 미만	목표섭취량

[1)] 1~2세, 3~18세 섭취기준을 설정할 과학적 근거가 부족함.

한국영양학회 ; 보건복지부 ; 식품의약품안전청, 2015.

표 3 2015 한국인 영양소섭취기준 : 에너지 및 다량영양소

보건복지부, 2015.

성별	연령	에너지 (kcal/일)				탄수화물 (g/일)				지방 (g/일)				n-6계 지방산 (g/일)			
		필요추정량	권장섭취량	충분섭취량	상한섭취량	평균필요량	권장섭취량	충분섭취량	상한섭취량	평균필요량	권장섭취량	충분섭취량	상한섭취량	평균필요량	권장섭취량	충분섭취량	상한섭취량
영아	0~5(개월)	550						60				25				2.0	
	6~11	700						90				25				4.0	
유아	1~2(세)	1,000															
	3~5	1,400															
남자	6~8(세)	1,700															
	9~11	2,100															
	12~14	2,500															
	15~18	2,700															
	19~29	2,600															
	30~49	2,400															
	50~64	2,200															
	65~74	2,000															
	75 이상	2,000															
여자	6~8(세)	1,500															
	9~11	1,800															
	12~14	2,000															
	15~18	2,000															
	19~29	2,100															
	30~49	1,900															
	50~64	1,800															
	65~74	1,600															
	75 이상	1,600															
임신부[1)]		+0/+340/+450															
수유부		+320															

성별	연령	n-3계 지방산 (g/일)				단백질 (g/일)				식이섬유 (g/일)				수분 (mL/일)				
		평균필요량	권장섭취량	충분섭취량	상한섭취량	평균필요량	권장섭취량	충분섭취량	상한섭취량	평균필요량	권장섭취량	충분섭취량	상한섭취량	평균필요량	권장섭취량	충분섭취량 액체	충분섭취량 총수분	상한섭취량
영아	0~5(개월)			0.3				10								700	700	
	6~11			0.8		10	15									500	800	
유아	1~2(세)					12	15					10				800	1,100	
	3~5					15	20					15				1,100	1,500	
남자	6~8(세)					25	30					20				900	1,800	
	9~11					35	40					20				1,000	2,100	
	12~14					45	55					25				1,000	2,300	
	15~18					50	65					25				1,200	2,600	
	19~29					50	65					25				1,200	2,600	
	30~49					50	60					25				1,200	2,500	
	50~64					50	60					25				1,000	2,200	
	65~74					45	55					25				1,000	2,100	
	75 이상					45	55					25				1,000	2,100	
여자	6~8(세)					20	25					20				900	1,700	
	9~11					30	40					20				900	1,900	
	12~14					40	50					20				900	2,000	
	15~18					40	50					20				900	2,000	
	19~29					45	55					20				1,000	2,100	
	30~49					40	50					20				1,000	2,000	
	50~64					40	50					20				900	1,900	
	65~74					40	45					20				900	1,800	
	75 이상					40	45					20				900	1,800	
임신부[1)]						+12 +25	+15 +30					+5					+200	
수유부						+20	+25					+5				+500	+700	

1) 에너지, 단백질 : 임신 1, 2, 3분기별 부가량.

표 4 2015 한국인 영양소 섭취기준 : 지용성 비타민

보건복지부, 2015.

성별	연령	비타민 A (μg RE/일)				비타민 D (μg/일)				비타민 E (mg α-TE/일)				비타민 K (μg/일)			
		평균 필요량	권장 섭취량	충분 섭취량	상한 섭취량	평균 필요량	권장 섭취량	충분 섭취량	상한 섭취량	평균 필요량	권장 섭취량	충분 섭취량	상한 섭취량	평균 필요량	권장 섭취량	충분 섭취량	상한 섭취량
영아	0~5(개월)			350	600			5	25			3				4	
	6~11			450	600			5	25			4				7	
유아	1~2(세)	200	300		600			5	30			5	200			25	
	3~5	230	350		700			5	35			6	250			30	
남자	6~8(세)	320	450		1,000			5	40			7	300			45	
	9~11	420	600		1,500			5	60			9	400			55	
	12~14	540	750		2,100			10	100			10	400			70	
	15~18	620	850		2,300			10	100			11	500			80	
	19~29	570	800		3,000			10	100			12	540			75	
	30~49	550	750		3,000			10	100			12	540			75	
	50~64	530	750		3,000			10	100			12	540			75	
	65~74	500	700		3,000			15	100			12	540			75	
	75 이상	500	700		3,000			15	100			12	540			75	
여자	6~8(세)	290	400		1,000			5	40			7	300			45	
	9~11	380	550		1,500			5	60			9	400			55	
	12~14	470	650		2,100			10	100			10	400			65	
	15~18	440	600		2,300			10	100			11	500			65	
	19~29	460	650		3,000			10	100			12	540			65	
	30~49	450	650		3,000			10	100			12	540			65	
	50~64	430	600		3,000			10	100			12	540			65	
	65~74	410	550		3,000			15	100			12	540			65	
	75 이상	410	550		3,000			15	100			12	540			65	
임신부		+50	+70		3,000			+0	100			+0	540			+0	
수유부		+350	+490		3,000			+0	100			+3	540			+0	

* RRR-α-tocopherol

표 5 2015 한국인 영양소 섭취기준 : 수용성 비타민

보건복지부, 2015.

성별	연령	비타민 C (mg/일)				티아민 (mg/일)				리보플라빈 (mg/일)				니아신 (mg NE/일)				
		평균 필요량	권장 섭취량	충분 섭취량	상한 섭취량	평균 필요량	권장 섭취량	충분 섭취량	상한 섭취량	평균 필요량	권장 섭취량	충분 섭취량	상한 섭취량	평균 필요량	권장 섭취량	충분 섭취량	상한 섭취량[1]	상한 섭취량[2]
영아	0~5(개월)			35				0.2				0.3				2		
	6~11			45				0.3				0.4				3		
유아	1~2(세)	30	35		350	0.4	0.5			0.5	0.5			4	6		10	180
	3~5	30	40		500	0.4	0.5			0.5	0.6			5	7		10	250
남자	6~8(세)	40	55		700	0.6	0.7			0.7	0.9			7	9		15	350
	9~11	55	70		1,000	0.7	0.9			1.0	1.2			9	12		20	500
	12~14	70	90		1,400	1.0	1.1			1.2	1.5			11	15		25	700
	15~18	80	105		1,500	1.1	1.3			1.4	1.7			13	17		30	800
	19~29	75	100		2,000	1.0	1.2			1.3	1.5			12	16		35	1,000
	30~49	75	100		2,000	1.0	1.2			1.3	1.5			12	16		35	1,000
	50~64	75	100		2,000	1.0	1.2			1.3	1.5			12	16		35	1,000
	35~74	75	100		2,000	1.0	1.2			1.3	1.5			12	16		35	1,000
	75 이상	75	100		2,000	1.0	1.2			1.3	1.5			12	16		35	1,000

성별	연령	비타민 C (mg/일)				티아민 (mg/일)				리보플라빈 (mg/일)				니아신 (mg NE/일)[1]				
		평균필요량	권장섭취량	충분섭취량	상한섭취량	평균필요량	권장섭취량	충분섭취량	상한섭취량	평균필요량	권장섭취량	충분섭취량	상한섭취량	평균필요량	권장섭취량	충분섭취량	상한섭취량[2]	상한섭취량[3]
여자	6~8(세)	45	60		700	0.6	0.7			0.6	0.8			7	9		15	350
	9~11	60	80		1,000	0.7	0.9			0.8	1.0			9	12		20	500
	12~14	75	100		1,400	0.9	1.1			1.0	1.2			11	15		25	700
	15~18	70	95		1,500	1.0	1.2			1.0	1.2			11	14		30	800
	19~29	75	100		2.000	0.9	1.1			1.0	1.2			11	14		35	1,000
	30~49	75	100		2,000	0.9	1.1			1.0	1.2			11	14		35	1,000
	50~64	75	100		2,000	0.9	1.1			1.0	1.2			11	14		35	1,000
	35~74	75	100		2,000	0.9	1.1			1.0	1.2			11	14		35	1,000
	75 이상	75	100		2,000	0.9	1.1			1.0	1.2			11	14		35	1,000
임신부		+10	+10		2,000	+0.4	+0.4			+0.3	+0.4			+3	+4		35	1,000
수유부		+35	+40		2,000	+0.3	+0.4			+0.4	+0.5			+2	+3		35	1,000

비타민 B6 (mg/일)				엽산 (μg DFE/일)[3]				비타민 B12 (μg/일)				판토텐산 (mg/일)				비오틴 (μg/일)			
평균필요량	권장섭취량	충분섭취량	상한섭취량	평균필요량	권장섭취량	충분섭취량	상한섭취량	평균필요량	권장섭취량	충분섭취량	상한섭취량	평균필요량	권장섭취량	충분섭취량	상한섭취량	평균필요량	권장섭취량	충분섭취량	상한섭취량
		0.1				65				0.3				1.7				5	
		0.3				80				0.5				1.9				7	
0.5	0.6		25	120	150		300	0.8	0.9					2				9	
0.6	0.7		35	150	180		400	0.9	1.1					2				11	
0.7	0.9		45	180	220		500	1.1	1.3					3				15	
0.9	1.1		55	250	300		600	1.5	1.7					4				20	
1.3	1.5		60	300	360		800	1.9	2.3					5				25	
1.3	1.5		65	320	400		900	2.2	2.7					5				30	
1.3	1.5		100	320	400		1,000	2.0	2.4					5				30	
1.3	1.5		100	320	400		1,000	2.0	2.4					5				30	
1.3	1.5		100	320	400		1,000	2.0	2.4					5				30	
1.3	1.5		100	320	400		1,000	2.0	2.4					5				30	
1.3	1.5		100	320	400		1,000	2.0	2.4					5				30	
0.7	0.9		45	180	220		500	1.1	1.3					3				15	
0.9	1.1		55	250	300		600	1.5	1.7					4				20	
1.2	1.4		60	300	360		800	1.9	2.3					5				25	
1.2	1.4		65	320	400		900	2.0	2.4					5				30	
1.2	1.4		100	320	400		1,000	2.0	2.4					5				30	
1.2	1.4		100	320	400		1,000	2.0	2.4					5				30	
1.2	1.4		100	320	400		1,000	2.0	2.4					5				30	
1.2	1.4		100	320	400		1,000	2.0	2.4					5				30	
1.2	1.4		100	320	400		1,000	2.0	2.4					5				30	
+0.7	+0.8		100	+200	+220		1,000	+0.2	+0.2					+1				+0	
+0.7	+0.8		100	+130	+150		1,000	+0.3	+0.4					+2				+5	

1) 1mg NE (니아신 당량) = 1mg 니아신 = 60mg 트립토판 2) 니코틴산/니코틴아미드 3) Dietary Folate Equivalents, 가임기 여성의 경우 400μg/일의 엽산보충제 섭취를 권장함. 엽산의 상한섭취량은 보충제 또는 강화식품의 형태로 섭취한 μg/일에 해당됨.

표 6 2015 한국인 영양소 섭취기준 : 다량무기질

보건복지부, 2015.

성별	연령	칼슘 (mg/일)				인 (mg/일)				나트륨 (mg/일)				
		평균필요량	권장섭취량	충분섭취량	상한섭취량	평균필요량	권장섭취량	충분섭취량	상한섭취량	평균필요량	권장섭취량	충분섭취량	상한섭취량	목표섭취량
영아	0~5(개월)			210	1,000			100				120		
	6~11			300	1,500			300				370		
유아	1~2(세)	390	500		2,500	380	450		3,000			900		
	3~5	470	600		2,500	460	550		3,000			1,000		

성별	연령	칼슘 (mg/일)				인 (mg/일)				나트륨 (mg/일)				
		평균 필요량	권장 섭취량	충분 섭취량	상한 섭취량	평균 필요량	권장 섭취량	충분 섭취량	상한 섭취량	평균 필요량	권장 섭취량	충분 섭취량	상한 섭취량	목표 섭취량
남자	6~8(세)	580	700		2,500	490	600		3,000			1,200		
	9~11	650	800		3,000	1,000	1,200		3,500			1,400		2,000
	12~14	800	1,000		3,000	1,000	1,200		3,500			1,500		2,000
	15~18	720	900		3,000	1,000	1,200		3,500			1,500		2,000
	19~29	650	800		2,500	580	700		3,500			1,500		2,000
	30~49	630	800		2,500	580	700		3,500			1,500		2,000
	50~64	600	750		2,000	580	700		3,500			1,500		2,000
	35~74	570	700		2,000	580	700		3,500			1,300		2,000
	75 이상	570	700		2,000	580	700		3,000			1,100		2,000
여자	6~8(세)	580	700		2,500	450	550		3,000			1,200		
	9~11	650	800		3,000	1,000	1,200		3,500			1,400		2,000
	12~14	740	900		3,000	1,000	1,200		3,500			1,500		2,000
	15~18	660	800		3,000	1,000	1,200		3,500			1,500		2,000
	19~29	530	700		2,500	580	700		3,500			1,500		2,000
	30~49	510	700		2,500	580	700		3,500			1,500		2,000
	50~64	580	800		2,000	580	700		3,500			1,500		2,000
	35~74	560	800		2,000	580	700		3,500			1,300		2,000
	75 이상	560	800		2,000	580	700		3,000			1,100		2,000
임신부		+0	+0		2,500	+0	+0		3,000			1,500		2,000
수유부		+0	+0		2,500	+0	+0		3,500			1,500		2,000

성별	연령	염소 (mg/일)				칼륨 (mg/일)				마그네슘 (mg/일)			
		평균 필요량	권장 섭취량	충분 섭취량	상한 섭취량	평균 필요량	권장 섭취량	충분 섭취량	상한 섭취량	평균 필요량	권장 섭취량	충분 섭취량	상한* 섭취량
영아	0~5(개월)			180				400				30	
	6~11			560				700				55	
유아	1~2(세)			1,300				2,000		65	80		65
	3~5			1,500				2,300		85	100		90
남자	6~8(세)			1,900				2,600		135	160		130
	9~11			2,100				3,000		190	230		180
	12~14			2,300				3,500		265	320		250
	15~18			2,300				3,500		335	400		350
	19~29			2,300				3,500		295	350		350
	30~49			2,300				3,500		305	370		350
	50~64			2,300				3,500		305	370		350
	35~74			2,000				3,500		305	370		350
	75 이상			1,700				3,500		305	370		350
여자	6~8(세)			1,900				2,600		125	150		130
	9~11			2,100				3,000		180	210		180
	12~14			2,300				3,500		245	290		250
	15~18			2,300				3,500		285	340		350
	19~29			2,300				3,500		235	280		350
	30~49			2,300				3,500		235	280		350
	50~64			2,300				3,500		235	280		350
	35~74			2,000				3,500		235	280		350
	75 이상			1,700				3,500		235	280		350
임신부				+2,300				+0		+32	+40		350
수유부				+2,300				+400		+0	+0		350

* 식품외 급원의 마그네슘에만 해당.

표 7 2015 한국인 영양소 섭취기준 : 미량무기질

보건복지부, 2015.

성별	연령	철 (mg/일)				아연 (mg/일)				구리 (μg/일)				불소 (mg/일)			
		평균 필요량	권장 섭취량	충분 섭취량	상한 섭취량	평균 필요량	권장 섭취량	충분 섭취량	상한 섭취량	평균 섭취량	권장 섭취량	충분 섭취량	상한 섭취량	평균 섭취량	권장 섭취량	충분 섭취량	상한 섭취량
영아	0~5(개월)			0.3	40			2				240				0.01	0.6
	6~11	5	6		40	2	3					310				0.5	0.9
유아	1~2(세)	4	6		40	2	3		6	220	280		1,500			0.6	1.2
	3~5	5	6		40	3	4		9	250	320		2,000			0.8	1.7
남자	6~8(세)	7	9		40	5	6		13	340	440		3,000			1.0	2.5
	9~11	8	10		40	7	8		20	440	580		5,000			2.0	10.0
	12~14	11	14		40	7	8		30	570	740		7,000			2.5	10.0
	15~18	11	14		45	8	10		35	650	840		7,000			3.0	10.0
	19~29	8	10		45	8	10		35	600	800		10,000			3.5	10.0
	30~49	8	10		45	8	10		35	600	800		10,000			3.0	10.0
	50~64	7	10		45	8	9		35	600	800		10,000			3.0	10.0
	35~74	7	9		45	7	9		35	600	800		10,000			3.0	10.0
	75 이상	7	9		45	7	9		35	600	800		10,000			3.0	10.0
여자	6~8(세)	6	8		40	4	5		13	340	440		3,000			1.0	2.5
	9~11	7	10		40	6	8		20	440	580		5,000			2.0	10.0
	12~14	13	16		40	6	8		25	570	740		7,000			2.5	10.0
	15~18	11	14		45	7	9		30	650	840		7,000			2.5	10.0
	19~29	11	14		45	7	8		35	600	800		10,000			3.0	10.0
	30~49	11	14		45	7	8		35	600	800		10,000			2.5	10.0
	50~64	6	8		45	6	7		35	600	800		10,000			2.5	10.0
	35~74	6	8		45	6	7		35	600	800		10,000			2.5	10.0
	75 이상	5	7		45	6	7		35	600	800		10,000			2.5	10.0
임신부		+8	+10		45	+2.0	+2.5		35	+100	+130		10,000			+0	10.0
수유부		+0	+0		45	+4.0	+5.0		35	+370	+480		10,000			+0	10.0

성별	연령	망간 (mg/일)				요오드 (μg/일)				셀레늄 (μg/일)				몰리브덴 (μg/일)				크롬 (μg/일)			
		평균 필요량	권장 섭취량	충분 섭취량	상한 섭취량	평균 필요량	권장 섭취량	충분 섭취량	상한 섭취량	평균 필요량	권장 섭취량	충분 섭취량	상한 섭취량	평균 필요량	권장 섭취량	충분 섭취량	상한 섭취량	평균 필요량	권장 섭취량	충분 섭취량	상한 섭취량
영아	0~5(개월)			0.01				130	250			9	45							0.2	
	6~11			0.8				170	250			11	65							5.0	
유아	1~2(세)			1.5	2.0	55	80		300	19	23		75				100			12	
	3~5			2.0	3.0	65	90		300	22	25		100				100			12	
남자	6~8(세)			2.5	4.0	75	100		500	30	35		150				200			20	
	9~11			3.0	5.0	85	110		500	39	45		200				300			25	
	12~14			4.0	7.0	90	130		1,800	49	60		300				400			35	
	15~18			4.0	9.0	95	130		2,200	55	65		300				500			40	
	19~29			4.0	11.0	95	150		2,400	50	60		400	25	30		550			35	
	30~49			4.0	11.0	95	150		2,400	50	60		400	20	25		550			35	
	50~64			4.0	11.0	95	150		2,400	50	60		400	20	25		550			35	
	35~74			4.0	11.0	95	150		2,400	50	60		400	20	25		550			35	
	75 이상			4.0	11.0	95	150		2,400	50	60		400	20	25		550			35	
여자	6~8(세)			2.5	4.0	75	100		500	30	35		150				200			15	
	9~11			3.0	5.0	85	110		500	39	45		200				300			20	
	12~14			3.5	7.0	90	130		2,000	49	60		300				400			25	
	15~18			3.5	9.0	95	130		2,200	55	65		300				400			25	
	19~29			3.5	11.0	95	150		2,400	50	60		400	20	25		450			25	
	30~49			3.5	11.0	95	150		2,400	50	60		400	20	25		450			25	
	50~64			3.5	11.0	95	150		2,400	50	60		400	20	25		450			25	
	35~74			3.5	11.0	95	150		2,400	50	60		400	20	25		450			25	
	75 이상			3.5	11.0	95	150		2,400	50	60		400	20	25		450			25	
임신부				+0	11.0	+65	+90			+3	+4		400				450			+5	
수유부				+0	11.0	+130	+190			+9	+10		400				450			+20	

표 8 지방산의 종류와 급원

Symbol	계통명(Systematic name)		상용명(Common name)	주요급원
포화지방산 (Saturated fatty acids)	4 : 0	Butanoic	Butyric	버터
	6 : 0	Hexanoic	Caproic	버터
	8 : 0	Octanoic	Caprylic	코코넛 기름
	10 : 0	Decanoic	Capric	코코넛 기름
	12 : 0	Dodecanoic	Lauric	코코넛 기름
	14 : 0	Tetradecanoic	Myristic	버터, 코코넛 기름
	15 : 0	Pentadecanoic	Pentadecylic	
	16 : 0	Hexadecanoic	Palmitic	대부분의 지방
	18 : 0	Octadecanoic	Stearic	대부분의 지방
	20 : 0	Eicosanoic	Arachidic	라드
	22 : 0	Docosanoic	Behenic	땅콩 기름
	24 : 0	Tetracosenoic	Lignoceric	
불포화지방산 (Unsaturated fatty acids)	10 : 1n-1	9-Deccenoic	Caproleic	버터
	12 : 1n-3	9-dodecenoic	Lauroleic	버터
	14 : 1n-5	9-tetradecanoic	Myristoleic	버터
	16 : 1n-7	9-hexadecenoic	Palmitoleic	어유
	16 : 1n-7	Transhexadecenoic	Palmitelaidic	경화유
	18 : 1n-9	9-Octadecenoic	Oleic	올리브유, 대부분의 지방
	18 : 1n-9	9-Octadecenoic	Elaidic	버터, 쇠기름, 경화유
	18 : 1n-7	11-Octadenoic	Vaccenic	버터 쇠기름
	18 : 2n-6	9, 12-Octadecadienoic	Linoleic	대부분의 지방
	18 : 3n-6	6, 9, 12-Octadecatrienoic	γ-linolenic	
	18 : 3n-3	9, 12, 15-octadecatrienoic	α -Linolenic	대두유
	20 : 1n-11	9-Eicosanoic	Gadoleic	어유
	20 : 1n-9	11-Eicosanoic	Gondoic	평지씨유
	20 : 3n-9	5, 8, 11-Eicosatrienoic	Mead	
	20 : 2n-6	11, 14-Eicosadienoic		
	20 : 3n-6	11, 14-Eicosadienoic	Dihomogammalinolenic	
	20 : 4n-6	5, 8, 11, 14-Eicosatetraenoic	Arachidonic	라드
	20 : 4n-3	8, 11, 14, 17-Eicosatetraenoic		
	20 : 5n-3	5, 8, 11, 14, 17-Eicosapentaenoic	EPA, timnodonic	어유
	22 : 1n-9	13-Docosenoic	Erucic	평지씨유
	22 : 4n-6	7, 10, 13, 16-Docosatetraenoic		
	22 : 5n-6	4, 7, 10, 13, 16-Docosapentaenoic		
	22 : 5n-3	7, 10, 13, 16, 19-Docosapentaenoic		
	22 : 6n-3	4, 7, 10, 13, 16, 19-Docosahexaenoic	DHA, cervonic	어유
	24 : 1	15-Tetracoseanoic	Nervonic	

표 9 총지방, 포화지방산, 콜레스테롤의 주요 급원식품 및 함량

급원식품	총지방 함량 (g/100g)	포화지방산 함량 (g/100g)	콜레스테롤 함량 (mg/100g)
식용유지[1]			
돼지기름	100	39.5	100
들기름	100	–	–
땅콩기름	100	21.7	0
마가린	82.4	21.8	1
면실유	100	22.0	0
쇠기름(우지)	99.8	45.5	100
쇼트닝	100	33.5	11
쌀겨기름	100	17.6	0
옥수수기름	100	12.5	0
유채씨기름(홍화유)	100	6.1	2
참기름	100	14.2	0
커피크리머	34.4	–	–
코코넛유	100	84.9	1
팜종실유	100	47.6	1
해바라기유	100	9.8	0
올리브유	100	12.3	0
버터[1]	84.5	51.4	200
마요네즈[1]	72.5	7.5	212
호두[1]	68.7	6.9	0
아보카도[1]	18.7	3.2	–
베이컨[1]	39.1	14.8	60
땅콩버터[2]	51.1	–	–
햄버거[1]	9.8	–	–
초콜릿바[2]	23.2	–	–
아이스크림[1]	13.9	7.7	32
도넛[1]	22.7	6.0	110
콩기름[1]	100	14.0	1
달걀[1]	11.2	3.1	470
라면[1]			
봉지면	14.1	–	–
용기면	22.2	–	–

[1] 농촌진흥청 농촌자원개발연구소, 2006.
[2] 농촌진흥청 국립농업과학원, 2011.

1. 식사구성안

식사구성안은 영양적으로 만족할 만한 식사를 제공할 수 있는 식품의 양과 종류를 선택하기 위한 기본 구성안이다. 각 개인에게 필요한 에너지와 영양소의 양은 연령, 성별 등에 따라 차이가 있다. 따라서 식사도 이에 따라 다르게 구성되어야 하므로 1인 1회 분량(serving size)의 섭취량과 횟수를 다르게 하여 간편하게 사용할 수 있도록 만든 것이다.

(1) 식품군 분류

영양소 함량이 비슷한 식품들을 모아 여섯 가지 기초 식품군으로 나누었다.

(2) 대표식품의 1인 1회분

① 곡류 및 전분류

주식으로 먹는 I군 식품들의 1인 1회 평균에너지는 300 kcal이며, 부식으로 이용되는 II군 식품들의 에너지는 100 kcal이다.

② 고기, 생선, 달걀, 콩류

각 식품의 1인 1회 분량당 에너지 평균값을 80 kcal로 하고 단백질은 평균 10 g이다. 육류는 60 g, 어류의 1회 분량은 50 g이고 패류는 80 g, 건어류는 15 g이다.

③ 채소류

1인 1회 분량의 에너지 함량을 15 kcal로 하여 70 g이며 김치류의 경우 염분섭취 감소를 위해 40 g, 파김치 25 g, 그 밖의 김치(나박김치, 오이소박이) 60 g이다.

④ 과일류

1인 1회 분량의 에너지 함량은 50 kcal이다.

⑤ 우유와 유제품류

1인 1회 분량의 에너지 함량은 125 kcal이다.

⑥ 유지류와 견과류 및 당류

1인 1회 분량의 에너지 함량을 45 kcal로 하여 유지류는 5 g, 깨는 8 g, 견과류는 10 g이며 당류는 10 g이다.

표 10 고기, 생선, 달걀, 콩류의 주요 식품과 1인 1회 분량

	품 목	식 품 명	분량(g)[1]	비 고
고기, 생선, 달걀, 콩류 (80kcal)	육류	쇠고기[2] 돼지고기[3] 닭고기 햄	60 60 60 60	
	어류	갈치, 삼치, 꽁치, 고등어 동태, 가자미, 조기, 넙치 참치, 참치통조림, 어묵 오징어, 낙지, 새우 미꾸라지, 민물장어 생굴, 조갯살, 꽃게 건멸치, 건조기, 건오징어	50	작은 것 한 토막
	난류	달걀, 메추리	50	중 1개
	콩류	검정콩 두부 두유	20 80 200	

1) 분량(g) : 가식부 조리 전 무게임. 2) 한우등심(살코기기준) 3) 한 돈(살코기기준)

표 11 곡류 및 전분류의 주요 식품과 1인 1회 분량

	품목	식 품 명	분량(g)[1]	비고
곡류 및 전분류 I (300kcal)	곡류	쌀, 보리쌀 쌀밥, 보리밥	90 210	 1공기
	면류	삶은면 – 짜장면, 칼국수용 건면 – 국수용 냉면국수, 메밀국수	300 100 100	1대접
	떡류	흰떡 – 떡국용	130	
	빵류	식빵	100	
곡류 및 전분류 II* (100kcal)	씨리얼류	콘플레이크 등	30	큰 것 2쪽
	감자류	감자 고구마	130 90	 중 1개
	면류	당면	30	중 1/2개
	묵류	메밀묵	150	
	견과류	밤	60	큰 것 3개
	떡류	절편	50	

* 곡류 및 전분류 II는 I과 다르므로 식단작성 시 감안할 것.
1) 분량(g) : 가식부 무게임.

표 12 과일류의 주요 식품과 1인 1회 분량

	품목	식 품 명	분량(g)[1]	비고
과일류 (50kcal)	과일류	딸기, 수박, 참외 감, 귤, 바나나, 배, 사과 복숭아, 오렌지, 포도	200 100	딸기 10개 귤 중 1개 사과 중 1/2개
	주스류	오렌지주스	200	1컵

[1] 분량(g) : 가식부 조리 전 무게임.

표 13 우유 및 유제품의 주요 식품과 1인 1회 분량

	품목	식 품 명	분량(g)[1]	비 고
우유 및 유제품 (125kcal)	우유	우유	200	1컵
	유제품	치즈 요구르트(호상) 요구르트(액상) 아이스크림	20 110 150 100	1장 1/2컵 3/4컵 1/2컵

표 14 채소류의 주요 식품과 1인 1회 분량

	품 목	식 품 명	분량(g)[1]	비 고
채소류 (15kcal)	채소류	고구마줄기, 고사리, 시금치, 풋고추, 근대, 깻잎, 무청, 부추 들미나리, 배추, 상추, 시금치 쑥갓, 아욱, 취나물, 애호박 오이, 콩나물, 숙주나물 무, 배추, 양배추, 양파 가지, 당근, 늙은호박, 토마토 나박김치, 오이소박이 갓김치, 깍두기, 배추김치, 열무김치 우엉, 도라지, 파, 파김치 마늘 토마토주스	70 60 40 25 10 100	1접시
	해조류	다시마, 미역, 파래(생것) 김	30 2	 1장
	버섯류	느타리, 양송이, 팽이, 표고(생것)	30	

[1] 분량(g) : 가식부 조리 전 무게임.

표 15 유지, 견과 및 당류의 주요 식품과 1인 1회 분량

	품 목	식품명	분량(g)[1]	비고
유지, 견과 및 당류(45kcal)	유지류	버터, 마요네즈 옥수수기름 참기름, 콩기름, 들기름 커피프림	5	1작은술
유지, 견과 및 당류(45kcal)	유지류	깨, 깨소금	8	
	견과류	땅콩	10	
	당류	꿀, 설탕, 당밀/시럽, 사탕	10	

2. 권장식사형태

표 16 식품군별 1일 권장섭취 횟수의 예

패턴 A(kcal)	식사패턴(kcal)[3]	1,000	1,200	1,400	1,600	1,800	2,000	2,200	2,400	2,600	2,800
패턴 A[1] (우유 2컵) 소아 청소년)	곡류 및 전분류 I[4]	1	1.5	2	2.5	3	3	3.5	4	4.5	4.5
	곡류 및 전분류 II[4]	1	1				1				1
	고기, 생선, 달걀, 콩류[6]	2	2	3	3	3	4	5	5	6	6
	채소류[7]	2	3	4	4	5	5	6	6	6	7
	과일류[8]	1	1	1	2	2	2	2	2	3	3
	우유 및 유제품[9]	2	2	2	2	2	2	2	2	2	2
	유지, 견과 및 당류[10]	2	2	3	3	3	4	5	5	5	6
패턴 B[2] (우유 1컵) (성인)	곡류 및 전분류 I[4]	1.5	2	2	2	3	3	3.5	4	4.5	5
	곡류 및 전분류 II[4]			1	1		1	1	1		
	고기, 생선, 달걀, 콩류[6]	2	2	3	3	4	5	5	5	6	6
	채소류[7]	4	5	6	6	7	7	7	7	7	8
	과일류[8]	1	1	1	1	2	2	2	3	3	3
	우유 및 유제품[9]	1	1	1	1	1	1	1	1	1	1
	유지, 견과 및 당류[10]	2	3	3	3	4	4	5	5	6	6

[1] 패턴 A : 소아·청소년의 권장식사패턴으로 우유 2컵을 기준으로 식품군 횟수를 배분하였으며, 일상적인 소아·청소년의 식사양상을 반영함. 칼로리별 1일 식사구성은 적용연령의 영양섭취기준을 만족하도록 구성됨. 개인의 선호도를 고려해 식품군의 배분 횟수 조정 가능함.

[2] 패턴 B : 성인의 권장식사패턴으로 우유 1컵을 기준으로 식품군 횟수를 배분하였으며, 일상적인 성인의 식사양상을 반영함. 칼로리별 1일 식사구성의 예는 적용연령의 영양섭취기준을 만족하도록 구성됨. 단, 1,000~1,400kcal(음영부분)의 경우는 적용연령 기준이 없으며, 일부 영양소의 부족가능성이 있으므로 체중 조절 또는 기타 목적으로 1,400kcal 미만을 섭취할 경우에는 영양제 보충이 필요할 수도 있음. 개인의 기호도를 고려해 식품군의 배분 횟수 조정 가능함.

[3] 식사패턴(열량, kcal) : 각 열량에는 양념사용량이 포함되어 있음. 여기서 양념이란 조미료류(간장, 된장, 고추장, 미림, 식초, 케첩, 돈가스 소스 등)와 국이나 나물에 사용되는 소량의 마늘, 파 정도를 말하며, 부식량에 따라 패턴 A의 경우 40~60kcal, 패턴 B의 경우 70~90kcal 정도의 양념량이 사용된 것으로 계산됨.

[4] 곡류 및 전분류 I : 식이섬유 섭취를 늘이기 위해서는 잡곡류의 사용을 권장함.

[5] 곡류 및 전분류 II : 부식 또는 간식으로 이용할 수 있으며, 주식(예, 밥 종류)으로 사용할 경우에는 백미 또는 잡곡 30g으로 간주하고 밥량을 늘여도 됨.

[6] 육류, 생선, 달걀, 콩류 : 육류의 경우 살코기 기준이며, 지방함량이 높은 식품을 이용할 경우에는 유지류를 추가 사용한 것으로 간주해야 함.

[7] 채소류 : 염분의 목표섭취량(소금 5g 이하)을 맞추기 위해 가능한 한 싱겁게 조리하도록 하며, 국, 찌개류의 경우 건더기 위주로 섭취하도록 함.

[8] 과일류 : 식이섬유의 섭취를 늘이기 위해 주스보다는 생과일의 섭취를 권장함.

[9] 우유 및 유제품 : 단순당질이 적게 함유된 제품을 권장함.

[10] 유지, 견과류 및 당류 : 조리 시 사용되는 유지 및 당류의 경우에는 식품군(유지 및 당류) 단위수 범위 내에서 사용하도록 함.

1일 식사구성의 예로 영양섭취기준을 만족시킬 수 있는 식사로 아동과 성인의 음식섭취 양상이 다르고 우유 및 유제품에 대한 기호도 차이가 커 두 가지 양식을 제시하고 있다. 〈패턴 A〉는 우유 2컵을 기본으로 하는 어린이 · 청소년의 식사패턴이며 〈패턴 B〉는 우유 1컵을 기본으로 한 성인의 식사패턴이다.

표 17 1일 식단 구성의 예(1,600 kcal, 패턴 A)

식품군 및 권장 섭취횟수 / 식단		밥 (곡류 및 전분류 I)	단백질 반찬 (고기·생선·달걀·콩류)	야채반찬 (채소류)
		2.5	3	4
아침	수수밥 미역국 갈치조림 콩나물무침	수수밥 150g 0.7	갈치(小)1토막 50g 1	미역국 0.5 콩나물 무침 0.5
점심	흰밥 무국 시금치나물 두부구이 배추김치	흰밥 210g 1	두부 2쪽 80g 1	무국 0.5 시금치나물 0.5 배추김치 0.5
저녁	보리밥 얼갈이국 동그랑땡 버섯볶음 오이생채	보리밥 170g 0.8	동그랑땡(3쪽) 60g 1	얼갈이국 0.5 버섯볶음 0.5 오이생채 0.5
간식	우유 2컵 귤 1개 사과 1/2개	곡류 및 전분류	우유 및 유제품	과일류
		0	2	2
			우유 2컵(400mL) 1 1	귤 1개(100g) 1 사과 1/2(100g) 1

* 유지, 견과 및 당류(3 servings)는 조리 시 소량씩 사용됨.
권장섭취횟수(1회 분량 수)

3. 식품구성 자전거

1) 식사구성안

식사구성안은 일반인들에게 영양적으로 만족할 만한 식사를 제공할 수 있는 식품의 양과 종류를 선택하기 위한 기본 구성안이다. 각 개인에게 필요한 에너지와 영양소의 양은 연령, 성별 등에 따라 차이가 있다. 따라서 식사도 이에 따라 다르게 구성되어야 하므로 1인 1회 분량(serving size)의 섭취량과 횟수를 다르게 하여 간편하게 사용할 수 있도록 만든 것이다.

2) 식품구성 자전거와 식품군별 1일 1회 분량

식품구성 자전거는 6개의 식품군에 권장식사패턴의 섭취횟수와 분량에 맞추어 바퀴 면적을 배분한 형태로, 기존의 식품구성탑보다 다양한 식품섭취를 통한 균형잡힌 식사와 수분섭취의 중요성, 그리고 적절한 운동을 통한 비만예방이라는 기본개념을 나타낸다. 식품군별 대표식품의 1인 1회 분량을 기준으로 섭취 횟수를 활용하여 개인별 권장섭취 패턴을 계획하거나 평가할 수 있다.

식품구성 자전거

출처 : 사)한국영양학회, 한국인 영양섭취기준 개정판, 2015.

표 18 곡류의 1인 1회 분량

구분					
곡류 (300kcal)	 쌀밥 210g	 보리밥 210g	 백미 90g	 현미 90g	 수수 90g
	 팥 90g	 가래떡 150g	 시루떡 150g	 국수(말린 것) 90g	 라면사리 120g
	 팥빵, 잼빵 80g				
	 고구마 70g*	 감자 140g*	 옥수수 70g*	 밤 60g*	 묵 200g*
	 시리얼 30g*	 당면 30g*	 식빵 35g*	 과자 30g*	 밀가루 30g*

* 표시는 0.3회

표 21 과일류의 1인 1회 분량

구분					
과일류 (50kcal)	 참외 150g	 사과 100g	 배 100g	 복숭아 100g	 귤 100g
	 오렌지 100g	 바나나 100g	 키위 100g	 감 100g	 포도 100g
	 건포도 15g	 대추(말린 것) 15g	 과일주스 100mL		

표 19 고기 · 생선 · 달걀 · 콩류의 1인 1회 분량

구분					
고기 · 생선 · 달걀 · 콩류 (100kcal)	 돼지고기 60g	 돼지고기삼겹살 60g	 쇠고기 60g	 닭고기 60g	 소시지 30g
	 햄 30g	 고등어 60g	 명태 60g	 참치통조림 60g	 오징어 80g
	 바지락 80g	 새우 80g	 어묵 30g	 멸치(말린 것) 15g	 명태(말린 것) 15g
	 오징어(말린 것) 15g	 달걀 60g	 두부 80g	 대두 20g	
	 잣 10g*	 땅콩 10g*			

* 표시는 0.3회

표 22 우유 · 유제품류의 1인 1회 분량

구분				
우유 · 유제품류 (125kcal)	 우유 200mL	 호상요구르트 100g	 액상요구르트 150mL	 아이스크림 100g
	 치즈 20g*			

* 표시는 0.3회

표 20 채소류의 1인 1회 분량

채소류 (15kcal)	 당근 70g	 양배추 70g	 오이 70g	 무 70g	 애호박 70g
	 콩나물 70g	 부추 70g	 풋고추 70g		
	 토마토 70g	 양파 70g	 마늘 10g	 배추김치 40g	 총각김치 40g
	 열무김치 40g	 깍두기 40g	 표고버섯 30g	 느타리버섯 30g	 김 2g
	 미역 30g				

표 23 유지 · 당류의 1인 1회 분량

유지 · 당류 (45kcal)	 깨 5g	 콩기름 5g	 마요네즈 5g	 버터 5g
	 설탕 10g	 물엿 10g	 꿀 g	

부록 5. 한국인의 소아 청소년 성장발육

표 1 소아 청소년 발육치

남자 표준 체중(kg)		남자 표준 신장(cm)		연령	여자 표준 체중(kg)		여자 표준 신장(cm)	
1998년	2007년	1998년	2007년		1998년	2007년	1998년	2007년
3.4	3.4	50.8	50.1	출생 시	3.3	3.3	50.1	49.4
4.6	5.7	55.2	57.7	**1~2개월**	4.4	5.4	54.2	56.7
5.8	6.5	59.0	60.9	**2~3개월**	5.5	6.1	58.0	59.8
6.8	7.0	62.5	63.5	**3~4개월**	6.3	6.6	61.1	62.3
7.6	7.5	65.2	65.7	**4~5개월**	7.1	7.1	63.8	64.4
7.9	8.0	66.8	67.6	**5~6개월**	7.5	7.5	65.7	66.3
8.5	8.4	69.0	69.3	**6~7개월**	8.0	7.9	67.5	68.0
8.7	8.7	70.4	70.8	**7~8개월**	8.3	8.2	69.1	69.6
9.0	9.0	71.9	72.3	**8~9개월**	8.5	8.5	70.5	71.0
9.4	9.3	73.5	73.6	**9~10개월**	8.9	8.8	72.2	72.3
9.7	9.6	74.6	74.9	**10~11개월**	9.2	9.1	73.5	73.6
9.8	9.9	76.5	76.0	**11~12개월**	9.3	9.4	75.6	74.8
10.4	10.4	77.8	78.2	**12~15개월**	10.0	9.8	76.9	77.0
11.0	11.1	80.1	81.2	**15~18개월**	10.5	10.5	79.2	79.9
11.7	11.7	82.6	83.8	**18~21개월**	11.2	11.1	81.8	82.6
12.3	12.3	85.1	86.2	**21~24개월**	12.0	11.7	84.4	85.0
12.9	13.1	87.7	89.4	**2~2.5세**	12.5	12.5	87.0	88.2
14.1	14.0	92.2	93.1	**2.5~3세**	13.4	13.4	90.9	91.9
15.1	14.9	95.7	96.7	**3~3.5세**	14.2	14.3	94.2	95.6
15.9	15.9	99.8	100.3	**3.5~4세**	15.4	15.3	98.7	99.2
17.0	17.0	103.5	103.8	**4~4.5세**	16.4	16.3	102.1	102.7
18.0	18.1	106.6	107.2	**4.5~5세**	17.3	17.4	105.4	106.1
19.0	19.2	109.6	110.5	**5~5.5세**	18.4	18.4	108.6	109.4
20.2	20.4	112.9	113.6	**5.5~6세**	19.7	19.6	112.1	112.5
21.4	21.6	115.8	116.6	**6~6.5세**	20.7	20.7	114.7	115.5
22.6	22.9	118.5	119.5	**6.5~7세**	22.0	22.0	117.5	118.3
24.7	24.8	122.4	123.7	**7~8세**	23.6	23.9	121.1	122.4
27.6	27.8	127.5	129.1	**8~9세**	26.2	26.9	126.0	127.8
31.0	31.3	132.9	134.2	**9~10세**	30.0	30.5	132.2	133.5
34.5	35.5	137.8	139.4	**10~11세**	33.6	34.7	137.7	139.9
38.6	40.3	143.5	145.3	**11~12세**	37.8	39.2	144.2	146.7
42.8	45.5	149.3	151.8	**12~13세**	43.1	43.8	150.9	152.7
47.2	50.7	155.3	159.0	**13~14세**	47.0	47.8	155.0	156.6
53.9	55.4	162.7	165.5	**14~15세**	50.7	50.9	157.8	158.5
58.5	59.4	167.8	169.7	**15~16세**	52.5	52.8	159.0	159.4
61.2	62.4	171.1	171.8	**16~17세**	54.4	53.6	160.0	160.0
63.2	64.5	172.2	172.8	**17~18세**	54.6	53.9	160.4	160.4
63.8	65.8	172.5	173.4	**18~19세**	54.7	54.1	160.5	160.7

찾아보기

참고 문헌

1) 구재옥, 김정희, 변기원, 손정민, 이정원, 이종현, 최영선, "생활주기영양학", 파워북, 2013.
2) 김상희, 김지신. 박응임, 한세영, "유아발달", 파워북, 2014.
3) 김상희, 김옥선, 최해연, 박수선, 권수연, "파워북", 2013.
4) 김선효, 이경애, 이현숙, 김미현, 김지명, 이옥희, "식생활과 건강", 파워북, 2013.
5) 김세나, 조영숙, 김소영, 김정봉, 박홍주, 김행란, 김숙배, 김미현, 김순경, "식품영양가표 제 2개정판", 교문사, 2012.
6) 김순경, 최미경, 김미현, 배윤정, "영양과 식사관리", 교문사, 2013.
7) 김화영, 강명희, 양은주, 이현숙, "영양판정 2판", 교문사, 2016.
8) 김화영, 김미경, 왕수경, 장남수, 신동순, 정혜경, 윤군애, 장문정, 김양하, 김혜영, 양은주, 김우경, 이현, "영양 그리고 건강 제 3판", 교문사, 2012.
9) 농촌진흥청, 2011 표준식품 성분표 제 8개정판, 2012.
10) 농촌진흥청, 대한지역사회영양학회, 실물로 보는 실버세대 영양 길잡이, 2010.
11) 농촌진흥청, 대한지역사회영양학회. 소비자가 알기 쉬운 식품영양가표, 2009.
12) 대한지역사회영양학회, 농촌진흥청 우리아이 영양길잡이, 교문사, 2010.
13) 대한비만학회 비만치료지침, 2015.
14) 도현심, 이희선, 김상희, 최미경, 이사라, 김상원, "인간발달과 가족", 교문사, 2011.
15) 박선영, 백지숙, 안지영, 오미경, 이사라, 이주연, 임희수, 전춘애, 제연경, 한세영, "인간발달", 파워북, 2011.
16) 박영숙, 이정원, 서정숙, 이보경, 이혜상, 이수경, "영양교육과 상담", 교문사, 2013.
17) 변기원, 이보경, 권종숙, 김경민, 김숙희, "고급영양학", 교문사, 2016.
18) 보건복지부, 한국영양학회, 2015년 한국인 영양섭취기준, 2015.
19) 서정숙 외, "고급영양학", 지구문화사, 2009.
20) 성미영, 구재옥, 박혜련, 민미희, "아동건강교육", 파워북, 2015.
21) 송태희, 곽현주, 우인애, 김용선, 이현옥, 백성희, "아동영양과 건강교육", 교문사, 2010.
22) 안혜준, 송승민, 조형숙, 권희경, "놀이지도", 파워북, 2016.
23) 이건순, "웰빙식생활과 건강 2판", 라이프사이언스, 2008.
24) 이미숙, 김정희, 이보숙, 이윤나, 손숙미, 이정원, "영양판정 4판", 교문사, 2016.
25) 이승교, 원향례, 정은희, "생애주기영양학", 라이프사이언스, 2013.
26) 이명천, 김기진, 김미혜, 김영수, 박현, 이대택, 조정호, 차광석, "운동영양학 8판", 라이프사이언스, 2008.
27) 이연숙, 임현숙, 안홍석, 장남수, "생애주기 영양학", 교문사, 2011.
28) 이주희, 이홍미, 한성림, 김혜경, 박경애, 김영호, "대사를 중심으로 한 생화학", 교문사, 2013.
29) 이현옥, 오세인, 조혜경, 최미경, 김미현, "생애주기영양학", 교문사, 2011.
30) 조복희, 도현심, 유가효, "인간발달" 교문사, 2016.

31) 장남수, 권오란, 정혜경, 김혜영, 김선효, 김우경, 신동순, 이현숙, 장문정, "여성과 맞춤영양", 교문사, 2011.
32) 정희영, 최영해, 장은희, 이선경, 신현정, 정다운, 정희정, "영아발달", 파워북, 2014
33) 질병관리본부 국민건강영양조사, 2014.
34) 차연수, 박현, 이경혜, 김연수, "실천을 위한 식생활과 운동", 라이프사이언스, 2011.
35) 최혜미, 박영숙, 이주희, "21세기 식생활관리", 교문사, 2012.
36) 한정순, 권수미, 김부영, 송은주, "현대인의 식생활과 건강", 지구문화, 2016.
37) 허채옥, 권순형, 김은미, 원선임, 박용순, 박진희 김상연, 정경아, 김은영, 박유신, "기초영양학", 수학사, 2013.
38) 한정순, 권지윤, 김교헌, 김소윤, 손정원 신성만, 신윤아, 장태수, "편역 생활과 건강", 정담미디어, 2015.
39) Michele Grodner, Sylvia Escott-Stump, Suzanne Dorner Nutritional foundations and clinical applications 6ed. Elsevier 2016.
40) DeBruyne／Pinna／Whithney, "Nutrition and Diet Therapy", 7th ed Thomson. 2007.
41) Michelle McGuire, Kathy A Beerman National sciences from fundamentals to food. 3rd edition Wadsworth. 2013.
42) Dale B. Hahn, Wayne A. Payne, Ellen B. Mauer Focus on health 11th edition McGraw Hill 2013.
43) Michele Grodner, Sara Long Roth, Bonnie C. Walkingshaw Nutritional foundations and clinical applications A nursing approach 5th edition Elsevier. 2007.
44) Michele Grodner, Sylvia Escott-Stump, Suzanne Dorner Nutritional foundations and clinical applications A nursing approach 6th edition Elsevier. 2015
45) Pamela C. Champe, Richard A. Harvey Lippincott's illustrated reviews Biochemistry 4th edition. the Point 2008.
46) Robert D Lee. Nutritional assessment 5ed McGraw-Hill, 2010
47) Samour Handbook of pediatric nutrition Jones & Bartlett pub, 2005
48) Schiff. Nutritionfor healthy living. MGH 2009.
49) Summerfield Nutrition, exercise & behavior Wadsworth, 2001.
50) http://health.mw.go.kr, 국가건강정보포털, 보건복지부
51) http://www.cancer.go.kr, 국가암정보센터
52) 통계청, 2013.
53) OECD health data, 2011.

NEW

생애주기 영양학

2011년 3월 1일 초 판 발행
2012년 9월 6일 개정판 발행
2016년 8월 1일 개정3판 발행

저 자 한정순 / 김갑순 / 김영현 / 김현주
박선민 / 안창순 / 이미경 / 한성희

발행인 주병오

발행처 지구문화사 JIGU PUBLISHING Co.

경기도 파주시 회동길 209
파주출판문화정보산업단지
영업팀 (031) 955-7566 / 7577
편집팀 (031) 955-7731
FAX (031) 955-7730
홈페이지 www.ji-gu.co.kr
전자우편 jigupub@hanmail.net

등록번호 1979년 7월 13일 제 9-57호

ISBN 978-89-7006-786-5 값 22,000원